本书作者

王建国博士，中国工程院院士、东南大学建筑学院教授、城市设计研究中心主任。2001—2014 年担任东南大学建筑系主任和建筑学院院长。

目前兼任：教育部高等学校建筑类教学指导委员会主任、中国建筑学会副理事长、中国城市规划学会副理事长、住房和城乡建设部城市设计专家委员会主任，《建筑学研究前沿》（FoAR, *Frontiers of Architectural Research*）主编、《工程》（*Engineering*）编委，以及世界人居环境学会成员（WSE）等。

Wang Jianguo, Ph. D. is a full professor at the School of Architecture and the director of urban design research center in Southeast University. He served as the school dean from 2001 to 2014.

He was awarded as Academician of Chinese Academy of Engineering in 2015. He is holding several important academic posts in China, i.e., director of the Ministry of Education's Steering Committee on the Teaching of Architecture, the Vice President of Architectural Society of China, the Vice President of Urban Planning Society of China, the Director of the Urban Design Expert Committee of Ministry of Housing and Urban-Rural Development. He is serving on the Editor Board of international journals, such as *Frontiers of Architectural Research*（FoAR, Editor in Chief）, *Engineering*, etc. He is a member of WSE（World Society for Ekistics）.

URBAN DESIGN (FOURTH EDITION)

城 市 设 计

（第 4 版）

王建国　著

东南大学出版社
SOUTHEAST UNIVERSITY PRESS
南京·2021

内容提要

本书是在第3版基础上改写修订的。第一，结合近年世界科技发展趋势，特别是数字技术发展对城市设计的重要影响，重新改写并大幅增加了城市设计数字技术方法方面的内容，并将其增补成独立的第6章；第二，较大篇幅地对城市设计发展历史、理论和方法部分内容进行了校订、增补和修改完善；第三，较多增加了笔者主持实施的不同尺度的城市设计实践案例，使本书更加具有现实指导意义和实践参考价值；第四，增加了对《建筑类专业教学质量国家标准》和《高等学校城市设计方向研究生教学标准》等全国性城市设计教育指导文件的解读；第五，更换和调整了较多案例，图片有较多调整和替换；第六，改写了第7章城市设计运作、实施和管理方面的内容，并对城市设计历史、理论和方法的部分内容进行校订、增补和充实，论证更加充分。

本书立足国内外城市设计发展前沿，理论与方法结合，图文并茂，实践案例丰富，适合于建筑设计、城市设计、城市空间规划、风景园林、城市管理及相关领域的人士阅读，也可作为高等院校相关专业高年级学生、研究生的选修课和专业人员培训的参考教材。

图书在版编目（CIP）数据

城市设计/王建国著. —4版. —南京：东南大学出版
社，2021.12
ISBN 978-7-5641-8777-4

Ⅰ.①城… Ⅱ.①王… Ⅲ.①城市规划—建筑设计
Ⅳ.①TU984

中国版本图书馆CIP数据核字（2019）第296534号

责任编辑：孙惠玉（894456253@qq.com）　　　　责任校对：张万莹
封面设计：孙海霆　　王　玥　　　　　　　　　　责任印制：周荣虎

城市设计（第 4 版）
CHENGSHI SHEJI（ DI-SI BAN ）

著　　者：王建国
出版发行：东南大学出版社
社　　址：南京四牌楼 2 号　　邮编：210096
网　　址：http://www.seupress.com
经　　销：全国各地新华书店
排　　版：南京布克文化发展有限公司
印　　刷：上海雅昌艺术印刷有限公司
开　　本：889 mm×1194 mm　1/12
印　　张：28.5
字　　数：760 千
版　　次：2021 年 12 月第 4 版
印　　次：2021 年 12 月第 1 次印刷
书　　号：ISBN 978-7-5641-8777-4
定　　价：160.00 元（精装）

第 4 版前言

城市设计伴随城市文明的形成与发展，如影随形。

自从告别游猎迁徙进入新石器时代的农业定居，人类便开始了聚居生活。农业革命引发了人口的爆发性增长，定居的生活方式逐渐使游猎的群体转变成统一的部落组织。当社会生产水平发展到一定时候，一部分人不再依赖自然界生存或不直接通过农业生活为生，文字开始传播、冶炼技术发明，城市文明就出现了。城市通过一定的人为和可操控的社会和空间秩序，建立了人类自身的社会关系和聚落形态的组织方式，这时城市聚落设计的雏形便出现了。世界上最早的城市出现在两河流域的苏美尔，从公元前 5500 年开始，乌鲁克（Erech）、乌尔（Ur）、尼尼微（Nineveh）等城市相继诞生。埃及文明、中国文明、印度文明以及美洲的玛雅文明、阿兹台克文明和印加文明其后也随之或独立诞生。中国文明中的良渚、城头山、殷墟等，埃及文明中的孟菲斯（Memphis）、卡洪（Kahun），印度文明中的摩亨约·达罗（Mohenjo-Daro）以及玛雅文明中的特奥蒂华坎（Teotihuacan）、阿兹台克文明中的特诺奇蒂特兰（Tenochtitlan）、印加文明中的马丘比丘（Machu Picchu）等都是在不同地域文明进程中的聚落代表。

对于城市的含义及其在人类文明发展中所起的作用，不同的人有着不尽相同的认识和理解，但可以肯定的是，人们创造了环境，环境又影响了人。任何城市的缘起和发展都离不开实存的城市自然条件、空间环境和社会人文环境，而城市设计（Urban Design）就是与此相对应的最重要的城市建设专业领域之一。

城市设计专业活动的理解可以分为狭义和广义二类：

狭义的城市设计系一种"自上而下"对城市发展建设的设计"人工干预"。干预的主体是城市建设投资者、决策者和规划设计师，对象则是包括各种社会活动的城市空间形态载体。历史上很多世界名城的城市设计及其优秀人居环境场所都是通过有意识的城市设计活动营造出来的。这些城市设计实践活动，曾经对一个地区、一个国家，乃至世界产生过专业上的显著影响，是一种"决定论"驾驭的设计和工程实施管理的城市设计。

广义的城市设计系指发生在世界各个城市中的基于离散的投资决策者、建设个体诉求或社区集体诉求的一种多元、多义、多价的形态环境营建活动。这些活动并没有专业的规划设计师的直接参与，而是通过多重个体的试错、累积、小规模和"非专业"的方式营造了占比大多数的城镇环境，是一种渐进式的、对于环境具有敏感和自适应的"行为主义"城市设计。

很多学者都曾经论及有机生长和有规划的城镇形态[①]。这两种形态主要涉及是否有人为的预先规划对城镇聚落建设的干预。但在很多情况下，这两者在时间维度上其实是相互交叠的。影响城镇形态最主要的自然要素来自地理、气候和物产等条件，也是人类文明缘起的主要原因。其次就是人类自身的活动及所带来的人为要素，如政治、宗教、军事、经济、文化和法规等。本书以与人为要素相关的狭义城市设计的研究论述为主，并部分论及广义城市设计对城镇发展、专业建设和工程实践的意义、价值和影响。最终希望达成一个对城镇形态合理建构及正向演进具有促进作用的、自然和人为影响要素兼顾的城市设计诠释。

从学理内涵上看，笔者最新的理解是，"城市设计主要研究城市空间形态的建构机理和场所营造"[②]。前者属于城市形态"慢变量"及其系统演变的科学揭示，后者则涉及具体城市人居环境改善优化的人为目的性意愿和专业行为。

美国出版的《城市设计手册》序言指出："无论在当代，还是在以往任何时代，城市设计与城市营建都必定跻身于这个时代最宏伟的业绩之列。它的生命力比其他设计者可能更为长久，并且促进了城市的生活、艺术、文化的全面繁荣"。[1]

传统的观点认为，城市设计主要与城市"美"的塑造，并与建筑学领域的视觉美学和形式创造相关，但现代城市设计超出了单纯"美"的问题，越来越扩展到其他的方面。城市设计不仅要关注建筑学和公共艺术层面上的城镇环境设计意匠和艺术品质，而且还要关注特定社会制度中的城市发展政策、城乡规划系统以及专业成果落地实施的问题。从设计实施的角度看，城市设计系指对城市为对象的空间形态设计和场所营造，因为它对城市人工环境的建设活动可以产生有效的优化和调节作用，所以也具有针对城市建设管理和政策的引导管控作用。

相对城市规划而言，城市设计比较偏重空间形态、环境品质、社区活力和人的体验认知。相对风景园林学而言，城市设计虽然涉及人和自然的关系，但更偏重物理性的城市空间形态设计及其涉及的社会、文化、美学和场所价值及意义。不同的社会背景、地域文化传统和时空条件会有不同的城市设计途径和方法，但是城市设计关乎城市形态的建构机理和场所营造的学理内涵一直是基本稳定的。

人们日常生活感知到的城镇街区、建筑、道路、广场、建筑小品和绿地的环境处理及其所创造出的艺术特色，乃至城镇的用地形态和空间结构，从来就与城市设计密切相关。人们认识体验北京城，一定会被其雄伟壮丽的帝都宫殿建筑群、城市中轴线、三海、什刹海和三里河等自然水体景观以及众多的四合院街巷胡同格局所吸引。到过古城南京的人，则会对南京市由明代城墙、民国时期形成的林荫大道、历代发展存留下来的文物古迹、浩瀚长江和钟山丘陵景观等构成的城市空间环境留下深刻印象，而这种独特的城市格局和环境特色正是千百年来人们精心经营和城市设计的直接结果。除了城市空间形态及其特色外，今天的城市设计还面临全球环境变化而引发的种种挑战，它不仅要面对城市居民对环境的要求，而且要为全球可持续发展背景下的健康城市和韧性安全城市而设计。

中国大约在1980年代初开始提出城市设计命题。1980年代中期，国家建设部、教育部、国家自然科学基金委员会先后从不同视角对此组织课题研究。1985年，建设部设立"城镇建筑环境"方向的科研课题并由齐康先生领衔承接研究；1987年，当时的建设部领导对建筑师群体提出城市设计方面知识拓展的要求；1989年吴良镛先生出版《广义建筑学》；1989年，高校完成了国内最初的城市设计方向的博士培养。就在这一时期，城市设计的实践也有初步发展。大家逐渐认识到，传统建筑学科领域的拓展应在城市设计层面上得到突破和体现，进而"以城市设计为基点，发挥建筑艺术创造"[2]。事实上，今天的建筑创作已离不开城市的背景和前提，建筑师眼里的设计对象并非是单体的建筑，而是"城市空间环境的连续统一体（Continuum）"[3]，是建筑物与周边环境、建筑物和建筑物之间的关系。城市设计要求建筑创作在城镇建筑环境垂直层面的承上启下、水平层面的兼顾左右、内涵层面上的个性特色表达与整体和谐方面有所作为。城市设计知识的欠缺，会使建筑师缩小行业的视野和范围，限制他们充分发挥特长。

虽然，国内外部分学者认为城市设计是城市规划或建筑学的一部分，但笔者一直认为，城市设计是一门有着独立专业学理的学科和专业，也是一种实践方式。城市设计与人们对城市环境的认知体验和形体视觉美学秩序密切相关，这是"古已有之"的。事实上，城市设计关注空间形态建构和具体场所营造的基本原理与人类最早的城市聚落形成有密切关系，只是，早期城市聚落尺度较小，建筑学可以涵盖城市设计的一些基本原则。古代的城市规划、城市设计和建筑设计的基本工作内容十分相近，现代城市规划是在近现代城市发展转型以及出现各种"城市病"时才应运而生的，城市规划主要应对和解决的是综合性的城市发展问题，如新兴的城市功能及布局、城市机动性和交通方式改变、人口规模分析、城市人居环境的健康安全、土地利用方式和城市社会关系改变等。因为专业侧重点和学科背景的差异，城市规划并不能简单代替城市设计的工作。"人们普遍认为，20世纪的规划方法没有能够创造一个令人满意的物质环境。这些规划方法产生了许多土地使用规划、交通研究、分区法规、经济和人口调查等问题，地理信息处理以及更先进的数字模拟技术被广泛应用到土地利用和城市规划中。但是，这些同普通市民感觉、使用和享受他或她的环境之间没有特别的关系。"[4]我国几十年的城市建设实践也表明了这一点。正如齐康先生在《城市建筑》一书中所指出，"通常的城市总体规划与详细规划对具体实施的设计是不够完整的"[5]。吴良镛先生甚至认为，"广义建筑学，就其学科内涵来说，是通过城市设计的核心作用，从观念上和理论基础上把建筑、地景、城市规划学科的精髓合为一体"[6]。

40年来，我国建筑专业领域逐步从单一建筑概念走向对包括建筑在内的城市环境的考虑，而建筑与城市设计的结合正是其中的重要内涵。随着我国城市发展进程的加速，建筑师群体开始认识到传统建筑学专业视野的局限，进而逐步突破以往以狭隘的单体建筑物为主的建筑而扩大为环境的思考。许多建筑师在自己的实践中开始以建筑设计为基点、"自下而上"的城市设计工作，近年也出现一批建筑师工作主导的城市设计精品；城市规划领域则从我国规划编制和管理的实际需要，探讨了城市设计与从总体规划到控规各个层次的法定规划的关系，并认为城市设计是深化和落实城市规划的重要手段和技术途径，出现了大量基于城市大尺度空间形态管理要求的城市设计编制工作。

国内较大规模和较为普遍的城市设计实践研究开始出现于1990年代中期。除了大量的城市商业中心区、政务中心区、文化艺术中心、体育中心、大学园区、各类新区等开发建设类城市设计项目，一个时期的广场热、步行街热、公园绿地热等也反映了人们对城市公共空间的重视。通过这一过程，我们的城市建设领导决策层普遍认识到，城市设计在人居环境建设、城市风貌改善、增加城市综合竞争力方面具有独特的价值和功效。近年的中国城市建设和发展更使世界为之瞩目；同时，城市设计理论、方法和实践的研究也有了更加广泛的国际性参与与合作，并不断取得进步。

笔者曾经将中国城市设计专业实践归纳为以下四类：一是结合城市特定层次法定规划的城市设计。如南京总体城市设计、郑州中心城区总体城市设计等，这些城市设计密切结合或者配合法定的科学规划导控，并致力于使规划更加具有操作实效性，对城市环境品质提升起到更好的指导作用。二是概念性城市设计。如雄安新区起步区城市设计等，亦即针对城市中一些尚存在多重选择和建设开发可能性的用地，或是突发性城市事件引领下可能开发建设的用地，组织的大纲性和思路性的城市设计概念探讨。三是特定的主题性城市设计。主要就城市建设发展中特定的环境优化和特色场所营造等命题提出城市设计项目，如中心商务区、综合交通枢纽地区，历史街区、遗产廊道及各类景观风貌等。四是地段城市设计抑或建筑群的城市设计。

经过各方面的不懈努力，中国城市设计在走过了 40 年逶迤前行的道路后，其重要地位终于在今天的城市建设中得以明确，并成为新时代城市发展转型中人们持续的关注热点。近 20 年来，中国启动编制和应用实施的城市设计是全世界最多和最广泛的。

就在这一时期，许多高校建筑和规划课程等相关课程设置中纷纷开设城市设计内容，全国高等学校建筑学学科专业指导委员会专题开会研究城市设计课程建设，全国高等学校城乡规划学科专业指导委员会则组织出版了针对城乡规划本科专业的《城市设计》教材[7]，同时，在《建筑类专业教学质量国家标准》中列出专门的城市设计教学要求③。在体制建设方面也取得成效，深圳市规划局在国内率先成立了城市设计处，专司执掌城市用地规划设计要点的制定和审批；中央城市工作会议后，住房和城乡建设部（简称"住建部"）专门设立城市设计处执掌全国城市设计的管理工作。中国建筑学会和中国城市规划学会亦分别成立城市设计分会和城市设计学术委员会，并组织多次相关的学术研讨会。从各方面看，城市设计目前已经受到我国城市建设管理和实践的广泛关注。

周干峙先生曾在总结中国人居环境科学思想的形成与发展时认为，拓展深化建筑和城市规划学科的设想在三方面已经成为现实，其中之一就是"和建筑、市政等专业合体的城市设计已不只是一种学术观点，而且还渗透到各个规划阶段，为各大城市深化了规划工作，也提高了许多工程项目的设计水平"[8]。

2013 年中央城镇化工作会议、特别是 2015 年 12 月中央城市工作会议召开以来，城市设计第一次被提到国家城市建设品质提升的全局高度。中央城市工作会议公报多处论及城市设计的重要性，"必须认识、尊重、顺应城市发展规律，端正城市发展指导思想，切实做好城市设计工作"；要加强城市设计，提倡城市修补，加强控制性详细规划的公开性和强制性；要加强对城市的空间立体性、平面协调性、风貌整体性、文脉延续性等方面的规划和管控，留住城市特有的地域环境、文化特色、建筑风格等"基因"（也即主要是城市设计的对象和内容）；增强城市规划的科学性和权威性，促进"多规合一"，全面开展城市设计，完善新时期建筑方针，科学谋划城市的"成长坐标"。总体来说，新时代对城市高质量发展和环境提升提出了更高的要求。

中国城市设计的最新发展也与近期中央一系列重大决策密切相关，如北京城市副中心规划建设、雄安新区规划建设、海南自贸区规划建设等都是首先开展各类城市设计国际方案征集或工作营开始的。今天的城市设计已经和城市发展建设的"国际视野""高点定位""百年大计""千年城市"紧密联系在一起。

从中国城市设计的实施层面看，除了建筑设计或者景观设计主导的局部环境和工程性项目外，大多需要面对城市新区拓展、各类开发区建设、历史城市和历史城区改造的大尺度城市设计实践命题，并普遍涉及中国法定规划体系中的总体规划和片区规划编制单元，规模常常以平方公里为计量单位，以城市尺度为对象的总体城市设计亦日益增多。目前，在信息社会和数字技术发展的推动下，中国在大尺度城市设计理论概念、方法原理和实践技术等方面的探索已经在世界上处于学科专业的前沿领域。

从各方面看，城市设计在中国正在受到从中央到地方、从政府部门、专业学术、人才培养到社会公众等各方面的广泛关注。2017 年，住建部组织编制了《城市设计技术导则》和《城市设计管理办法》，并确定全国 57 个城市设计试点城市。笔者及团队先后参与了其中的北京、广州、南京、郑州、徐州、镇江、蚌埠、呼伦贝尔等试点城市的城市设计工作。但就目前看，仍然有一部分地方行政管理部门和领导，认为城市设计仅仅就是所谓的城市景观和建筑立面形象的优化工作，或者就是用于城市发展和招商引资宣传的愿景式规划设计，加之少数规划师和设计师把自己的价值取向任意听从于那些市场逐利的开发和只按照时间节点推进的"政绩工程"需要，使规划设计出来的城市环境品质还不能令人满意，"图上画画、墙上挂挂"仍时有出现。目前，我国已经明确了中国特色社会主义新时代和生态文明时代发展的新目标和新愿景，人们对城市环境品质要求越来越高，而且这种要求已经从城市地段尺度发展到更大尺度的片区乃至整个城市，必须通过城市设计来保证和提高环境的品质和建设水平。

2018年，国家进行了资源统筹管理为核心的机构改革。但是，城市设计对于城市高质量发展和建设的独特作用和学理特性并不会改变。城市设计是各类空间和建设规划落地实施的基本保障和具体化，是形成基于产权地块的场所感知丰厚度、空间利用和社区活动的多样性、保障建筑设计价值体现的主要手段和技术支撑。对于城市设计实践，笔者个人的总体看法是：小尺度城市设计偏向于建筑学以及景观和环境设计的学理逻辑；大尺度城市设计则必须依托法定的空间规划和城市规划体系，很多情况下是为规划落地和精细化管理而开展的，应该秉承"七分管理、三分自为"的认识基点。这里的"自为"主要是指市设计所关注的城市山水格局、理想人居环境、历史人文传承等内容不受各类规划编制及有效期的约束，是作为一个优秀的"千年城市"所必须具备的基本品质。

近年来，世界可持续发展共识所提倡的精明增长、紧缩城市、生态城市和历史遗产保护等学术思想和理念，以及地理信息系统（GIS）、全球定位系统（GPS）、遥感（RS）、"虚拟现实"（VR）、计算流体动力学（CFD）、社交网络平台和手机信令大数据分析等数字技术的应用，正在拓展城市设计的学科视野和专业范围，并对城市设计编制和工程实践产生重要影响，并呈现出数字化城市设计的发展趋势。

1985年，笔者师从齐康先生攻读博士学位，初涉城市设计专业领域。1989年，笔者完成了题为《现代城市设计理论和方法》的博士论文，其后又根据答辩评审专家意见进行了修改，并作为学术专著于1991年出版，后由中国台湾购买版权出版繁体字版本。1999年该书又出版了第2版，受到广大读者特别是专业人士和高校师生的肯定。1999年，针对城市设计专业发展和日益增多的城市设计实践需要，笔者全新撰写出版了《城市设计》一书。该书没有过于强调城市设计的基础理论，而是理论联系实际，通过大量亲历的城市设计实践案例，突出了专业人员实用操作的技术方法、通识参考和一般读者对城市设计知识领域的了解需要。该书出版后受到读者的普遍好评，一些高校将此作为城市设计课程和考研的教材或主要参考书，一些市长和城市建设干部培训班也将此作为专业参考书。该书至2003年先后印刷3次并在较短时间内售罄。2004年，《城市设计》出版第2版。2011年出版第3版。2017年，《城市设计》被住建部选为全国注册建筑师的专业培训教材，为广大建筑师群体学习了解城市设计提供了基础性的知识体系。迄今《城市设计》已经出版3版，累计印刷超过10万册，对中国城市设计学科专业发展和工程实践产生了重要的影响。

基于国家对城市设计内涵、作用及重要性的重新定位和近10年城市设计与时俱进的学科发展和专业工程实践，笔者今天仍然深感有必要从我国新时代城市建设和发展的实际需要出发，并结合现代城市设计领域前沿的最新进展和成果，将城市设计的基本概念、原理、内容、方法及其实施应用继续做持续性的深入探讨和研究。笔者和出版社都觉得有必要对《城市设计》第3版进行修订和内容增补更新。经过一段时间的准备，笔者在2018年年底重新启动修编和改写工作，历时1年多完成。

第4版所做的修编和内容增补工作主要包括：

第一，进一步阅读或重读了一些经典的城市史和最新城市设计论著和译著，较大篇幅地对城市设计发展历史、理论和方法部分内容进行了校订、增补和修改完善。改写了城市设计要素篇章内容，更换了较多具有更高参考价值的案例，图片也有大量更新或精度提升。

第二，城市设计数字技术方法等在近10年有重大发展，所以本次再版重点增补和改写了这部分内容，并将其设置成为独立的第6章。

第三，2011年《城市设计》第3版出版以来，笔者及团队先后完成了数十项各类城市设计工程实践，其中大部分付诸实施。所以，此次再版较多增加了亲历的城市设计的实施案例，使本书更加具有现实指导意义和实践参考价值。

第四，修改了中国城市设计教育部分的内容，增加了对《建筑类专业教学质量国家标准》和《高等学校城市设计方向研究生教学标准》等全国性城市设计教育指导文件的解读。

第五，补充改写了城市设计运作、实施和管理的内容，增加了城市设计的社会调查方法、城市设计数据库等内容。

新增的参考书目主要包括：吴良镛的《中国人居史》、王瑞珠的《世界建筑史》（古罗马卷、伊斯兰卷）、王建国的《传承与探新：王建国城市和建筑设计研究成果选》、詹姆斯E. 万斯的《延伸的城市——西方文明中的城市形态学》、约翰·里德的《城市》、沃尔夫冈·桑尼的《百年城市规划史》、王鲁民的《营国——东汉以前华夏聚落景观规制与秩序》、乔治·威尔斯和卡尔顿·海斯合著的《全球通史——从史前文明到现代世界》、福里克的《城市设计理论——城市的建筑空间组织》和乔尔·科特金的《全球城市史》，以及杰瑞米·布莱克的《大都市——图解城市》，沃纳·海格曼和埃尔伯特·皮茨的《美国的维特鲁威——城市公共艺术的建筑师手册》等。

第4版保持了前3版已经为读者所认同的理论联系实际、

内容体系完整、设计方法易于参考、一手案例丰富、图文并茂的基本特色。该书可以为从事城市设计项目实践的专业人员、高校城市设计课程讲授、专业教材编写和城市设计知识培训等提供参考。

王建国

于 2020 年

注释

① 参见莫里斯（Morris）的 *History of Urban Form：Before the Industrial Revolutions*（Harlow: Longman,1994）；齐康的《城市的形态》(《南京工学院学报》1982 年第 4 期)；王建国的《自上而下，还是自下而上——现代城市设计方法及价值观的探寻》(《建筑师》1988 年第 31 期)；科斯托夫的《城市的形成——历史进程中的城市模式和城市意义》(单皓译，北京：中国建筑工业出版社，2005) 等。

② 参见王建国的《中国大百科全书 III》试写词条，2017。

③ 2018 年 1 月 30 日教育部正式发布了《普通高等学校本科专业类教学质量国家标准》，《建筑类专业教学质量国家标准》是其中一个部分。

参考文献

[1] 唐纳德·沃特森，艾伦·布拉斯特，罗伯特·谢卜利. 城市设计手册 [M]. 刘海龙，郭凌云，俞孔坚，等译. 北京：中国建筑工业出版社，2006.

[2] 吴良镛. 广义建筑学 [M]. 北京：清华大学出版社，1999.

[3] 陈占祥. 马丘比丘宪章 [J]. 城市规划研究，1979:1-14

[4] 戴维·戈林斯，玛丽亚·戈林斯. 美国城市设计 [M]. 陈雪明，译. 北京：中国林业大学出版社，2005.

[5] 齐康. 城市建筑 [M]. 南京：东南大学出版社，2001.

[6] 吴良镛. 世纪之交的凝思：建筑学的未来 [M]. 北京：清华大学出版社，1999.

[7] 王建国. 城市设计 [M]. 北京：中国建筑工业出版社，2015.

[8] 吴良镛. 人居环境科学导论 [M]. 北京：中国建筑工业出版社，2001.

目录

1 城市设计概述

1.1 城市设计的概念及其内涵

美好、宜居、充满文化内涵的城市人居环境是人类的永恒追求，即使在全球化和信息数字化的时代依然如此。在与美好城市人居环境营造相关的学科专业领域中，城市设计无疑是关联最为密切的。

精确定义城市设计的概念迄今尚无共识，但一般狭义理解城市设计的概念却也并不复杂。城市设计意指人们为某特定的城市建设目标所进行的对城市空间和建筑环境的设计和组织。传统的看法认为城市设计是建筑学领域的一个分支和专门化，工业革命后现代城市规划学科崛起后城市设计的作用发生了一些变化，并与作为政府职能的城市规划建立了紧密的专业关联。但不可否认的是，在一个多世纪世界城市建设发展历程中，城市设计所具有的独特的学科学理及运用这种学理而开展的各类城市设计专业实践，在城市环境品质提升和场所感（Sense of Place）的塑造方面起了关键性的作用。

城市建设者、专业研究者和工程实践人员，总是从不同的视角对城市设计进行定义，并提出不尽相同的看法。美国宾夕法尼亚大学（U. Penn）前教授乔恩·朗（J. T. Lang）就曾经将城市设计归之为实用性财政主义城市设计、作为艺术的城市设计、作为解决问题方法的城市设计和社区设计（Community Design）式的城市设计四类。笔者经研究则认为，对城市设计的各种看法大体可分为理论形态和应用形态两类。

1.1.1 作为理论形态来理解的城市设计

不列颠百科全书指出："城市设计是指为达到人类的社会、经济、审美或者技术等目标而在形体方面所做的构思，……它涉及城市环境可能采取的形体。就其对象而言，城市设计包括三个层次的内容：一是工程项目的设计，是指在某一特定地段上的形体创造，有确定的委托业主，有具体的设计任务及预定的完成日期，城市设计对这种形体相关的主要方面完全可以做到有效的控制。例如公建住房、商业服务中心和公园等。二是系统设计，即考虑一系列在功能上有联系的项目的形体，……但它们并不构成一个完整的环境如公路网、照明系统、标准化的路标系统等。三是城市或区域设计，这包括了多重业主，设计任务有时并不明确，如区域土地利用政策、新城建设、旧区更新改造保护等设计"。[1] 这一定义几乎包括了所有可能的形体环境设计，是一种典型的"百科全书"式的集大成式的理解，与其说是定义，不如说其更重要的意义在于界定了城市设计的可能工作范围。

1981 年，美国麻省理工学院（MIT）教授林奇（Lynch）出版《一种好的城市形态理论》一书。该书是一部探讨城市形态与城市设计（City Design）相关性的理论著作。林奇教授在书中论及了城市模式与城市设计的关系。他认为，大多数城市模式主要依据已经存在的形态得出并在此框架内讨论，但是这些形态如何形成的过程却没有考虑[2]。从城市的社会文化结构、人的活动和空间形体环境结合的角度看：城市设计的关键在于如何从空间安排上保证城市各种活动的交织。进而应实现城市空间结构上的人类多元价值观的共存。他崇尚城市规范理论，并概括总结了三种城市形态发展的原型，表达了一种从理论形态上概括城市设计概念的尝试[2]，笔者曾在 1989 年完成的博士学位论文中对其进行了延伸解读和分析研究。

1950 年代末兴起的"十次小组"（Team 10）则认为，城市社会中存在人类结合的不同层次，城市设计应该涉及空间的环境个性、场所感和可识别性（Identity）。他们提出的"门阶哲学"（Door）和"过渡空间"（In-between Space）概念，特别强调了城市设计中以人为主体的微观层次。他们鲜明地指出，"城市规划的艺术和赋型者的作用必须重新定义——与功能主义的艺术分析方法相联系，建筑与城市规划曾被认为是两个彼此分离的学科"，但我们今天不再说建筑师或城市规划者，"而是说建筑师——城市设计者"，这里的定义强调了"文脉"（Context）的概念，拓宽了城市设计发展的理论视野[3]。

威斯康星大学教授拉波波特（Rapoport）则从文化人类学和信息论的视角，认为城市设计是作为空间、时间、含义和交往的组织[4]。城市形态塑造应该依据心理的、行为的、社会文化的及其他类似的准则，城市形态的背后有着复杂的社会和文化的因素作用，理解城市形态不能简单地通过规则或者不规则来判定。

斯藤博格（Sternberg）在《一种城市设计的整合性理论》一文中认为，城市设计是在建成环境（Built Environment）中关于人们对于私人或是公共领域中环境体验的一门学科[5]。

此外，关于城市设计领域也有不同的学派，如实用主义、经验主义、理性主义、新理性主义以及范型理论等。

一般来说，专家学者比较重视城市设计的理论性和知识架构，他们经过推敲提出城市设计的定义设想，审慎地确定概念的定义及知识边界。有时还时常变换视角和研究方法，建立理论模型，力求从本质上揭示城市设计概念的内涵。同时，较多地反映研究者个人的价值理想和见解，一般也不受政治、经济、实施等现实因素的制约。由于各家之说涉及理论的认识论和方法论，所以对城市设计学科和专业领域发展常常具有重要的学术影响和前瞻性意义。

1.1.2 作为应用形态来理解的城市设计

在西方，虽然具有现代意义的"城市设计"（Urban Design）在1950年代中才进入专业领域，但历史地看，对城市设计的关注主要是从城市建设的实践领域起步的（如早期的 Civic design），"与城市设计理论不同，城市设计本身的历史同人类文明的历史一样悠久"[6]。

通常，专业人员多从自己的实际工作和案例研究来理解和认识城市设计的定义，更加关注城市设计客体的现实性、目标的针对性和实施的可操作性。因此，一个具体形象的规划设计方案及其相关的指导城市发展和建设的城市设计政策和导则成为城市设计实施层面的基本成果。一般来说，应用形态的城市设计常常与城市发展中的实际环境改善相关联，其解释更易于为社会各界和广大公众所理解和认同。

在现实背景中，这种解释常与特定的社会、政治、经济、文化和社区有关，具有显见的政策取向和项目工程取向。

前纽约总城市设计师、宾夕法尼亚大学教授巴奈特（Barnett）曾指出"城市设计是一种现实生活的问题"，他认为，我们不可能像柯布西耶（Corbusier）设想的那样将城市全部推翻后重建，城市形体必须通过一个"连续决策过程"来塑造，所以应该将城市设计作为"公共政策"（Public Policy）。巴奈特坚信，这才是现代城市设计的真正含义，它逾越了广场、道路的围合感，轴线、景观和序列等这些"18世纪的城市老问题"。确实，现代主义忽略了这些问题，但是"今天的城市设计问题起用传统观念已经无济于事"。他有一句名言，"设计城市，而不是设计建筑"（Designing Cities Without Designing Buildings）[7]。

1955年，美国学者斯泰因（Stein）曾经说过，城市设计"是结构与结构之间，结构与自然背景之间的关系的艺术，它服务于现实生活"[8]。

曾主持费城（Philadelphia）和旧金山城市设计工作的美国学者培根（Bacon），在研究考察历史上著名城市的案例后认为，美好的城市应是市民共有的城市，城市的形象是经由市民无数的决定所形成，而不是偶然的。城市设计的目的就是满足市民感官可以感知的"城市体验"。为此，他强调很多美学上的观察，特别是建筑物与天空的关系、建筑物与地面的关系和建筑物之间的关系，并提出评价（Appreciation）、表达（Presentation）和实现（Realization）三个城市设计的基本环节①。

城市设计领域卓有建树的美国学者雪瓦尼（Shirvani）指出，城市设计不仅仅与所谓的城市美化设计相联系，而且是城市规划的主要任务之一。"现行的城市设计领域发展可以视为一种用新途径在广泛的城市政策文脉中，灌输传统的形体或土地使用规划的尝试。"[9]

德国学者福里克（Frick）认为："城市设计涉及建成环境及其空间组织的维度。城市设计作为城市规划的组成部分，主要任务是构想建筑空间布局，并确定其目标，同时对建设行为进行协调与调控。"[10]

齐康先生认为："城市设计是一种思维方式，是一种意义通过图形付诸实施的手段。城市设计包含着这样几个意义：一是离不开'城市'（Urban），凡是城市建造过程中的各项形体关系都有一个环境，不过层次不同，但均属于城市，在组成城市不同层次的环境之中，不同层次的系统中都有各自的要素组成，都有自己的特定关系形成的结构关系。二是城市设计离不开设计（Design）。设计不是单项的设计而是综合的设计，亦即将各个元素加在一起综合分析比较取其优势，是有主从、有重点、整体地进行设计。"[11]

陈占祥先生认为："城市设计是对城市形体环境所进行的设计。一般指在城市总体规划指导下，为近期开发地段的建设项目而进行的详细规划和具体设计。城市设计的任务是为人们各种活动创造出具有一定空间形式的物质环境，内容包括各种建筑、市政设施、园林绿化等方面，必须综合体现社会、经济、城市功能、审美等各方面的要求，因此也称为综合环境设计。"[12]

在涉及内容上，应用形态的城市设计，更注重城市建设中的具体问题及其解决途径。因而对于他们来说，是否把概念和内涵搞得逻辑清晰、严谨可考无关紧要，他们不要求深奥的理论，而只要有大致的能契合普适性的城市设计概念理解即可，换句话说，他们视城市设计为一种解题的"专业工具"或"技术"。不过它与理论形态的城市设计观点也有一致之处，其中最根本的是，两者都认为城市设计与人的认知体验和城市人居环境有关，可以说，它们是从不同的层次和角度来看城市设计的。

1.1.3 城市设计的学科和专业构成

城市设计是一门正在完善和发展中的综合性的学科。一方面，城市设计有其相对独立的基本原理和理论方法；另一方面，其具体的方法和操作技术又与一个国家或者一个地区的城市规划体系和城市建设的现实状况结合，从而具有社会实践和工程性的应用意义。

目前，美国一些著名高校，如哈佛大学（Harvard University）、宾夕法尼亚大学（U. Penn）、麻省理工学院（MIT）、哥伦比亚大学（Columbia University）等，早在1960年初就将城市设计确立为学位课程，并设有专门的建筑/城市设计硕士、景观建筑学（Landscape Architecture）/城市设计硕士、城市规划/城市设计硕士（MAUD、MLAUD、MCPUD）学位；欧洲很多高校也设有城市设计方向的研究生培养课程；1980年代以来，中国各大高校相继在建筑学、城市规划和风景园林等专业逐渐增加城市设计教育知识课程体系。因此，把城市设计看作与其他城镇环境建设学科密切相关的一门学科或专业应当是恰当的[13]。

根据以上引述和分析，不难看出：

第一，城市设计的概念和内涵可由"理论"和"应用"两部分内容构成。理论形态常是一般性的、整体性的和理想化的，其表达方式则是理性的、自律的、规范的；而应用形态则常偏重方法和技术，因而常是现实的、易于操作的，其表达方式则常是经验的、实证的和切合实施需要的。

第二，城市设计理论方法与城市设计实践的方法和技术并不能简单等同，事实上，城市设计实践在历史上要远远先于城市设计理论的出现。一名城市设计理论家和学者未必就是一名能以城市设计作品实证自己理论的设计者。反之，城市设计实践者也未必一定熟谙理论。一种理论或模型从提出、发展、检验直到能够较完整地实现，常常需要经历一段很长的时间，有时甚至只能停留在假说层面。

第三，城市设计理论和概念具有多元化表述的特征。剖析当代各种城市设计理论，我们可以发现，它们都有其自身特定的城市发展、社会文化背景和经济基础条件所决定的特点以及学者独自观察认识的维度。

第四，因所要解决的问题性质、程度、内容不同，世界各国研究者对城市设计研究所运用的理论、概念、方法的适用范围也不尽相同。

依此论述，我们试给城市设计做出如下的定义：城市设计是与其他城镇环境建设学科密切相关的，关于城市建设活动的一个综合性学科方向和专业。城市设计主要研究城市空间形态的建构机理和场所营造（Place-Making），是对包括人、自然、社会、文化、空间形态等因素在内的城市人居环境所进行的设计研究、工程实践和实施管理活动[②]。

城市设计的工作重点是围绕城市美好人居环境的营造，着重贯彻城市整体维度的设计创意，同时也要努力探寻城市形态组织和建构的规律和特征。城市设计致力于优化各种城市设施功能并使之相互协调、组织各利益相关方的合作参与，整合各种系统和要素的空间安排和设计，并最终取得综合性的环境效益。城市设计不仅要体现自然环境和人工环境的共生结合，而且还要反映包括时间维度在内的历史文化与现实生活的融合，以期为人们创造一个舒适宜人、方便高效、健康卫生、优美且富有文化内涵和艺术特色的城市空间环境，对城市社会发展和人居环境建设产生应有的积极影响。

城市设计不是简单的"扩大规模的建筑设计"，也不是所谓的"缩小了的城市规划"抑或简单的"城市规划的一部分"。它对应的是作为社会生活意义和记忆场所价值而存在的城市，而不是作为狭义的建筑意义上的城市（City as Building）抑或作为土地使用的城市（City as Land Use）和功能的城市（Functional City）。

1.2 城市设计的历史发展

1.2.1 城市文明和城市设计的缘起

城市设计几乎与城市文明的历史同样悠久。从词源上看，"文明"（Civilization，拉丁语为 Civilitatem）这词根即指城市（Civil），所以文明起源通常要有城市聚落的遗迹实证，而"文化"（Culture，拉丁文为 Cultura）这一词根则与农业和养殖有关。

在古代，建造人类聚居点的第一要务就是为聚落划分不同的功能和土地权属，紧接着就是建立不同用地的联系，因此聚落的规划设计即大致构成了后世城市设计的发展原点，它是随着人类最早的聚居点的形成建设而产生的。

大约12000年前，人类进入以农业革命为标志的新石器时代。在这一时代，人们逐渐学会农业耕种和有组织的采集，农业与畜牧业分离，第一次社会大分工产生。这时人们进入了永久性的定居生活，人居村落为主要形式的群居生活场所开始出现。这些村落常以石块或土坯作为建筑材料的小屋集聚形成环状形态，四周以沟渠、木栅围绕，防止野兽侵袭，某些房屋内部还出现进一步的分隔墙体。较之巢居、穴居、树枝棚等旧石器时代的原始人栖息地，这种村落住所的营造有了明显的进步，并在一定程度上结合基地的自然和生物气

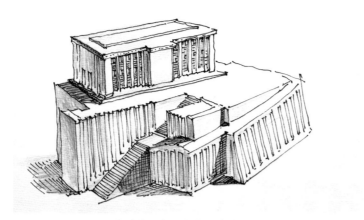

图 1-1　矗立在金字塔神塔塔顶部的乌鲁克白寺

图 1-2　加泰土丘布局形态

图 1-3　乌尔城鸟瞰

候条件，营造水平和方式有了明显进步。

美索不达米亚、埃及、伊朗和小亚细亚的聚居点在公元前 5000 年已经出现了村落雏形。2019 年 7 月，中国良渚古城遗址获准列入世界遗产名录，标志着中国在距今 5000 多年前，已经拥有了自己的古代城市文明。随着手工业从农业中的分离，第二次社会大分工产生了，接着又出现了直接以交换为目的的生产，也即商品生产，货币开始流通。这时，一个不从事生产而只从事产品交换的阶级——商人出现了，于是第三次社会大分工产生了，城市就是在这样的社会背景下应运而生的。

世界上最早的一批城市文明主要诞生于底格里斯河、幼发拉底河、尼罗河、印度河、黄河、长三角等冲积平原区域。通过最新的考古发掘研究，多数学者认为，发端自两河文明"新月沃地"的苏美尔文化是城市最早产生的摇篮，苏美尔人最先创造了城市聚落。苏美尔人认为，城市是世界的中心，在不稳定的自然环境中，城市是一个不变的定居点，是人类创造并供奉的神的居所。伊甸园不是一个花园，而是一座城市。19 世纪的考古成果表明，苏美尔人最早在位于美索不达米亚南部幼发拉底河下游右岸，今伊拉克境内的乌鲁克（Uruk 或 Erech）创建文化，当时的居民已经能够制造铜器和陶器，建有巨大塔形建筑物，并创造图画文字（楔形文字），后形成早期的乌鲁克城邦和宗教中心，史称"乌鲁克文化"（公元前 3300 年）（图 1-1）。1958 年，考古学家梅拉特在"新月沃地"西边，今土耳其南部的安纳托利亚高原，发现了加泰土丘遗址，多数的层迹表明这里可以回溯到 9000 年前，那时这里至少有两千个家庭约 1 万人生活居住，占地达到了 12 hm^2（1 hm^2=10^4 m^2），加泰土丘一度被认为是"世界上第一个城市"。但城市史家里德（Reader）等学者认为这只是一个"大村庄"，因为这里并没有发现全时的工匠、商人、牧师和官员的活动，而这些才是城市与村庄由于社会分工所形成的本质不同。最新的权威解释是：加泰土丘是安纳托利亚南部新石器时代和红铜时代的人类定居点遗址，是已知人类最古老的定居点之一，该遗址在 2012 年被列入联合国教科文组织世界遗产名录（图 1-2）。苏美尔的乌尔城曾经发展到很大规模，1930—1931 年，考古学家伍利通过考古发掘，发现了有等级的大路、街道和小巷。这时的房屋建造顺应地形，墙体采用了烧制黏土砖，基础还采用了专门防潮的烧制砖。这里居住生活着商人、抄写员、商店主等中产阶级，还发现了最早的学校和近两千块泥制写字板。伍利据此信息绘制了古代乌尔的地图，惊奇地发现它颇像一座后来的英格兰城市[14]。从复原模型看，乌尔市中心矗立着月神伊南娜塔庙，两道绕城的水渠及城市内部的水道与幼发拉底河相通，联系远达波斯湾。城市周围是幼发拉底河平原的农耕田地，农民视城市为自己的守护神。到公元前3000年，这片产生苏美尔文化的"新月沃地"，已经在两河流域产生了星罗棋布的繁华城市[15]（图1-3）。从城市文明起源时间看，"乌鲁克文化"是开花更早的。

这时的城邦国家中，国王和寺庙的僧侣位居国家的顶端，他们把财产投入手工业、土地、商业活动或者对外放债。大多数平民谋生的手段则多种多样，有耕种的农民，也有各种匠人、商人和放牧者。在每个城市中，都有手工业阶层，这个阶层包括木匠、铁匠、制陶人和珠宝匠人。他们在集市售卖自己制作的工艺品，并以此换取货币或者实物。这些已呈现出现代城市的雏形了[16]。可以说，"城市革命"或城市的产生，与文字书写、金属冶炼合为人类文明产生和传播的三大要素。

在史前人类聚居地形成和营造的最初过程中，主要依从自然环境条件的共同法则，城镇的出现一般都是在气候相对温暖和靠近水源的地方。如古埃及许多城镇都是在尼罗河网地区发展起来的，如孟菲斯、底比斯等城市，但大多数城镇都毁于尼罗河周期性的洪泛。当时的城镇还依据其所在地的地理位置环境、海岸走向、河谷或山坡地势而修建，很多城镇都修建于自然高地或人工高台上以抵御水患。中国黄河流域及其洛河、渭河河谷地带则发展出中国早期的一批中国城市聚落。从考古成果看，史前的城镇已具备一些基本布局形态，如古埃及城镇多用矩形平面、美索不达米亚则为椭圆形等，中

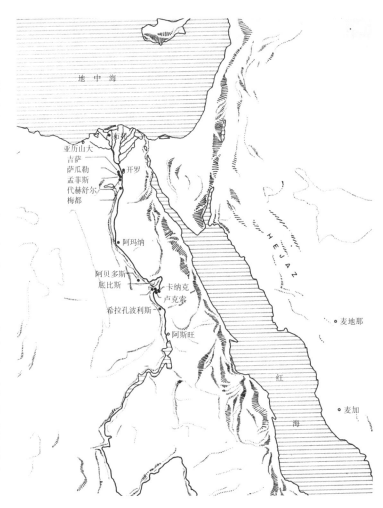

图1-4 古埃及城镇均沿尼罗河分布

图1-5 古埃及的太阳崇拜

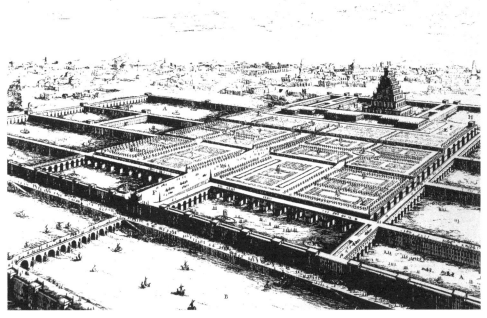

图1-6 新巴伦城市景观

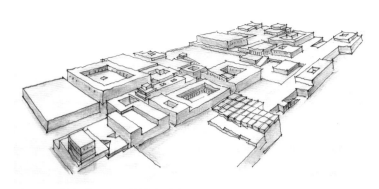

图1-7 莫亨约·达罗的城市形态

图1-8 公元前2500年的莫亨约·达罗

国学者通过近四百个先秦城市遗址的考古成果认为这些城镇的布局设计存在一定的规则[17]。各大文明城邑修建被认为是同源的说法已为多数学者所认可。这一时期的著名实例有两河文明中的乌尔、尼尼微、巴比伦，埃及文明中的孟菲斯、卡洪、底比斯及印度文明中的达亨约·莫罗等（图1-4至图1-8）。

就在这一时期，由于缺乏科学知识，原始宗教曾一度成为当时的主导文化形式，如"占卜"和"作邑"。这种由僧侣抓沙撒地，并以落沙所呈现的图案来决定未来城市平面规划的方法，本身就是一种很具体的建城宗教仪式。美索不达米亚、埃及地区的城市文明的共同特征是以宗教为中心，例如，苏美尔的乌尔城历经多个朝代，但历代征服者都不断修缮乌尔神庙，神庙功能的核心地位保持了千年之久。早期神庙也具有开放的商品交易和购物的场所，甚至神庙还具有自己的工场加工衣物和器皿。从尼尼微开始，也出现以宫殿为中心的城市形态布局。印度文明和中国文明的城市也多以神庙、宗庙以及"替天行道"统治者的宫殿为中心。根据希罗多德记载，古代伊朗第一座都城埃克巴塔那的建设，曾采用了七道不同颜色、不同象征的城墙，就反映了当时人们对宇宙的理解和崇拜转化为城市设计主导因素的事实。那一时期的祭司和巫师不仅行使宗教事务，同时也扮演着一些城市管理的职能[18]。其实，这些人也属于城市中最早形成的知识阶层。

应该看到，近万年前的人类，以当时的认知自然和技术能力是无法应对诸如洪水泛滥这样的自然灾害的。逐水而居开启了人类城市文明，但水灾一直是定居和发展生产的重要威胁，所以如何治水就成为关乎人类生存的重大问题。事实上，如苏美尔人所生活的环境每年都会受到泛滥的底格里斯河和幼发拉底河的影响。洪水泛滥的不可预见性极大地困扰着苏美尔人。中国古代就有"大禹治水"及后来具体到一个城市的"西门豹治邺"这样的记载，圣经里也有"诺亚方舟"的记载等。所以，人们在城市中修建高大辉煌的神庙、编制完备的法典来减轻人们心中的不安感。巴比伦帝国颁布的《汉谟拉比法典》就是这一时期的经典，也影响了后世的亚述人、希伯来人的法制定律。

1.2.2 古希腊的城市设计

希腊文明源自克里特和迈锡尼。克里特是希腊大陆之外的一个海岛，这里长期从事海上贸易，运送橄榄油、锡等物资。在美索不达米亚和埃及商业文明影响下，这里形成一种独特的欧洲古典城市文化，并产生克诺索斯等城市。在克里特成就的基础上，迈锡尼为后世希腊城市发展奠定了基础和建设模式。迈锡尼人骁勇善战，但不利于统一帝国的形成，特洛伊之战成为这个时代的战争经典。

希腊文明之前，欧洲缺乏系统性的城市设计理论和方法。这一时期城镇建设和城市设计几乎都出自实用目的，除考虑防守和交通外，一般没有古埃及、古伊朗城镇那样的象征意义。一般地说，这时的城市喜好选择南向斜坡修建。公元前8世纪到前6世纪，希腊半岛、地中海和黑海沿岸，希腊人建设了数百个最高权力由公民掌握、崇尚法制的城邦。公元前5世纪，希波战争爆发，在公元前490年的马拉松战役和公元前480年的萨拉米斯海战中希腊人获得胜利。古希腊时期城市建设最重要的传世之作无疑当属雅典及雅典卫城（Acropolis）。

雅典背山面海，城市布局呈一种不规则的自由状态，广场无定型，建筑排列因地制宜，没有主导性的轴线关系。雅典城市中心为卫城，居民定居点和城市就是从卫城山脚下逐步向外发展形成的。希腊的广场是群众集聚的重要场所，这里有司法、行政、商业、娱乐、宗教和社会交往等功能。雅典全盛时期进行了大规模的城市建设，建筑类型十分丰富，特别是剧场的建设，充分利用半圆凹进的地形加以设计建设，既节约土方，又有利于保持良好的音质和视觉效果。

雅典卫城是当时雅典城的宗教圣地，也是雅典全盛时期的纪念碑。即使从今天看，雅典卫城仍属城市设计的优秀案例。雅典卫城建于一个陡峭的高于平地 70—80 m 的山顶台地，东西长约为 280 m，南北最宽约 130 m，山势险要。卫城发展了民间圣地建筑群自由活泼的布局方式：建筑物的安排顺应地势，并考虑了人们步行观赏和体验的设计效果。卫城内各主要建筑物均处于空间的重要位置上，如同一系列有目的布置的艺术雕塑。从卫城内可以看到周围山峦的秀丽景色。它既考虑到置身其中所获得的环境之美，同时也考虑了从卫城四周仰望时的景观效果。为体现城市为平民服务，卫城还建有市民活动中心、露天剧场和竞技场等。公元前 479 年，卫城遭受入侵者的破坏，但在其后的公元前 447—405 年伯利克利斯时期得到了彻底的重建，著名的帕提农神庙、伊瑞克先神庙和雅典娜神庙就是在这一时期完成的。1940 年，著名希腊学者道萨迪斯（Doxiadis）曾分析雅典卫城，发现其中建筑布置、入口与各部分的角度都有一定关系，并证明它合乎毕达哥拉斯的数学分析。需要特别提及的是，卫城还是一个重要的城市公共活动中心。卫城西北侧的广场是群众集聚的重要场所之一，融司法、行政、商业、娱乐、宗教、社会交往等功能于一身，周围建筑排列无定制，庙宇、雕塑、作坊、摊棚等因地制宜布置其中，公共生活气氛浓郁（图 1-9、图 1-10）。

希波战争前，希腊城市多为自发形成。城市空间、街道系统规划均无定法。公元前 491 年希波丹姆（Hippodamus）所做的米利都（Miletus）重建规划，在西方首次系统地采用正交的街道系统，通过矩形的重复街区，形成十字格网（Gridrion System）。城市各种公共建筑物都与网格相关，这种格网系统一般被认为是西方城市规划设计的起点。它不仅标志着一种新的理论和实用标准的诞生，而且表明以往那种修建城市依靠土地占卜巫术及神秘主义的思想已经被一种新的理性标准所取代。虽然这种格网布局早在古埃及的卡洪城及一些印度古城中都曾使用过，但希波丹姆第一次从理论上论述了这种规划设计模式。不过，也有学者指出，这种格网系统是强加到位于丘陵地区的米利都的，所以许多道路不得不使用大量踏步。其后古罗马很多城市由于政治、军事要求也采用类似的格网布局（图 1-11）。

培根在其《城市设计》一书介绍了由一个设计师及多个设计师完成的二类古希腊城市设计，前者以普里安尼（Priene）为代表，后者以卡米鲁斯（Camiros）为代表。通过对古希腊城市设计案例的研究，培根总结出城市空间组合和生长的六种方式（图 1-12）。

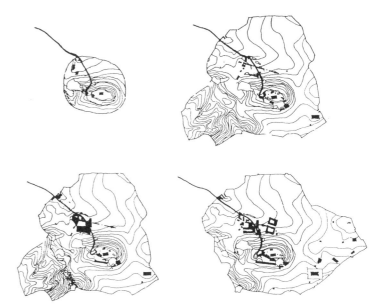

图 1-9a　雅典卫城的历史发展

图 1-9b　雅典城市复原模型示意

图 1-10　雅典卫城山门全景仰视

1.2.3　古罗马时期的城市设计

古罗马时代是西方奴隶制发展的最高阶段。古罗马人仰仗巨量的财富和军事实力，领土日益扩张。罗马鼎盛时期，控制了地中海地区的版图，部分已经扩大到欧亚非三洲，从哈德良长城到幼发拉底河。当时整个帝国版图上的城市数以

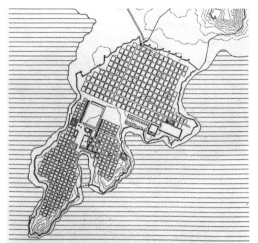

图 1-11 米利都平面、城市中心

图 1-12 小亚细亚的普里安尼城市形态

图 1-13 罗马帝国遗址鸟瞰

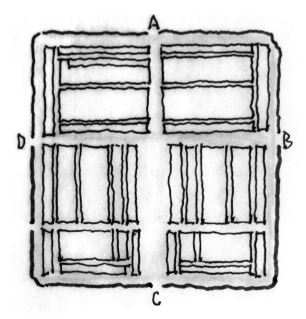

图 1-14 典型罗马军事城镇的布局模式

千计，超过 60 万人的军队驻扎在帝国的 119 个省中，3 万名公职人员在国外管理帝国的事务，疆域总人口近 5000 万。

罗马人擅长规划和修建道路。从公元前 4 世纪起，罗马人就先后在意大利和帝国的各个省之间修建道路系统，这些道路经久耐用，最初用于军队征调，平时则主要是粮食等货物的运输，有的还一直沿用到现在。公元前 146 年，罗马军队征服了迦太基，使得罗马人不仅获得北非的粮食等农产品，而且还获得西西里、撒丁岛和西班牙的农产品；此后，又获得尼罗河三角洲的粮食供应，每年从这里用船只运往罗马的谷物超过 10 万吨。

公元前 2 世纪，罗马已经出现帝国的雏形。这时兴建了很多引水道、港口设施、市政广场、神庙和凯旋门等纪念物，以及大量城市住宅。但是随后的百年时间，帝国破坏了共和体制，城市人口贵贱和贫富两极分化愈演愈烈，很多战争中获胜的士兵回到家乡发现他们失去了土地和住房，他们的战斗是为了少数人享受财富和奢华。于是，帝国动荡加剧并发生了著名的斯巴达克斯领导的奴隶起义。公元前 49 年，新上任的罗马统治者凯撒决心改革，他颁布法令对城市中泛滥成灾的破旧房屋的高度进行限制，强迫使用瓦片以及拉开建筑物之间的距离以防火灾，同时扩建市政广场。其后的继任者奥古斯都进一步新建了宫殿、神庙和其他公共建筑，"留下了一个大理石的城市"[18]（图 1-13）。

古罗马时代已有了正式的城市布局规划，它具有四个要素：选址、分区规划布局、街道和建筑的方位定向和神学思想。美国著名城市史专家芒福德（Mumford）曾指出，"他们（罗马人）从希腊城镇中学到了基于实践基础的美学形式，而且对米利都规划形式中的各项重要内容——形式上封闭的广场，广场四周连续的建筑，宽敞的通衢大街，两侧成排的

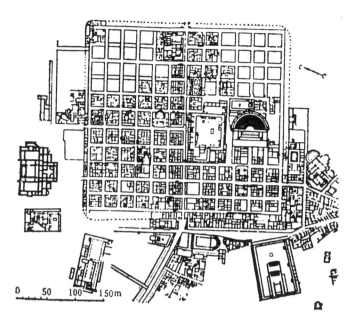

图 1-15　罗马时代提姆加德城市平面

图 1-16　罗马时代的土地勘测和"百人分地"

建筑物，还有剧场——罗马人都依照自己的方式进行了特有的转换，比原来的形式更华丽更雄伟"[19]。著名案例有：罗马、庞贝、博洛尼亚、都灵、维罗纳等。

古罗马时代开展了大规模的军事城镇建设。公元前275年，古罗马人在地中海沿岸规划建设的平面呈方形的派拉斯营地，是古罗马时代军事要塞城镇设计的原型（图1-14）。今天欧洲大约有120—130个城市都是从这一城镇原型发展而来的。如公元前1世纪建成的北非城市提姆加德（Timgad）（在今阿尔及利亚，公元7世纪湮没，后被完整考古挖掘），基本继承了希波丹姆的格网系统：垂直干道丁字相交，交点旁为中心广场，全城道路均为格网布局，街坊形成大致相同的方块，主干道起讫处设凯旋门（图1-15）。罗马人还创造了著名的与农田殖民化有关的"百人分地"，即通过"营地面积测量器"按照垂直相交的路网进行分地，将农地划分成大至 50 hm²，小至 0.1225 hm²（35 m×35 m）交给移民耕种，现在很多地势平坦的古罗马属地仍然可以看到该土地划分系统留下的痕迹。有学者认为，罗马对外扩张时期对于被权力所达地区植入城市统治和管理是其征服世界的重要工具（图1-16）[20]。

据德国学者缪勒考证，罗马城市的规划形式和定向原则与古代罗马人所使用的勘测技术和当时的思想观念密切相关。文献记载表明，古罗马城的平面布局划分，因循了古罗马人当时对宇宙的理解和认识：城市的两条基线代表宇宙的轴线，基线划分成的四个部分代表宇宙的构成。库朗日曾说过："城市基地的选择是一项决定着大家命运的严肃实物……应该总是由神灵来决定。"[21]

罗马人的筑城技术中的一部分是在战争中从亚洲学来的，古代东方城堡的结构原则，曾经成为罗马人城市设计的范本：正四方形平面，正南北走向，中心十字交叉的路口正对四面的街道和城门。但他们在此基础上又加入了自己的思想准则和社会标准。例如，主要城门及街道要对准帝王生日那天的日出方位，或避开敌人可能来犯的方向[22]。另一方

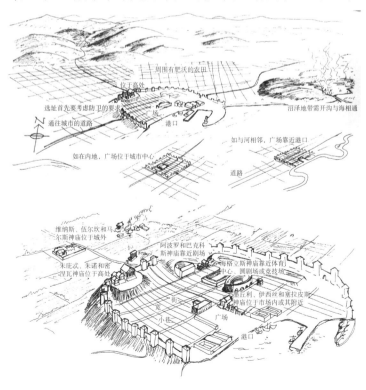

图 1-17　维特鲁威《建筑十书》中的城市选址和布局论述

面，古罗马的内脏占卜术和测绘师的工作、宗法礼仪和建筑师的工作，也对古罗马城市的规划建设起了至关重要的作用。维特鲁威（Vitruvius）的名著《建筑十书》（*Ten books on Architecture*）则对城市建设和建筑设计的规范性和科学性做出了在当时堪称全面系统的总结（图1-17）。该书认为城镇建造要选取"健康的营造地点，地势应较高，无风，不受雾气侵扰，朝向应不冷不热温度适中"。这些城镇选址建设的基本原理直至今天仍具有重要的意义。

公元118—138年，在罗马郊外蒂沃里山下建设的哈德良离宫是这一时期完成的重要作品。离宫规模庞大，总用地达到了740英亩（约299 hm²）。设计依山就势，按照视觉美学原则，通过若干不同角度的空间轴线安排，将依托地形不规则的建筑群组织到一起，达到了很高的城市设计水平。后世名著《拼贴城市》（*Collage City*，1978）曾经对哈德良离宫的设计进行过精到分析（图1-18）。

古罗马城市的公共建筑、市政设施和公共空间有了长足的发展。以广场（Forum）为例，古罗马城市广场的使用功能比希腊时期有了进一步的扩大。除了原先的集会、市场职能外，还包括审判、庆祝、竞技等。其中，罗马城本身的广场群最为壮丽辉煌，其四周一般多为庙宇、政府、商场。巴西利卡

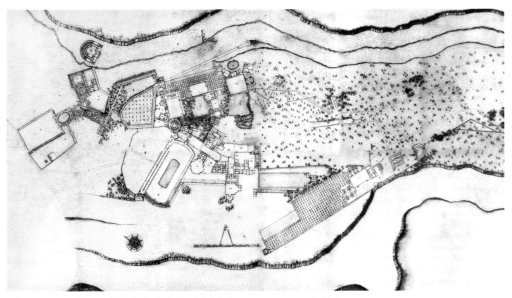

图1-18a 罗马郊区哈德良离宫总平面布局（Contini 于 1668 年绘）

图1-18b 罗马郊区哈德良离宫复原模型

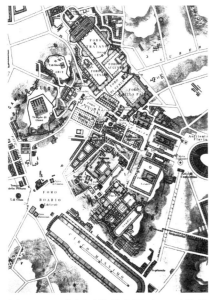

图1-19a 帝国时期的罗马中心区公共建筑布局

图1-19b 帝国时期的罗马中心区景观

图 1-20　罗马中心广场废墟

图 1-21　伊斯坦布尔中心区

等城市中最重要的公共建筑有罗马的罗曼努姆广场（Romanum Forum）、凯撒广场（Caesar Forum）、奥古斯都广场（Forum of Augustus）和图拉真广场（Forum of Trajan）。这些广场既相对独立又相互联系，平面布局较为规整（图 1-19、图 1-20）。

罗马时期为后世提供了一个大城市不断发展的样本，亦即不断通过修建水道、道路、排水系统、码头等使城市得以承担不断增加的城市人口。但是，罗马城市扩大需要庞大的"生态足迹"来支撑，其经济实际上是一种建立在侵占和掠夺被征服领土民族财富基础上的"寄生经济"，罗马是在消耗整个世界，所以，这种状况必然是不可持续的。公元 395 年，罗马帝国已经分成西罗马帝国和东罗马帝国，410 年，西罗马被入侵的哥特人所占领，而以君士但丁堡为首都的东罗马帝国则依然兴盛。

1.2.4　中古时代伊斯兰国家的城市设计

伊斯兰教由穆罕默德于公元 570 年所创立。穆罕默德从基督教和犹太教中获得灵感，宣称自己是世间的先知，并从 40 岁开始传播自己的教义。穆罕默德于公元 632 年去世，之后他传播宣传的教义被记录下来，最后成为伊斯兰教的经典——《古兰经》。穆罕默德的朋友伯克及继任者奥马尔继续传播伊斯兰教义，并开始了开疆拓土的事业，他们先后战胜了波斯和拜占庭帝国，逐渐建立起庞大的伊斯兰世界。在 125 年的时间里，其影响从印度河流域传到大西洋和西班牙，从中国边境流向埃及，波及近东、中东和北非等广阔的地区。

伊斯兰文化是在阿拉伯沙漠、草原地区的游牧方式中诞生、发展起来的。伊斯兰世界继承和发展了中、近东地区古代的城市概念，同时又很好地结合并丰富了伊斯兰文化本身。伊斯兰的游牧民族世代生活在干燥缺水、草木稀少的恶劣自然环境中，因此长期以来就把《古兰经》中描述的天堂境界当作梦寐以求的理想——绿荫环绕，水丰草茂。这种思想对伊斯兰的城市和建筑设计产生了重要影响。

对于伊斯兰文化的创造者阿拉伯人来说，城市生活方式他们是排斥的。由《古兰经》所确定下来的文化体系的单纯性导致了对居民日常人际交往的约束，因此，阿拉伯城市缺乏先前古希腊和古罗马城市的丰富多样性。尽管如此，穆斯林们还是建造了大大小小的各类城镇，其动机除了出于建立自己营垒的军事要求，供奉信仰的清真寺也已经成为城市生活的中心。建造城市还有一个更重要的来源，即是伊斯兰国家的骆驼商旅，从其他民族输入了城市文化。代表性的城市案例有伊斯坦布尔、巴格达、伊斯法罕（Isfahan）和格兰纳达（Granada）等。

伊斯坦布尔曾为拜占庭帝国的首都。它有一个很理想的美称"幸福之城"，明确地表达了当时人们对天国的幻想和追求。伊斯坦布尔坐落在马尔马拉海西岸一个海拔 100 m 的丘陵地带，居高临下，城市四周有完善的水陆防御工事，城墙高耸，碉堡林立，易守难攻。伊斯坦布尔市中心区由王宫、索菲亚教堂（Hagia Sophia）、奥古斯都广场和竞技场等组成。其中索非亚教堂是东正教的中心教堂，是举行重要礼仪的场所，其中心穹顶和四周的尖塔，构成了丰富的城市天际轮廓线，是该城市海面景观中的重要地标（图 1-21）。

早期的伊斯兰文化几乎没有城市平面规划的准则，唯一可以辨识的空间规则和秩序就是建筑群集的社区中心——清真寺及其周围的教民住区，这是当时伊斯兰城市社会生活的唯一核心。在环境建设方面，古代的伊斯兰城市建筑深受气候条件的影响，同时也与当时盛行的思想观念相关。沙漠荒丘，气候干热，是中古伊斯兰城市无法逃避的环境背景，因而城市建筑多采取封闭式的形式。密集的聚居区又多由封围式的庭院构成。

在早期的伊斯兰文化中，城镇大都由军事营寨发展而成。

公元 642 年，穆斯林在尼罗河岸建成了福斯塔特城，这个城市的中心是阿穆尔大清真寺，这个城市就是后来的开罗。这些规模很大的城市初建时都没有系统的设计思想，甚至就连麦加这一香客们朝觐的圣地，最初也都没有什么正规的设计思想。

公元 8 世纪，伊斯兰文化在美索不达米亚平原创造了城市建设的新高度，突出表现在底格里斯河上的巴格达等重要城市。巴格达是公元 762 年由政教合一的领袖曼苏尔主持修建，766 年竣工。建设吸取了占星师哈里特（Halit）的建议，采用了圆形设计方案，把新城建造成太阳的象征。整个古城直径 2800 m，占地 600 hm²，有 4 座城门。城市的主轴线正好相交于中心广场。

波斯古城伊斯法罕（Isfahan）、席拉兹（Shiraz）等，都是典型的伊斯兰城市。这些伊斯兰城市还多少吸收了一些中亚地区文化，这些传统都在这些城市其后发展的各个阶段中反映出来。

伊斯法罕重建于公元 903 年，1587—1629 年建设达到高潮。城市平面为圆形，四座城门，布局规则。伊斯法罕城内有宫殿、清真寺等大量建筑和发达的街道系统。在各项建设中，阿巴斯（Abbas）大帝在此建都修建的城市皇家广场值

得一提。该广场的西侧是阿里—卡普宫，东侧有谢赫、卢特福拉清真寺。广场南部的皇家清真寺是阿巴斯执政时城市内最美丽壮观的建筑物。广场北部是长达 4 km 的"巴扎"（Bazzar），即伊朗传统的商业贸易场所。它由商业街道、商场和驿站等组成。布局曲折有致，并划分为连绵不断的正方形的空间，上面有开采光孔的穹顶。街道两侧排列着店铺和作坊。十字路口则扩展成一个大商场，并覆盖以大穹顶，沿外墙有较大的凹龛，供摆设商摊之用。由这样的街道与商场组成的贸易场所，应该说是伊斯兰城市特有的空间与景观（图 1-22）。

科尔多瓦（Cordova）和格兰纳达（Granada）则是西班牙境内两座著名的伊斯兰城市。

阿拉伯人占领比利牛斯半岛（今大部分属西班牙）后，科尔多瓦逐渐发展成为伊斯兰教世界在西方的最大城市和首都，极盛时城市人口曾达 50 万，城市四周筑有坚实厚重的城墙。在市政建设方面，有架空输水道引清水入城，并有长达数千米街灯照明的砖砌街道。同时，科尔多瓦在郊区修筑了一座宫殿与花园。科尔多瓦的宫殿是当时世界最宏大的建筑之一。大清真寺是科尔多瓦最著名的建筑之一，占地 23400 m²，分庭院和寺院两大部分。大清真寺始建于公元 785 年，后几经扩建、改建，工程持续了几百年。大清真寺中有

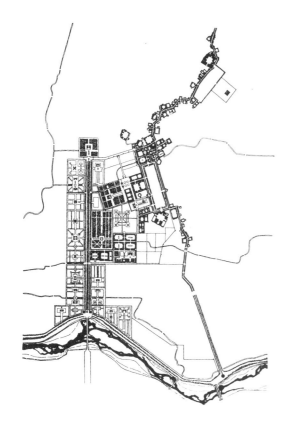

图 1-22a　伊斯法罕平面

图 1-22b　伊斯法罕中心区

图 1-22c　伊斯法罕城市景观

图 1-22d　伊斯法罕巴扎市场

图 1-23a　科尔多瓦城市平面

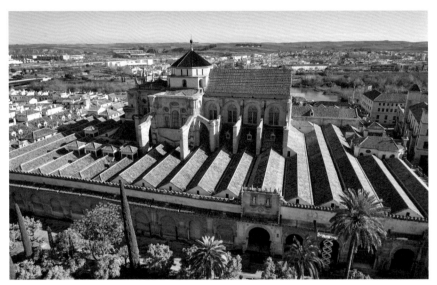

图 1-23b　宗教建筑主导的科尔多瓦城市景观

图 1-23c　从古罗马桥看科尔多瓦天际线

多达 17 排的立柱，柱子的上半部都用相同的图案装饰，大殿面积达 14 000 m²，寺院内部充满一种神秘的宗教气氛，是伊斯兰世界最大的清真寺之一。基督教王国收复科尔多瓦后，大清真寺内修建了一座哥特式的教堂，但大清真寺仍然基本保留了伊斯兰建筑的风貌（图 1-23）。

格兰纳达城市人口一度也曾达到 40 万。位于格兰纳达一座小山上的阿尔罕伯拉宫（Alhambra，13—14 世纪），是伊斯兰世界保存完好的一座著名宫殿，其设计所体现的主题园概念及其与自然地形的有机结合，成为演绎《古兰经》中"清泉亭下流"的生动范例（图 1-24），凡来此游览者几乎无人不为其所感动，由建造者书写的铭文久久在心中缠绕："有人看见融化的银水流淌在珠宝之间，各自都具魅力，洁白无瑕。潺潺的溪水唤起眼中凝固的幻影，我们不禁疑惑哪一个才是在真正地流淌。"[23]

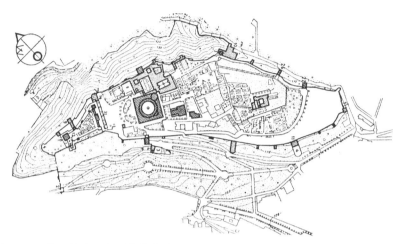

图 1-24a　格兰纳达阿尔罕布拉宫平面

图 1-24b　格兰纳达城市景观

图 1-24c　从圣尼古拉斯观景台看阿尔罕布拉宫

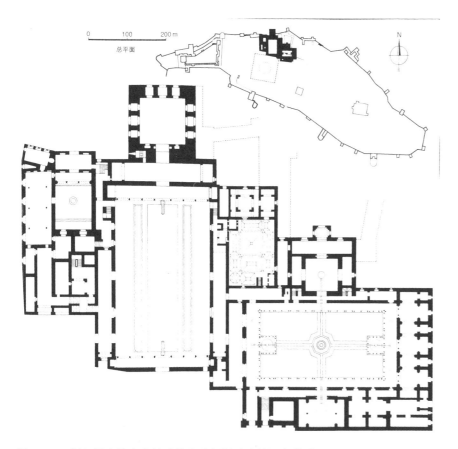

图 1-24d 阿尔罕布拉宫中的香桃木院与狮子院的组合关系　　　　　　　图 1-24e 阿尔罕布拉宫中的香桃木院

伊朗的亚兹德（Yazd）也是十分有特色的一座伊斯兰城市，这座沙漠之城曾经是丝绸之路的贸易重镇。因为地处伊朗的偏僻之处，所以历史上躲过了很多战争。随着产业发展和人口的增长，亚兹德城市规模不断扩大，但古城和古建筑历史保护做得很好，包括沙漠中特有的用水系统坎儿井、大巴扎、土耳其浴池、清真寺、多莱特阿巴德花园等。亚兹德夏季最高温度能达到 50 度，冬天则十分寒冷。城市大量的黄色土坯房反映了当地特定的气候、地理和物产条件，很多建筑屋顶都有通风用的风塔，清真寺的光塔也很有特色（图 1-25）。

1.2.5 欧洲中世纪的城市设计

公元 4 世纪，罗马帝国灭亡，欧洲随之进入众多封建主和蛮族割据统治的中世纪。中世纪的城市规模普遍变小，相当一部分城市是通过一种所谓的"修修补补的渐进主义"（Disjointed Incrementalism）的方式自发成长起来的。

莫里斯（Morris）则在《城市形态史——工业革命以前》一书中将中世纪城镇分为五类：

（1）源自罗马时代的城镇；

（2）原先的军事要塞在中世纪增加商贸职能的城镇（Burgs）；

（3）从村落发展有机生长发展起来的自由城镇；

（4）法国、英国和威尔士设立的"巴斯泰德城镇"（Bastide Towns，一种经过规划的中世纪城市原型，代表性城镇是 1284 年由法国人为英国国王设计建造的蒙帕济耶）；

（5）与农村庄园经济相关的种植城镇（Planted Towns）[24]。

除了伊斯兰统治下的西班牙，欧洲大多数国家的中世纪城市处于相似的社会、经济和政治背景：无论是规则的呈现格网形态的城镇，还是不规则的自由城镇，都是由相似的建筑物构成。其中包括城墙、城门和塔楼；街道和相关的流动空间；带有交易大厅的市场等商业建筑；教堂和大量性普通住宅及私人花园[24]（图 1-26）。

中世纪意大利的佛罗伦萨（Florence）、威尼斯（Venice）、热那亚（Genova）、比萨（Pisa）等城市是当时欧洲最先进的一批城市，也是最早战胜封建领主而建立的城邦。

佛罗伦萨是当时意大利纺织业和银行业发达的经济中心。城市平面为长方形，路网较规则。公元 1172 年在原城墙

图 1-25a　亚兹德城市景观

图 1-25b　亚兹德的拱券过街楼与街巷

图 1-25c　亚兹德富有层次的街巷

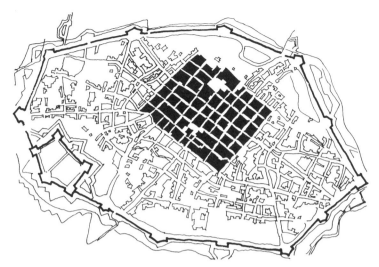

图 1-26a　皮尔萨察罗马城镇的扩展

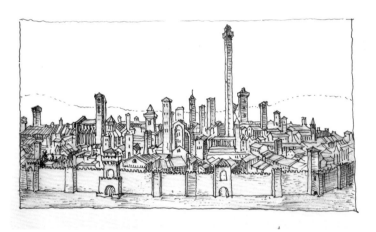

图 1-26b　16 世纪初的博洛尼亚

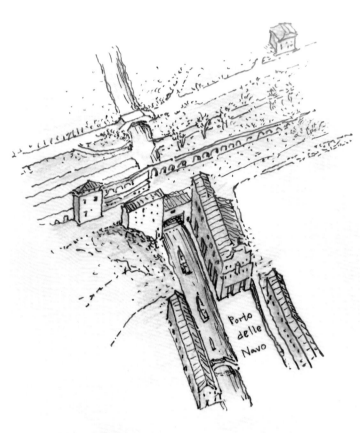

图 1-26c　18 世纪博洛尼亚外圈城墙的大门，运河从外引入城市

外扩展了城市，修筑了新的城墙，城市面积达 97 hm²。公元 1284 年又向外扩建了一圈城墙，城市面积达 480 hm²。到 14 世纪佛罗伦萨已有 9 万人口，市区早已越过阿诺河向四面放射，成为自由布局（图 1-27）。

意大利最富庶强大的城邦是威尼斯。威尼斯是意大利中世纪最美丽的水上城市，也是当时沟通东西方贸易的主要港口。威尼斯全城水网纵横，格兰德河蜿蜒流过，形成以舟代车的水上交通。城市沿河布满了码头、仓库、客栈以及富商府邸。城市建筑群造型活泼、色彩艳丽，敞廊阳台，波光水色，夹持其中，构成了世界上最美的水上街景（图 1-28）。

山城锡耶纳（Siena）也是意大利著名城市，它是由几个行政区组成的。每一区都分别有自己的地形和小广场。市中心的坎波（Campo）广场则是几个区在地理位置上的共同焦点。广场上有一座显著的、处于中心位置的市政厅和高耸的钟楼，均建于 13 世纪。广场的建筑景观由这幢高塔控制，

高塔对面是加亚（Gaia）喷泉。锡耶纳的主要城市街道均在坎波广场上会合，经过窄小的街道进入开阔的广场，使广场具有戏剧性的美学效果。广场上重要建筑物的细部处理均考虑从广场内不同位置观赏时的视觉艺术效果。直到今天，它仍是该市的一个巨大的生活起居室。自 1656 年以来，每年 7 月 2 日和 8 月 16 日，坎波广场仍保留了传统的赛马活动（Palio Festival），吸引着全世界的旅游者前往观光欣赏（图 1-29）。

法兰西著名古城巴黎则是在罗马营寨城的基础上发展起来的。最初的罗马城堡建立在塞纳河渡口的一个小岛上，即城岛。后来在河以南扩展了城市，在中世纪，巴黎几次扩大了自己的城墙版图。中世纪的巴黎，街道狭窄而又曲折，民房大多为木结构并沿街建造，十分拥挤。1180 年开始修建卢佛尔堡垒，1183 年修建中央商场。位于城岛南部的巴黎圣母院的主要工程也是在这一时期建造的（图 1-30）。

西班牙的托莱多（Toledo）是中世纪形成的另一座著名

图 1-27a　16 世纪的佛罗伦萨平面

图 1-27b　佛罗伦萨的乌菲齐美术馆与市政厅

图 1-27c　阿诺河畔的佛罗伦萨

图 1-28a　威尼斯城市平面

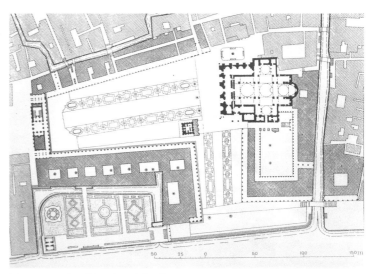

图 1-28b　威尼斯圣马可广场平面

图 1-28c　威尼斯水城景观

图 1-28d　威尼斯圣马可广场夜景

图 1-28e　威尼斯鸟瞰

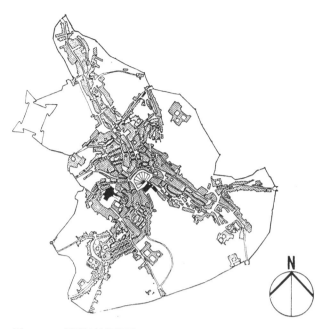

图 1-29a　锡耶纳城平面

图 1-29b　佛罗伦萨的锡耶纳城市夜景

图 1-29c　锡耶纳坎波广场鸟瞰

图 1-30 古巴黎地图

古城。托莱多公元前 192 年被罗马人占领。公元 527 年，西哥特人统治西班牙并在此定都，公元 711 年被摩尔人占领。1085 年卡斯蒂利亚国王阿方索六世收复该城，托莱多成为卡斯蒂利亚王国首府和全国宗教中心。1561 年，腓力二世迁都马德里，托莱多从此衰落，但曾经的宗教地位仍然保持下来。不同的民族和异族文化为托莱多留下多元而丰富的艺术和建筑历史遗产，基督教、伊斯兰教和犹太教在此并存共容，托莱多由此成为"三种文化之都"，是西班牙民族融合的缩影。从城市设计的角度看，托莱多城市选址巧借自然山水，易守难攻，街巷布局结合地形地貌、因地制宜，并营造出丰富而富有戏剧性的城市景观，令人流连忘返。1987 年，托莱多列入联合国教科文组织世界遗产名录（图 1-31）。

以规模论，中世纪欧洲城市比古希腊和古罗马缩小很多，统治者建立了许多城邦国家。由于城邦之间战争连绵不断，

图 1-31a　托莱多古城航片

图 1-31b 托莱多平面

图 1-31c 托莱多城市街景

图 1-31d 托莱多全景

客观上造成了城堡建设的需要，城市一般也都选址于水源丰富、粮食充足、地形易守难攻的地区。中世纪早期城市大多自发形成，这些城市的布局形态以环状与放射环状居多，虽然教堂、修道院和统治者的城堡位于城镇中央，但布局比较自然。随着后期工商业发展及军事需要，也规划新建了一些格网状城市。

中世纪的城市设计和建设曾取得很多成就。这些城市的建设很多利用了特定的城市地貌地形、河湖水面和自然景色，从而形成各自的城市个性。在城市主教区范围内，还分布着一些辖区小教堂和水井、喷泉。通常在井台附近设有公共活动场地，市民生活得到了鼓励，商人与工匠的社会地位也得到了提高。一般市民的住所往往与家庭和手工作坊结合，住宅底层通常作为店铺和作坊，房屋上层逐层挑出，并以形态

多变的窗墙朝街，街道蜿蜒曲折，弯曲的街道消除了狭长单调的街景，从而创造出丰富多变的城市景观。由于因地制宜，中世纪欧洲大部分城市都有自己的环境特色。

中世纪城市广场设计也取得了重要成就。教堂广场（Duomo）是城市的主要中心，是市民集会、交易和从事各种文娱活动的中心场所。从功能上讲，意大利广场主要分为市政、商业、宗教以及综合性等类型。市民们在此参与城市的社会、政治、文化和商业的活动。从规划设计方面看，中世纪城市广场大多具有较好的围合性，广场规模和尺度亦比较适合于所在的城市社区；同时，广场平面并不刻意追求对称规则，纪念物布置、广场格局及场地铺面均具特色，而周边建筑物一般具有良好的视觉、空间和尺度的连续性。著名实例有威尼斯圣马可广场、锡耶纳的坎波广场、佛罗伦

萨的市政广场以及意大利托斯卡纳地区的著名古城阿西西
（Assisi）圣佛朗西斯科教堂广场（图1-32）、圣吉米格纳诺
（San Gimignano）的水井广场（Cisterno）和教堂广场等（图
1-33）。

中世纪的城市设计非常强调与自然地形的结合，它们充
分利用河湖水面与茂密的山林，使人工环境与自然要素相得
益彰。但是，由于封建城邦的经济实力所限，加之不时的军
事骚扰，所以中世纪城市设计和建设一般没有按统一的设计
意图建设。这一时期的城镇形态总体上是通过自下而上的途
径而形成的，由于其环境建设具有公认的美学品质，所以有
人称之为"如画的城镇"（Picturesque Town），近现代以来
一直有学者对中世纪城市建设赞誉有加，如西特（Sitte）、沙
里宁（Saarinen）、吉伯德（Gibberd）等。

美国学者万斯认为，统治和颂扬是罗马生活的主旋律，
而贸易和手工业才是中世纪城市的真正生活[20]。从中世纪后
半部分的12世纪开始伴随着城市大量地从封建主义的压制
下解放，商人和手工艺者阶层开始活跃并发展，作为文明发
展摇篮的城市的传统和功能已经得到了逐步恢复，中世纪城
市的"在地性"特点呈现十分突出，反映了当时合理的地域
性"生态足迹"的作用，这一点与罗马城市有着显著差别。
到了16世纪,城市在社会和经济体制中重新获得了主导地位,
此后一直延续到工业化时期。

1.2.6　文艺复兴和巴洛克时期的城市设计

自文艺复兴始，欧洲的城市设计在汲取古希腊和罗马时
代城市建设经验的基础上，愈来愈注重科学性，规范化意识
日渐浓厚。这一时期的地理学、数学等学科的知识以及透视
术等对城市发展变化起了重要作用，并出现了正方形、八边
形、多边形、圆形结构、格网式街道系统和同心圆式的城市形
态设计方案，但多数都停留在设计图纸上。当时已经存在的
封建城堡，大多经历了几百年历史的洗礼，其建造规范和建
制形式已较完备，所以，新的方案在当时条件下推行起来比
较困难，相应的城市改建工作除罗马、米兰等个别案例外，
并没有得到大规模实施（图1-34）。

文艺复兴推动了城市设计思想的发展，人们认为城市的
发展和布局形态应该是可以用人的思想意图控制的。阿尔伯
蒂（Alberti）继承了古罗马维特鲁威的建筑思想理论，主张
首先应从城市的环境因素，如地形、土壤、气候等，来合理
考虑城市的选址和选型，而且应该结合军事设防需要来考虑
街道系统的安排。阿尔伯蒂是用理性原则考虑城市建设的开
创者之一，阿尔伯蒂1452年出版了著名的《论建筑》（De re

图1-32　阿西西的教堂广场

图1-33　圣吉米格纳诺的水井广场

Edificatoria），该书对合理选择城址以及城市和街道等在军事
上的最佳形式进行了探讨。阿尔伯蒂的主张反映了文艺复兴
时代注重实际和合乎理性原则的思想特征。在阿尔伯蒂思想
影响下，当时出现了一批城市设计家。这些设计家有一个共同
点，即认为城市与要塞是结合在一起的。阿尔伯蒂的设计思想
后由意大利传入法国、德国、西班牙等国，并产生重要影响。

文艺复兴"理想城市"的典型实例之一是意大利的帕尔
玛诺瓦（Palmanova）。帕尔马诺瓦是由斯卡摩齐（Scamozzi）
设计，并由威尼斯人建设的一座以军事设防为主导功能的城
镇。该城市设计建造采用了16世纪最为先进的军事技术革
命成果，是一个九边型的军事堡垒，以抵御16世纪初产生
的火炮的力量和精准度，同时也方便为防御部队的加农炮提
供炮位。帕尔马诺瓦城外挖有护城河，共有三座部署重兵的
城门，历史上用来扼守这里的交通要道。帕尔马诺瓦市中心

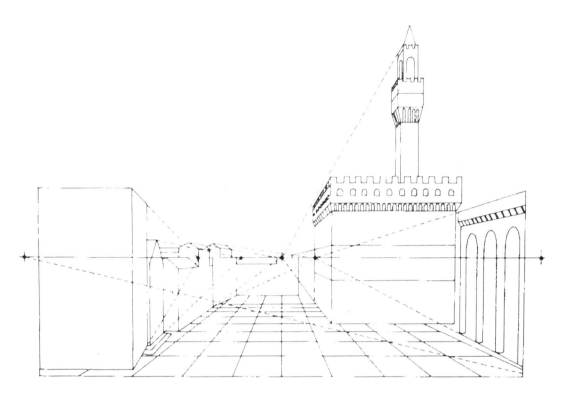

图 1-34a 文艺复兴透视术发明：佛罗伦萨市政广场

图 1-34b 马提尼研究的理想城市原型

图 1-34c 表达意大利厄比诺君主意愿，由建筑师绘制设计的文艺复兴时期的理想城市

为一个尺度巨大的六边形广场，广场边坐落着市政厅、天主教堂等，城镇内均宽为 14 m 的街道均由中心广场辐射并有序组织。2017 年，该城镇作为 15—17 世纪威尼斯共和国的防御工事，被列入联合国教科文组织的世界遗产名录。2009年，笔者曾经专门去造访这座曾经被科斯托夫（Kostof）名著《城市的形成》作为封面的城镇，但现场感觉并没有空中鸟瞰的那么美好。城市广场空阔，街道单调，人气不足，品质远比不上同时期因地制宜生长出来的"自由城镇"。由于"理想城市"平面主要是从几何美学考虑的，加之当时集结军队和组织设施的需要，所以，城市空间尺度过大，特别是广场与周边建筑有些失衡（图 1-35）。

文艺复兴思想理论继续发展到 16 世纪，出现了巴洛克（Baroque）城市设计。巴洛克风格的城市设计强调城市空间

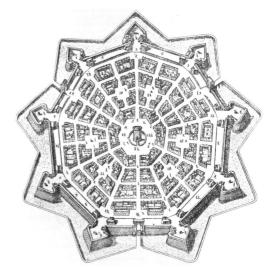

图 1-35a　帕马诺瓦城——一个理想城模式规划范本

图 1-35b　按照城市设计蓝图建设起来的帕马诺瓦城市全景

图 1-35c　帕尔马诺瓦中心广场之一

图 1-35d　帕尔马诺瓦中心广场之二

的运动感和序列景观，在一些实际的案例中，多采取环形加放射的城市道路格局，这些放射性道路为较大城市版图内的人群活动和迁徙提供了便捷。最典型的案例是先后几任教皇主导的罗马改建，如教皇西克斯特斯五世（Pope Sixtus Ⅴ）在他执政的短短 5 年期间（1585—1590），重新规划了罗马城市空间结构，罗马的主要标志物经由宽阔和笔直的道路连接起来，这些道路使得朝圣人群可以在罗马 7 座大教堂之间方便流动，同时，交叉点设置有方尖碑或纪念性立柱，成为人们寻路的方位地标。巴洛克设计思想曾经对西方的城市建设产生了重要影响。18 世纪法国拿破仑时期实施的由塞纳区行政长官奥斯曼（Haussmann）主持的巴黎改建（Renovation of Paris）设计、仿效巴黎林荫大道的维也纳环城大道改造以及美国首都华盛顿（Washington）和澳大利亚首都堪培拉（Canberra）的规划设计，都与这种设计指导思想密切有关[③]。

但是，当时的社会经济状况还没有为城市的大发展创造出充分的条件。在这种情况下，城市设计师便不得不退而求其次，热心于设计城市中的某一细小部分。他们的思路也逐渐发生了变化，不再是由整体到局部，城市设计一时放弃了完成综合艺术总体的试图，变成了官邸、别墅、庭园等建筑工程的设计工作，如莫里斯曾经论及英国伦敦的一系列城市广场建设，实际上都是权贵修建府邸的副产品，而市场和服务城市平民等功能只是附属的。从此，城市设计成为官宦权贵们的专有物，实践产生了一些偏差。

这个时代同样为后世留下了灿烂的城市设计和建筑艺术杰作，罗马城的改建、圣彼得大教堂（Basilica Papale di San Pietro）和广场的建造，以及德国卡斯鲁尔中心区、意大利威尼斯圣马可广场的最后建成等都是这一时期发生的大事（图1-36 至图 1-38）。

1.2.7 中国古代的城市设计

作为东方文化的代表，中国城市建设和发展在历史上留下了极其丰富而珍贵的遗产，取得了杰出的成就，并有着与西方不尽相同的自身特点。中国城市是在一个典型的"以农立国"思想的文明框架中发展起来的，城市很多功能也与农

图 1-36　1871 年的华盛顿

图1-37 波波罗广场鸟瞰

图1-38 卡斯鲁尔鸟瞰

耕要求有密切关系。历史上，中国发展出很多在当时堪称是世界级的大城市，如历史记载的公元前220年的咸阳城已经有12万户，人口估计近50万；根据钱德勒的研究，唐代的长安城人口超过了100万人，城市规模数倍于罗马城；南宋临安仅市区户籍在册人口就有43万，到南宋末年人口超过百万。公元前100年因贸易繁荣起来的广州，宋朝在广州设立对外贸易的海关，公元1200年广州的人口也超过了20万人④。

以都城为代表的中国古代城市有三个基本要素：宫廷官署区、手工业和商业区及居民区。其发展大致可以分为四个阶段：第一阶段是城市初生期，相当于原始社会晚期和夏、商、周三代；第二阶段是里坊确立期，相当于春秋至汉代；第三阶段是里坊制度极盛期，相当于三国至唐；第四阶段是开放式街市期，即宋代及以后的城市模式。一般认为，宋代取消夜禁和里坊制从根本上促进了经济和城市生活的发展，城市形态布局更加开放灵活，开启了中国城市发展的历史新阶段[25]。

"礼制"（Rites）是中国古代城市设计的主要思想渊源之一。"礼"的出现源自中国古人对"天"的崇拜，进而也尊崇以"天子"自居的君王。自周朝开始，随着社会制度的发展，"礼"的概念逐步扩展为敬天祭祖、尊统于一、严格区分贵贱尊卑的一系列为政治统治服务的等级制度与规范。以该礼制思想为基础，同时结合《周易》等中国古代朴素的哲学思想，公元前11世纪形成了我国早期相对完整的，有关城市建设形制、规模、道路等内容的《考工记》，"匠人营国，方九里，旁三门，国中九经九纬，经涂九轨，左祖右社，前朝后市，市朝一夫"。其中"三""九"之数暗合周易"用数吉象"之意；

宫城居中，尊祖重农、清晰规整的道路划分体现出尊卑有序、均衡稳定的理想城市模式，并深深影响着以后历代具有政治制度代表意义的城市设计实践，如都城、州和府城的设计建设，著名实例有北京、西安、开封等城市。不过应该指出，《考工记》只有文字，并无图像，今天所看到的周王城图出自宋代聂崇义所著的《三礼图》，《考工记》后来考证也被认为是战国时期的作品。大量考古成果表明，春秋战国及以前的大量城镇并未发现明显的与"周王城"格局相对应的矩形布局，而是因地制宜建设起来的。

北京最早的基础是唐朝的幽州城，辽代北京升格为"南京"，成为边疆上一个区域中心。公元12世纪，金人攻败北宋，模仿北宋汴梁的城市形制，在辽南京基础上，扩建为"金中都"，使北京成为半个中国的政治、经济和文化中心。元大都北京的位置由原来的地址向东北迁移，皇宫围绕北海和中海布置，城市则围绕皇宫布局成一个正方形，虽然继承了金中都的传统，但规模更大了，而且特别注意规划保护了城市必需的天然优良水源和运粮水道。什刹海曾经是水道航运的终点，今天则成为城市中心的一部分。不仅如此，还恢复了一些古代的制度，如"左祖右社""前朝后市"等。

公元14世纪，朱元璋"缩城北五里"，建筑了今天的北城墙；15世纪明成祖朱棣迁都北京后，为了建衙署，又将南面城墙向南扩展，由长安街移到今天的位置。经过这两次建设，北京城向南移动了四分之一。同时，还将原南北中轴线向东移动了约150 m，正阳门、钟鼓楼也随之迁移，这样，从正阳门到钟鼓楼的中轴线便彻底贯通，这一扩建从根本上奠定了北京其后数百年发展的基础。清代基本沿袭明制，城市整体布局结构未做根本变更。

由上述，北京城是逐步发展起来的。它在16世纪中叶完成了现在的城市形态格局，是我国古代都城建设的典范。城区布局和空间结构则是由中国历代都市的传统制度，通过特殊的地理条件处理，并根据元明清三代特定的政治经济现实情况而发展出来的。

从今天看，古代北京城市建设中最突出的成就，是北京以宫城为中心的向心式格局和自永定门到钟楼长7.8 km的城市中轴线，这是世界城市建设历史上最杰出的城市设计范例之一。北京中轴线的空间序列，因其置宫殿主体建筑于轴线中央形成实体轴线，因而显著不同于许多西方国家之城市由空间构成的虚体轴线。虽然它在当时是为了体现封建帝王的宗法礼制，但其运用的多种手法及空间观念，对现代城市设计的空间处理仍有丰富的启迪和借鉴意义（图1-39）。

但是，我国古代有更多城市的规划设计结合了特定的自

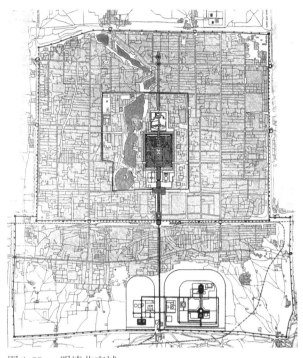

图1-39a　明清北京城

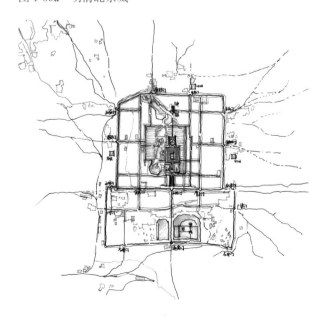

图1-39b　北京老城空间结构手绘图

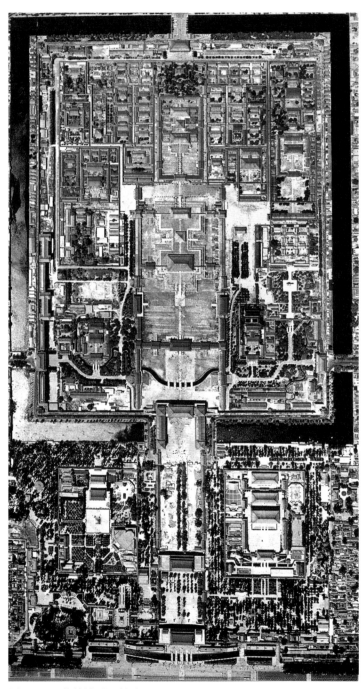

图1-39c　紫禁城平面航片

然地理和气候条件，至于大量地处偏僻地区或地形条件特殊的城镇更是如此。中国两千多年前的《管子·乘马》就科学地洞察到："凡立国都，非于大山之下，必于广川之上，高毋近旱而水用足，下毋近水而沟防省。因天时，就地利。故城郭不必中规矩，道路不必中准绳。"亦即城市建设选址要因地制宜，地势要高低适度，水源要满足生活和城壕用水，同时又不能有洪涝之患。

以南京为例。南京是一座有着 2500 年建城史、450 年建都史的著名文化古都。南京山环水绕，规划建设因地制宜，自然景观与其悠久的历史相得益彰，与北京、西安等中国其他古都城市形态有很大区别。在南京古代历史上曾有三次建设高潮。第一次高潮出现在六朝时期，南京自东吴孙权在此（公元 229 年）定都建业，开创了金陵建都之始，此后，先后有六朝建都于此。西晋末年，建邺改成建康，建康城选址在秦淮河入江地带，北枕后湖（玄武湖），东依钟山，有"虎踞龙盘"之称。第二次建设高潮出现在南唐时期。由于当时江南地区相对战乱较少，政局稳定，故经济和文化有所发展，金陵的城市建设和建筑又兴旺起来。第三次高潮出现在明初。元末朱元璋攻取金陵后就开始了都城建设，经过 20 多年的兴建，完成了一代帝都的宏伟规制。南京当时最高的建筑是南郊的报恩寺琉璃塔，最大的工程就是全长 33.68 km 的城墙和它的 13 座城门。当年高耸的报恩寺塔和宏伟的聚宝门城楼遥相呼应，构成大明帝国盛期都城正门之辉煌。明代南京城规划建设的一个显著特点就是城与山水紧密结合，相互交融。城墙依山傍水曲折穿行，城内街道呈不规则状，从而形成中国历史上别具一格的都城布局（图 1-40）。

事实上，中国很多古城遵循了因地制宜的建设原则。如"云山珠水、一城相系"的广州和"七溪流水皆通海、十里青山半入城"的江苏常熟等，都是依山傍水、利用地形地貌营建的著名古城。

由于"自下而上"途径与社会经济和生产力变革相关，因而在宋代废除里坊制以后，特别是明清资本主义经济萌芽出现时，我国主要城镇开始有了很大的勃兴。江南许多水乡城镇，均在这一阶段经历了一个由"市"到"镇"的生长过程，如：江苏的常熟、江阴、同里、震泽、盛泽；浙江的绍兴、柯桥、安昌等（图 1-41、图 1-42）。南宋都城临安（今杭州）的建设，广州、上海和一些地方城市（如云南大理），在近代的规划建设也较多地考虑了来自社会经济、地域条件等方面的影响作用（图 1-43）。大约自宋代起，特别是明代以后，我国已形成了"自上而下"（Top-Down）和"自下而上"（Bottom-Up）两种并行不悖的城镇建设和发展途径。这时，很多城市产生

图 1-40a　明南京城平面

图 1-40b　从明代报恩寺看南京城区

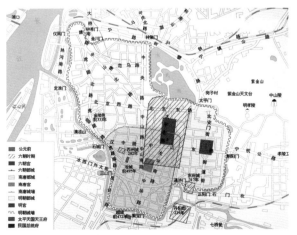

图 1-40c　南京古都历史发展

图 1-41 常熟水乡景观

图 1-42 浙江柯桥沿河道的发展

图 1-43 云南大理古城街道

图 1-44 常州淹城遗址

了有规制的老城和自由生长的新城的形态拼贴，如沈阳 17 世纪从皇都到地方城市的发展、呼和浩特 16 世纪末年蒙古首领阿勒坦汗建设的归化城到 18 世纪中叶军事要塞绥远城的发展，山东潍坊也在白浪河河西的 17 世纪的传统县城规制格局基础上发展出河东的商业贸易为主要功能的自由生长的城区。

中国古代城市在市政工程规划和建设方面成绩突出。春秋时吴王委派伍子胥勘察地形和水文，即所谓的"相土尝水"，规划建设阖闾大城（今苏州）。历代城市，尤其是都城都十分重视解决水源及"漕运"的问题，同时实施"城郭之制"，及所谓"筑城以卫君，造郭以守民"，如春秋淹君为自己的城池建了三道城墙、三道城壕（图 1-44）。这样的城郭之制、或内外城、子城和罗城的等级制度对城市军事设防设施建设和空间形态布局影响深远。就筑城方式，夏商开始采用版筑夯土城墙，但容易遭到雨水冲刷，东晋后逐渐采用砖包夯

土墙方式。很多城市设有二道或以上的城门，形成"瓮城"（图 1-45，赣州城门、南京中华门），水乡地区的城市还专门设有水门。随着城市集聚的人口越来越多，防火问题凸显出来，城市就用砖砌造高层望火楼，并加强夜间巡视。城市防洪排涝方面，汉长安城就已采用陶管和砖砌下水道；唐长安在道路两侧挖建排水明沟；苏州在春秋建城时，考虑了城内水系和城市对外水门的关系，虽然地处江南水网密布地区，从未有大的水涝之患，而且有运输、洗涤和组织生活的便利[25]（图 1-46）。江西赣州则结合城市地形与章江和贡水的关系，建有更加智慧的"福寿沟"，免除水患。同时，赣州结合水城融合的特点，建有多处浮桥（现存建春门浮桥）、"八境台""郁孤台"等，是古代城市因地制宜开展城市设计和建设方面的范例（图 1-47）。

进入近现代，中国城市沿海开放商埠城市及部分内陆城

图 1-45a　赣州城墙瓮城

图 1-45b　南京中华门城墙瓮城

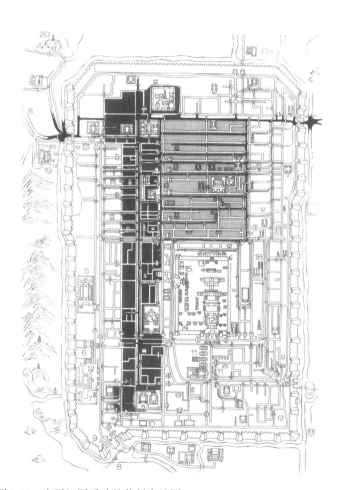

图 1-46　宋平江图反映的苏州古地图

图 1-47　赣州两江汇流的城市景观

市，逐渐受到来自外来西方城市规划设计的影响。在上海、青岛、天津、大连等一些城市，由于特殊的地理区位、交通条件和通商贸易政策，西方直接主导了这些城市的规划和设计。与此同时，孙科主持编制了广州城市规划并发布了《广州城市计划概要草案》；南京1927年开始编制并实施《首都计划》（*The City Plan of Nanking*），北京也出现了像东交民巷这样的外国使领馆集聚区。于是，中国传统农耕时代的城市形态发生了向近现代城市的重要转型。

总体而言，中国古代城市建设在选址、防御、规划、绿化、防洪、排水等方面取得了很大的成就，并形成"自上而下"的规制性城市和"自下而上"的自由城市两种城市设计途径，但相比较而言，中国古代城市发展仍然是以都城为中心，都城不仅是儒家传统世俗权力控制的中心，而且也是"中央之国"的中心点。

古代的中外城镇形态的设计规划，无论其形成途径异同，规模大小不一，都隐含着按某种规划设计价值取向的视觉特征和物质印痕。今天的城市建设实践一再表明，传统的优秀城市设计范例仍然可以为我们提供重要的设计借鉴和启示。中国古代的城市设计也一直是国际学术界的重要研究领域。

1.3 现代城市设计的产生及其任务

1.3.1 西方近现代的城市设计

1760年起，工业革命从英国开始并影响世界。随着工业、仓储、运输以及相关联的商业服务、金融贸易、股权交易等功能的出现，城市化进程显著加速。近现代的西方城市形态、空间环境和组织方式伴随工业革命发生了深刻变化。

由于火炮等新型武器的运用，使中古城市的城墙渐渐失

去了原有的军事防御作用。同时，近现代城市功能的革命性发展，以及新型交通和通讯工具的发明运用，使得近现代城市形体环境的时空尺度有了很大的改变，城市社会亦具有了更明显的开放性。

这一时期的城市规划设计曾取得重要成就。其中巴黎改建设计、维也纳改扩建和华盛顿规划设计、芝加哥（Chicago）世界博览会规划设计及阿姆斯特丹（Amsterdam）旧城改造均是这一历史时期的有代表性的案例（图1-48、图1-49）。

然而，就在这一时期，西方城市人口及用地规模急

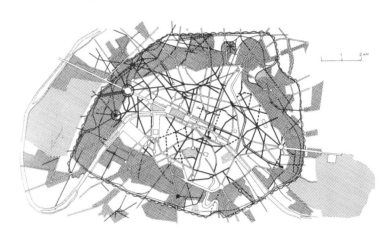

图 1-48a　巴黎改造规划

图 1-48b　巴黎老城鸟瞰

图 1-49a 芝加哥 1893 年世界博览会 图 1-49b 阿姆斯特丹老城

剧膨胀，城镇自发蔓延生长的速度之快超出了人们的预期，而且超出了人们用常规手段驾驭的能力。就在这一时期，城市逐渐形成了一种犬牙交错的"花边状态"（Ribbon Development），空间异质性加强，公共卫生隐患突出，地域特色日渐消逝，环境质量日益下降。

历史上的城市主要以服务农业社会为目的，所以那些地处交通要道、商品流通和贸易节点的城市得到了很大发展。但是，进入工业化时代，城市开始出现了大面积的工业区、仓储运输区、工人居住区以及市中心的各种新型城市金融贸易和公共服务型设施，同时，城市交通运输的机动化方式日益发展。这时，传统的城市规划和设计方式就难以胜任对城市全新发展方式的引导管控和环境营造。

有学者认为，从 1890 年到第一次世界大战欧洲城市已经进入一个都市时代（Epoch of Metropolis）[26]。都市时代是由快速增长的城市类型、资本集中和现代社会发展所决定的。这时的规划不再仅仅关注城市的增长，而是要视城市发展为一个整体。1890 年前后，德语区国家为此采用了一种所谓的"建筑分区计划"（Building Zoning Plans），做法是将城市划分为不同使用功能的大区，如居住区、混合建筑区、城市中心和工业区等。这样的区域并不是绝对单一功能的，分区的主要目的是要限制不同功能的刚性冲突，如将非商业功能的用途从城市中心区解脱出来，将中产阶级的贸易区从工业区和工人居住区中分离出来，这样城市的交通密度就可以显著减少。1893 年在维也纳、慕尼黑及其他德国城市均先后采用了这种规划做法，其中奥地利著名建筑师瓦格纳（Wagner）为维也纳做的总体发展规划就是一个经典案例。

这时人们已经认识到，一个好的整体性规划设计对于一个城镇摆脱发展困境、实现健康发展是十分必要的。因此，以总体的物质空间环境来影响社会、经济和文化活动，构成了这一时期城市规划设计的主导价值观念。其中，柯布西耶提出的"现代城市"学说和规划设计方案，及由 CIAM 主导的《雅典宪章》对二战后的全球城市建设产生了决定性影响。

启蒙时代提出的一些理想城市方案、19 世纪奥斯曼主持的巴黎改建设计、德语区国家的"建筑分区计划"，以及美国的格网城市（图 1-50、图 1-51）、"田园城市"（Garden Cities）理论及其实践、柯布西耶的"现代城市"设想和赖特的"广亩城市"（Broadacre City）主张等，均反映了自古以来人们观念中对理想城镇模式的追求。其中柯布西耶的"现代城市"模式对后世城市建设影响很大（图 1-52、图 1-53）。彼得·霍尔（P. Hall）认为，在二次世界大战后所规划的城市中，柯布西耶的普遍影响是不可估量的。……在 50 和 60 年代，整个英国城市面貌的非凡变化——诸如贫民区的清除和城市的更新，很快形成一堆前所未有的摩天大楼——不能不说是柯布西耶影响的无声贡献[27]。

上述主张认为，城市发展中只要有一套良好的总体物质环境设计理论和方案，其他的经济、社会乃至文化的一系列问题就可以避免。印度的昌迪加尔（Chandigarh）、巴西的巴西利亚（Brasilia）和许多新城的设计建成，标志着这种规划设计思想的整体物质实现，但许多年以后，人们发现这种设计的价值观只是设计者自己的良好愿望而已。由于缺少有"根基"的城市历史发展积淀和居民生活内聚力，加之建设模式本身是静态和相对刚性的，设计不能满足本质上是动态演进的城市发展需要。所以，有人批评这些设计"是把一种陌生的形体强加到有生命的社会之上"[1]，其实践是在政治和经

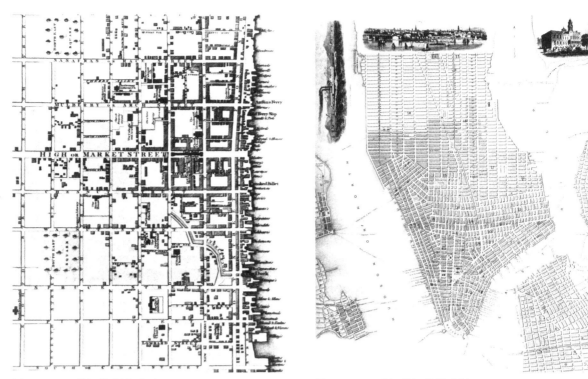

图 1-50　19 世纪的费城平面　　　　　　　　　图 1-51　19 世纪的纽约曼哈顿

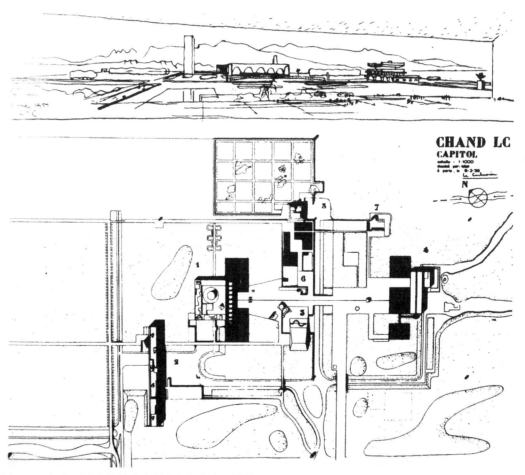

图 1-52　柯布西耶主持的印度昌迪加尔市中心设计

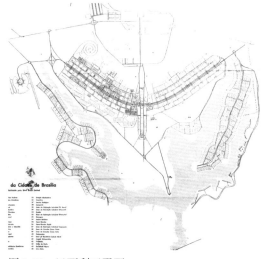

图 1-53　巴西利亚平面

图 1-54　里昂某住宅楼因问题重重在 1983 年被炸毁

济强有力的干预下完成的（图 1-54）。

比较而言，历史上大多数城市设计与建设的意象往往是社会共享的，城市建设是累积、渐进也是相对缓慢的，因而两者匹配比较容易。而今天城市设计却出现了许多非共享的、互异的，甚至还是对立的设计意象，城市建设的速度、规模、尺度和开发强度（Development Intensity）亦远非工业革命前可比，因而，其设计准则的价值构成就十分复杂，经济、技术、社会文化乃至心理方面均对城市设计产生影响。

1.3.2　现代城市设计的产生

二次世界大战后，发达国家经过城市重建和生产力恢复，经济有了长足的发展，也积累了相当的财力、物力用于城市建设。于是，这些国家的许多城市继工业革命后又一次获得了高速的发展。然而，由于过度依循物质形体决定论的建设思路，重视外显的建设速度和物质性的改善，特别是席卷美国的城市更新（Urban Renewal）运动，对城市内在的环境品质和文化内涵掉以轻心，反而使得城市中心进一步衰退和"空心化"，不少历史文化遗产受到严重的威胁。正是在这种情况下，1950 年代中，人们再一次提出城市设计这一"古已有之"的主题，并重新开始回归对社区意义和人们生活宜居的关注。特别是 1960 年代以来，尊重人的精神要求，追求典雅生活风貌，古城保护和历史建筑遗产保护（Heritage Protection），成为现代城市设计区别于以往主要注重形体空间美学的主要特征。现代城市设计实践作为城市建设中的重要内容也得到了发展。各种理论和方法也纷纷应运而生，构成了现代城市设计多元并存的繁荣局面。

与此同时，现代城市设计在对象范围、工作内容、设计方法乃至指导思想上也有了新的发展。它不再局限于传统的空间视觉艺术，设计者考虑的不再仅仅是城市空间的艺术处理和美学效果，而是以"人—社会—环境"为核心的城市设计的复合评价标准为准绳，综合考虑各种自然和人文要素，强调包括生态、历史和文化等在内的多维复合空间环境的塑造，提高城市的宜居性和人的生活环境质量，从而最终达到改善城市整体空间环境与景观之目的，促进城市环境建设的可持续发展（Sustainable Development）。

确实，当时许多人都认为，过去那种追求理想模式的城市规划设计方法出了很大毛病，它使许多城市失去了自然朴实的生活特色。而在这方面，历史上那些"自由城市"，特别是中世纪的一些城市反而具有许多优点。

吉伯德在《市镇设计》一书中指出："作为一个环境，中世纪的城镇是美好的，朴素而清洁的……理解它不需要理论或抽象的设计理论"。由于城市小和具有人的尺度（Human Scale）的连续性，永远不会使人感到单调乏味。吉伯德还指出，所有伟大的城市设计者都应有"历史感"和"传统感"[28]。

沙里宁认为，"中世纪城镇是按照居民的最高理想，而形成的一种真诚的表现形式……中世纪城镇中有两股相互起作用的活跃力量，使城镇的面貌保持良好的秩序。一种是强有力的艺术形式，另一种则是对这种艺术形式具有促进作用的鉴赏态度。"[29]

美国学者柯林·罗（C. Rowe）和科特（Koetter）运用了"图底分析"（Figure and Ground Analysis）方法对历史城市空间设计重新进行评价。他们从 1960 年代初开始，在美国康奈尔大学的建筑教育中对"图底分析"方法进行探索。经过研究，他们认为现代城市的"空间困境"实际上可以形容为"肌理的困境"和"实体的危机"，实体是在空间中独立存在的雕塑式建筑，而肌理是界定空间建筑的背景基质，而在现代主义倡导的城市模式中这二者被分割开来。在《拼贴城市》一书中，他们在比较并分析了古罗马城与"现代城市"在格局、尺度、空间围合等方面的本质差异后指出，西方城市是一种大规模现实化和许多未完成目的的组成，总的画面是不同建筑意向的经常"抵触"（图 1-55）。美国学者戈斯林（Gosling）曾经认为，柯林·罗的观点非常重要，他是美国 1980 年代最著名的城市设计学者之一。

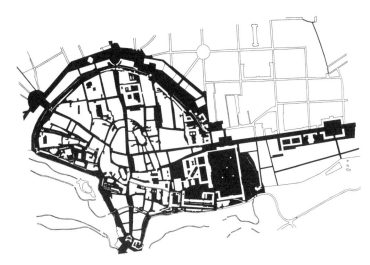

图 1-55　柯林·罗和科特对慕尼黑历史肌理的图底分析

意大利建筑学家罗西（Rossi）和法国学者克里尔兄弟（R. & L. Krier）则从城市形态学（Morphology）和建筑类型学（Typology）角度对历史城市的形态构成要素和空间设计方法进行研究，提出了不同于功能主义的分析切入点。

林奇教授率领研究生从城市居民的集体意象着手，以美国波士顿为研究对象，建立了城市形象调查方法。林奇及其助手分析了现存城市结构的优劣及其评价标准，并总结概括出城市形体环境的五点构成要素。林奇还认为，要使规划具有意义，城市设计师和规划师必须了解其所规划环境中使用者的思想和行为。

日本学者芦原义信（Y. Ashihara）在其名著《隐藏的秩序——东京走过二十世纪》序言中指出："在日本的城市中，局部是洗练的。在胡乱布置的后面有一种隐藏的秩序使得它们适合于人们居住。"[30]

美国学者雅各布斯（Jacobs）从社会学、心理学和行为科学方面对城市设计问题进行了研究，她认为，"大规模的计划"不容易做好，压抑想象力，缺少弹性和选择性，表达了她对统一规划的设计思想的抨击。

英国学者希列尔（Hillier）则尝试用计算机技术对传统城镇和现代城镇的空间格局进行定量的分析比较，他指出，传统城镇常以不规则的非正交格网为特色，因而产生丰富多彩的空间特点。

亚历山大（Alexander）教授在其名作《城市并非树形》（A City Is Not A Tree）和《图式语言》（Pattern Language）中，主张用半网格形的复杂模式来取代树形结构的理论模式，允许城市各种因素和功能之间有交错重叠，亚氏认为："城市是包含生活的容器，它能为其内在的复合交错的生活服务……如果我们把城市建成树形系统的城市，它会把我们的生活搞得支离破碎。"接着他又指出："现代城市的同质性和雷同性扼杀了丰富的生活方式，抑制了个性发展。"因此，有必要发展一种由诸亚文化群构成的城市环境[31]。

上述多元的城市设计视角有一个共同特点，就是城市设计者和理论家对"人"的意识的重新觉醒和高度重视，这种"自下而上"的渐进主义设计思想与以往那种形态决定论思想迥然不同。这一思想转变从 20 世纪城市规划和建筑界两份纲领性文件主题的演变可以清楚地看到。体现现代主义理性思想的《雅典宪章》（Athern Charter）曾认为，城市建设起作用的主要是"功能"因素，城市应该按照"居住、工作、游憩、交通"四大功能进行规划。1977 年，在秘鲁首都利马通过的《马丘比丘宪章》（Machupicchu Charter）直率地批评了现代主义那种机械式的城市分区做法，认为这是"牺牲了城市的有机构成"，否认了"人类的活动要求流动的、连续的空间这一事实"。而秘鲁的马丘比丘代表着不同于西方文明的另一种文化体系的存在，同样具有蓬勃的生机和独特的魅力。1950 年末，人们逐渐认识到上述两种方法实际上各有千秋，应该有机结合。世界性的"公众参与"（Public Participation）运动的兴起，标志着城市设计的方法从主观到客观，从一元到多元，从理想到现实迈出了决定性的一步。相应地城镇形态从单一性到复合性，从同质到异质，从总体到局部发生了一个重要转折[5]。

在全世界都在日益关注可持续发展的今天，现代城市设计的指导思想和科学基础又有了进一步的拓展，其中最重要的是专业人员于 1960 年代开始的对城市环境问题和生态学条件的认识反思和觉醒，他们努力将这种认识反映到城市设计实践中去，其中景观建筑学的学者对此做出了重要贡献，笔者在《建筑学报》1997 年 7 期上提出"绿色城市设计"（Green Urban Design）的学术主张[32]。从最近国外出版的几部城市设计专著中，我们清楚看到人们对生态环境日益关注的认识变化："我们正在学习很多关于地球环境特性和城市变化敏感性的知识，我们已经更深一步地意识到，我们的设计计划设想对周围环境产生的影响。"[33]

1.3.3 现代城市设计的基本特征

从城市设计涉及三度空间形体的意义上讲，工业革命以前的城市建设基本都是以城市设计为途径的，因为古代人们大多是以物质形态的城市为对象进行规划的。科斯托夫曾经说，文艺复兴以来，城市设计的主导思想一直是要对城市进行预先规划和预先设定。在整个18世纪，像凡尔赛和华盛顿这样的理想型规划和一次性设计影响着我们对城市的理解。这种在预先控制下发展城市的"物质形态决定论"（Physical Determinism）后来影响到柯布西耶和希尔伯塞姆（Hilbershemer）的城市设计，影响到西特倡导的"视觉秩序"（Visual Order）观点和沙里宁的"有机城市"（Organic Cities）思想等，本书将把这一类城市设计归为传统城市设计（图1-56）。它有三个特征。

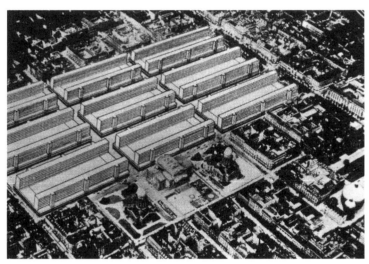

图1-56　希尔伯塞姆柏林中心区规划

（1）主导思想和价值观是自上而下的"物质形态决定论"和精英论——即认为个别智者的规划设计或统治者的力量可以驾驭城市。方案主要依靠直觉想象，而且是具有确定形态的，缺乏灵活应变的可能。

（2）把整个城市看成是扩大规模的建筑设计，多用建筑师惯用的手段和设计过程，对物质空间和形体组织背后的动力因素缺乏分析，不太注重具有应用性意义和各种局部范围内的案例研究。

（3）在抽象层次上涉及人的价值、人的居住条件等有关问题，但对城市社区中不同价值观的存在、不同文化（特别是亚文化圈）和不同委托人的需求和选择认识不足。

实际上，这是一种用城市三维形体环境设计的途径来取代城市规划的一种尝试和努力，这在当代是很难整体实现的。

事实上，第二次世界大战后人们心中所考虑的城市建设的主要问题，已经转移到了对和平、宜居、人性和良好环境品质的渴求。与此同时，科学技术发展、人类实际需要、人类生理适应能力三者之间也出现了种种不协调现象。因此，现代城市设计实质上就是在城市环境建设方面减少直至消除这种不协调的调节途径。它以提高和改善城市空间环境质量为目标，同时，不再将整个城市作为自己的对象，而是缩小了对象范围，采取更为务实的立场。但是现代城市设计所运用的技术和方法，所涉及的旁系学科范围却远远超出了传统城市设计，更像是综合性的城市环境设计，并具有以下主要特征：

（1）在主导思想上，认为城市设计是一个多因子共存互动的随机过程，它可以作为一种干预手段对社会产生影响，但不能直接解决城市的社会问题。

（2）在对象上，多是局部的、城市部分的空间环境。但涉及内容远远超出了传统的空间艺术范畴，而以人的物质、精神、心理、生理、行为规范诸方面的需求及其与自然环节的协调共生满足为设计的目的，追求舒适和有人情味的空间环境。它所关心的是具体的人，活生生的人，而不是抽象的人。

（3）在方法上，以跨学科为特点，注重综合性和动态弹性，体现为一种城市建设的连续决策过程。

（4）客观认识自身在城市建设中的层次和有效范围，承认与城市规划和建筑设计相关，但不主张互相取代。

（5）设计成果不再只是一些漂亮的方案表现图，而是图文并茂。有时，图纸只表达城市建设中未来可能的空间形体安排及其比较，文字说明、背景陈述、开发政策、设计导则等，在成果中有时占有比图纸更加重要的地位。在今天的中国则还出现了与控制性详细规划（控规/Regulatory Plan）结合的图则成果和基于多源数据的分析和集成的城市设计数据库（Urban Design Database）成果。

1.4　城市设计与城市规划

1.4.1　近现代城市规划的缘起和发展

从古代直到工业革命，城市规划和城市设计（Civic Design）基本上附属于建筑学，古罗马时代维特鲁威的《建筑十书》到文艺复兴时期帕拉迪奥（Palladio）的《建筑四书》中都包含有城市设计的相关内容。18世纪以后，新的社会生产关系的建立和采用、新型交通和通信工具的发明，产生了新的城市功能和运转方式，城市的各个层面发生了巨大的变化，弗兰姆普敦（Frampton）在《现代建筑——一部批判的历史》一书中讲到，在欧洲已有五百年历史的有限城市在一个世纪内完全改观了，这是由一系列前所未有的技术和社会经济发展相互影响而产生的结果。

随着城市化进程的加剧，社会结构和体制产生巨变，近代市政管理体制的建立和逐渐完善，传统的规划方法不再适用，客观上要求探索新的规划设计理论。但与此同时，城市也出现了空前的人口集聚和数量增长，产生了严重的城市问题。如在19世纪的欧洲，恶劣的人居环境和卫生健康状况曾经一度成为首要的城市问题。1830年，霍乱在欧洲流行并造成各大城市瘟疫的蔓延，城市居民的生存环境濒临崩溃。为此，针对人类健康及其改善的医学领域研究和实践成果介入到城市规划建设中，英国于1848年在查德威克领导下率先制定《公共卫生法案》，之后法国、意大利等国也相继制定健康法规，成为19世纪后期各国城市管理的法律依据。这样，城市规划的基础就发生了改变，这一改变又促进了城市规划思想和方法及程序的变革。20世纪20年代，又进一步制定了有关城市居住的阳光日照标准。

现代城市规划正是在这种新的历史形势下应运而生的。现代城市规划汲取了先前人们城市建设的种种经验教训，加之当时已有了允许人们的规划思想理念变成现实的条件，从而逐渐成熟。这时的城市规划已经成为驾驭城市发展的一种新生力量和基本职能。

这一时期中比较有代表性的规划设计理论有"田园城市""工业城市""带形城市""现代城市""邻里单位"（Neighbourhood Unit），以及"卫星城""中心地理论"等。

英国学者霍华德（Howard）是现代城市建设史上一位划时代的人物。他从城市最佳规模分析入手，得出一组概念性结论，即田园城镇体系的设想主张。这一构思并不只限于形态设计和最佳人口规模的研究，而且附有图解和确切的经济分析。可以说，霍华德的分析方法是现代城市建设走向科学

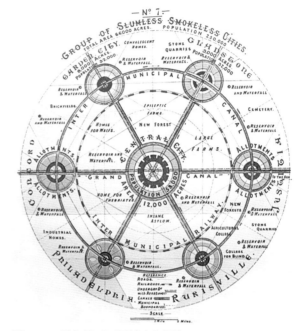

图1-57　霍华德"田园城市"图解

图1-58a　韦林田园城市规划

图1-58b　韦林田园城市广告

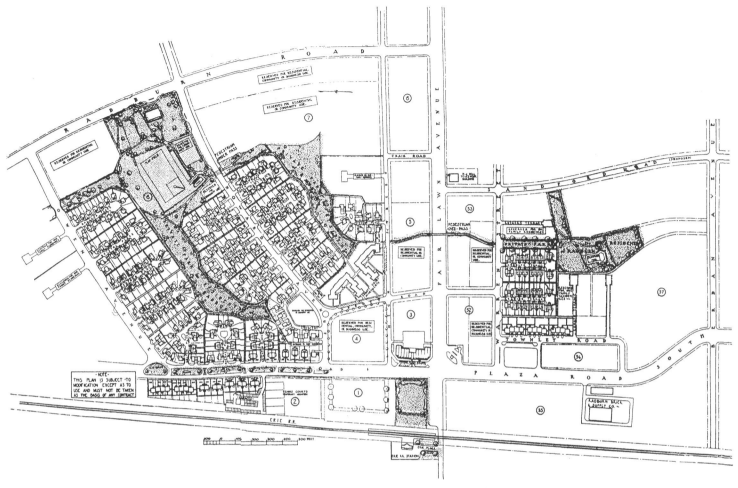

图 1-59　雷德朋新城规划

的一个里程碑（图 1-57 至图 1-59）。

英国生物学家盖迪斯（Geddes）则是城市规划技术领域的开拓者。他首创调查—分析—规划的过程，强调人、工作和场所的关系，详细分析并强调了城市的社会基础，而把城市形态和空间因素放在第二位。他较早觉察到大城市扩展蔓延现象，提出组合城市的概念。近年，邹德慈先生及其团队翻译出版了盖迪斯的名著《进化中的城市——城市规划与城市研究导论》，为我们学习前辈的知识遗产提供了范本。

与此同时，也有一些人开始思考如何保护和合理利用大自然和土地资源的问题，如美国学者马什（Marsh）在 1826 年所写的《人与自然》一书中对人们由于无知、无视自然规律而造成人为破坏的恶果作了无情的揭露。马什把人放在与自然协调的位置上，是现代环境保护学的奠基人，又是一位自然生态决定论者，他的理论促进了美国城市公园系统的发展。在全世界都在关注城市可持续发展的今天，他的思想预见更是弥足称道。奥姆斯泰德（Olmsted）则在城市公园和绿地景观建设实践方面做出开创性的贡献，他所主持的纽约中央公园（Central Park）设计和波士顿滨水绿地（Emerald Necklace，即所谓的"翡翠项链"）规划设计对后世产生重要影响。

1920 年代，佩里（Pelli）针对日益增多的汽车交通对居住环境的负面影响开展研究。研究结论表明，"在住宅周围必须要有相应的生活服务设施"，佩里把设有这种设施的用地称之为"家庭的邻里"（Family Neighbourhood）。他认为，形成邻里综合体的概念是给"汽车逼出来的"。"邻里单位"的理论，实际上就是今天小区规划的前身，即把城市划分成大小不等、相互间有等级关系的结构单元来进行综合规划（图 1-60）。

经过霍华德、马什、盖迪斯、佩里、克里斯泰勒、艾伯克隆比等为代表的现代城市规划的先驱者的努力和探索，人们不仅对城市建设和生存发展的内在机制的认识前进了一大步，而且越来越清楚地认识到城市规划必须通过跨学科的分工合作，包括经济学、社会学、历史学、地理学、政治学、人

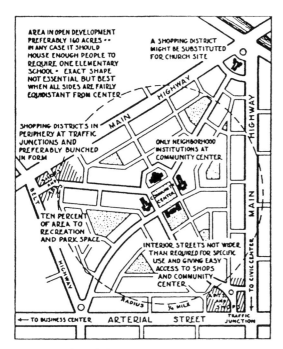

图 1-60a　邻里单位图解

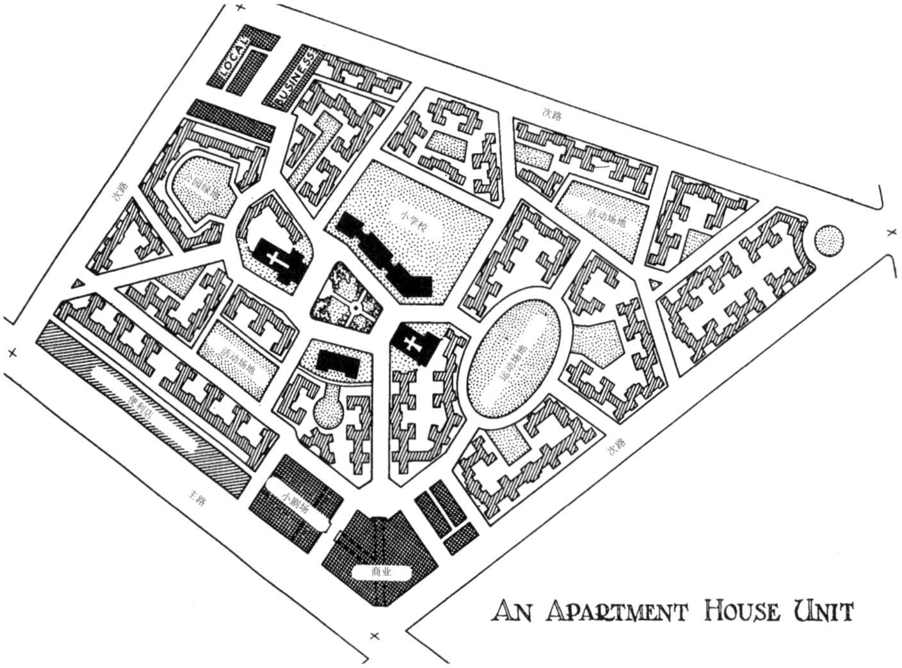

图 1-60b　一个街区邻里单位图解

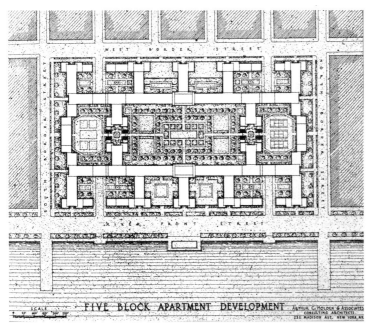

图 1-60c　五街区邻里单位图解

口学等方面的研究，才能科学地论证并取得良好的实际效果。在研究客体上，则必须把城市看成"不仅是市区本身，而且还是城市近郊和远郊在进化过程中人口的集聚"。这种承认城市社会问题存在和区域规划的思想，在城市建设史上具有划时代的重要意义。

其后，城市规划的研究领域又有了进一步扩大。其所要解决的问题更加远离了物质形态而日益趋向人口、交通、环境污染、社会动乱、经济发展等复合性社会问题。同时社会学、生态学、地理学、交通工程等均逐渐形成自身独立的城市规划课题，内容也更为具体化、系统化。英国的区域规划思想不久传播到美国，由盖迪斯的追随者芒福德推波助澜，使之影响更为广泛。芒福德于 1938 年出版的《城市文化》一书（The Culture of Cities），被誉为区域规划运动的"圣经"，并在政府官员和规划专业人士中取得信任。在英国本土，则推出了区域研究的重要成果——"巴罗报告"（Barlow Report），它直接影响了英国社会经济发展的战略决策计划，并导致了 1945—1952 年英国战后一系列规划机构的建立。

总之，二次大战后，现代城市规划开始更多地与国家和各级政府决策机构结合，并取决于它们的意志和社会发展目标，成为国家对城市发展"引导式的控制管理"的一个手段和工具。规划的重点已经从物质环境建设转向了公共政策和社会经济等根本性问题。学科也因此逐渐趋向社会科学，成为一项名副其实的社会工程。规划过程和程序也有了很大改变，日益受控制论（Cybernetics）的影响趋向系统规划。正如《不列颠百科全书》所指出，现代城市规划的目的"在于满足城市的社会和经济发展的要求，其意义远超过城市外观的形式和环境中的建筑物、街道、公园、公共设施等布局问题，它是政府部门的职责之一，也是一项专门科学"[1]。该书进一步指出，城市规划师为了实现社会和经济方面的合理目标，对城市的建筑物、街道、公园、公用设施以及城市物质环境的其他部分所做出的安排。城市规划是为塑造或者改善城市环境而行使的一项政府职能、一种社会运动或者是一门专门技术，或者是三者的结合。[34]《城市规划概论》则指出："城市规划既是一门学科，从实践角度看又主要是政府行为和社会实践活动，这种政府行为和社会实践活动体现为依法编制、审批和实施城市规划。"[35]

1960年代以来，随着人类生存环境的日益恶化，生态问题凸显出来。人们再一次重新审视和评判我们现时正奉为信条的城市发展观和价值系统，并逐渐认识到，人类本身也是自然系统的一部分。人类今天如果仍然沿着目前这种对有限资源无节制消费的道路走下去，人类将没有未来。因此，基于可持续发展思想的城市发展和资源配置原则的优先考虑和运用成为未来城市规划发展的新趋势。中国则在近年提出，城乡发展要走"生态文明建设"之路，应该践行"两山理论"和共构人类命运共同体的重要使命。

1.4.2 城市设计与城市规划的概念分野和相互关系

既然城市设计是以城市宜居人居环境中的空间形态建构和场所营造为目的，对包括人和社会因素在内的城市形体空间对象开展设计工作。因此，城市设计与城市规划既有联系又有区别。

作为传统城市规划和设计方式在现代的延伸，西特、柯布西耶、沙里宁等代表人物接受的多为建筑学教育，是用建筑师的眼光看待城市建设问题（包括建设中的经济和社会问题）的，他们采取的是"把砖瓦砂石和钢铁水泥在地上作一定组合的那种物质和空间环境的解决方法"，其最终目标是实现物质环境开发，并常常有一个比较具体的三维设计方案，甚至连一般原则也赋予具体的图解，这就与霍华德、盖迪斯、芒福德等人关注的问题明显不同[27]。

柯布西耶一生曾勾画过大量城市规划设计的草图。沙里宁甚至认为，"城市设计基本上是一个建筑问题"。

如前所述，历史上城市规划的许多内容和方法都源自于建筑学。但是，现代城市规划的发展，使城市规划逐渐拥有了比城市设计更为宽广的对象和领域范围，城市规划通过对城市土地使用做出预期安排，协调城市各组成要素在空间上的相互关系，从而改进城市的社会、经济和空间关系。空间关系虽然是城市规划考虑的重点，但并不是单纯的物质形体空间，而是由社会经济关系中生长出来的空间。在涉及城市整体的宏观层面上的空间资源分配方面，城市规划具有决定性的作用。

事实上，1970年代以后的城市规划学科的重点渐渐从偏重工程技术（1940—1950年代）到偏重经济发展规划（1960年代），演化到经济发展、工程技术与社会发展同时并举，即城市规划综合了经济、技术、社会、环境四者的规划，追求的是经济效益、社会效益、环境效益三者的平衡发展。也即今天的城市规划应由经济规划、社会规划、土地规划、空间规划、物质规划等几方面组成，效率、公平和环境是其依循的基本准则，其内容所及远远超出城市设计的对象范围。

但是，城市设计又有着自己的独特性。首先，城市设计所关注的是人与自然及城市空间环境的关系和城市生活空间的营造，强调人的认知和体验品质，内容比较具体而细致，具有较多的文化、社区和审美的内涵，以及使用舒适和心理满足的要求。社会和环境效益是城市设计追求的主要目标。

其次，城市设计可以起到深化城市规划和指导具体实施的作用，城市设计运用综合的设计手段和方法，可以更为具体、形象地处理城市空间的物质形态关系，使城市各组成要素、各地区之间的相互空间关系更加有序，并更加符合人们对认知体验质量的实际预期。

同时，由于城市设计和城市规划在所处理的内容对象方面相接近或者衔接得非常紧密而无法明确划分开来，所以，在总体规划、分区规划、详细规划及专项规划中都包含城市设计的内容。城市设计还起到了连接城市规划和建筑设计的桥梁作用，是自上而下的整体性城市规划与个体化的建筑设计之间有效联系的桥梁。

1970年代以来，西方城市发展进入了一个相对稳定的时期，大多数城市已经不再像今天的中国这样需要大规模的开发建设，同时又有了长期规划作为发展管理的依据，因此规划工作总的是向内涵深化方向发展。孙施文曾认为，这一时期的城市规划工作重点是向两个方向转移：一个是以区划（Zoning）为代表的法规文本体系的制定和执行，以使城市规划更具操作性和进入社会运行体系之中；另一个则是城市设计，以使城市规划内容更为具体和形象化。

具体到个案层面的西方城市发展建设，城市设计客观上仍然也还有强调的需要。戴维·戈斯林在其《美国城市设计演变》一书的前言中就指出："在我担任俄亥俄州区域规划委员时，我注意到一个明显的缺口（指城市规划、城市设计和建筑设计之间）。所有的规划申请被放到区域法规框架内予以考虑。而对美观，尤其是设计的三维空间，或者文脉考虑得较少。确实，在国内一些建筑和城市规划学院内，对城市文脉缺乏考虑是司空见惯的现象。"[6]

我国把城市规划工作分为总体规划和详细规划两个阶段，有的城市还在总体规划和详细规划之间加入分区规划阶段。从城市规划管理的角度而言，城市规划主要是进行城市开发建设的工程项目管理、城市资源配置管理和城市形象与空间形态管理三个方面。

总体规划解决全局性的城市定位、城市性质、多规协同和规划布局等问题；详细规划解决城市各类功能设施的布局及其定量、定性、定点和定界等问题，具体还可分为控制性详细规划（控规）和修建性详细规划（修规 / Constructive-Detailed Plan，主要是在用地开发建设意向和项目实际落实时编制，对建筑的控制和引导更加具体）。分区规划则介于总规与详规之间。目前，我国城市规划管理部门在日常规划管理工作中，对城市开发建设进行规划管理的工作主要是以控制性详细规划为依据，以核发"一书两证"的行政许可形式来对城市开发建设进行管理。控制性详细规划经过城市人民政府批准而成为实施城市规划管理的核心层次和最主要依据，它直接面对具体的每一项城市建设活动，主要是通过对资源的分配而将城市建设活动限定在规划所确定的方向和范围之内。

总体规划、分区规划和城市设计的区别比较明显，一目了然。但控制性详细规划和城市设计的关系就需要稍加解释。

（1）控制性详细规划和城市设计是在总体规划指导下对局部地段的物质要素进行设计，都有"定性、定量、定位、定界"这一特点。从评价标准方面看，控规较多地涉及用地的各类技术经济指标，与上一层次分区规划或总体规划的匹配是其评价的基本标准；控规是作为城市建设管理的依据而制定的，较少考虑与人活动相关的环境、历史文化和景观等问题。而城市设计却更多地与具体的城市生活环境和人对实际空间体验的评价，如艺术性、可识别性、舒适性、心理满意程度等难以用定量形式表达的标准相关。城市形态发展愿景、城市历史文化延续、空间景观特色乃至美学因素都是城市设计优劣评判的要点。

（2）从重点上讲，详细规划更偏重于用地性质、地块划分、设施配套、道路交通以及城市道路两边的平面安排，而城市设计更侧重于三维的城市空间结构、建筑群体布局、开放空间（Open Space）和景观特色等与人认知体验相关的内容设计。

（3）从内容上讲，详细规划更多涉及工程技术问题（如区划、道路、管线、竖向设计），体现的是规划实施的步骤和建设项目的安排，考虑的是局部与整体的关系、建筑与市政设施工程的配套、投资与建设量的配合；而城市设计更多涉及感性（尤其是视觉）认识及其在人们行为、心理上的影响，表现为在法规控制下的具体空间环境设计。

（4）从工作深度上讲，详细规划以表现二维内容为主，

成果偏重于法律性的条款、政策，图纸则与条款和政策的解释相关，近年部分控规成果也加入了城市设计内容，但研究深度有限。而城市设计成果图文并茂，图纸、文本、导则均在其中起重要作用，且具有一定的实施操作弹性和前瞻性，并附有充分的具有三维直观效果的表现图纸，近年还增加了数据库成果内容。在城市形态、景观特色、场所环境及与人的活动相关的公共空间体系等方面，城市设计具有突出的优势。

虽然我国已有了一套从总体规划到详细规划的完整的城市规划体系，但是，在日常的城市规划管理工作中，控制性详细规划在对城市建设的控制和引导方面常常失效。我们当然可以将之归咎于地方行政领导为了发展引资，有时会干预规划部门的行政管理和规划决策，从而在很大程度上削弱了控制性详细规划的实际作用；或是开发商和建设单位盲目地追求经济利益，游说政府和主管部门更改建设用地性质和提高土地开发强度等原因。但除了这些外部因素，控制性详细规划自身也存在明显的不足，例如："定性、定量、定位、定界"的控制要求无法满足三维的方案项目审批要求；技术指标确定的科学性和严密性有争议；控制要求缺乏前瞻性，难以应对城市的实际发展需要；"管""放"两难等。城市设计恰可在这些方面有效补充控规之不足。

今天，人们已经普遍认识到，城市设计对于一个健康、文明、舒适、优美，同时又富有个性特色的城市环境塑造具有城市规划不可替代的重要作用。城市设计不仅是城市规划的深化、延伸和补充，而且有其独立的学理和专业价值。2015年中央城市工作会议后，城市设计被提升至空前的专业高度，近几年河北雄安新区起步区、启动区，北京城市副中心建设、海南自贸区和深圳一系列新区等都是首先从城市设计国际咨询开始的，笔者所在的团队也先后参加了上述部分城市设计竞赛并取得良好成绩。在中国，基于城市设计先导的规划实施项目越来越多。

1.5 城市设计与建筑设计

1.5.1 城市设计与建筑设计在空间形态上的连续性

从物质层面看，城市设计和建筑设计都关注实体和空间以及两者的关系。因此，城市设计与建筑设计的工作内容有着显见的重合，两者的工作对象和范围在城市建设活动中呈现出整体连续性的关系。事实上，建筑立面是建筑的外壳和表皮，但又是城市空间的"内壁"。建筑空间与城市空间互相交融，隔而不断，内、外只是相对的。

不过，两者处理空间环境的出发点和内容却有所不同。通常，一个良好的城市形态环境更多地取决于城市设计的效果，而不是建筑设计。因为城市设计是立足于对环境的全面系统分析和正确的评价方法基础之上的；同时，城市设计以多重委托人和社会公众作为服务对象，更多地反映公众的利益和意志，远远超出功能、造价、美观等内容。城市设计主要工作对象之一是开放空间，特别是建筑物之间的城市外部空间，它研究建筑物的相互关系及其对城市空间环境所产生的影响。因此，城市设计不应是某个人单纯依靠直觉判断的产物，理性主导的综合判断和设计决策也很重要。

城市中的建筑分属不同的团体和个人，因此，建筑设计基本上取决于设计者本人和委托人的目标价值取向。建筑师个人的艺术禀赋、审美修养、设计技巧及对建筑的认识在设计中起着至关重要的作用，这样，建筑师就会与许多其他专业人员和决策人一起对环境的形成起作用，但他们对城市整体环境质量却往往缺乏足够的考虑。如同不列颠百科全书所指出的那样，"工程师设计道路、桥梁及其他大工程；地产商修建起大批住宅区；经济计划师规划了资源分配，律师和行政官员规定税收制度和市级章程规范，或者批准拨款标准；建筑师和营造商修建个别建筑物；工艺设计师设计店铺门面、商标、灯具和街道小品……也会对环境起普遍的影响。即使在社会主义国家里，建设和管理城市环境的责任也是很分散的"[1]。

通常，建筑师不如城市设计师那样具有对城市整体性的自觉。特别在今天的中国，1998年住房商品化以后，中国就进入一个由房地产开发主导的城市建设时期，其重要特征就是开发商普遍采用市场趋利的原则，并且常常是大地块的一次性开发建设，这就会使建筑单体按照标准化、规格化和批量化原则进行设计，常常脱离城市外部环境的约束而自行其是，城市风貌和特色由此受到严峻挑战。无疑，重要显赫的建筑物，特别是公共建筑，会对城市环境产生重大影响，但是这种影响也可以是消极的，只有当其与城市形体环境达到良好的匹配契合时，该建筑物才能充分发挥其自身积极的社会效益，有效地传播文化和美学价值。因此，城市设计与建筑设计在城市建设活动中是一种"整体设计"（Holistic Design）关系，它们共同对城市良好的空间环境创造做出贡献（图1-61至图1-65）。

事实上，人们对自己的生存环境总是会用能动的方式加以完善，使之臻于完美，但建筑形式和风格对此作用甚微。现代主义建筑师那种用功能分区和形体规划来决定城市空间设计，同建筑师填补局部和细部的办法一样，也似乎成效不大，因为孤立于空间的建筑物很难对环境做出贡献。

图1-61 堪培拉城市设计的轴线关系

图1-62 悉尼歌剧院鸟瞰

图 1-63 芝加哥中心区

图 1-64 具有城市设计构思的洛杉矶现代艺术博物馆

图 1-65 从旧金山花街看城市天际线

在城市设计历史上，通过建筑师设计而营造的优美城市环境不胜枚举，国际一线的建筑师近年都参加了很多重要的城市设计项目的竞赛或者委托，如努维尔和鲍赞巴克参与的巴黎城市规划和设计，库哈斯（Koolhaas）参与的法国波尔多城市设计等。在当下中国全方位关注城市设计的城市发展转型背景下，笔者曾经概括过建筑师参与城市设计的几大特征：

（1）具有城市空间组织的艺术想象和设计能力，善于把握地形地貌、生物气候等条件赋予的城市视觉环境特征。

（2）在概念性城市设计和工程实施性城市设计方面，建筑师可以发挥能动而直接的专业驾驭作用。

（3）建筑师是"城市修补""文脉连续性""留住地域环境、文化特色、建筑风格"等基因的直接贡献者。

近期，SOM 设计公司，艾奕康（AECOM）、奥雅纳（ARUP）、福斯特（Foster）、GMP 等设计事务所或公司，以及杨经文等都参加了一系列中国重大城市设计竞赛。但是，对于建筑师群体而言，也需要从包括城市规划在内的多维视角观照建筑设计，特别是当建筑师及其群体接触到大尺度的建筑群，乃至直接接触城市设计的命题时，以往仅仅强调一般的场地分析模式和形式生成过程、基于单一业主的建筑本体建构逻辑、个性设计创意就不堪敷用。同样需要"用规划做设计"。

因此，城市空间与建筑空间的设计过程是不可分的。建筑设计、城市设计和城市规划应该成为城市发展的一项完整的工作，并在建设过程中予以反映把握。也就是说，环境的形态应是整体统一和局部变化的有机结合，房屋是局部，环境才是整体。

1.5.2 城市设计与建筑设计在社会、文化、心理上的关联性

从主体方面看，使用建筑、品评建筑和城市空间环境在人的知觉体验也具有一种整体连续性的关系。但是城市设计并非就是一个简单的"建筑问题"。城市设计与建筑设计处在城市建设的不同尺度层次，它们通过互相的影响和干预来达到一种整体效果。

这种整合效果不仅在形体层面上有意义，而且在心理学和社会学层面上同样有意义，对此，环境心理学、社会心理学和认知心理学都有相关的研究。

按照格式塔（Gestalt）心理学观点，人对城市形体环境的体验认知具有一种整体的"完形"（Configuration）效应，是一种经由对若干个别空间场所和各种知觉元素认知的叠加

结果，这已为当代许多建筑研究者所证实，如林奇的城市意象理论和芦原义信的空间理论。同时，人们的空间使用方式仍然视城市设计与建筑设计为一体，它要求设计者在满足相对单一的室内使用要求的同时，也要整体地考虑多价、多元和随机的户外空间活动的需求。我们虽然可以用适当的手段去围合、分割建筑空间，但却无法割断人的知觉心理流。而这种知觉心理不仅部分取决于作为生物体的人，而且还取决于作为文化载体的人。

特定的地域文化共同体的生活方式和传统习俗，会给居民心目中留下持久而深刻的印记，这个共同体即是所谓的社区（Community），居民对社会及群体所共同经历的记忆和认同归属意识就构成了所谓的社区性，也即是中国近年强调的"乡愁"。城市规划的"芝加哥学派"（Chicago School）曾对此进行过卓有成效的研究。城市设计和建筑设计的基本目标之一就是为人们生活等各种活动提供良好的空间场所和物质环境，并帮助定义这些活动的性质和内涵。因此，设计城市或建筑设计也就是在设计生活，营造具有社区性意义的场所，必然要反映作为整体的社区特点。

世界发达国家在社区性问题的认识上曾经有过深刻的经验教训。现代主义倡导的"物质形态决定论"认为，一个城市只要有了良好的住宅和社会服务设施就可以改善社会状况，而今天这种想法已被大多数人所否认。在欧美不少国家，一些高层住宅先后被官方摧毁，并非建筑设计本身的原因，而是有着深层次的社会原因。

因此，妥善处理好城市设计和建筑设计之间的知觉体验的连续性和社区文化的整合性非常重要。

1.5.3 城市设计导则与建筑设计的自主性

在实施过程中，城市设计并非是要取代建筑设计在城市环境建设中的创造性地位。由于城市设计与建筑设计两者规模、尺度和层次的不同，所以笔者认为它们是一种"松弛的限定，限定的松弛"的相互关系。

城市设计通过导则为建筑提供了空间形体的三维轮廓、大致的政策框架和一种由外向内的约束条件。一般地说，城市设计导则（Urban Design Guidelines）中的定性内容多于定量内容，导则的作用不在于保证有最好的建筑设计，而在于避免最差建筑的产生，也即是保证城市环境有一个基本的空间形态质量。

这种约束和被约束的关系在古代城市建设中并不十分重要，因为古代建筑受当时的地理条件、就地取材和工匠技术的影响和限制，一般不会对整体城市的形态、交通、基础设施和

区域结构产生很大影响，也很难宏观失控。但今天的建筑设计问题一定程度上就是城市设计的问题，"触一发而动全身"，尤其是大型公共建筑，已不能只用常规的建筑学自身规律来探讨或解决，只有从城市的层面去认识才有可能疏理辨析。

但是，这种外部限定约束只是设计的导引，并非僵死的规范和教条，而是具有相当的灵活性和弹性，也就是一种"松弛的限定"和有限理性。因此，建筑师虽然应该主动认识城市外部环境对设计客体的影响，但并不会因接受城市设计导则而不能发挥自己的想象力和创造力。例如，加拿大首都委员会为开发设计议会山建筑群，制定了一系列城市设计的政策框架和技术性准则，以及建筑师应承担责任等内容，但具有相当的弹性。在这种前提下，建筑师仍可做出多种形体设计的建筑方案。笔者多年前曾经担任过常州市常澄城—万福路城市设计的建设实施总控，参与了与此相关的新建建筑形体、风貌、材质和色彩等的一系列审查。最近，广州、深圳、海口等城市也尝试实施了院士和设计大师担任城市设计与建筑设计协调总控的制度，并已经取得初步成效。

总之，城市社会与物质环境规划设计的关系是从区域到城市，再到分区，然后才到建筑物和开放空间。从环境尺度方面看，城市规划师所受教育的重点是处理宏观层面的空间和资源分配，成果偏重于政策制定、数据分析和用地分配；建筑师则更多地关注满足业主要求和建筑物的最终尺度，偏重原创性以及设计施工。在观念层面上，"城市设计"应该视为一种贯穿各专业领域的"环境观"和共享的"价值观"。

1.6 城市设计与社会诸要素的相关性

城市人居环境营造和建设是一项综合性的工作活动，因而，除了本书多处已经论及的自然系统要素外，城市设计必然受到与城市社会背景相关的各种要素，如社会、经济、政治、法律、宗教和文化等要素的影响。有关社会、经济、宗教和文化要素本书许多章节都不同程度涉及，这里只着重就政治和法律（法规）与城市设计的关系再进行一些阐述分析。

1.6.1 政治要素与城市设计

迄今为止，绝大多数城市规划设计及其相关的建设活动都曾受到过政治因素的影响，只不过程度不同而已。

城市发展和建设决策及其实施是一项高度综合和复杂的，同时牵动许多社会利益集团和要求的工作，对此规划设计者常感到力不从心，势单力薄，并不完全能够胜任这类工作，因而希望与别人来协同决定。尤其是今天，在有公众参

与和各相关决策集团共同作用的建设决策过程中，规划设计者为了处理好人际关系和利益分配问题，往往不得不借助于更高层次的仲裁机构——这通常是当地的政府，并以此对参与决策的各方委托人进行驾驭。于是，城市规划建设难免带上政治色彩，设计者本人也被推上了政治舞台，无论他愿意与否，城市建设许多决策终究要在政治舞台上做出，乃至被接纳成为公共政策。因此，从某种程度上说，城市建设决策过程本身就是一个"政治过程"。在这个过程中，虽然设计者能起到一定作用，并且在道义上他也应承担部分责任。但事实上，因为政治要素作用很大，故常常使规划设计者陷于充当"配角"的窘困之中。

英国学者莫里斯（Morris）曾在其名著《城市形态史——工业革命以前》中认为，所谓规划的政治（Politics of Planning）对城镇形态曾有过决定性的影响。罗西则认为城市依其形象而存在，而这一形象的构筑与出自某种政治制度的理想相关。作为事实，先辈们提出的种种理想城市设想和模式都与一定的政治抱负有关，权力常常制约着智力。可以说，历史上世界各大文明体系中的主导规划设计思想，均与其特定的政治文化、统治方式及其所规范的城市建设秩序有着密切的关系。

例如，中国古代最初城市的形成与发展就和政治统治与便于设防的建设目的紧密联系。傅筑夫曾认为，中国城市兴起的具体地点虽然不同，但是都是为了防御和保护的目的而兴建起来的。张光直的研究则发现，中国夏、商、周三代确定城市建设用地时运用了"占卜作邑"的方法，而这种"作邑"不仅是"建筑行为"，而且是"政治行为"。这说明，中国古代城市（邑）的建造并非完全出自聚落自然成长或是经济上的考虑，也受到了华夏文明最初的政治形态、宗教信仰和统治制度的直接制约和影响。王鲁民则认为，"聚落本身就是一个权力载体"。中国周礼《考工记》中文字记述的都城就包含着鲜明的政治含义，在确定地叙述王城的形态要求后，要求宿侯宫隅之制和道路（涂）的尺寸也应照天子之制减小，表明了不同等级的城市聚落形式秩序是权力分配的结果和体现。聚落的形式秩序或等级体现，就是聚落拥有者的权力水平在聚落层面的物质体现。中国古代城市规划设计和建设上，祭祀权力和军事权力非常重要。祭祀权力包括举行的祭祀种类和在举行相应祭祀时所采用的规制，军事权力则包括讨伐权和自身防御能力的设定。[17]

在西方城市发展的各个历史时代中，政治因素也都曾留下深深的印记。遍布欧、亚、非三大洲的古罗马帝国的军事城镇都是在一定的规制影响下产生的，中世纪欧洲的殖民城市建设是如此，最典型的莫过于西班牙为殖民城镇建设所制定的"西印度群岛法"和文艺复兴时期产生的反映新兴资产阶级政治抱负的"理想城市"主张及其实践。直到近代，美国一大批新兴城市亦同样以当时官方规定的"格网体系"为建设蓝本。城市学者万斯认为，历史上有三种带有政治色彩的城市设计规制影响着西方城市的发展建设：一是罗马兵营（Castrum），成百上千兵营要体现罗马集权制原则。最初的范例就成了"标准"。二是以法国的蒙帕济耶（Monpazier）为代表的中世纪巴斯泰德城镇模式。三是美国中西部以对称、秩序、比例的一致性为特征的方格网城镇模式[20]。

不仅如此，从社会生态学角度看，历史上城市建设在处理内部空间布局和功能分区时，仍然受到政治因素的干预和影响，贫与富、卑与尊、庶民与君臣之间的人伦秩序在城市布局上一目了然。我国古代的"择中立宫"及"体国经野，都鄙有方"的规划思想，反映的就是这样的布局概念。就今天而言，全世界仍然存在极少数严格按照政治要求而整体建设起来的城市，这些城市在漫长的历史岁月中所始终维持并体现出来的建设意图的高度连续性和统一性，每每使人叹为观止。

例如，美国首都华盛顿 1791 年规划设计的主题就是"纯粹政治目的的产物"。朗方（L'Enfant）最初的构思虽然没有一次性实现，但它却指明了华盛顿未来设计建设干预的导向。华盛顿后来变成一个"由委员会实施的城市"，其建设均用政府文件决策，甚至具体建筑设计都有严格的规范法令，如国会山前的建筑物地面高度就不得超过 27.45 m。但其后的规划设计和建设开发，并未违背朗方的设计初衷。

又如，中国明清北京城建设，曾被美国学者培根誉为"有史以来从没有如此庄严辉煌的都城""地球表面人类最伟大的单项作品"。整个北京城布局结构的恢宏气势，人际等级秩序表达的精致完美，体现了政治因素与科学技术的完美结合。《华夏意匠：中国古典建筑设计原理分析》的作者李允鉌先生指出，"几乎看不到有任何人对它作过恶劣的批评"。而北京城建设正是在强有力的政治动因和皇权直接干预下渐次完成的，否则，要在前后几个世纪的漫长岁月内保证设计建设的前后一致是绝对不可能的。

2008 年 8 月，中国北京成功举办了夏季奥林匹克运动会。与奥运相关的城市建设持续了好几年，而在场馆建设和环境改善工作实施之前，政府就组织了相关的城市规划和城市设计研究。借奥运举办契机，在强大的政策、财力和物力支持下，借助于一系列城市设计、景观规划和场馆建筑的建设，北京城市中轴线北部的面貌发生了非凡的变化，而其最大的推手其实就是国家和北京市办奥运的政府意志。奥运会后，中轴线北段继续成为国家和北京一系列重大建设的载体，如国家会议中心及二期、亚洲投资银行总部。在与奥运体育区相邻的地段，则相继开展了中国国学中心、国家美术馆、国家工艺美术馆等国家重要文化设施的国际设计竞赛。目前，笔者作为项目负责人之一设计完成的中国国学中心建筑已经建成使用。

一般来说，国家的社会制度设计和操作形式决定政治干预的形式，而政治干预形式也要适应国家的社会体制。国家体制和形式相同，国家和政府干预城市建设的形式也大致类似。政治作为城市规划建设的一种干预因素，其作用形式、影响途径、强度及有效性，又与不同的时代背景及特定政体形式有关。

工业革命以后，政治要素对城市建设的决定性作用有所衰微，除华盛顿、堪培拉、巴西利亚及昌迪加尔等极少数城市出自突发的政治动因和社会要求而整体建设的范例，一般均采取更为灵活松弛而又具备协商程序的政治干预方式，而且逐渐使政治干预以建设政策的方式出现，不再拘泥于城市形体和空间设计的细节因素。于是，城市建设的"权"和"智"的结合有了新的形式和内涵。对此，美国费城市政府与城市设计师培根、纽约市市长林赛（Lindsay）与城市设计学者巴奈特（Barnett）等在城市建设方面的成功合作提供了可资借鉴的经验。

政治因素的介入有助于按统一步骤、有条不紊地进行城市建设，特别在当今城市建设存在多重经济形式及错综复杂的制约因素的现实情况下运用得当的话，将具有任何其他因素都无法替代的作用和效能，亦是保证城市经济有序发展和环境建设质量的保证。前述常州常澄路—万福路城市设计实施就是在政府建设城市景观大道意愿主导下完成的。

但是，纯粹政治化的建设决策过程也有明显缺点。首先，政治因素注重的是人与人的工作关系，而不注重人际的情感交流，其干预方式基本上是强制性的。其次，政治因素不注意不同经济主体利益的要求，而事实上，当今市场经济条件下的城市建设行为和目标价值取向却很大程度上与经济利益有关。不能只有"看得见的手"，而"看不见的手"也很重要，二者相向而行才能使城市规划设计和建筑做好。

同时，建设决策和管理权向高层呈金字塔状集聚，但任何人都不是全能的，高层决策者抑或规划设计的代言人亦无例外。过分夸大城市建设中的政治决策权会削弱城市环境的动态适应性，无形之中也就容易轻视公众参与和多元决策的有效作用。今天，中国已经在城市发展转型新时代提出了"以人民为中心"的城市建设基本宗旨，这是非常重要的。

政治性事件也会对城市发展和城市设计产生重要影响，如全球教会中心定位于罗马而非耶路撒冷，就给罗马逆转中世纪的衰退进程注入决定性力量。再有一个政治事件影响城市发展的典型案例就是德国柏林，柏林经历了20世纪的二次世界大战，特别是二战结束后的冷战。"柏林墙"的修建和1989年两德统一后的首都重建，都给这座城市发展带来了先是悲剧性、后是戏剧性的色彩，柏林及其相关的波茨坦广场、勃兰登堡门地区重建城市设计也一直是学者研究的重要对象，其核心要点就是如何"跨越历史的围墙"，这里的"围墙"显然包含着比物质性理解更为深层次的含义。

从实际效果看，政治干预比较看重外表的城市面貌及各种可见设施和生活条件的改善，但如不恰当地掌握分寸，一味追求"政绩工程"，甚至违背科学常理，通常就会对城市社区的多重业主、普适性的文化价值和约定俗成的行为惯例等掉以轻心。由于政治介入常由少数人制订标准而要求多数人执行，故它更多地体现了理性组织和秩序的观念，因而政治化的建设决策过程是一种"决定论过程"。

政治干预还具有明显的阶级属性，不同的社会体制和统治阶级对其有不同的理解和要求。如希特勒、墨索里尼于二次大战时在柏林、慕尼黑、罗马城市建设中，都曾留下过他们恣意妄为、不可一世的历史罪证，如墨索里尼为了阅兵需要，在1924—1932年间，竟在罗马中心区修建一条长850 m、宽30 m的帝国大道，这条路蛮横地穿越古罗马帝国时期的广场群，占据了广场84%的面积，充分反映出城市建设的决策者的历史虚无和脱离人民的无知。

我国的社会主义制度，在政体组织形式上可以更好地保证广大人民群众的利益。这些特点集中反映在我国"以人民为中心"和"社会效益、经济效益和环境效益一起抓"的城市建设总目标中。

总之，政治因素与城市规划建设具有如下几方面的关联：第一，政治作为一种有效的建设参与因素，通常贯穿了城市建设的全过程。

第二，政治理想常常是城市建设的主导动力，也常常是城市设计需优先保证的要求。对于设计者而言，只能理解、磋商、协同作用，而无法摆脱。

第三，政治干预方式的合适与否，对城市规划建设的成败至关重要。历史和现实都表明，"权智结合"是双向的，政治干预的效果和结局并不一定是积极的，这就需要所有建设决策参与者具有较高的素质，也对城市建设体制和法规制定提出了新的要求。

1.6.2　法规要素与城市设计

法规要素与政治要素有一定的关联。在任何一个有组织的社会里，城市规划设计和建设活动都是在某种形式的建设法规和条令下进行的，也都伴随有相应的改善、调整原有立法的活动。从历史上看，政策和法律要素是人类聚居地规模逐渐扩张以后，进行集中建设必不可少的一个方面。

相比政治要素，政策和法规与具体城市建设的关系要更密切一些，而其作用也非常重要。正如吴良镛先生所指出，"在国家、城市、农村各个范围内，对重大的基本建设，必须要有完整的、明确的、形成体系的政策作指导，否则，分散和盲目的建设就会造成浪费，甚至互相矛盾的发展，在全局上造成不良后果。当建设数量不大时，这些问题尚不明显，而在当前百业俱兴，建设齐头并进的情况下，其危害就十分突出"[36]。

许多历史名城的建设成就都与该城设立的法规有密切关联。荷兰的阿姆斯特丹、意大利的锡耶纳等著名古城的魅力均与历史上有关建设法规有关。其中阿姆斯特丹在15世纪时已发展为区域贸易中心，并在1367年、1380年和1450年分别进行了扩建，在原先的100英亩基础上增加了350英亩城市用地。1451—1452年，阿姆斯特丹蒙受火焚之灾，1521年开始立法规定新建建筑必须采用比木材和茅草更对耐火的砖瓦结构，1533年就城市公共卫生制定相关法规，到1565年又进一步完善城市建设立法。总的说，历史上的阿姆斯特丹一直有城市立法的传统，并以契约形式，严格控制了土地用途和设计审批、容积率（Floor Area Ratio，FAR）、市政费用分摊，甚至对建筑材料和外墙用砖都有规定，因此在当时没有总设计师的情况下，城市建设依靠法规仍开展得十分协调有序，也保证了1607年"三条运河规划"的设计总图得以顺利实施。直到今天，阿姆斯特丹仍然享有"水城"的赞誉，吸引着全世界的观光客前往游览[24]。

伊斯兰城市形态的组织和规划设计也与《古兰经》和穆罕默德的圣训有着密切的联系。哈基姆曾经分析总结出了九点原则，包括不危害原则、相互依存原则、私密性原则、早到优先原则、不限高原则，尊重他人的私人财产、邻居和合伙人的优先购买权、公共道路必须不小于7腕尺（约3.5 m）及公共大道不得有任何永久性或临时性的障碍物阻碍[37]。这些原则即使在今天看，有些也是很有借鉴价值的。

19世纪到20世纪，城市建设立法重要性已为更多人所关注。如英国就先后制定了《住房与城市规划法案》《新城法》

和《城乡规划法案》等，美国亦随后制定了分区法、开发权转移法、反拆毁法等一系列城市规划设计和建设的法规，日本则早在1920年就制定了《城市规划法》及后来《国土利用规范法》《城市再开发法》《土地区划整治法》等。

这里再举一例，美国纽约市曼哈顿（Manhattan）的城市设计和建设也是法规作用下的直接产物。1916年，纽约就实行了美国第一个"区划法"（Zoning），拟定了沿街建筑高度控制法规，以保证街道有必需的阳光、采光和通风标准。区划法规定，建筑当达到规定的高度后，上部就必须从红线（Red Line）后退（Setback），但这些高层建筑只能是阶梯式后退，造成城市面貌呆板，特别是从中央公园看城市，所见到的只是一片巨大而密实的建筑"高墙"。同时，区划法对某些地段内的建筑物规模也有严格的规定，使中心区成为使用强度最高的地区。这种制度实施虽取得一些成果，但仍不令人满意。基于城市设计的要求，1961年对原有的区划法进行了重大修改和改进，并引进了控制建筑开发强度的"容积率"（FAR）与可以同时控制建筑体量与密度的"分区奖励法"（Zoning Incentives）概念。其中后者规定，开发者如果在某些特定的高密度商业区和住宅区用地范围内将所建房屋后退，并提供符合法规要求的公共广场，则可获得增加20%的建筑面积的奖励；如果沿街道建骑楼，则面积奖励稍少。这一具有替换可能的法规受到设计者的欢迎。但巴奈特等学者认为1961年的立法仍然存在问题，后来又继续改进。这里只是说明，城市设计的相关规制对建筑设计可以起到有效的控制和引导的作用。

历史表明，城市设计的理论、实践与立法是相互促进的，现实的生活环境问题促进了设计理论的探索和实践，而在引起社会公众注意之时，设计立法又成为必须。反之，立法进展又影响实践，促进了理论的进一步完善。

在我国，涉及中宏观大尺度城市设计时，一般采用依托或者借壳法定规划的方式实施，在特殊情况下，部分可以法条化的城市设计成果也可以经由所在城市的人大听证咨询后实施，如笔者团队完成的郑州市中心城区总体城市设计、南京老城建筑高度控制城市设计成果等都部分转换成城市规划管理的法定要求。

近年来，我国城市建设政策研究和制定已经取得瞩目进展，除《城乡规划法》，住建部在中央城市工作会议后研究制定了《城市设计管理办法》和《城市设计技术导则》等。《城市设计管理办法》具有明确的政府法条管理导向，例如第一条指出，为提高城市建设水平，塑造城市风貌特色，推进城市设计工作，完善城市规划建设管理，依据《中华人民共和国城乡规划法》等法律法规，制定本办法。第二条表述为"城市、县人民政府所在地建制镇开展城市设计管理工作，适用本办法"。接着第四条指出，"开展城市设计，应当符合城市（县人民政府所在地建制镇）总体规划和相关标准"，以及第五条"国务院城乡规划主管部门负责指导和监督全国城市设计工作。省、自治区城乡规划主管部门负责指导和监督本行政区域内城市设计工作。城市、县人民政府城乡规划主管部门负责本行政区域内城市设计的监督管理"。同时，《城市设计管理办法》对城市设计编制的内容、报批和审核等也做了明确规定⑥。

在此背景下，住建部先后在57个城市布置开展了城市设计试点工作，并在2018年11月22日珠海经验交流会上做了成果展示，北京、广州、杭州、珠海等城市分别介绍了推进城市设计工作的经验，这些都是在城市设计相关规章需求颁布后取得的前所未有的成果。笔者有幸主持并参与了北京老城总体城市设计和广州总体城市设计的工作且受到好评。

1.7 城市设计教育

1.7.1 城市设计教育的发展

城市设计师，在历史上多由建筑师兼任。早期的建筑人才培养多采取师徒方式。文艺复兴后，建筑教育开始进入专门的建筑学校（院）。1671年，法国成立皇家建筑学院；1816年合并巴黎工业大学成立巴黎高等艺术学院（ESLAP），设计课程由校内外的设计工作室（Atelier）主持。随着建筑师职业、范围和工作方式的不断演化和扩大，建筑教育亦有很大发展。1919年诞生的德国"包豪斯"（Bauhaus），注重建筑学与现代技术和艺术的结合，对"全面的建筑观"的培养产生了广泛的影响。

城市设计引入建筑教育始自19世纪末，奥地利建筑工艺美术学院院长西特（Sitte）最早提出城市环境的"视觉秩序"（Visual Order）理论。20世纪中叶，城市规划、风景建筑学有关城市空间形态和城市人居环境营造的内容逐渐开始融入建筑教育，使城市设计教育有了进一步的发展。

在教育实践方面，沙里宁早在1940年代就致力于加强城市设计的教育，他号召"一定要把'城市设计'精神灌输到每个设计题目中去，让每一名学生学习……在城市集镇或乡村中，每一幢房屋都必然是其所在物质及精神环境的不可分割的一部分，并且应按这样的认识来研究和设计房屋……必须以这种精神来从事教育。城市设计绝不是少数

人学习的项目，而是任何建筑师都忽视不得的项目"[37]。

20世纪50年代初，格罗皮乌斯（Gropius）等在美国哈佛大学（Harvard University）创立设计学院（GSD），包括了建筑、规划、景观设计的教育内容，将过去的以单幢建筑物为主的建筑教育扩大为环境的思考。1956年哈佛大学召开了第一次以邀请方式参与的城市设计会议，培根、雅各布斯、芒福德、佐佐木英夫等人参加了会议。塞特院长在会议上正式提出用城市设计新概念（Urban Design）替代城市设计老概念（Civic Design）[38]。1959年，美国加利福尼亚大学伯克利分校（UCB）成立专门的环境设计学院，主要探讨有关城镇空间环境的功能、社会经济要素及视觉品质等为主的综合性学科知识。宾夕法尼亚大学虽然早在1954年已设立城市设计方向（Civic Design Program），但实际的教学方针仍然沿袭传统的建筑教育。1965年，宾夕法尼亚大学开始把这一课程重新编排而创立授予建筑/城市规划双硕士学位的城市设计课程，这是建筑教育与城市设计结合的一次突破。1960年代以后，城市设计教育思想又有所发展，1980年代末澳大利亚授予第一批城市设计研究生学位，反映出社会对城市环境建设进行综合研究的关注。英美则有更多的建筑学校成立了直接以城市设计命名的专业或课程，城市设计教育内容亦越来越丰富，这些都反映在1981年城市设计教育讨论会和1987年国际建筑布赖顿会议上。

英国皇家城市规划学会（RTPI）和英国皇家建筑师学会（RIBA）十分重视城市设计教育工作，英国城市设计组织（Urban Design Group）甚至呼吁，"从进入大学一年级起就应开始城市设计的教育"。为此，皇家城市规划学会和皇家建筑师学会共同主持制定了遍及整个英联邦地区的城市设计课程计划。他们的依据是：城市设计方面的设计比建筑单体尺度要大，又比大规模的战略规划尺度小，城市设计专业的发展还不够完善。新的城市设计课程计划将最终为此提供一个混合物来矫正这种现状[39]。

作为实践，这些课程最先在阿伯丁、爱丁堡、曼彻斯特和伦敦等地的院校开设，其中大部分在苏格兰开设，这反映了北方地区一贯对包括规划和建筑学在内的社会面貌问题比较重视。随后，在牛津和伦敦中央工艺学校也设立了此类课程。人们希望这些开设新课程的热潮能够引起对城市设计这一专业的广泛兴趣。

我国自1980年代起开始有一些高等学校开设了城市设计课程。1990年代城市设计的重要性为更多的人所认识，许多学校增设了城市设计的本科课程及研究生选修课。

1.7.2　美国城市设计课程和学位设置

纵观 20 世纪城市设计教育的发展，美国一些著名大学的教学实践和模式影响广泛，也比较具有代表性。在今天的美国建筑学院和系所中，城市设计已经成为不可缺少的重要学习内容。即使在大学本科的基础训练中，城市设计理论、技术及设计实习亦都有涉及。经过 40 多年的社会需求与教学方式及内容的磨合，美国的城市设计教育今天大致上形成了以下几种模式[13]：

（1）哈佛大学设计学院（GSD）模式

在格罗皮乌斯推动下，哈佛大学于 1960 年设立城市设计课程计划（Urban Design Program）。其后，格罗皮乌斯继承人塞特院长及更后主持设计学院工作的匹塔斯（Pittas）、塞夫迪（Safdie）、罗伊（Rowe）亦乐此不疲，十分关心城市设计教育事业，并先后邀请桢文彦（F. Maki）等主持城市设计课程研究。该模式以设计学院的建筑学、景观建筑学和城市规划三个系所为基础，安排毕业后学习城市设计课程，以使有经验的建筑师、景观建筑师或规划师在两年的再学习之后，对城市及城乡环境设计工作具有更好的协调和领导能力。

在课程设置方面，哈佛大学比较强调其跨学科领域的综合性教学目标，理论与实践并重，核心课程包括历史、理论、法律、规划及房地产等科目，学生还可在哈佛大学与麻省理工学院（MIT）之间选修相关课程。

学生毕业时可分别授予建筑／城市设计硕士、景观建筑／城市设计硕士和城市规划／城市设计硕士学位。

（2）麻省理工学院（MIT）模式

对美国城市设计教育推动最具影响力者，应首推麻省理工学院的林奇教授，他虽已逝世，但至今仍然具有相当的影响力。林奇喜欢用"城市设计"（City Design）一词，他认为城市设计的专业不应只限于建筑师及景观建筑师，规划系中也要有核心教授去推动城市设计学科方向的教育。麻省理工学院的城市设计教育是以城市规划系为核心，结合建筑系的教学力量而开展起来的。

林奇认为在城市设计教育中应突出三个基础性的技巧：①要有一种人与人，人与地方场所、场所活动以及社会文化机构相互动的而带有同情的敏锐眼光。②要对理论、技术及城市设计的价值有深刻的理解和认识。③一个城市设计者要具备完美的沟通技巧，同时具有表达与学习的热诚。

这种城市设计教育既要从事研究工作，也要有实际工作的经验。麻省理工学院的城市设计教育在林奇创始后后继成员甚多，包括李灿辉（T. Lee）、海克（Hack）及丹尼斯（Dennis）等人。在这些有识之士的努力合作下，麻省理工学院的城市设计教育在学术、实践及研究工作上均有建树。

麻省理工学院规定在建筑系及城市规划系研究所均可主修城市设计课程，但不授予学位。

（3）宾夕法尼亚大学（U. Penn）模式

宾夕法尼亚大学（下简称"宾大"）成立城市设计课程很早，1965 年改变为双学位的城市设计系。宾大的城市设计系的学生要经建筑系及城市规划系同时得到允许，方可入学，主要目的是造就对未来城市空间环境具有创造力、前瞻力的设计者，即城市设计师是要做"设计"的。

费城城市设计实践曾取得显著成就，其功劳当归于宾大城市设计系所造就的人才与实践的参与者，如培根、乔恩·朗等教授；发展后期，海克教授和曾经执掌纽约城市设计工作的巴奈特教授均加盟宾大城市设计教育，对世界产生了重要的影响。2003 年，笔者曾经邀请海克教授来东南大学研讨建筑教育；2012 年又邀请巴奈特教授来东南大学开设城市设计前沿课程。

培根教授的名著《城市设计》已由黄富厢先生等翻译成中文在我国出版发行，影响广泛。1991 年，宾大开设了建筑与城市规划交叉的课程学科，并授予建筑硕士／城市设计文凭（MARCH with a Certificate in UD）、城市规划硕士／城市设计文凭（MCP with a Certificate in UD）以及景观建筑硕士／城市设计文凭（MLA with a Certificate in UD），以上的学位都需要在满足本科的硕士必修学分外，加选额外的城市设计课（Studio）及必选的城市设计课程才能获得。

（4）纽约市立大学（CCNY）模式

对城市设计实践深具影响力的巴奈特教授，曾主持了纽约市立大学的城市设计教学。他与纽约市市长林赛合作开展了一系列城市设计实践工作，同时他在城市设计领域中出版过数部具有重要学术影响的专著，如《作为公共政策的城市设计》等。纽约市立大学城市设计课程主要为具有一定经验的建筑设计人士提供，让他们有机会接触大尺度的设计工作。纽约市立大学认为，城市设计面对的一些实际课题是无法在学校的设计工作室实现的。由于市立大学位于纽约市，校方承认学生在专业城市设计事务所工作的经验。在事务所工作的学生，由校方作定期的指导评论估价后，可以得到每学期 4 个学分的成绩。有城市设计经验的学生也可以免修这门课程。纽约市立大学的城市设计研究所规模很小，每年只收 12 个学生。这种以纽约为实验地点，强调专业实践经验的城市教育方式在美国独树一帜，也是与主持人的特殊专业背景所分不开的。

此外，在美国加利福尼亚大学伯克利分校的环境设计学院中的城市及区域规划系，也有城市设计及环境规划学位课程（Degree Programs in Urban Design and Environmental Planning）。学成可得到城市与区域规划与建筑或景观建筑的硕士学位。在景观建筑系中则设有城市及社区设计（Urban and Community Design）的选择。

1.7.3 英国城市设计课程和学位设置

与美国的"土地使用分区控制"类似，英国的"规划许可制"（Planning Permission）同样是当今全世界最具代表性的土地利用与开发控制管理模式之一。实施"土地使用分区控制"的国家和城市，大都以城市设计审议制度作为开发控制的方式，而英国由于"规划许可制"的独特性，城市设计的实践活动与美国大相径庭[40]。

英国20世纪70年代的历史保护推动城市设计技术及其控制方法的发展，也推动了城市设计教育的发展。1972年，牛津工艺学院（OBU），即现在的布鲁克斯学院，设立国内首个城市设计学位。从20世纪90年代的地方发展新规划开始，城市设计的概念被加以拓宽，城市设计教育也随之开始其长足发展。城市设计从传统的城市景观扩展到城市空间的公共领域及其社会属性领域，地方发展规划中的城市设计政策正在不断得到完善，从而为城市设计控制提供更为充实的法定依据。按照英国城市设计的侧重，城市设计处理的是所有建成空间与未建成空间的元素之间的复杂关系。城市设计教育和人才培养主要关注以下知识要点：①不同建筑物之间的关系；②建筑与构成公共领域的街道、广场、公园、水路等空间的关系；③公共领域的本质以及品质；④村庄、市镇或城市的一部分与其他部分之间的关系；⑤由此形成的移动与活动模式。

由于不存在英国城市设计专业排名，因此笔者依据2005年英国《泰晤士报》（The Times）权威排名，选取了市镇规划与景观前15名以及建筑专业排名前15名，总共得到25所院校，其中有8所院校提供城市设计学位教育。这里选取三所院校做一简单评介。

1）伦敦大学学院（UCL）模式

伦敦大学学院认为，城市设计并没有固定的定义：它可以解释为将城市作为整体的设计，或者是对城市里离散元素的设计。该学院认为两种定义都正确，并且致力于在策略层面和更为详尽的城市更新层面探讨设计。其目标是将研究与实践结合，结合最新城市形态空间结构的理论研究成果来开

展城市设计教育，并为各类教育背景的学生提供一个共同的城市设计知识教育平台。

具体的教学目标则设置为：①拥有宽广的思考基础。了解当代城市相关的环境、社会、文化问题以及城市设计在这些方面可以扮演的角色。②填补建筑与规划之间的空缺。建筑主要关注房屋的设计，一般无需考虑城市的本质问题。相反地，规划主要把城市当做一个整体来看待，通常缺少明确的设计限制。因此，未来的城市可能采用何种空间形式这个问题尚存疑虑。课程致力于填补这项学术和专业空缺。③加强对于城市环境问题的理解。这是一种对可持续之路的探索。虽然在城市尺度上提出可持续发展问题是很复杂的事情，但这个问题非常重要，因为如果城市系统的紊乱性毫无改观，那么单个绿色建筑是毫无意义的。④鼓励实验性设计。课程强调设计的创造力，这与该校给的自由创造、智慧、试验的冲动精神相符合。课程强调原创性，强调学生自己的议程和特质。城市设计不是一门精密科学，它主要取决于想象、实验和突破现有思维和实践的框架约束。

将理论付之于实际项目：课程以工程项目为导向，主要提倡设计的想法而非纯理论研究。课程虽不排除基础研究，但更强调与复杂项目相关的决策环境。

城市设计硕士的课程单元分四种：必修课程单元；选修课程单元；纸面报告；已核准课程单元。

由于学生们不同的教育背景，他们可以选择设计或研究模式或者是两者兼有的模式。学生参与讲座和组会，还接受基于项目的教学，这些教学涵盖了分析工作、在工作室里的设计或者是两者的结合。所有这些培养模式都通过学生的口头陈述来评判，评判者包括课程的学生、课程指导教师和应邀评论家。

（1）必修课程单元

①城市设计课程简介（0学分）；②实验性城市设计（20学分）；③城市复兴设计（20学分），其课程设计项目还包括去世界上某个大城市考察旅行；④城市设计历史（10学分），集中研究过去的100年；⑤城市设计理论和方法（10学分）和城市设计论坛（0学分）。

（2）选修课程单元

①可持续发展的城市设计（10学分），分析城市里各种环境设计原则和方法的适用性；②再生的城市主义（10学分），自组织系统哲学以及城市主义的再生性设计方法。

（3）纸面报告

①城市设计报告/项目（40学分），城市设计硕士生必须提交一份1万字的纸面报告/项目；②具有设计背景的学

生需提交设计含量较多的报告，其他学科背景的学生则需提交以分析为主的报告。

（4）已核准的课程单元

学生可以从众多课程中选择20个学分，如：空间形态原理；空间句法（Space Syntax）项目；城市设计理论；城市的再现；可持续发展和视觉环境原理等。

2）诺丁汉大学（University of Nottingham）模式

（1）诺丁汉大学城市设计课程的主要教学特色

填补建筑与规划之间的空白，建立一个广博的理论研究基础，鼓励实验性设计与创造，将理论落实于特定项目。

重视设计创造性，尊重个性自由、智慧与试验激情，鼓励学生挖掘自身的动力与特质，强调学生的主观能动性与创造力。

（2）指导思想

城市设计学位教育的课程模块化，并提供设计练习、讲座、电脑课程与指南。正式的讲座与课程涉及以下几个方面：城市设计理论；城市社会问题；发展经济；设计管制与评估；研究方法。

（3）课程内容设置

城市设计方向的建筑学硕士：面向已经取得建筑专业的学士学位的学生。以研究与设计为主，目标是通过提高学生的城市设计水平来改善城市的质量。在设计中引入城市空间形态的最新理论研究成果。

城市设计硕士：面向已经取得非建筑专业学士学位的学生，也提供城市设计学士后学位培养。

该学位课程试图成为国际化的培养计划，课程主要涉及发展中国家的可持续发展问题，也包括欧洲的城市更新问题。将原本非设计背景的学生培养成为与专业人士合作改造建成环境的毕业生。

城市设计学士后文凭：该学位教育主要是研究新理论植入设计进程的潜力。将超越建筑传统领域的先进的技术引入设计过程，探索并发展革新的设计方法。

3）卡迪夫大学（Cardiff University）模式

（1）卡迪夫大学的城市设计教育主要满足如下需求

技术空缺，特别是在规划行为里与设计相关部分的技术欠缺。

从业人员更新技术的需要，需要在职学士后资格。

学位课程利用设计练习及理论、发展和管制练习，从而教授学生掌握设计的过程；借助当地的设计工作室，探索针对典型的城市设计问题解决的创造性、切实可行和切合可持续发展准则的方法。

（2）学位课程致力于培养学生以下几方面能力

专业能力培养。在城市尺度上，进行三维思考以及创造性地开展基地的空间分析；综合处理复杂且往往自相矛盾的社会期待，判断评估已建成和待建的开发项目并提出改善性建议；基于政策和管制实践，在住宅、邻里以及社区组团尺度上提出设计概念，识别开发环境的品质并提高开发的可持续性、经济生存能力和民众支持力；理解如何在交叉专业之间、交叉部门合作之间以及代表民意的建筑之间执行操作识图能力和规划判读能力。

开放式工作参与能力培养。城市设计采用参与性技术与程序，从而允许利益相关人参与城市设计工作。

研究能力培养。包括对研究方法的认知，以及运用观察记录技术的能力、基地分析和评估的方法与技术；开展信息分析和综合（鉴定与评估），运用咨询或参与技术，以及对城市设计评论的积极的、创造性的回应。

普通专业技能培养。如问题的判断与解决，项目的管理，矛盾的解决，以及进行恰当的干预以及斡旋。

沟通能力培养。即能够生动有效地将城市设计意图与听众（包括业内人士以及普通大众）进行沟通，并能够完成规划、绘图、图解以及布置，会运用相关软件，具有写作能力（特别是在政策和汇报方面的写作）和视觉思考能力以及语言通信和辩论能力。

价值认知能力培养。即包容性、接受性和多样性（文化的、社会的或自然的）、环境认知、公平以及专业职责。理解建成环境的设计、维护，以及管理如何能够提高或降低生活的质量及使用者的参与机会。

（3）课程设置内容

必修课＋设计工作室＋研究论文/设计导则研究项目/设计项目＋考察旅行。

城市设计学位教育采用课程模块化方法，并提供设计练习、讲座和电脑学习课程。正式的讲座与课程涉及城市设计理论、城市社会问题、发展经济、设计管制与评估和研究方法。

1.7.4 中国建筑类专业教育中的城市设计

中国自1980年代起，城市设计逐渐提上议事日程，高等学校率先对城市设计进行了较为系统的研究并取得突出成果。如齐康院士指导研究生开展的城市设计理论和方法的研究；吴良镛院士在广义建筑学和城市美塑造研究方面对城市设计领域专门知识的强调等等。当时的建设部则委派郭恩章、金广君等5位专业人士赴美进修城市设计。城市设计的课程设置亦以此为起点有所发展。到1990年代，城市设计的重要性为更多的人所认识，许多学校的本科建筑教育增加了城市设计的课程及研究生选修课。建筑学专业本科教育应培养学生具备一定的城市设计的知识和素养已经没有争议。中国城市规划学会和中国建筑学会相继成立了相应的城市设计学术委员会、城市设计分会等组织机构，并持续召开年度性的研讨交流会。近两年，一些学校还在积极组建城市设计本科专业。

近年，笔者牵头参与了与城市设计相关的系列教育规章和文件的起草工作。2016年，建筑学、城乡规划和风景园林三大学科专指委联合编写的《建筑类专业教学质量国家标准》中，有明确的"掌握城市设计的基本方法"的培养要求。2015年，建筑学、城乡规划和风景园林三大专指委还联合编制了《高等学校建筑类专业城市设计教学文件》和《高等学校建筑类专业城市设计方向研究生教学标准》，这些文件于2016年发布至各相关高校。

《高等学校建筑类专业城市设计方向研究生教学标准》（下简称《标准》）指出，城市设计是建筑学、城乡规划学和风景园林学共有的基础理论、方法技术和知识类课程。就设计研究对象和设计师能力培养而言，硕士研究生城市设计课程是建筑类设计人才培养的高阶教学内容。建筑类（城市设计方向）硕士研究生教学内容由设计/规划能力培养、专业知识体系学习、实践体系和创新能力培养等方面构成。相应的主要教学方式为设计/规划课、理论教学、实践训练、创新能力培养等。

《标准》同时对城市设计的学科特点和执业实践特点做出了如下表述：

建筑类（城市设计方向）研究生专业、学科主要秉承可持续发展的原则，针对城乡人居环境，从城市乡镇、建筑物群体单体到植物地景等物质空间的功能布局、内外形象进行设计/规划；专业内容具有鲜明的设计类学科特点，强调工程实践与学术理论、实用与美观、科学技术与社会人文、成熟经验与不断创新等因素对比协调、综合考虑，注重发现问题、分析问题、协调解决问题的能力。评价标准有功能使用、形象审美、空间体验、经济效益、社会效应等角度，多元而有共性，丰富而不唯一。城市设计核心专业课教学明显区别于其他文理学科的教学，多采用"案例式研究"和"案例式模拟实践"等方式，对未来执业作好知识准备、技能预演。

由于中国城市设计发展和实践与西方城市设计所处的环境、城市设计的人力资源与研究储备有着明显区别。过去40年，中国处在城市的快速成长阶段，城市设计所面对的课题主要与城市环境建设的引导和发展控制相关，而西方面对的往往是城市的旧城更新改造问题，不同的历史进程决定了城市设计人才培养的不同目标和任务。

中国城市设计教育需要应对和处理的主要关键问题包括[40]：①城市设计的基础概念、学科架构、知识点及其系统；②城市设计与建筑设计的整合性专业训练；③城市设计与城市规划在编制内容的相关性了解；④城市设计专业从业人员跨学科综合协调能力的培养；⑤城市快速成长期的城市设计应变性问题的认识和技术对策；⑥中国可持续发展基本国策的实施和城市设计理论、实践和知识教育的应对。

目前，对城市设计在建筑类教育中的定位，及其与建筑类教育体系的内在关系的认识仍在不断发展与完善。但建筑学、城市规划和风景园林专业的学生能够了解城市设计的一些经典著作，无论是从修养提高方面，还是从日后工作的实际要求看都是十分必要的。推荐阅读的文献包括：西特的《城市设计艺术》、吉伯德的《市镇设计》、培根的《城市设计》、科斯托夫的《城市的形成》和《城市的组合》、沙里宁的《城市——它的发展、衰败与未来》、卡伦（Cullen）的《城镇景观》、林奇的《城市意象》和《总体设计》、罗西的《城市建筑学》、柯林·罗和科特的《拼贴城市》、罗伯·克里尔的《城市空间》、雪瓦尼的《城市设计过程》、巴奈特的《城市设计引论》和《作为公共政策的城市设计》及芒福德、雅各布斯、怀特（White）、鲁道夫斯基（Rudofsky）、莫里斯、里德、科特金等跨学科学者的论著。

由于城市设计注重空间形体环境品质的塑造与改善，所以城市设计师一般首先应具备一定的建筑学基本知识，并需要在此之上掌握必要的城市空间环境设计的美学原则，同时也应对人文社会科学及一些边缘学科的知识有所了解。

由于城市设计专业学位教育涉及多学科参与，为了让学生能自主性地在不同学科间寻找学习关联点，可以参考国际发达国家的一些比较成熟的课程教学方式。也可以参照《高等学校建筑类专业城市设计方向研究生教学标准》中倡导的"案例式研究"和"案例式模拟实践"。具体而言，城市设计教育主要有以下三点需要关注：

（1）在城市设计内容涉及的专业课上，宜采用开放式教学和案例教学。改变基于教材的线性教学体系，特别是研究生阶段，必须加强"问题启动式学习"、工程实践案例导向的研究。

（2）打破传统的课堂授课以及专业设计课模式。城市设计专业有一个重要特点就是其具有鲜明的跨学科和跨行业的特点，所以，引入学术研讨会、报告会、社会参与的小组评议、多媒体教学乃至网络教学讨论会等综合方法可以促进师生、院校及院系与社会间的合作、交流与影响。

（3）采用模块式课程体系。以一定的分类方法，将城市设计专业应开设的课程划分为若干个相对独立的部分作为模块，所有模块按照某种形式组合成一个横向并列系统。由于模块具有按需更换或组合的特点，有利于城市设计的综合性知识的传递，有利于新旧知识的更替，也适合在上文中提到的不同培养年限的各类城市设计专业研究生。

同时，城市设计教育应当考虑不同背景以及研究目标的学生，培养年限也应当分层设置。总的来说，城市设计教师的背景，还是以传统的建筑、城市规划、风景园林以及自身城市设计专业背景的教师为主，辅以社会、经济、政治、工程等方面的人才。教师团队的组成未必需要强求各学科平均，可以依据建筑类或规划类院系原有资源，偏向城市设计与城市规划的整合，或偏向城市设计与建筑设计及风景园林设计的整合。

2011年，建筑学学科划分为建筑学、城乡规划和风景园林三个一级学科，经过协商，城市设计学科仍然归属建筑学一级学科名下。笔者在多年的研究和工程实践中体会到，城市设计可以说是一种同时涉及策略、管控、导引、形态和设计工作的共通理念和方法论，与三个一级学科均有密切的关联。如同《马丘比丘宪章》所强调的那样，任何建筑都是影响其所在环境的要素，今天的建筑问题就是城市问题，"它需要同其他单元进行对话，从而使其自身的形象完整"，"环境的连续性"非常重要。事实上，当代很多规划师、建筑师和风景园林设计师在许多重大建筑设计中都自觉地运用城市设计的知识，并将其作为竞赛投标制胜的法宝。也就是说，上述专业的毕业生即使不专门从事城市设计的工作，也应掌握一定的城市设计的知识和技能，如场地分析及其规划设计的驾驭能力、特定历史文化文脉的表达和城市空间的组合技巧等等。

第1章注释

① 参见培根（Bacon）的 *Design of Cities*（London：Thomas and Hudson, 1976），另可参见黄富厢和朱琪中译本。

② 王建国：《中国大百科全书III：人居环境科学学科》，城市设计试写条目，2017年。

③ 部分参考了里克沃特：《场所的诱惑——城市的历史与未来》，叶齐茂、倪晓辉译，中国建筑工业出版社，2018年，第36-41页。

④ 综合参考了约翰·里德：《城市》，郝笑丛译，清华大学出版社，2010年；乔尔·科特金：《全球城市史》，王旭等译，社会科学出版社，2006年；

⑤潘谷西主编《中国建筑史》（第七版），中国建筑工业出版社，2015年。

⑤《雅典宪章》和《马丘比丘宪章》详细内容参见《建筑师》（第4期），1980年，第246-257页。

⑥《城市设计管理办法》经第33次部常务会议审议通过发布，自2017年6月1日起施行。参见住房和城乡建设部网站中法制建设及住房和城乡建设部规章相关内容。

第1章参考文献

[1] 北京市社会科学研究所城市研究室选编. 国外城市科学文选. 宋俊岭, 陈占祥, 译. 贵阳：贵州人民出版社, 1984：79, 82, 101, 112.

[2] LYNCH K. A theory of good city form[M]. Cambridge, MA: The MIT Press, 1981：73-98, 280.

[3] 程里尧. TEAM 10 的城市设计思想 [J]. 世界建筑, 1983（3）78-82.

[4] RAPOPORT A. Human aspects of urban form：towards a man-environment approach to urban form and design[M]. Oxford: Pergamon Press, 1977.

[5] STERNBERG E. An integrative theory of urban design[J]. APA Journal, 2000, 66（3）：265-278.

[6] 戴维·戈林斯, 玛丽亚·戈林斯. 美国城市设计 [M]. 陈雪明, 译. 北京：中国林业大学出版社, 2005：3.

[7] BARNETT J. Urban design as public policy[M]. New York: Architectural Record Books, 1974.

[8] 乔恩·兰（朗）. 城市设计 [M]. 黄阿宁, 译. 沈阳：辽宁科技出版社, 2008：22.

[9] SHIRVANI H. The urban design process[M]. New York: Van Nostrand Reinhold Company, 1981.

[10] 福里克. 城市设计理论——城市的建筑空间组织 [M]. 易鑫, 译. 北京：中国建筑工业出版社, 2015：11.

[11] 齐康. 城市形态与城市设计 [J]. 城市规划汇刊, 1987（4）：10-14.

[12] 中国大百科全书：建筑、园林、城市规划卷 [M]. 北京：中国大百科全书出版社, 1988：72.

[13] 白谨. 浸淫都市设计三十载——论述美国城市设计教育的演变 [J]. 建筑师（台）, 1993, 10：76-82.

[14] 约翰·里德. 城市 [M]. 郝笑丛, 译. 北京：清华大学出版社, 2010：17-45.

[15] 美国时代生活编辑部. 全球通史 1[M]. 赵沛林, 王海利, 译. 长春：吉林文史出版社, 2010：196-197.

[16] 乔治·威尔斯, 卡尔顿·海斯. 全球通史——从史前文明到现代世界 [M]. 李云泽, 编译. 北京：中国友谊出版公司, 2017：35-36.

[17] 王鲁民. 营国——东汉以前华夏聚落景观规制与秩序 [M]. 上海：同济大学出版社, 2017：10-11, 13-14.

[18] 乔尔·科特金. 全球城市史 [M]. 王旭, 等译. 北京：社会科学出版社, 2006：4-11, 47-48.

[19] 芒福德. 城市发展史——起源、演变和前景 [M]. 倪文彦, 宋俊岭, 译. 北京：中国建筑工业出版社, 1989：158.

[20] 詹姆斯·万斯. 延伸的城市——西方文明中的城市形态学 [M]. 凌

霓，潘荣，译.北京：中国建筑工业出版社，2007：9，11-13，71.

[21] 里克沃特.城之理念——有关罗马、意大利及古代世界的城市形态人类学 [M].刘东洋，译.北京：中国建筑工业出版社，2007：54.

[22] 北京市社会科学研究所城市研究室选编.国外城市科学文选.宋俊岭，陈占祥，译.贵阳：贵州人民出版社，1984：66.

[23] 约翰·D.霍格.伊斯兰建筑 [M].杨昌鸣，等译.北京：中国建筑工业出版社，1999：64.

[24] MORRIS A E J. History of urban form: before the Industrial Revolutions[M]. Harlow：Longman, 1994：92，97，222.

[25] 潘谷西.中国建筑史 [M].7版.北京：中国建筑工业出版社，2015：54-58.

[26] BLAU E，PLATZER M. Shaping the great city: modern architecture in central Europe 1890—1937[M]. London：Prestel, 1999：61.

[27] 霍尔.区域与城市规划 [M].邹德慈，金经元，译.北京：中国建筑工业出版社，1985：73，77.

[28] 吉伯德.市镇设计 [M].程里尧，译.北京：中国建筑工业出版社，1983：9.

[29] 伊·沙里宁.城市——它的发展、衰败与未来 [M].顾启源，译.北京：中国建筑工业出版社，1986：63.

[30] 芦原义信.隐藏的秩序——东京走过二十世纪 [M].常钟隽，译.台北：田园城市文化事业有限公司，1995：16.

[31] 亚历山大.城市并非树形 [J].严小婴，译.建筑师（第 24 期），1985：206-224.

[32] 王建国.生态原则与绿色城市设计 [J].建筑学报，1997（7）：8-12.

[33] 乔恩·朗.城市设计：美国的经验 [M].王翠萍，胡立军，译.北京：中国建筑工业出版社，2007：12.

[34] 《简明不列颠百科全书》编审委员会.简明不列颠百科全书（2）[M].北京：中国大百科全书出版社，1985：271.

[35] 陈友华，赵民.城市规划概论 [M].上海：上海科学技术文献出版社，2000：116.

[36] 吴良镛.广义建筑学 [M].北京：清华大学出版社，1989：90，135.

[37] 杰弗里·勃罗德彭特.城市空间设计概念史 [M].王凯，刘刊，译.北京：中国建筑工业出版社，2017：10-12.

[38] 亚历克斯·克里格，威廉·桑德斯.城市设计 [M].王伟强，王启泓，译.上海：同济大学出版社，2016：104.

[39] MICHAEL. Tale of three cities Landscape Design [J]. 2002（9）：54-56.

[40] 彭韵洁.城市设计教育研究 [D]:[硕士学位论文].南京：东南大学，2006.

第 1 章图片来源

图 1-1 源自：笔者根据美国时代生活编辑部.全球通史 1[M].赵沛林，王海利，译.长春：吉林文史出版社，2010：170 改绘.

图 1-2 源自：笔者根据约翰·里德.城市 [M].郝笑丛，译.北京：清华大学出版社，2010 中图 10 改绘.

图 1-3 源自：SOPHIA，BEHLING S. Sol power[M]. Munich and New York：Prestel，1996：81.

图 1-4 源自：KOSTOF S. A history of architecture[M]. Oxford：Oxford University Press，1985：68.

图 1-5、图 1-6 源自：SOPHIA，BEHLING S. Sol power[M]. Munich and New York：Prestel，1996：80-81.

图 1-7 源自：笔者根据美国时代生活编辑部.全球通史 1[M].赵沛林，王海利，译.长春：吉林文史出版社，2010：316-317 改绘.

图 1-8 源自：SOPHIA，BEHLING S. Sol power[M]. Munich and New York：Prestel，1996：82.

图 1-9 源自：BACON E N. Design of cities[M]. Revised Edition. New York：Penguin Books，1976：66；徐亦然拍摄.

图 1-10 源自：徐亦然拍摄.

图 1-11、图 1-12 源自：贝纳沃罗·L.世界城市史 [M].薛钟灵、等译.北京：科学出版社，2000：146，152.

图 1-13 源自：笔者拍摄.

图 1-14 源自：MORRIS A E J. History of urban form: before the Industrial Revolutions[M]. Harlow：Longman，1994：57.

图 1-15 源自：贝纳沃罗·L.世界城市史 [M].薛钟灵、等译.北京：科学出版社，2000：263.

图 1-16 源自：笔者根据贝纳沃罗·L.世界城市史 [M].薛钟灵、等译.北京：科学出版社，2000：250 改绘.

图 1-17 源自：王瑞珠.世界建筑史：古罗马卷 [M].北京：中国建筑工业出版社，2004：740.

图 1-18 源自：王瑞珠.世界建筑史：古罗马卷 [M].北京：中国建筑工业出版社，2004：767；ROWE C，KOETTER F. Collage city[M]. Cambridge，MA: The MIT Press，1978：90.

图 1-19 源自：贝纳沃罗·L.世界城市史 [M].薛钟灵、等译.北京：科学出版社，2000：187；王瑞珠.世界建筑史：古罗马卷 [M].北京：中国建筑工业出版社，2004：258.

图 1-20、图 1-21 源自：笔者摄.

图 1-22 源自：贝纳沃罗·L.世界城市史 [M].薛钟灵、等译.北京：科学出版社，2000：318；谷歌地球（Google Earth）网站；王幼芬拍摄.

图 1-23 源自：笔者根据沈玉麟.外国城市建设史 [M].北京：中国建筑工业出版社，1989：68；姚昕悦摄.

图 1-24 源自：贝纳沃罗·L.世界城市史 [M].薛钟灵、等译.北京：科学出版社，2000:312；笔者摄；姚昕悦摄；王瑞珠.世界建筑史：伊斯兰卷（上册）[M].北京：中国建筑工业出版社，2014：505.

图 1-25 源自：孙海霆摄.

图 1-26 源自：Process: Architecture No.16：1985：8；笔者根据贝纳沃罗·L.世界城市史 [M].薛钟灵、等译.北京：科学出版社，2000：443，449 改绘.

图 1-27 源自：Process: Architecture No.16：1985：44；笔者摄.

图 1-28 源自：Process: Architecture No.16：1985：85；王瑞珠.国外历史环境的保护和规划 [M].台北：淑馨出版社，1993：311；笔者摄，许昊浩摄.

图 1-29 源自：Process: Architecture No.16：1985：46；笔者绘制；许昊浩摄.

图 1-30 源自：BACON E N. Design of cities[Z].New York：Penguin Books，1974：186.

图 1-31 源自：谷歌地图网站；笔者改绘；姚昕悦摄；笔者摄.

图 1-32、图 1-33 源自：笔者摄.

图 1-34 源自：贝纳沃罗·L.世界城市史 [M].薛钟灵、等译.北京：科学出版社，2000:565；ROWE C，KOETTER F. Collage city[M]. Cambridge，MA：The MIT Press，1978：13；BLACK J. Metropolis：mapping the city[M]. Bloomsbury Publishing，2015：30-31.

图 1-35 源自：MORRIS A E J. History of urban form: before the Industrial Revolutions[M]. 3rd Edition. Harlow：Longman，1994：172-173；KOSTOF S. The city shaped：urban patterns and meanings through history[M]. London：Thames and Hudson Ltd，1991：19；笔者摄 .

图 1-36 源　自：REPS J W. Bird's eye views：historic lithographs of Northern American cities[M]. Princeton：Princeton Architectural Press，1998：41.

图 1-37 源自：Process: Architecture（No. 16），1985：102.

图 1-38 源自：KOSTOF S. The city shaped：urban patterns and meanings through history[M]. London：Thames and Hudson Ltd，1991：188.

图 1-39 源自：BACON E N. Design of cities[Z].New York：Penguin Books，1976：248，250；笔者绘制 .

图 1-40 源自：SCHINZ A. The magic square：cities in ancient China[M]. Stuttgart and London：Axel Menges，1996：301，304；南京市规划局 . 南京城市规划[Z]. 南京，2001：12.

图 1-41 至图 1-43 源自：笔者摄 .

图 1-44 源自：路宏伟提供 .

图 1-45 源自：卢青华提供；笔者摄 .

图 1-46 源自：阿尔弗雷德·申茨 . 幻方——中国古代的城市 [M]. 梅青，译 . 北京：中国建筑工业出版社，2009：279.

图 1-47 源自：卢青华提供 .

图 1-48 源自：贝纳沃罗 . 世界城市史 [M]. 薛钟灵，等译 . 北京：科学出版社，2000：834；笔者摄 .

图 1-49 源自：PAULETT J，FLOODSTRAND J. Lost Chicago[M]. London：Pavilion Books，2012：25；作者摄 .

图 1-50 源自：HALPERN K S. Downtown USA: urban design in nine American cities[M]. London：The Architectural Press Ltd.，1978：103.

图 1-51 源自：MORRIS A E J. History of urban form：before the Industrial Revolutions[M]. Harlow：Longman，1994：343.

图 1-52 源自：贝纳沃罗 . 世界城市史 [M]. 薛钟灵，等译 . 北京：科学出版社，2000：1019.

图 1-53 源自:培根 . 城市设计 [M]. 黄富厢,朱琪,译 . 北京:中国建筑工业出版社，1989：200.

图 1-54 源自：KOSTOF S. The city shaped：urban patterns and meanings through history[M]. London：Thames and Hudson Ltd,1991：120.

图 1-55、图 1-56 源自：ROWE C，KOETTER F. Collage city[M]. Cambridge, MA：The MIT Press，1978：95，131.

图 1-57 源自：BLACK J. Metropolis：mapping the city[M]. London：Bloomsbury Publishing，2015：209.

图 1-58 源自：本奈沃洛 . 西方现代建筑史 [M]. 邹德侬，巴竹师，高军，译 . 天津：天津科学技术出版社，1996：327；WATSON D，PLATTUS A，SHIBLEY R. Time-Saver standards for urban design[M]. New York：McGraw-Hill Professional，2001：5.10-3.

图 1-59 源自：GARVIN A. The American city：what works, what doesn't[M] . New York：McGraw-Hill Co.,1996：272.

图 1-60 源自：BARNETT J. 都市设计概论 [M]. 谢庆达，译 . 台北：创兴出版社，1993：129；WATSON D，PLATTUS A，SHIBLEY R. Time-Saver standards for urban design[M]. New York：McGraw-Hill Professional，2001：2.4-6，2.4-7.

图 1-61 源自：KOSTOF S. The city shaped：urban patterns and meanings through history[M]. London：Thames and Hudson Ltd.，1991：245.

图 1-62 源自：李京津摄 .

图 1-63 源自：CAMERON. Above Chicago[M]. San Francisco：Cameron and Company，2000：42.

图 1-64、图 1-65 源自：笔者摄 .

2 城市设计研究的对象层次、类型构成及其价值判断

2.1 城市设计的对象层次和内容范围

城市设计的对象范围很广，从整个城市的空间形态到局部的城市地段如市中心、街道、广场、公园、居住社区、建筑群乃至单幢建筑和城市景观细部，特别是涉及上述要素之间相互关联的空间环境。

通常，我们将城市设计的对象范围大致分为三个层次，即宏观尺度的总体城市设计、中观尺度的片区城市设计和微观尺度的地段或者地块的城市设计。通常，"设计范围"应大于"项目任务"范围，以保证城市设计的质量和有效性。

2.1.1 总体城市设计

总体城市设计主要包括以城市全域为对象的城市设计和带有多系统整合集成特点的大尺度城市设计。后者常常以城市风貌规划、城市色彩规划设计、城市开发强度或高度规划等形式出现。住建部城市设计管理办法则将总体城市设计明确为"针对城市集中建设区及周边必要区域编制的城市设计"。

总体城市设计涉及空间范围普遍超出了人们日常性的空间识别和场所感知的能力，且其系统结构、社会复杂性和专业复合度极高。总体城市设计面对的空间形态不仅包含物质空间系统，而且包含城市发展的目标定位、产业结构、社会系统、建设导引和规划管理，涉及市场经济条件下的各类产权地块的合理处置，需要达成的设计目标比较复杂而多元，且还要针对包容一定的"不确定性"和城市发展弹性的未来中国城市的科学规划和建设管理。

大尺度城市设计，按照图纸表达的朴素认识，建筑设计一般重点是1:10（建筑节点大样）—1:100（建筑基本图纸）到1:500—1:1000（总图）；建筑群带场地等小尺度的城市设计一般图纸比例范围在1:500—1:2000；中等尺度的城市设计图纸表达一般在1:1000—1:5000；大尺度城市设计主要指片区及以上的规模，图纸一般在1:5000—1:20000。从城市尺度概念上看，1:5000以上基本上与城市规划更加相关，也是以往沿海发达地区的用地管理尺度。

以往的城市设计大多通过空间结构表达、重点空间形态强化和总体加上局部放大的图示表达大尺度城市设计，但整体性的多重尺度形态关联的认知和把握并没有得到解决，特别是当城市设计的对象达到全局空间形态的尺度，就必须用新的理论分析方法和技术辨析手段揭示城市空间形态要素系统、建构机理乃至演化规律。因此，在操作方式上，大尺度城市设计一般需要采用不同相关领域的专业人员"跨界"集群组织，特别是与各种专业性城市规划编制人员和精通数字技术的专家分工协作方式完成。

总体城市设计包括城市总体规划阶段的城市设计及独立编制的具有总体性系统整合集成特点的专题城市设计，因此需要研究一定的区域性问题。中国对总体城市设计的认识有一个过程，伴随数字技术的飞速发展，特别是2015年中央城市工作会议后，总体城市设计编制的可能性和实践指导作用逐渐为政府和社会所认同。

总体城市设计的工作对象主要是城市中以连绵建成区为特点的城市区域。它基于市域的社会经济、人文历史和自然生态脉络，着重研究城市的山水格局、自然要素系统、城市形体结构、城市景观体系、开放空间和公共性人文活动空间的组织以及在此基础上的营城智慧。其内容主要包括市域用地形态、空间景观、空间结构、道路格局、开放空间体系和艺术特色乃至城市天际轮廓线、标志性建筑布局等内容，笔者在多年实践中常将总体城市设计归为"自然""人文"和"都市"三大方面开展工作。总体城市设计目标是为城市规划和建设的决策和实施提供一个基于公众利益的形体设计框架及其管控系统，有时，它还可以指定一些特殊的地区、地段或系统做进一步的设计研究，一般成果以政策和导则取向为主，近年则出现了更加具有实操价值的动态"数据库"成果，总体看，成果需要突出为规划实施管理提供服务和技术支撑的指导思想。在中国的实践中，总体城市设计常常与相应尺度的规划内容和编制过程结合。欧、美、澳大利亚和日本等国家的城市规划中实施的"城市风景规划"或"三维空间景观控制规划"也与这一层次的城市设计密切相关。

把城市作为一个整体来设计并非今天才有。意大利文艺复兴时期的阿尔伯蒂等人提出的"理想城市"（Ideal City）、20世纪初西班牙学者玛塔（Mata）提出的"线形城市"（Linear City）、柯布西耶的"光辉城市"（Ville Radieuse）、赖特的"广亩城市"主张等都以城市整体为客体。直到今天，一些建筑师提出的不少未来城市的方案仍然属于整体的城市设计

范畴，尽管其中有些构想提案的现实性较差。比较著名的城市设计意象包括矶崎新（Isozaki）的"空中城市"（Spatial City）、丹下键三和菊竹清训（Kikutake）的"海上城市"（Marine City）、阿基格拉姆（Archigram）的"行走城市"（Walking City）和"插入式城市"（Plug-in City）等。其中"空中城市"是一组连续延展的构架，打算建在地面以上15m处，跨越原有的城市街区，原有城市到一定时期便废弃。插入式城市则考虑到一定时期连城市的框架也废弃掉（图2-1至图2-5）。这一构想在由埃森曼、摩福西斯、UN Studio、伯克尔等参加的新千年纽约举行的城市设计竞赛方案中有突出表现，在屈米的北京"798"工业园区改造提案中也有体现。

在中国的实践中，总体城市设计虽然也有独立编制的案例，但一般需在城市总体规划前提下开展工作。

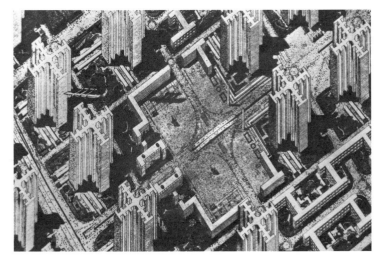

图2-1 柯布西耶的"现代城市"

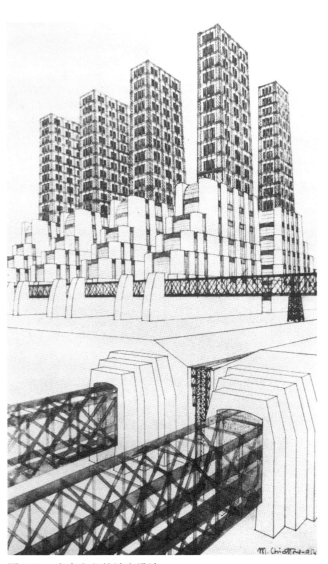

图2-2a 未来主义的城市设计

图2-2b 1925年大众科学月刊建筑专栏编辑Corbrett绘制的1950年的城市预想愿景

 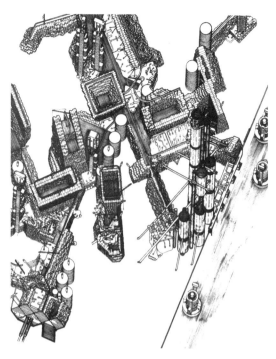 

图 2-3 "空中城市"设想　　　　　图 2-4 "插入式"城市设想　　　　　图 2-5 "浮动工厂"城市构想

第一，每个城市有着各自不同的特色，这在总体规划确定的城市性质中得到集中的反映。如北京 2004 年新版规划将北京定位为"国家首都、政治中心、文化中心、宜居城市"。2018 版最新的总体规划则将北京定位为"全国政治中心、文化中心、国际交往中心、科技创新中心"以及"国际一流的和谐宜居之都"；在上海城市总体规划的草案中，提出"上海至 2040 年建成卓越的全球城市，国际经济、金融、贸易、航运、科技创新中心和文化大都市"。南京总体规划对城市的定位是"创新名城、美丽古都"。性质不同，城市的环境特色、建筑形象、文化氛围也不同。城市设计应该反映这种城市性质差异带来的环境特点。

第二，城市规模大小也会给城市设计带来不同的设计理念，如小城市就不宜过分追求时下某些人常爱说的"长高了，变大了"，而应强调城市的亲切、舒适、文化内涵和宜居性，在提升实质性的城市人居环境品质方面下功夫；而大城市担负的国家使命和区域职能多，建设定位一般要有一定的文化多元、综合功能、社会开放性及国际形象的要求。

第三，城市的发展方向和经济能力也会直接或间接地反映到具体的城市设计中来。以培根主持的美国旧金山城市设计来说，其关键之处就在于它很好地结合了城市总体规划，并成为总体规划的一部分。该城市设计首要目的在于保护旧金山特有的自然资源条件，并使历史人文资源免遭城市过度开发所带来的破坏。由于旧金山政府依此作为城市环境建设的发展方向，所以，直到今天，旧金山虽然最初的格网规划存在忽视地形地貌的问题，但仍不失为是世界上最富吸引力的城市之一。美国丹佛（Denver）也在 1980 年代末的城市总体规划编制过程中增加了中心区城市设计的内容，并形成指导性的文件（Downtown Denver Plan）。

第四，从世界发展趋势看，这一层次的城市设计必须充分考虑城市发展的可持续性问题，也即是所谓的"千年城市"及"韧性城市"。1992 年，我国政府在国际可持续发展的纲领性文件《里约宣言》上签字，并将可持续发展确定为基本国策。笔者认为，在城市设计领域贯彻这一国策的应对措施之一就是要倡导绿色城市设计的思想理念。具体说有以下几条原则：

（1）做好生态调查，并将其作为一切城市开发工作的重要参照。重大项目建设实施环境影响报告的制定与审批制度都要做到根据生态原则来利用土地和开发建设。同时，协调好城市内部结构与外部环境的关系，在空间利用方式、强度、结构和功能配置等方面与自然生态系统相适应。今天的自然资源部将"山水林田湖草"整合进行国土空间统筹和规划就更加突出了"生态文明时代"的生命共同体要义。

（2）城市开发建设应充分利用特定的自然资源和条件，使人工系统与自然系统协调和谐，形成一个科学、合理、健

图 2-6　伏尔塔瓦河畔的布拉格

康、完美而富有个性的城市格局。

城市及其周边地形、地貌景观和其他自然环境方面的资源，可为城市带来富有个性的风格特点。古代城市因防御要求而利用地形，今天地形已经不具有太重要的城市防御作用，但地形地貌仍然对城市特色形成很有影响。如果我们在设计中有意识地结合地形，并把它作为城市的组成部分，就可以塑造出城市的特征和个性。历史上许多著名城市的发展建设大都与其所在的地域特征密切结合，通过艺术性的创造建设，既使得城市满足功能要求，又让原来的自然景色更臻完美，进而形成城市的艺术特色和个性（图 2-6）。

具体做法如下：拍摄城市及其周边地区的连续航空遥感照片，并加以判读研究；现场踏勘记录下设计中可能被强调的有利地形及保存完好的植被、水流、山谷等自然要素，"不仅要保存具有田园特征的土地，而且要利用地形的整个形态和格局，把它作为城市设计的骨架"[1]。在这个基础上，再进行下一层次的城市设计时，就会心中有数，就能将城市形体环境更好地与自然景观形态结合。

不仅如此，不同的生物自然气候条件的差异对城市形态格局和建筑风格、社会文化和人的生活方式影响极大。

我国历史上的城市规划设计一贯强调物质环境建设与自然的有机融合，追求"天人合一"的境界。如早在两千多年前，《管子》中就论及"凡立国都（即城市），非大山之下，必广川之上，高毋近旱而水用足，下毋近水而沟防省"这样的营城智慧和建城原则。

同时，城市重大工程建设应注意保护自然景观格局和生物多样性，以及由此引起的城市景观形态的变化。在自然环境中，山、水、植被、土壤、河流、海岸及人工修筑的道路等都有自己各自的布局系统，而这些都是总体城市设计必须关注的领域，决非局部范围的城市设计内容所能涵盖。这一点在我国城市建设领域研究通常较少。

在工业化时代，城市道路规划建设多以选线和建设成本控制的经济性作为主导价值取向，其结果常常割断了自然景观中生物迁移、觅食的路径，破坏了生物生存的生态境地和各自然单元之间的连接度。今天我们就应该改变观念，在建设中采取"生态优先"的原则，遵循保护生物多样性的国际共识。比如，在日本兵库县淡路岛开展的高速干道建设案例中，对建设可能引起的城市形态及景观特质的改变和新的城市景观创造进行了充分调查研究，保留了一些今天仍然起确定方位作用的历史地标，赢得了当地居民的理解和支持。必须认识到，生态需要和经济性两者从长远看是一致的，"绿水青山就是金山银山"。

创造一个整体连贯而有效的自然开放绿地系统也非常重要。虽然现今许多城市都建立了动、植物园和自然保护区，但由于建设的人为影响，改变了生物群体的原有生态习性。同时，以往的规划设计注重面积指标和服务半径，使开放绿地空间只能处于建筑、道路等安排好后"见缝插绿"的配角位置。因而不能在生态上相互作用，形成一个整体绿地系统。为此，我们应在动植物园、自然保护区及野生动植物群落之间建立迁徙廊道和暂息地，结合城市开放空间体系、公园路（Parkway）及其相关的"绿道"（Greenways）和"蓝道"（Blueways）网格的设计，使两者互相渗透，具有良好的景观连接度，从而将被保护的动植物和野生生物群体联系起来。在这方面，国内外均有成功的案例。如美国丹佛市1986年完成并实施的中心区滨河开放绿地体系的城市设计。再如古城南京，由紫金山、钟山植物园、玄武湖及毗邻的小九华山、北极阁、鼓楼高地、五台山和清凉山构成的自然绿脉，不仅是南京人文环境和自然形胜的精华所在，而且更重要的是，这一自然廊带使城市及其次生自然环境与城郊原生自然环境形成亲密无间的共生关系，为物种多样及其生态习性的保存创造了良好的条件（图2-7）。

笔者早年在开展海口总体城市设计时，专门考虑保留连续的有树荫遮蔽的开敞绿地，并与大海、河流和整个城市的绿地系统相连，此举不仅利于降低城市夏季炎热的温度，而且可供步行、骑车之用，保护了海鸟的生存栖息空间。

总体城市设计成果一般包含技术文本、规划研究报告、图件、近期项目安排等内容。所有这些成果应该尽可能数字化，并与所在城市的规划信息管理部门有效对接。

技术文本为指导城市设计实施的法定性条文。应包括城市总体设计的目标、市域景观与风貌特色及城镇空间设计策略、城市形象定位、功能空间设计引导，以及城市高度和强度控制引导和总体城市设计实施措施等部分。对于城市特色分区（城市中心区、历史风貌区、绿色开敞空间及山水空间等）提出明确的范围及设计构思（图2-8）。

规划研究报告是关于城市总体设计的技术性研究和说明，主要为规划行政主管部门提供技术依据。主要包括背景研究、现状分析、设计依据、目标描述、总体构思、设计方案说明和各专题研究报告等内容。

图件为指导城市设计实施的规划设计图纸，各城市可根据实际情况适当增减。

图2-7 南京城市绿楔鸟瞰

① 市域城镇空间设计策略示意图（或地景示意图）（图纸比例宜采用1:5万—1:8万）。

② 城市形态演变图（图纸比例宜采用1:1万—1:2万）。

③ 总体城市设计整体框架策略示意图（图纸比例宜采用1:1万—1:2万）。

④ 城市空间系统环境景观规划图（图纸比例宜采用1:1万—1:2万）。标明城市天际轮廓线、景观节点、景观视廊的组织及空间关系。

⑤ 城市开放空间体系规划图（图纸比例宜采用1:1万—1:2万）。标明城市公园、广场、街道以及滨水区的位置、范围及其空间关系。

⑥ 城市特色分区设计图（图纸比例宜采用1:1万—1:2万）。确定各分区的范围，各分区的景观环境特征。

⑦ 城市建筑高度或开发强度分区图（图纸比例宜采用1:1万—1:2万）。标明建筑高度分区，控制高度，标志性建筑物、构筑物的组织。

笔者主持完成的南京总体城市设计图纸内容包括：区位图、现状分析图，规划结构分析图，城市设计总平面图，整体城市设计鸟瞰图、建筑高度分析图、开发强度分析图等，道路系统规划图、慢行系统规划图，中心体系布局图，公共设施布局图，公共开敞空间系统规划图，景观结构规划图，沿路立面控制图、天际线分析图，市政设施规划相关图纸等（图2-9）。

案例：

（1）华盛顿中心区

美国于1780年建国。华盛顿就任美国总统后，聘请法国军事工程师朗方对选定的一块位于波托马克河旁的用地

图 2-8a　郑州中心城区总体城市设计（效果图）

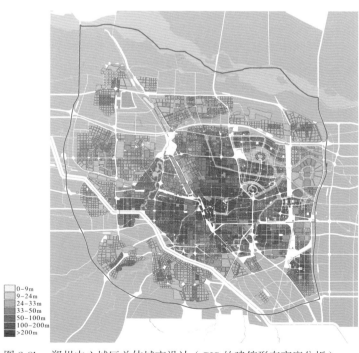

图 2-8b　郑州中心城区总体城市设计（GIS 的建筑形态高度分析）

图 2-8c　郑州中心城区总体城市设计（GIS 的开发强度分析）

进行新首都规划设计。由于朗方从小在巴黎长大，深受凡尔赛以宫殿为中心的放射性林荫大道及在宫殿后布置园林的观念影响，所以他也将华盛顿规划成方格网加放射性道路的城市格局（图2-10至图2-12）。

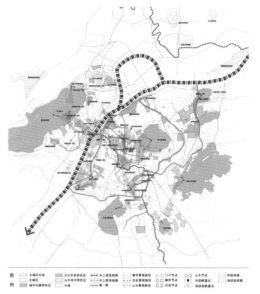

图2-9　南京总体城市设计中心城区景观结构

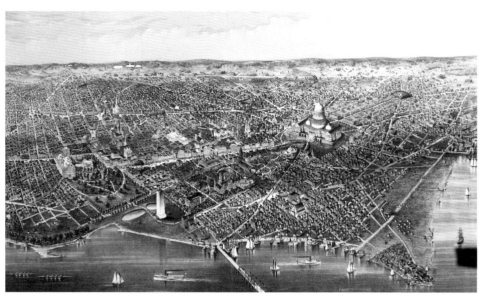

图2-10　1880年的华盛顿城市设计

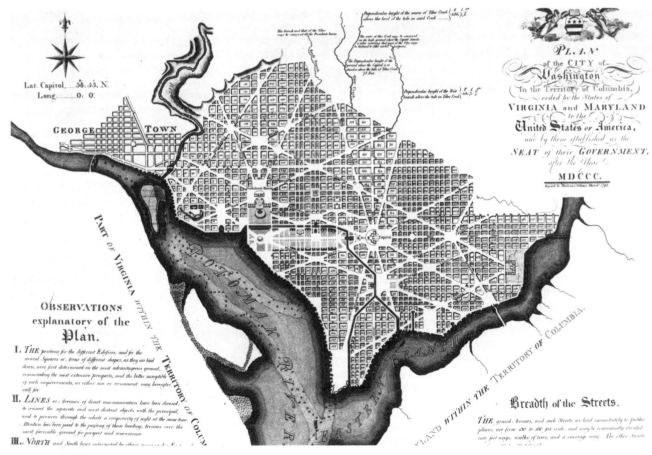

图2-11　华盛顿城市总图

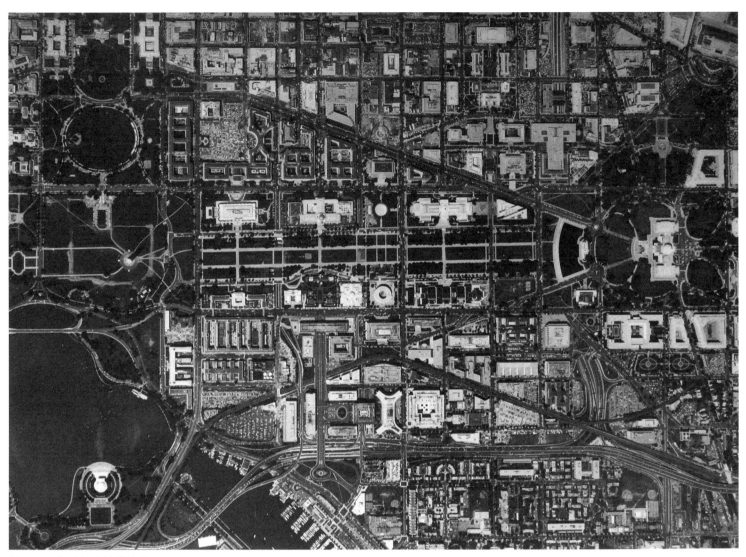

图 2-12　华盛顿中轴线航片

在实际的规划设计中，朗方和其后负责领导实施规划的"麦克米兰委员会"认真借鉴了一些著名欧洲城市的规划建设经验，并合理利用了华盛顿地区特定的地形、地貌、河流、方位、朝向等条件。著名学者麦克哈格（McHarg）教授曾在《设计结合自然》（Design with Nature）一书中盛赞华盛顿城市建设在生态要素利用方面的成就。

美国首都华盛顿中心区由一条约 3.5 km 长的东西轴线和较短的南北轴线及其周边街区所构成，朗方将三权分立中最重要的立法机构——国会大厦放在一处高于波托马克河约 30 m 的高地上；作为城市的核心焦点，国会大厦恰巧布置在中心区东西轴线的东端，西端则以林肯纪念堂作为对景。南北短轴的两端则分别是杰弗逊纪念亭和白宫，两条轴线汇聚的交点耸立着华盛顿纪念碑，是对这组空间轴线相交的恰当而必要的定位和分隔。东西长轴以华盛顿纪念碑为界，东边

是大草坪，与国会大厦遥相呼应，空间环境富有变化。在华盛顿纪念碑西边与林肯纪念堂之间有一个矩形水池，映射着纪念碑身和纪念堂的倩影，加强了中心区的空间艺术效果。中心区结合了西南方向的波托马克河的自然景色，恢弘壮观，空间舒展，环境优美（图 2-13 至图 2-15）。

沿着主轴线南北两侧，建有一系列国家级的博物馆，如国家美术馆、航天博物馆等，特别值得一提的是 1980 年代在中心区建设完成的越战纪念碑，它由华裔女建筑师林璎（M. Y. Lin）在一次设计竞赛中获胜并完成设计。该纪念碑设计构思极富创意，以下沉方式处理的镌刻着所有越战死难者名单的两片黑色磨光花岗岩，分别指向华盛顿纪念碑和林肯纪念堂。人们顺由缓缓的斜坡依次徐行，可以体验到一种感伤的环境氛围，整个纪念碑建筑空间和形体处理甘当现有环境的配角，不事喧哗，是建筑设计运用城市设计原则获得成功的优秀案例（图 2-16）。

图 2-13 华盛顿中轴线景观

图 2-14 国会大厦与贝聿铭设计的美国国家美术馆东馆

图 2-15 华盛顿纪念碑周边环境

图 2-16a　林璎设计的越战纪念碑

图 2-16b　越战纪念碑与周边环境的协调关系

华盛顿市规划部门对全城建筑制定不得超过 8 层的限高规定，中心区建筑则不得超过国会大厦，这样就突出了华盛顿纪念碑、林肯纪念堂等主体建筑在城市空间中的中心地位。

华盛顿是世界上罕见的，一直按照最初的城市设计构思、"自上而下"整体建设起来的优美的城市，也是几代人及众多城市设计师和建筑师共同努力的结晶。

（2）横滨城市设计（Urban Design of Yokohama）

横滨濒临东京湾，面积 432 km²，人口 330 万人，是日本最大的国际贸易港口。按人口排列位居日本第二大城市（图 2-17、图 2-18）。

图 2-17　横滨港口未来 21 世纪地区

图 2-18　从横滨标志塔看港湾地区

1971年,横滨市成立了日本第一个专门的城市设计小组。从那时起,在有关部门支持配合下,这个小组开展了一系列城市设计活动,为横滨城市空间品质的提高和改善进行了卓有成效的努力。1982年该小组正式改为"城市设计办公室"(Urban Design Office),并成为城市规划局规划指导部下属的一个正式科室,其主要工作职责是负责城市设计的规划和调整;制定城市设计的导则;从城市设计的角度推行公共设施的设计;组织并执行与城市设计有关的调查、研究及宣传。

在改善城市环境的最初阶段,城市设计面临的主要挑战是"争取公共使用空间"。于是,横滨城市设计小组成立伊始,首先就制定了七个方面的城市设计目标。

①通过保证安全而令人愉悦的开发空间,保护步行者的权利。

②尊重地形学和绿化的地域自然特点。

③尊重地方的文化和历史遗产。

④丰富绿化和开放空间。

⑤维护沿河和滨海开放空间。

⑥增加人们相互交流和接触的公共场所。

⑦既要有形式的美,又要有内容的善。

作为一个整体的目标,其实质就是要创造一个令人舒适愉快的城市空间环境。为实现上述城市设计的目标,横滨策划并制定了"城市设计总体规划",其内容包括:城市中心地区的"绿色轴线构想"与"商业轴线构想"、城市中心周边地区与郊外地区的"景观特色创造"、滨水空间再生、历史资产与环境的保存与整治和城市照明规划与色彩规划等。总的设想是通过大规模城市开发与再开发(Redevelopment)项目调整与改善城市空间结构,提高居住环境质量。

在实际操作中,专家们首先在横滨市中心建立了都市轴心的步行系统规划概念,并且付诸实施。他们认为,当日本机动车急剧增加的公害逐渐为社会所关注的时候,提出"舒适步行空间的创造"的主题是最易于被市民们所理解的。著名的大通公园(Odori Park)就是在这一时期城市设计开展的重要成果。

大通公园位于横滨市中心关内地区,南北方向长1.2 km,整个公园自南向北,由石的广场、水的广场和绿树丛林组成。其间设有三个地铁站及露天音乐台,喷水池,瀑布,旱冰场和儿童乐园等。但总体上以绿地为主,形成了横滨市中心的绿轴,市民们在此可以感受到一种当今大城市中难得一见的静谧安详、心旷神怡的环境氛围(图2-19)。

再如这一地区的山下公园建设。由于这里有许多高层建

图 2-19a　横滨大通公园

图 2-19b　横滨大通公园

筑规划用地，可能会影响城市环境的品质，所以城市设计必须对此进行干预，并确定了"把步行空间向建筑用地内扩大"的主题。由于政府行政部门在建设中的表率作用，所以向各位业主和设计者的提议就得到了响应，成功地实现了建筑物沿街向后退缩，扩大了步行空间，并建设了著名的伊势佐木步行街。同时，城市建设要求做到外墙、铺地、体量和质地的相互配合，在这种城市设计的要求下，横滨城区的地段特色便逐渐形成了（图 2-20、图 2-21）。

　　到 1990 年代，日本的城市设计活动在横滨的带动下取得了显著成绩，社会各界及市民亦对城市设计有了更多的理解和支持（图 2-22 至图 2-26）。不过，公众参与的兴趣焦点也与城市整体发展有不相协调的地方。通常，商业步行街和广场设计相对容易被理解，较易于为市民们所接受，因此能成为促进城市设计活动开展的有效手段。但这也导致了一种误解，即认为步行街的建设就是城市设计。这种理解对于城市的整体发展是危险的，因为它会使城市设计只局限于城市表面的美化工作。相对而言，横滨城市设计总体做得比较成

图 2-20 横滨伊势佐木步行街入口　　　　　　图 2-21 横滨伊势佐木步行街

功，有了城市设计办公室这样的机构，有经验的工作人员在数量上就会逐渐增加，城市设计活动的信息就会传播到各个方面，促进各种设计主题的实现，并最终为社会所接受。有一个数据颇能说明这个问题，1992 年横滨进行了一次问卷调查，结果表明，7 年前即在 1985 年有 87.6% 的人从未听说过城市设计，而到了 1992 年就已经有 78.3% 的人一定程度上熟悉了城市设计。

横滨在城市设计的学术交流和宣传方面的工作也有声有色。1980 年横滨市发表"城市设计宣言"，1989 年再次发表"城市设计宣言"。1992 年和 1998 年先后举办了两届"横滨城市设计论坛"（Yokohama Urban Design Forum）。作为特邀专家，笔者有幸参加了 1998 年"第二届横滨城市设计论坛"并做了专题学术报告。来自 22 个国家的 1587 名正式代表参加了会议，与会讲演的特邀专家分别来自美国、德国、法国、日本、苏格兰、中国、泰国、马来西亚等国，包括原纽约总城市设计师巴奈特、德国慕尼黑城市规划局局长巴舍和美国圣保尔市下城再开发局局长卢伟民等。

由于横滨在城市设计方面所做的积极努力，使横滨城区及其周边地区的环境得到了显著改观，同时，也积累了丰富的实践经验。

总之，这一阶段的工作取得了初步的成绩，特别是文化遗产法和城市规划法修订导致的城市景观保护和历史地段环境保护方面的成功，又促进了 1980 年代城市设计的勃兴，而且影响到日本其他城市，如京都、神户城市设计活动的开展。至今，经过 20 多年的努力，横滨城市设计已成为国际上城市设计实践的一个成功范例。目前，横滨市正朝着实现"设计都市横滨"的目标继续向前迈进。

图 2-22 横滨仓库码头区改造

图 2-23　横滨马车道地区城市设计

图 2-24　横滨马车道地区历史遗迹保护

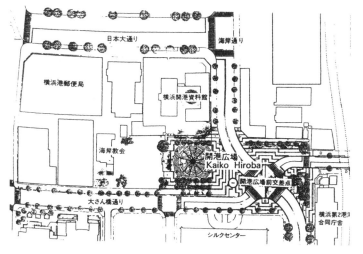

图 2-25　横滨开港广场平面

图 2-26　横滨开港广场全景

（3）阿尔梅勒中心区城市设计

阿尔梅勒（Almere）是一座距离阿姆斯特丹（Amsterdam）25 km 的卫星城。城市全部由原来须德海的海水和淤泥开垦改造而成，目前已有 20 多万人口，是欧洲发展最快的城市之一，也是荷兰第七大城市。

规划计划采用灵活的多城区计划，包括五个同类的核心区。每个核心区都有主干道、市政厅、商务区、公共设施和公共空间，自给自足。这种灵活的方案使得未来的规划者可以重复打造这座城市。城市的三分之一被用于工业，三分之一是住宅，另外三分之一是公园和开放的空间。每 400 m 建一

个公共汽车站，每 800 m 有一个地铁站，每户人家只要走 5 分钟就可以到公园或者是森林。然而，随着城市人口的快速增长，人们开始对这座城市缺乏活力产生厌倦之感。甚至很多人认为阿尔梅勒并不像是一座城市，而是一片由农业区围绕着的、聚集着中低收入家庭的大型住宅区。

1994 年，库哈斯所在的大都会建筑事务所（OMA）接到了帮助阿尔梅勒再生的规划设计任务。事务所为此提出了一个自称为"休克疗法"的独特城市设计方案，亦即用高密度的高楼把城市的商业、文化、交通停车和生活需要叠加在一起，让阿尔梅勒用一种"量子跃进"式的方法重获生机。《荷

兰城：OMA 阿尔梅勒总体规划》中这样写道："这份计划在某种程度上来说是对阿尔梅勒一切的冲击：阿尔梅勒在低处，计划在高处；阿尔梅勒的空间结构是一个正交网格，而这份计划却充满了斜线；阿尔梅勒是低密度的，计划则是高密度的。尤其是，这计划想要与阿尔梅勒背道而驰。"[①]同样重要的是，库哈斯在国际上具有极强的号召力，他给这座默默无闻的小城请来了一批诸如妹岛和世、MVRDV、奥索普这样的明星建筑师助阵城市再生的设计（图 2-27、图 2-28）。

新建成的新市中心彻底改变了原来阿尔梅勒均质性开发的规划格局。2010 年，笔者曾经在冯瀚博士陪同下造访这座城市，亲身感受到建筑师组织城市设计工作的个性化魅力。设计通过高密度、多元性和充满艺术想象力的空间组织为阿尔梅勒全新创造出一种垂直立体的秩序，新增加的各类城市休闲功能给感到厌倦的大批青少年提供丰富的娱乐选择。这里有卡拉特拉瓦设计的桥、有妹岛和世和西泽立卫在威尔沃特河畔设计的艺术中心，中心区处处可以感受到安逸、优雅和富足的宜居之美（图 2-29 至图 2-31）。

2.1.2 片区城市设计

1）片区城市设计的对象和内容

片区城市设计主要涉及城市中功能相对独立，并具有相对环境整体性的街区。这是城市设计涉及的典型内容。其目标是，基于城市总体规划确定的原则，分析该地区对于城市整体的价值，为保护或强化该地区已有的自然环境和人造环境的特点和开发潜能，提供并建立适宜的操作技术和设计程序。此外，通过片区级的设计研究，又可指明下一阶段优先

开发实施的地段和具体项目，操作中常与分区规划和详细规划结合进行。

在分区规划这一规模层次上，城市设计的内容主要集中在以下几点：

① 与城市总体规划和总体城市设计对环境整体考虑所确立的原则的衔接；

② 老城和历史街区保护和更新改造；

③ 功能相对独立的特别领域，如城市中心区、具有特定主导功能的历史街区、商业中心、大型公共建筑（如城市建筑综合体（Building Complex）、大学校园、工业园区、世界博览会）的规划设计安排等。

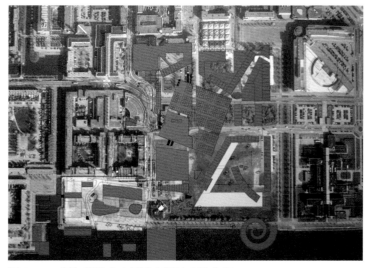

图 2-27a　阿尔梅勒中心区城市设计改造方案

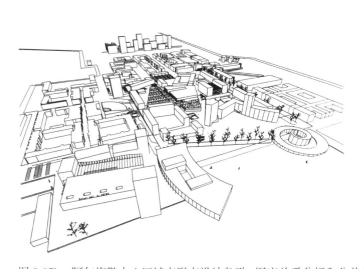
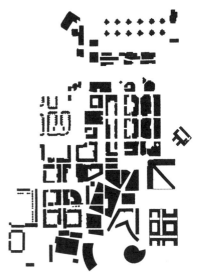

图 2-27b　阿尔梅勒中心区城市形态设计鸟瞰、图底关系分析和公共空间系统

图 2-28　阿尔梅勒新建的高层建筑综合体

图 2-29　阿尔梅勒中心区滨水景观之一

图 2-30　阿尔梅勒中心区滨水景观之二

2）城市生态要素的考虑

在生态要素方面，旧城更新改造重点是综合处理新的和原有的城市生态系统之间的关系，建立一种良性循环的符合整体性和生态优先准则的新型城市生态关系。

片区城市设计经常涉及城市的生态要素及其网络体系。如作为"蓝道"的河川流域、作为"绿道"的开放空间和城市步行体系、基础设施体系乃至城市的整体空间格局和历史地域特色等。在实施过程中，片区城市设计往往要落实到具体的地区和地段城市设计中来处理，源与流、点与线、上与下、前与后的关系都要分析清楚。再如城市道路的断面、形式、动态景观的营造和欣赏等亦是这一层次城市设计需要关注的重要问题。一座城市里，如果将机动车道路、自行车专用道及步行道各自观赏的城市景观都设计处理好，那它的环境一定会赏心悦目。

城市形体环境中的时空梯度是永恒存在的。城市设计在多数情况下都与旧城改造相关，尤其是在片区层次上。1960年代末开始，由民间倡导和推动的历史文化遗产保护运动已经普遍进入政府关注的视野，并得到了可观的经济资助，一时城市更新和旧城改造蔚成潮流。著名案例有民间自主完成的旧金山吉拉德利广场（Ghirardelli Square，1964）和洛杉矶的珀欣广场（Purshing Square，1991）、西雅图由政府推动完成的先锋广场（Pioneer Square，1970）、波士顿的芬涅尔厅与昆西市场（Faneuil Hall & Quincy Market，1970）、纽约高线公园（High Line, 2013）、中国北京菊儿胡同类四合院环境改造等（图2-32至图2-41）。

旧城更新改造对自然环境质量、生态景观质量和文化环境质量都会产生一系列影响。这种影响既可以是积极的，也可以是消极的。近年来，旧城改造中"大拆大建"的粗暴做法已经被广泛诟病，很多国家现今又重新评价旧建筑在旧城改造中的意义，并认为旧建筑是一种"活着的资源"，承载着丰富而独特的场所历史记忆，旧建筑改造活用符合现代环保的理念。同时，人们普遍认识到，城市新旧并存及渐进生长方式有其优点和必然性。在这一方面，悉尼的岩石区（The Rocks）和女王大厦街区综合改造设计、美国纽约的苏荷区（SoHo）保护改造及丹佛作家广场街区改造等都是比较成功的案例。

要注意保护旧城（尤其是居住区）历史上形成的、目前仍维系完好的社区结构，及保护城市历史文化的延续性。实施中应保证一定的居民回迁率，改造中有形和无形并重，在改善居住条件（如增加绿化和基础设施、降低建筑密度和居住密度）的同时，不应破坏原有的社区特点。

图2-31 阿尔梅勒中心区全新营造增加了过街楼的街道

图2-32 北京菊儿胡同类四合院新民居

图2-33 旧金山海滨的吉拉德利广场

片区城市设计成果包括文本、规划研究报告（说明书）和图件三部分内容。

① 文本为指导城市设计实施的法条性条文。具体包括对土地使用功能整合、整体环境、空间景观结构、绿色开敞空间、建筑空间、交通组织及道路空间、重要基础设施等部分的规划要点、设计引导及控制要求。对于重点地区（历史风貌区、公共活动区、自然风貌区等）的空间环境设计宜提出片区设计导则。

② 规划研究报告（说明书）是关于片区城市设计的技术性研究和说明，主要为规划行政主管部门提供技术依据。一

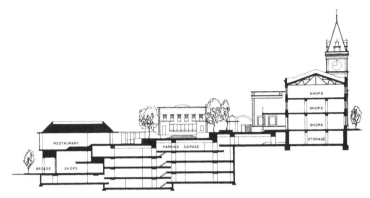

图 2-34　吉拉德利广场剖面

图 2-35　旧金山吉拉德利广场夜景

图 2-36　旧金山吉拉德利广场环境

图 2-37　波士顿昆西广场

图 2-38　纽约高线公园

图 2-39 纽约高线公园游憩设施

图 2-40 纽约高线公园人的活动

图 2-41 洛杉矶珀欣广场

般包括背景研究、现状分析、目标描述、总体构思、设计方案说明、各子系统分析报告等内容。

③ 图件为指导城市设计实施的规划设计图纸，各项目可根据实际情况适当增减。大部分图纸比例可选用1:2000—1:10000，重点地区形体示意、主要街道街景立面可选用1:500—1:2000。

案例：

（1）澳大利亚悉尼岩石区旧城更新改造

以岩石区的保护性城市设计为例。岩石区原先系中国移民来澳洲淘金的聚居区。由于这些移民村落都沿悉尼西海岸线建设，并依循了当地的沙岩丘陵特点，故以"岩石"命名。岩石区也是悉尼和现代澳洲发展的主要发源地之一。在城市现代化进程中，悉尼政府曾经一度想将该地区改造成为高层商务建筑的建设用地，并进行了设计方案的征集。参赛方案中最具想象力的是赛德勒的提案，他的规划设计是，全部拆除旧房并新建一系列呈曲线状的板式大厦，但其规模之大，使人怀疑是否有实现的可能性，以及是否有必要一定要如此大拆大建。为此，政府专门成立了悉尼港再开发局。开发局经过论证，认为开发应与保护并重；同时，一些社团组织也为保存原有社区奔走呼吁和努力。政府最终决定放弃原计划，并在1976年将岩石区最终确立为城市历史地段，并将其中的历史建筑卡德曼斯农舍、坎贝尔仓库及苏珊住宅等完整保护下来。同时，又开展了系统的保护、修复、更新和改造的城市设计工作，加强了该地段面向旅游业的综合功能，景点分布和联系也安排得更加合理。今天的岩石区已经成为重要的历史人文景观，是观光游览悉尼的必到之地（图2-42至图2-46）。

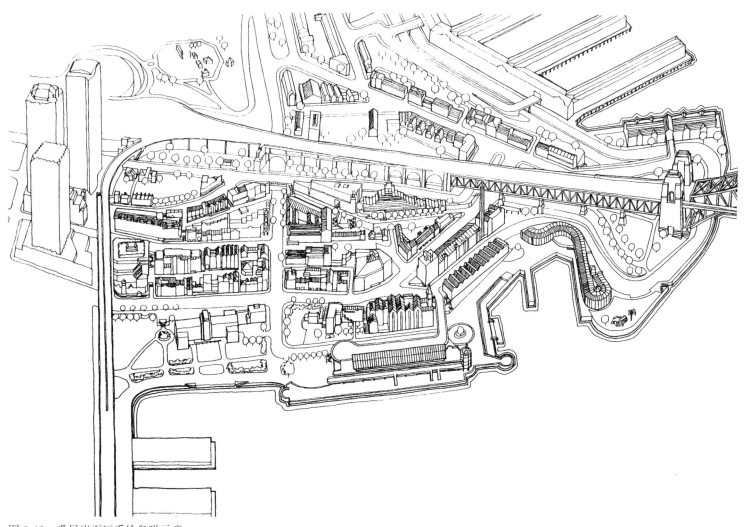

图2-42 悉尼岩石区手绘鸟瞰示意

图 2-43　悉尼岩石区滨海仓库改造成多功能旅游服务设施

图 2-44　悉尼岩石区游客中心外景

图 2-45　悉尼岩石区中心街景

图 2-46　悉尼岩石区 1884 年的历史建筑改造成画廊

（2）南京夫子庙历史街区再开发。

这里再举南京夫子庙历史街区（地段）更新改造案例进一步说明片区层次的城市设计。

南京夫子庙街区主要指以夫子庙（即孔庙）为中心的由学宫、贡院、贡院街等组成的历史地段。该街区地处秦淮河河畔，交通便捷，区位优越。早在六朝时期，这里就已经成为南京的中心市区，历久不衰。清代在此开设贡院，是省级考场，常年有 3000 多名考生云集于此，加上为考生服务的各行各业人员多达 5 万—6 万人。夫子庙地区在相当长的一段历史时期内一直是南京城政治、文化和商业中心，繁华鼎盛，驰名远近。

近、现代的夫子庙街区经历了四次重大变化，从而逐渐衰微。

第一次，由于清末废除科举制度，考生不再来此，故与此相关的服务行业便失去了原有的生存基础，以往的文化活动亦转变为一般的商业活动。

第二次，民国后南京商业中心随城市发展而逐步北移，原有许多老店也迁往新街口一带。

第三次，1937 年，孔庙等建筑物毁于战火，同时许多无家可归者在此修建了许多简易、密集而杂乱的住房。

第四次，1966—1976 年的十年"文化大革命"，当时夫子庙地区的风味小吃、特色商店和一些古建筑遭受灭顶之灾。

上述人为破坏割断了该历史街区千百年来延续传承的文化和生活习俗。到 1980 年代初，这里的环境品质已经十分恶劣。秦淮河原是南京一大名胜，但沿河工厂的工业废水和居民生活污水的大量排入，使河道成为下水道，污秽不堪；同时，该地区是南京市居住人口密度最高的，全区5万余户，总人口达到17万，平均每1km²居住人口达3万多人。除此之外，交通问题亦十分突出，道路太少，单向步行距离过长及无专用货运通道等。总之，这一地区已严重衰退，不再是人们喜闻乐见的场所。

1984年，南京市人民政府决定开发建设以夫子庙古建筑群为中心景区的"十里秦淮风光带"，并将其列入国家"七五"计划的重点旅游开发项目。具体建设内容包括：

第一，复原兴建了孔庙大成殿，结束了该地自1937年以来有庙名而无庙宇的历史，此举成为该地区再次勃兴的标志。同时，修复了明远楼等文物，重新恢复兴建了300多家各类商铺和占地5000 m²的风味小吃摊点。营造了具有强烈传统特色和文化内涵的环境。

第二，在保全历史文物的同时，特别注重当地原有社会生活网络和习俗的保全、延续和再生，并通过限制机动车交通的方式，为传统的商业活动规划设计了一系列步行空间，使该街区成为名副其实的步行商业街区。

第三，通过步行商业网络，夫子庙街区成功地连接了周边的白鹭洲公园和瞻园，从而进一步扩大了观光游览和商业活动的空间容量。

第四，通过实施清淤、驳岸、建设泵站闸坝等工程，秦淮河河水得到了彻底整治，重新变清。

经过几年的努力，以内秦淮河为轴线，夫子庙为中心的兼具明清特色的文化、商业、服务、旅游四种功能的秦淮风光带初具规模。今天的夫子庙，成功地再现了昔日的繁荣风貌，成为中外游客来南京旅游的必到之处。日本建筑师安藤忠雄（T. Ando）曾经说过，在历史文脉中，创造性的设计可使事物再现其岁月流逝所失去的东西，这就是人们集体记忆（Collective Memory）中的场所精神（Spirit of Place），夫子庙街区城市设计确实做到了这一点。据不完全统计，节假日这里的人流量在10万人以上，每年元宵节更是高达30万人以上（图2-47至图2-49）。

（3）宜兴丁蜀古南街保护改造设计

古南街历史文化街区位于宜兴丁蜀镇东北部的蜀山地区，东依蜀山，西临蠡河。该街区距离紫砂矿主要产地黄龙山较近，且交通便利，运输方便，自古就形成了集紫砂毛坯加工、成品烧制、交易洽谈地为一体的紫砂文化发源地。在蜀山地区的历史发展过程中，古南街聚落空间依附蜀山和蠡河发展，背山面水，地形错落，历史积淀丰厚，是紫砂大师诞生的摇篮。这里云集了大量文保单位和包括顾景舟、徐秀棠、徐汉棠等紫砂名人的故居。丁蜀镇除了具有潘家祠堂、东坡书院、常安桥等文保单位以外，古南街本身坐落有经挂牌认证的名人故居和陶器店旧址多达32处。南街在物质空间上本身即是一部展现紫砂发展历程的缩微历史。

古南街曾经经过了早期粗放的工业化的侵蚀，但时过境迁，今天仍然保存着较为完整的古建聚落形态和地域风貌，而且还有大量原住民在此生活、工作和传习工艺。作为非物质文化遗产的传承人和紫砂工艺的发源地及传承场所依然存在。2013年前后，依托科技部"十二五"国家科技支撑计划"传统古建聚落人居环境改善关键技术研究与示范"项目和《宜兴蜀山古南街历史文化街区保护规划》，我们对丁蜀古南街街区开展聚落保护和再生的城市设计和建筑保护、修缮和

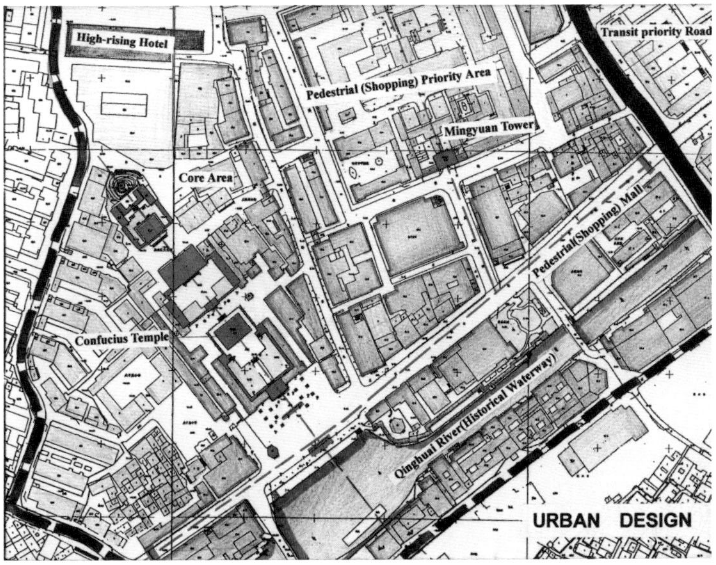

图2-47　南京夫子庙历史街区图底分析

图2-48　南京夫子庙和秦淮河夜景

图 2-49　夕阳下的夫子庙和秦淮河风光

改造工作，以期重新激活紫砂艺术创作、生产与相关的推广、交易等活动。同时也为相关的赏花、赏石、书法、品茶等文化活动提供在地性的场所、探寻古南街历史街区可持续发展的路径。

城市设计将古南街街区的功能定位为：①紫砂文化发源地、紫砂生产传承地，并保留有活的紫砂工艺的特色街区。②具有集窑工生活与居民生活于一体的独特民俗风貌的文化展示地。③具有江南传统风貌和历史文化特征的生活居住、休闲旅游综合功能区。

用地调整目标为：完善配套，依托科技进步改善民生，提高环境品质，引入多样功能，激发街区活力。居住为主的街区性质不变，凸显紫砂文化。古南街以本地紫砂作坊工作和展示及居住为主，局部引入现代服务功能。

历史文化遗存的保护包括："山—窑—街—河"以及"四区八点一环"的空间格局保护；古南街等重点风貌区的建筑立面、街道、河道等环境风貌的保护；作为生产和贸易场所

的紫砂陶器行、反映紫砂发展历史过程的北厂和名人故居、代表工业生产的烟囱等紫砂文化遗产的保护；建筑分级保护和分类整治等。

城市设计采用了"自上而下"的规划与"自下而上"的引导相结合的方式实施推进。古南街靠近出入口的位置为公共区域，与外部城市道路衔接。这部分区域功能复杂、建造技术难度较高，当地百姓难以参与建设，因此需要依靠政府"自上而下"的规划设计并实施。中段为百姓自建形成的居住区，目前仍生活着大量原住民。设计引导和鼓励居民自发性的改造，鼓励他们开设小型手工艺作坊、艺术品商店、茶社，生产和生活形态各得其所。这部分区域应保留居民自发建设的原真性，不采用统一的规划设计，只通过"营造图则＋实物展示"方式引导居民建设。

设计将规划和搬迁政策、回迁政策及整治及开发的策划相结合，关注历史街区、历史建筑中的相关利益者的需求，探讨结合共赢的规划设计选择。同时，将市场机制和政府优

图 2-50　宜兴丁蜀古南街鸟瞰全景

惠政策相结合，做到既减轻政府负担，也争取更多的社会支持力量，激发广大市民积极参与到遗产保护过程中。与目前通行的商业开发模式不同，由项目研发的适宜技术支撑的小规模、渐进式、可持续的整治和改造模式更适应古建聚落错综复杂的社会经济现状。模式保持了聚落风貌和性能改造要求的多样性。

以示范工程带动居民自发改造的积极性，同时通过有效的导则制定，使改造后的新"细胞"顺应原有的聚落肌理。实施后的古南街历史街区提振了原住民对社区振兴的信心，旅游观光和学艺参观者剧增，为活态传承中华优秀传统文化提供了合宜的场所载体，促进了古建聚落的可持续发展，项目完成后得到各方面的广泛好评（图 2-50 至图 2-53）。

图 2-51　宜兴丁蜀古南街 1 号地块濒危民居改造后的面貌

图 2-52 宜兴丁蜀古南街 1 号地块濒危民居改造后的庭院　　图 2-53 宜兴丁蜀古南街改造的实物示范样板展示

2.1.3　地段城市设计

地段城市设计主要指由建筑设计和特定建设项目的开发，如街景、广场、交通枢纽、大型建筑物及其周边外部环境的设计，这是最常见的城市设计内容。这一尺度的城市设计多以工程和产品为取向，虽然比较微观而具体，却对城市面貌有很大影响（图 2-54）。

地段城市设计主要落实到具体建筑物设计及一些较小范围的环境建设项目上。在这一层次，主要依靠广大建筑师、环艺设计师或艺术家自身对城市设计观念的一种理解和认识。其中有三个要点。

（1）与片区级城市设计类似，应处理好局部和整体的关系，协调好具体开发建设中的各方利益，而不能仅被业主意志和纯粹的经济原则所左右。

（2）城市中大量存在的建筑物和构筑物是城市形体环境构成的基本要素，一定程度上，它们对城市景观和环境特色的塑造具有决定性的作用。因此，必须处理好城市建筑物和构筑物的形式、风格、色彩、尺度、空间组织，及其与城市的结构（Structure）、肌理（Texture）、组织（Fabric）的协调共生关系（图 2-55）。

（3）在绿色设计方面，可利用生态设计中环境增强原理，尽量增加局部的自然生态要素并改善其结构。如可以根据气

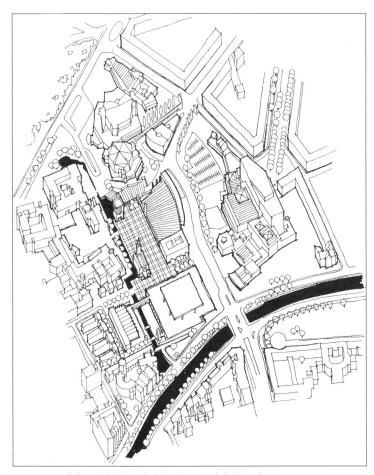

图 2-54　霍莱因的柏林文化广场城市设计竞赛方案

图 2-55a　与城市无缝衔接的京都车站

图 2-55b　作为城市综合体的京都车站

图 2-55c　京都车站具有城市尺度的外部空间景观

候和地形特点，利用建筑周边环境及其本身的形体来处理通风和光影关系，组织立体绿化和水面，以达改善环境之目的。同时，建筑物设计应注意建设和运行管理中与特定气候和地理条件相关的生态问题，如最具实用意义的建筑节能和被动式设计（图 2-56）。

地段城市设计成果包括文字成果、图纸成果，必要时可制作模型或三维效果图、虚拟动画等。

文字成果包括城市设计说明及相应导则。导则形式可多样，主要有图则形式、表格形式、条文形式及混合形式。

图纸成果包括：①区位分析图；②地形地貌分析图；③城市设计导引图（平面图、立面图、剖面图、效果图等）；

④交通组织设计图；⑤景观设计导引图（街景设计、景点组织、游览线路、视廊控制、景观序列等）；⑥空间组织分析图（总体空间架构、轴线组织、开放空间系统、建筑高度控制等）；⑦重要节点详细设计；⑧绿化配置意向设计。

图纸内容可根据规划地段的不同特点，对有关图纸适当增减或合并，图纸比例宜为 1/200—1/2000。

案例：

（1）波士顿基督教科学中心

位于美国波士顿市中心的基督教科学中心（Christian Science Center）建筑群及场地环境由贝聿铭（I. M. Pei）和佐佐木（SASAKI）事务所合作完成。该中心占地面积约为 7.5 hm²，三面为街道围合，基地近似一个三角形。现状建筑有 1894 年建的圣母教堂与其扩建部分，以及一组新建的基督教科学建筑。

基督教科学中心由三座主要建筑组成：①礼拜日学校——三层的扇形建筑，设有可容纳 1100 人的会堂；②教会行政楼——地上 28 层，地下 1 层，总面积为 25000 m²；③教会办公楼（柱廊大楼）——地上 5 层，地下 1 层，内容包括展览、阅览、出版、电台和电视台等，总面积为 16000 m²。

中心的 5 栋建筑由 2.5 hm² 的绿地开放空间所统一，场地地下设有一座 600 车位的停车场，并把三座建筑联系在一起。广场中央是长 204 m，宽 33 m 的矩形浅水池，尽端的圆形喷水池直径为 24 m，设有 144 个喷头，喷洒时可构成一幅穹隆状的水景。池边设有花坛、坐凳和路灯等小品，加上树木栽植、铺地及广场空间周围统一和谐的建筑群体，组成了一个极具吸引的城市环境（图 2-57 至图 2-61）。

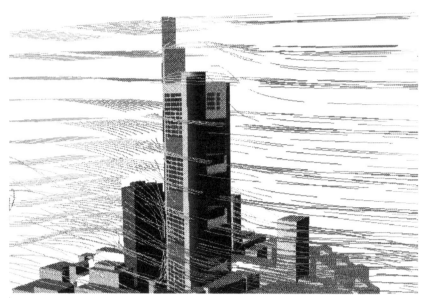

图 2-56a 法兰克福商业银行——新一代绿色摩天楼

图 2-56b 法兰克福商业银行设计中的生态分析

图 2-57 波士顿基督教科学中心全景

图 2-58　波士顿基督教科学中心鸟瞰

图 2-59　波士顿基督教科学中心新老建筑关系

图 2-60　波士顿基督教科学中心新旧教堂和谐相处

图 2-61　波士顿基督教科学中心柱廊、教堂和水池

（2）东京国际会议中心

东京国际会议中心（Tokyo International Forum）位于日本东京的丸之内地区，占地 2.74 hm²，基地原为旧东京都厅舍用地。该建筑总面积 14 万 m²，是一个为大型会议、展览和信息交流提供服务的综合性中心，主要功能包括会议、音乐会、讨论会、时装、展览、电影、演剧等。此外还有国际交流沙龙、多功能展廊、音像制作设施和餐饮服务等。

该建筑方案是通过国际设计竞赛而获得的，当时设立的最优秀方案奖金高达 3000 万日元。东京都政府对设计者提出了要创造"一个在全日本最为大胆，也是最富想象力的建筑物"的要求，经过评委会的多轮评审以后，最后确定维诺里（Vinoly）的设计提案为最优方案，评委会在审查报告中对维诺里的方案评价为："这个方案在本次应征的作品中，不仅对提出的任务书来说是最恰当的方案，其功能组织也是最简洁的，同时也是充分考虑了用地的特殊条件之后最巧妙的方案"。东京国际会议中心个性鲜明、简洁明快、高雅精致，并拥有一个巨大的、气势恢弘的钢结构中庭空间，它彻底改变了丸之内商业区以往缺乏地段特色的状况，是东京市中心一处新的地标。

值得一提的是，该建筑在满足多种多样的公共空间功能要求的前提下，还为国铁山手线东京站和有乐町站之间的人流提供了便捷的步行通道，"该公共空间是个极易让人亲近的设计"，是大型建筑设计考虑城市设计的一个典型案例（图2-62 至图 2-66）。

图 2-62　东京国际会议中心总平面航片

图 2-63　东京国际会议中心外景

图 2-64　东京站与有乐町站之间的步行道

图 2-65　东京国际会议中心中庭广场　　　　图 2-66　东京国际会议中心中庭局部

（3）南京 7316 厂地段工业建筑改造和城市设计

7316 厂原为一家军工企业，厂址位于南京建宁路，地块面积约 2hm²。随着城市产业转型，7316 厂停产拆迁并留下了一幢三层的厂房。根据规划局和土地中心的设想，该地块初步规划以集中绿地、体育设施为主，附带部分集中商业、办公用房，用以满足本区域内居民休闲、锻炼、娱乐需求及旅游停车等多种功能。

7316 厂地块周边自然景观资源与人文历史资源都极为优越，地块面对天妃宫，北望阅江楼，毗邻明城墙、护城河和绣球公园。同时，保留的厂房也具有改造和再利用的潜力。应规划局之邀，笔者主持了该地块的城市和建筑设计。设计仔细研究了留存厂房与明代城墙、北侧天妃宫和狮子山的尺度关系，以及该地块与南京阅江楼地区诸旅游资源点和周边居住社区的人流关系，并确立了如下设计定位：①结合周边的优越资源，创造一个优美宜人并具历史人文情感的城市广场。②结合功能需求，使加固改造的厂房和新加建的配套建筑成为群众休闲锻炼的场所。③为周边旅游资源点提供部分商业配套，结合产业建筑再利用及新建，集成娱乐、餐饮、休闲等功能。同时，为周边旅游提供相应配套设施，包括地下停车场等。

该地块城市设计面临地块开发和历史文化景观保护的双重压力。最后实施完成的城市设计较好地处理了场地与阅江楼和仪凤门及城墙高视点的景观关系，及改扩建建筑与城墙和护城河风光带保护的关系。规划设计保留了原场地所有的树木，并在厂房北侧留出供市民活动休憩的城市休闲广场。对厂房采取了化解突兀体量，增加屋顶绿化和垂直绿化等措施，内部改造则通过结构加固和空间改造，重新组织了空间功能，满足了再利用的要求。同时在厂房两边插建建筑全部采用青灰坡顶，建筑形式和高度符合南京市实施的明城墙风光带规划要求（图 2-67）。

（4）四川绵竹广济镇灾后重建的整体性设计

汶川地震造成巨大的生命和财产损失。作为地震重灾区的绵竹市，灾后重建工作由江苏省对口支援，其中广济镇的灾后重建工作由昆山市对口援助。灾后的援助重建有其特殊性。首先，它所面临的不是单个建筑或者局部环境的建设，而是整个受灾城镇的全面重建；其次，根据国务院的总体部署，灾后重建工作必须在两到三年之内全面完成；从 2008 年 7 月初开始，东南大学建筑学院、东南大学城市规划设计研究院、东南大学建筑设计研究院全面承担了从镇域和镇区的总体规划到建筑单体，直至景观环境与室内空间的系统性规划设计。

镇区设计首先根据《广济镇灾后重建总体规划》，确定了镇区空间环境整体性的目标，完成了镇中心四个街区的城市设计。工作内容包括：细化地块划分；规划设计市镇公共空间；明确相邻地块的建筑体量与外部空间关系；统一建筑风格；确定机动车出入口；形成连续的街道立面。街区设计

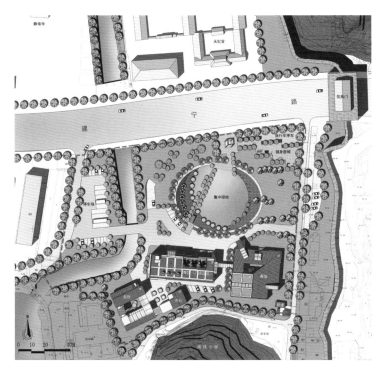

图 2-67a　南京 7316 厂规划设计总平面

图 2-67b　狮子山角度鸟瞰 7316 厂地段改造（仪凤广场）

图 2-67c　西南方向鸟瞰 7316 厂地段改造（仪凤广场）

图 2-67d　从仪凤广场看仪凤门和狮子山阅江楼

明确规定了沿现状溪流两侧为公共绿地。在镇中心十字路口，结合镇行政服务中心、文化馆与小学校的主入口设置市民广场，成为镇区居民日常活动的市镇公共空间。街区设计的目的是在第一批和第二批援建项目建成之后，意在镇区中心形成具有显著城镇空间特征并保留乡土气息的新市镇环境，争取使广济镇成为绵竹市各个重建市镇中最具整体质量的范例。

　　在城市设计的指导下，各单体建筑设计在满足各自功能

要求的前提下，空间组织、形式风格和材料做法较为统一协调，加快了设计和建造的进度。建成后的新镇区形态布局有序，空间结构合理清晰，建筑风格协调统一，街道立面整齐而富有变化，建筑单体之间具有致密而多层次的空间关联。在广济镇，空间的质量不再孤立地存在于单个建筑之中，而是在整个场镇范围内通过系统性的规划设计得以整体呈现（图 2-68）。

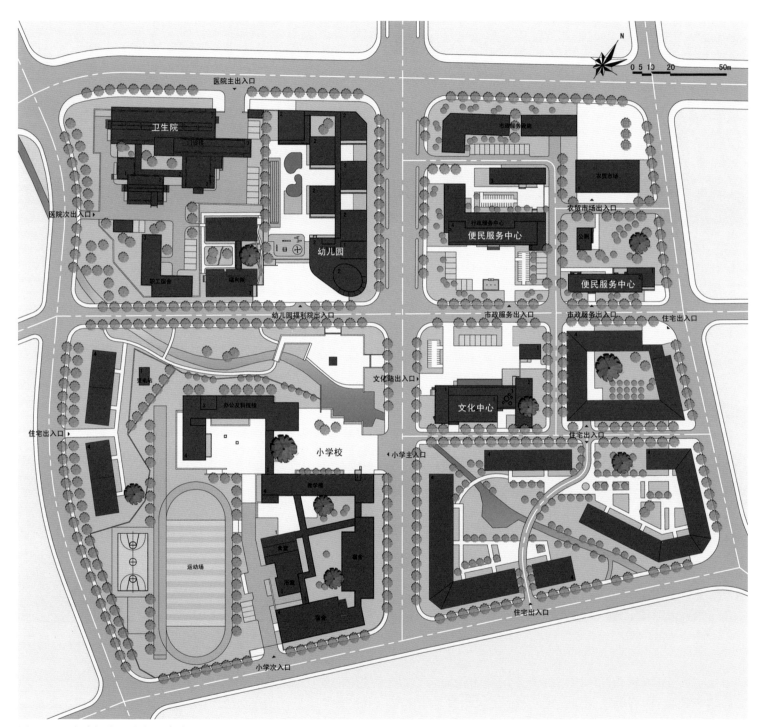

图 2-68a　广济镇中心城市设计总平面

图 2-68b　广济镇卫生院、幼儿园、福利院相互关系及城市广场

2.2　城市设计实践的类型

城市设计实践分类向来有不同的看法。有学者将城市设计分为发展设计、设计方针和导引控制、公共领域设计和社区城市设计等类型。乔恩·朗在 2005 年概括了四种实践方式，亦即：①总体式（单一业主、单一设计者、整体实现）；②总体发包式（多重业主）；③嵌入式（基础设施和系统元素）；④逐段顺序式（规划指引下的形态设计）。同年，乔恩·朗还从产品对象角度将城市设计实践分为新城镇、多种类型的城市辖区（新建的和重建的）、基础设施元素、城市中各种增加亮点的独立项目，如钟塔、纪念碑、艺术品等。

图 2-68c　广济镇便民服务中心、文化中心、小学相互关系及城市广场

美国学者爱坡雅（Appleyard）在概括美国 1960 到 1980 年代的城市设计实践经验时，曾根据这些实践开展的不同取向和专业性质，将城市设计划分为三种类型：开发型（Development）、保护型（Conservation）和社区型（Community）。每一类的实践工作都有其不同的社会经济背景、动机和工作内容。当然，实际的城市设计项目有时是几者的结合，如美国丹佛市中心区城市设计、笔者主持的广州市传统中轴线城市设计、沈阳故宫—张氏帅府地区保护性城市设计和南京钟岚里地块城市设计等项目都涵盖了上述二或三种类型的内容。

2.2.1　开发型城市设计

开发型城市设计（Urban Development Design）系指城市中大面积的街区和建筑开发、建筑和交通设施的综合开发、城市中心开发建设及新城开发建设等大尺度的发展计划，其目的在于维护城市环境整体性的公共利益，提高市民生活的空间环境品质。此类城市设计的实施通常是在政府组织架构的管理和审议中实现的。如美国首都华盛顿中心区的城市设计，英国哈罗新城开发建设，法国巴黎德方斯（La Défense）

规划建设，中国上海浦东陆家嘴地区城市设计，日本东京新宿、池带、涩谷副中心的开发设计、横滨"未来港湾21世纪"（MM'21）城市设计等，以及规模更小一些的街区城市设计，如东京惠比寿花园广场（Ebisu Garden Place）城市设计、上海市人民广场周边地区城市设计等。

以横滨"未来港湾21世纪"城市设计为例，1960年代开始筹划，1983年开始实施的横滨"未来港湾21世纪"城市设计计划，是一个典型的片区级的、开发与环境改善结合的成功案例。这一地区原分别隶属三菱重工横滨造船所、高岛操车场和高岛渡轮码头及一些军事用地等。在横滨城市总体规划中，这一总面积达 186 hm² 的地区被确定为未来横滨新的城市中心，并将横滨站周边地区和关内，伊势佐木町地区连成一片（图 2-69 至图 2-71）。

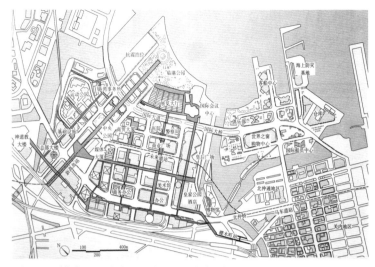

图 2-69　横滨港口未来 21 世纪地区规划总平面

图 2-70　地区与樱木町车站的联系及"日本丸"纪念公园鸟瞰

图 2-71　从樱木町车站看横滨标志塔

从1980年代到1990年代，这一地区建设了许多著名项目，其中包括1993年落成的横滨地标塔（Landmark）。该建筑总高达 296 m，造价 2700 亿日元，是日本当年最高的建筑。此外还有丹下健三（K. Tange）设计的横滨美术馆及横滨洲际酒店、展览中心、"日本丸"纪念公园、皇后广场、樱木町站前广场、临港公园等。在这里的许多项目实施中，政府所做的只是委托工作，并没有直接投资。至于具体技术和协调管理，如规划设计、建筑方案、街道小品、公园、桥梁的审批工作则由专门的城市设计委员会和公共设施委员会负责。笔者曾二度去实地考察，感觉其开发质量和环境品质是相当高的。特别值得一提的是，这一地区的高强度开发并没有以牺牲历史和文化的连续性为代价。如毗邻地标塔的石造船坞，是日本现存最早的干式船坞，它具有重要的技术史和海运史价值，

现已投资 39 亿日元将其重新修复保存下来，并作为观演和休闲空间。同时，这一地区还布置了大片的绿地和水面，充分利用了原有地形和地貌（图 2-72 至图 2-75）。

东京新宿副中心（Shinjuku Sub-CBD）建设也是一重要实例，新宿地区的城市设计工作始于 1968 年，当时专门成立了"新宿副中心开发协议会"，1991 年，48 层高的东京新都厅的最后建成，标志着这一区域建设告一段落。新宿副中心包括 3 部分，含 11 个街坊的超高层区、西广场及地下部分和新宿中心公园，总用地约 56 hm²。副中心规划建设采用了立体化的车行、步行系统，地上地下进行了很好的通盘考虑；东西向与南北向车道标高差 7 m，并且人车分流。该建设与原有的山手线新宿车站紧密结合，将地铁、公交、公共停车与步行系统有机统一，组成一个良好的换乘体系。副中心在 16.4 hm² 的超

图 2-72 从"日本丸"纪念公园看横滨太平洋大厦

图 2-73 标志塔旁的横滨美术馆与周边环境

图 2-74 皇后广场大厦室内步行通道

图 2-75 建筑与轨道站点的一体化设计

高层建筑建设区中,集中布置 10 多幢超高层建筑,集中供热、供冷,成为东京之最,整个中心的地下街总面积达 8 万 m²,并与京王、小田急等大型百货商店连成一体,换车方便,步行时间短,与地下街商店配合良好;同时地下街与地下停车场联合开发(Joint Development Program),解决了具有 1000 多车位的停车场的建设资金问题。不过,根据笔者考察的体会,由于新宿地下街规模过大,虽然有详尽的标识系统,但陌生人在其中仍然容易迷失方位(图 2-76 至图 2-78)。

2.2.2 城市保护与更新

城市保护与更新通常与具有历史文脉和场所意义的城市地段相关,它强调城市物质环境建设的内涵和品质方面,而非仅仅是一般房地产开发只注意外表量的增加和改变。

在美国,从 1960 年代末期起,由民间和社区所倡导和推进的历史遗产保存运动,已经普遍地争取到政府对城市历史文化与景观特色的重视,因而各地的地方政府均顺应民意

图 2-76　东京新宿航片

图 2-77　新宿东京新都厅外景

要求，将编列历史古迹、城市标志物、划定历史地段作为城市建设和城市设计的基本空间策略。随着伊斯坦布尔联合国第二次人类居住大会（简称"人居二"）和联合国环境与发展里约热内卢大会的召开，可持续发展的意义已经超越了狭义的资源与环境，历史文化的延续也是人居环境可持续发展的不可分割的重要方面。当今世界各国普遍重视的旧城更新改造和历史地段保护就属此类城市设计。成功案例亦不少，如纽约南街港（South Street Seaport，1983）（图 2.79 至图 2.81）、横滨马车道街区城市设计、巴黎拉维莱特公园更新改造设计（图 2-82、图 2-83）、京都三年坂—清水寺历史地段城市设计、南京明城墙历史地段保护性城市设计等。

　　南京市规划设计研究院 1990 年代完成的九华山—台城段明城墙保护规划设计也是保护性城市设计的典型案例。南京城墙始建于 1366 年，1386 年竣工建成，历时 22 年。南京城墙共建城门 13 座，城门顶端建有高耸的城楼。与中国一般城池不同，南京城并未采用以往都城建设取方形或矩形的古制，而是着眼于军事要求，因地制宜，充分利用自然地势地貌和水面，以便于攻守。城墙平面呈不规则状，蜿蜒起伏，是世界上保存最完整的都城城墙之一。

　　九华山—台城段明城墙位于南京东北角，玄武湖南侧，东起太平门附近的九华山，西抵北极阁安仁街，城墙总长 1700 m。从现状看，该段城墙内外自顶到底均为城砖砌筑，

图 2-78　新宿东京新都厅下沉广场景观

城顶宽 8—21 m，城高 15—22 m，是明城墙最高的一段。"文化大革命"时，城墙内开挖了许多防空洞，破损严重。1994 年，根据市政府"明城墙风光保护规划"和"全面保护，重在抢险，整治环境，适度开发"的原则，中国与日本开始合作实施修复计划。5 月 24 日，以平山郁夫为团长的日本代表团出席了开工典礼。此段城墙的修复及其周边环境的规划设计主要包括三项内容。

图 2-79　纽约南街港

图 2-80　南街港 17 号码头

图 2-81　南街港室内步行街

图 2-82　巴黎拉维莱特公园总体设计模型

图 2-83　巴黎拉维莱特公园

图 2-84　从南京玄武湖看九华山 - 台城段城墙风光

（1）文物保护

城墙保护主要包括城墙本体保护和城墙的安全保护，具体规定为：城外自城墙底部按城墙高的 1.5 倍距离规定空地宽度，建筑距城墙距离不小于 15 m 的空地宽度，有城门处再加大保护用地范围。这不仅是保护城墙的安全，而且也是保护游客和附近居民的需要。

（2）环境保护

根据该段城墙的景观特色及周围风景资源的分布情况，划出一个东段包括九华山和三藏塔，西端包括鸡鸣寺、北极阁在内，面积为 49.27 hm² 的形似"哑铃"的保护界线，作为该段城墙风光带的用地范围。而建设环境控制范围还要扩大到城墙两侧各 50 m，总面积达 70 hm²（图 2-84）。

（3）景观视野保护

在南京市景观资源中，由紫金山、九华山及三藏塔、鸡鸣寺塔、北极阁和鼓楼高地等组成的连续景观走廊，是南京最具特色的自然形胜之一。此段依山面水的城墙恰巧串联了南京玄武湖、九华山、鸡鸣寺、北极阁等不同的自然风光景区和人文景观，形成"山、水、城、林"融为一体的连续视景。

九华山—台城段明城墙保护的规划建设，扩大了南京市旅游景点的空间范围，与城墙相关的各旅游景点，如玄武湖、鸡鸣寺、九华山等的知名度都得到提高。该景点早已向公众整体开放，人们可以从该景区系列的任一处开始游览观光，通过城墙——这一富有深厚场所意义的步行道，领略到一幅美丽动人、意境深远的山水画卷（图 2-85 至图 2-87）。

其后，在制定更严格的保护利用要求的基础上，东南大学陈薇团队完成了《全国重点文物保护单位——南京明城墙保护规划》，2009 年该规划通过了国家文物局和南京市人民政府的批准并实施。2014 年陈薇等教授团队继续完成了南京城墙沿线城市设计。该城市设计通过现场踏勘和历史研究，明确了南京明城墙包括京城城墙和外郭，同时，该设计还精细化了城墙的一些基本数据：京城城墙总长

35.267 km（超过世界名城巴黎城墙 29.5 km），目前保存较完好有 25.091 km（地面有 4—5 m 高度）、遗址（地面无城墙）共 10.176 km。外郭为土筑，总长约 60 km，目前走势尚存 43 km。南京城墙沿线城市设计对整体历史文化资源点进行了基于历史脉络特色的概括，亦即，"燕子飞来石矶、穿行土城绿廊、拜祭明朝先祖、寻觅当年殿堂、出城观塔报恩、一路来到瓮城、泛舟西行北上、遥见造船作塘、怀想天妃郑和、登山狮子阅江"（图 2-88）。

2.2.3　社区设计

社区设计（Community Design）注重人的生活便利和宜居要求，强调居民参与。其中最根本的是要设身处地为用户，特别是用户群体的使用要求、生活习俗和情感心理着想，并在设计过程中向社会学习。在实践中，社区设计是通过咨询、公众聆听、专家帮助以及各种公共法规条例的执行来实现的。这一过程不仅仅是一种民主体现，而且设计师可因此掌握社区真实的要求，从实质上推进良好社区环境的营造，进而实现特定的社区文化价值。

著名实例有爱坡雅主持完成的美国加利福利亚圣地亚哥（San Diego）都市区城市设计研究、欧斯金主持设计的英国纽卡斯尔的贝克住宅区（Byker Estate）、吴良镛先生主持完成的北京菊儿胡同改建、东南大学完成的南京南捕厅历史街区保护和正在实施的小西湖社区改造更新项目等。

爱坡雅于 1974 年完成的圣地亚哥都市区发展研究，在整个地区的自然条件和人文特色的架构上，综合了当地居民对生活环境体验的评价和对未来的期望，整理成一个广泛而完备的价值系统，并在此基础上，提出一组堪为典范的城市设计政策和导则。这一案例在美国具有广泛的影响。

欧斯金主持的英国纽卡斯尔"贝克"住宅区设计改造也是一个成功案例。该设计充分听取和吸收了社区居民的意见，合理利用北高南低起伏的地形，保留了原先一些有价值的民

图 2-85　从南京城墙看玄武湖和紫金山

图 2-86　鸡鸣寺、玄武湖和城墙远眺

图 2-87 南京城墙与前湖的城水相依关系

图 2-88 南京沿城墙地区城市设计

宅、教堂和商店，并在最北面规划了一组 4—8 层的蛇形住宅楼（即著名的"贝克墙"），形成一道抵御冬季北风侵袭和区外干道交通噪声的隔音屏障。在设计过程中，现场设立了专门的办公室，欧斯金每天平均接待 34 位来访者，并与社区代表详细讨论住宅的庭院、居住区街道和住宅细部问题，以及房屋拆迁后的补救措施。具体住宅设计则采用了支撑体设计理论（Stichting Architecten Research, SAR）中的体系和方法。贝克住宅区改造获得了巨大的成功，该城市设计在与特定的自然生物气候和社区文化的结合方面树立了典范，其设计思想具有广泛而深远的影响，并被公认为当代城市设计和建筑设计完美结合的典范作品（图 2-89）。

这里再以东京代官山集合住宅（Hillside Terrace）为例，进一步说明社区城市设计概念和实践问题。

于 1960 年代开始建设的代官山集合住宅位于日本东京涩谷区，占地 1.1 hm²，容积率 1.5—2.0。设计者是当代日本著名建筑师、建筑普利茨克奖获得者桢文彦。

1960 年代的东京城市环境还比较好，丰富多样的老式街区遍布全城。而代官山是东京一个较少受到污染的地区，且位置

图 2-89a 纽卡斯尔贝克住宅区航片

图 2-89b 纽卡斯尔贝克住宅区照片

适中，建筑基地形状不规则，只有沿街一面较整齐，地形有一定起伏。当时，代官山地区业主委托方希望以分期的方式来开发这块土地，并使其成为东京新的都市商住区（图 2-90）。

与许多东方的城市形态类似，东京传统街区封闭居多，街道两旁是高高的围墙。第一期工程的设计主题是"沿街空间"，设计内容是两栋商住建筑，设计利用正交式的凹凸布局与所在地段的形状相配合，并采用了诸如转角广场、下沉庭园、内外连通等典型的城市设计手法；建筑沿街一面有高出道路的专属平台，供人们步行之用，从平台可以直接进入店铺空间（图 2-91）。

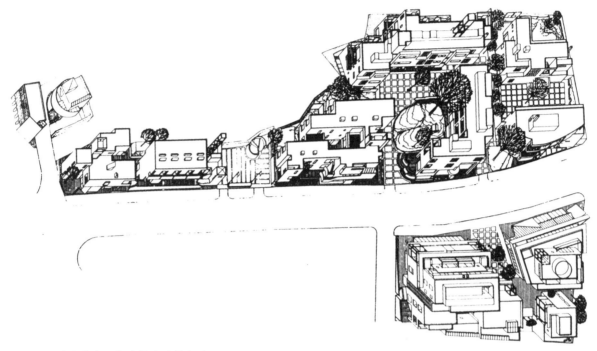

图 2-90　东京代官山集合住宅总体鸟瞰

图 2-91　东京代官山集合住宅沿街景观

图 2-92　沿街的商店通过开敞空间与内院空间渗透　　　　　　图 2-93　二期沿街商店和庭院的关系

　　第二期工程基地进深较大，一组商店建筑群围绕一个内向的广场庭院布置。沿街开大玻璃窗，并有较宽的开敞廊道通向内院，体现了空间流动的设计概念，这也是设计吸取日本建筑传统的结果（图 2-92、图 2-93）。

　　第三期工程与第一期工程建设相差近 10 年。三期工程中心部分将原基地上的绿荫小丘组合在庭园中，建筑尺度较前两期大了许多，建筑外部用材也已不再是传统的抹灰，而是用了方形瓷砖饰面，造型要素也有了新的发展，出现了曲线形的门斗、台阶和楼梯，造型手法趋向于简洁抽象。毗邻三期工程的，同样由桢文彦设计的丹麦驻日本大使馆也运用了院落组合手法，但材料和色彩有所区别。

　　其后又在地段的西端和街的北面建设了后三期工程，一直到 1992 年全部完成，前后达 25 年。虽然日本在一些特殊

的场合设有总建筑师制度，可以针对某一特定地区制定规划构想和分阶段的设计细则，并在实施过程中对各设计单体的建筑师进行解释和引导，但这是难得一块经由同一位建筑师之手，通过整体的城市设计思想，在一个如此长的时段内设计出来的城市街区。其设计可以说是从打破传统的围墙开始的。随着后续的建设，"沿街的围墙"逐渐变成"沿街的空间"，并以不断变化的建筑形式逐渐增生，在总体设计上表现出差异和类似的关联。在与街道平行的硬质临街面内部，设计了一系列公共、半公共和私密的城市空间，在解决功能问题的同时，创造出与人的尺度相符的空间环境。整个工程外饰材料的变化，也反映出日本战后建筑材料变迁的历史，从最早的清水混凝土直到后来的瓷砖、玻璃和金属幕墙等。桢文彦自己说："这被证明是一个优点，可以使业主和建筑师在每

图2-94 六期沿街建筑设计处理手法的发展

个阶段进行调整以应对东京快速变化的环境和生活方式，并从程序上和建筑上提供最新的设计。"[2] 代官山集合住宅一直被认为是东京城市设计最佳案例之一（图2-94）。

2.3 城市设计的目标和评价标准

2.3.1 城市设计的目标

目标是人类活动的动机和意志，是对活动预期结果的主观设想。这种动机和意志具有维系组织各个方面关系构成系统组织方向核心的作用。目标也可指人们制定某种计划或行动所争取的将来状况。

1）理想目标和具体目标

一般说来，城市设计应该综合考虑社会的价值理想、公共利益和利益相关者的要求。

在实践中，对于大多数非专业人员来说，如设计委托人、行政领导和用户等，关注和期望的城市环境建设目标和结果并不等同于设计者，而是更多地从自身利益、立场和专业知识结构等来判断，如政府领导关心自己任期内的"政绩"和获得有利的政治反应；开发商关心投资开发建设的经济收益最大化，同时又不误工期并与预算控制吻合；用户则关心环境的实际使用。这样，专业与非专业人员之间及非专业人员相互之间的城市设计要求和目标一般就会存在差异和冲突。

这时，城市设计者最重要的就是协调工作，是综合社会各利益方建设要求建立一个有层次的具有广泛代表性的目标框架，并在这个基础上进行创造性的城市设计活动。

从分类看，城市设计的目标可划分为理想和具体两大类。理想目标是指一种值得追求的愿景，但在现今条件下可能一时还达不到的状况，具体目标则指在可能的、可以预期的时间内可以达到或者分期达到的状况。细分之，目标还可分为质量性目标和数量性目标。

理想目标一般具有较强的稳定性。今天我们讲追求"生态文明时代"的"千年城市"或者"韧性城市"就属于这样的理想目标。理想目标同时又为一定地域的社区成员所共享，为较多的人所信奉并追求，可以不断趋近，但在现阶段不一定马上实现，如文艺复兴时期的理想城模式、空想社会主义者提出的理想城市主张、可持续发展理念下的生态城市、绿色城市、零碳城市、无废城市等。近年中央对雄安新区、北京城市副中心建设提出的"世界眼光、国际标准、中国特色、高点定位"也是城市发展和建设理想目标的表述。具体目标则常是近期的，为较小的社会团体或个体拥有，一般就指特定的城市环境建设要求，具有可操作性的特点，如在我国目前许多城市制定的街巷整治、建筑立面出新和社区环境提升计划等就属于具体目标。但理想目标与具体目标有内在的接续关联，只有具体目标而无理想目标就会使城市设计的视野过于"近视"，很容易过时。以我国为例，现阶段就应将"补救和纠正快速城市化进程中城市规划建设的无序和环境缺失"作为城市设计重要的具体实施目标，而这一目标显然与城市发展的长远利益相关。

理想目标可以因时过境迁而被淘汰，《雅典宪章》所倡导的"现代城市"，曾经闪耀着理想的光芒，并影响了几代人，但今天就与新时代可持续发展和以人为本（Human-Oriented）的城市建设思想发生一定的冲突。随着时间推移、设计活动的深入、约束条件的改变，最初视为理想的目标最终也可能成为可以实现的具体目标。

2）四类具体目标

在城市设计涉及的具体目标中，美国学者雪瓦尼曾认为主要有四类，笔者基本赞同，现综合论述如下。

（1）功能的目标

任何城市设计总是要满足特定的功能要求，如土地利用、交通组织、公共空间设置、促进商业和第三产业发展等。

但是，人在城市环境中的活动具有随机性的特点，在现代城市设计中，大多数设计问题是间接的，而且许多情况下委托人（业主）不易确定，它可能是某一集团或单位，设计遇到的常常只是它们的代理人。因此，必须要通过设计协商和探寻过程来解决这一问题。

（2）应对城市的成长变化

变化是现代社会的基本特征，常常形成设计目标的一部分。中国目前正处在一个城市快速成长期，建设目标的部分不确定性是非常普遍的，尤其是以平方公里计量的大尺度城市设计，必然是分阶段、按照"近详远略"原则逐步实施的。

城市设计重视应对变化的策略，其中主要有两条原则：

① 为城市的成长性和灵活性而设计，尽可能科学认知和理解城市发展演化的规律，处理好时间轴延展和空间发展的关系，以应对城市发展过程中一些当时尚无法确定底线的情况，特别是那些设计内容复杂和范围较大的项目。

② 松弛适配概念，即设计留有应对成长变化的余地，这意味着经济上必须为此多付出一定的代价。可行的途径是：第一，两者都适当考虑，但不绝对化；第二，在城市设计涉及的各层次的内容对象中，区分不同的灵活变化要求。有时甚至日后废弃也可作为一种策略。事实上，社会和技术变化的周期越来越短，有时比建筑物和空间形态寿命还短。随着时间的流逝，任何具体环境的物质构成和布局形式一般都有不同程度的变更，较为常见的变化有三种：一是改善，如街道、广场空间的局部立面变化；二是扩建和改造；三是开放空间围合及设施的永久性变化。

（3）为他人设计

特定的物质环境所服务的用途或目标总是作为群体的人。委托人可能是某一社会团体或单位，而使用者则又可划分成许多不同兴趣、不同活动方式的人群，这三种类型的人对环境均有自身的偏好兴趣和价值取向。这就给城市设计者带来了实践伦理问题。历史上的城市设计多以价值绝对主义为准绳，设计者总是想用自己的想法使大多数他者的认识跟着改变，像昌迪加尔、巴西利亚、堪培拉和华盛顿这样的城市整体性，设计者如没有绝对主义的态度是产生不出这个设计的。但一旦人们对权威产生怀疑时，绝对主义就会产生问题。

从理论上讲，城市设计应优先考虑没有偏见的合理建议和行动，贯彻公正原则。但城市设计者并非完全可持超脱的态度，在使用者与委托人利益冲突或其他矛盾显现时，设计者应及时介入斡旋，起到"减震器"的作用，尽可能减轻彼此的冲突。在当代城市设计实践中，为其他人设计所涉及的伦理问题，由于设计透明度的提高和公众的参与行为，解决的可能性已经大大增加。

（4）美学目标

无论是使用者，还是委托人，都对城市空间环境的外观和"美"有明显的要求。对称、平衡和统一曾经是文艺复兴时期以来城市形态塑造的首要美学原则。

国外一项城市设计研究的结果表明，美学质量对于委托人非常重要，特别是当他们得知选择与经济因素无关时，其"自由选择"便立刻受到美学考虑的影响。近十多年以来，中国很多城市兴起了以城市风貌提升为主题的城市设计，其中改善城市环境的视觉美学品质往往是其中最重要的预设目标。在笔者主持参与的针对申遗要求的杭州西湖东岸景观提升和京杭运河杭州段景观提升方案征集中，美学目标又与历史文化传承和遗产保护结合到一起，难分伯仲。

城市设计的美学目标可以分为保护和塑造城市环境美和通过城市建设显示出人工建设之美两个方面。

通常，城市规模越大，经济水平越高，人口积聚越集中，城市居民也就越希望能有景色优美的城市风貌和空间环境。但在城市现代化进程中，人们最容易被外显的经济和功能方面的建设目标价值所驾驭，存在轻视城市美观的倾向。

美国的实践表明，美学上不成功的城市设计往往是与满足人的基本需求的环境质量问题共存的，是和诸如空间与时间的导向要求、区分不同场所、步行舒适程度、躲避交通噪声、寻觅休息交流空间等人的具体需求紧密联系着的。公众的期望、态度及心理体验过程一般也有某种一致性。

人们总是会在整体上寻求舒适、愉悦的城市空间环境，过去城市设计师的美学目标通常局限在统一性和确定性上，但今天这种准则只能被视为是一种例外的情况，因为对比、变化和多元同样可以是基本的美学目标。

2.3.2 城市设计的评价

在城市设计中，评价乃指为特定目的，在特定时刻对设计成果做出优劣的判断。判断与人的价值取向有关，只有当评价者价值观相近时，才可能得到比较一致的判断。传统的城市设计按美学质量评价，后来经济和效率的标准又充实到美学标准中。今天我们已经有了定量（可量度）和定性（不可量度）两类设计评价标准。

1）定量目标

一般地，对技术取向的人趋向于把功能和效率这类相对可以定量的标准作为城市设计评价的基础；另有一些设计者则有点像艺术家，在规划设计中多强调定性的评价标准；还有一些人则强调社会公正、平等的设计标准，其性质也属于定性的标准。

定量的城市设计标准外延包括某些自然因素，如气候、阳光、地理、水资源及三维形体，一般城市设计者能够施加作用和影响的主要是后者，并通常以条例法规形式表达。如纽约市城市设计就建立了一套综合性的城市设计导则，包括容积率、建筑物后退、高度、体量和基地覆盖率等一系列城市设计相关的形体建议。我国城市规划是法定性的城市建设依据，所以近年国内一系列实施性城市设计均采取了结合控制性详细规划的做法。即使在一些古城历史地段中也已注意运用这类标准，如北京市制定的60项文物保护单位的保护范围及建设控制地带的规定，但还不够普及。

随着数字技术的发展，专业人员今天已经可以通过互联网、大数据（Big Data）、人工智能等手段对我们的城市尺度的多源信息及其城市设计效果做出更加精准的分析和预测。

2）定性目标

城市设计中有关美观、心理感受、舒适、效率等的原则，属于定性标准范畴。

不列颠百科全书把城市设计标准定为环境负荷、活动方便、环境特性、多样性、格局清晰、涵义、感知的保证、开发等项，就属定性的标准。

（1）环境负荷：人对环境中的气候、噪音、污染以及视觉等方面的因素都有一个可接受的生理限度，而这是城市设计必须给予满足的。

比舒适感更客观的标准是环境对健康与工作效率的影响。目前，改善城市环境已经有了一些方法，城市设计时应当考虑城市局地微气候，城市的空气或水将能达到什么样的洁净度，噪音应如何防止和控制等。

（2）活动方便：城市设计要保证塑造一种真正为人们活动服务的空间，并对人的实际活动的多样性给予充分考虑，即计划人们的行动必须考虑时间因素和空间位置，还要分析能不能在空间中行动自如并且安全，是否能满足人的感觉要求，是否便于人们社交以及个人的私密性不受干扰等。此外，还应考虑环境的管理问题。

（3）环境特性：每一地方应当有明显的感性特征，便于识别记忆，生动而引人注意，与其他地方不一样。这种感性特征对某一地方的人来说，将有助于加强他们的乡土情感，而且这也是反映各地风俗习惯的标志。测定地段特性不在于地段的地理特性，如果人们能够做到使环境适应他们的目标与要求，并且允许这种适应性随着时间逐步积累，那么地方特性就更加明显。

（4）多样性：能感到的多样性是实际存在的多样性环境的反映。大城市公认的引人入胜之处，在于城市居民的多元性和地段的多样性。不过，要确定什么东西应当多样化，多样化到什么程度是很难衡量的，因为这并不完全是一个技术问题，它还受到人们的接受能力和兴趣的影响。

（5）格局清晰：意指一个环境内的元素布置的逻辑性能使人们理解环境特征和空间格局。如果一座城市的布局能使人一目了然，或者城市历史都展现在人们面前，那人们就很容易辨别城市中的方位和识别要去的地方。值得注意的是，布局在时间上和空间上的清晰性同样重要。景观可以启发居民追思既往，知晓今天，甚至还可以启示将来。

（6）含义：景观拥有的意义内涵和象征作用同样是评价城市设计所必须考虑的标准。环境是一部巨著，人们总是不断地在研读它，抱着新奇的心情，看到许多事物并为此而感动。当然对含义，不同的人会有不同的理解和看法。

（7）开发：环境对每个人智力、情感和体力发展是起一定作用的，特别在青少年时代尤为重要，在一定程度上对晚年亦有影响。一个有教育意义的环境要充满有用的信息，使人历历在目，难以忘怀。

在城市设计活动开展比较普遍的国家，特别是美国，对定性标准进行了较深入的研究，成果卓著。例如，1970年制定的旧金山城市设计计划，确定了十项原则作为"基础概念"，并着重强调了旧金山城市设计所预设的目标。

① 舒适：意指用街道小品、植物、路面设计等来调整改善人的步行空间。

② 视觉趣味：属美学品质，尤指用城市环境中建筑特点和通过环境本身提供的视觉愉悦。

③ 活动：系指城市环境中公共环境中的生活内容。

④ 清晰和便利：它可由强有力的步行权、狭窄的街道，以及为城市步行体验提供设施和其他特征来获得。

⑤ 独特性：它强调提供可识别性，抑或城市结构和城市空间个性的重要性。

⑥ 空间的确定性：它涉及建筑空间与开放空间的分界面，这些空间是获得"外部空间形状和形式，清晰和愉悦感"的城市结构要素。

⑦ 视景标准：主要涉及"悦人的景观"价值以及人在城市环境中的方位感。街道布局、建筑物布置及其群体组合效果是决定视觉美学特征的关键因素。

⑧ 多样性／对比：涉及城市环境中建筑风格和布局等建筑美学问题。

⑨ 协调：涉及与地形特征、转换、互补尺度和建筑形成组合有关的和谐美学问题。

⑩ 尺度和格局：其要点是为一个具有人的尺度（Human Scale）的城市环境组织各种关系，包括尺度、体量、建筑组合等。

1977年，美国城市系统研究和工程公司（USR & E）也提出了一套评价城市设计的标准。

① 与环境相适应：涉及城市设计与城市或居住处境的谐

调性的评价（包括基地位置、密度、色彩、形式和材料等），适应的另一面则是历史或文化要素的协调性。

②特色的表达：一种由使用者和社区评价的个性视觉表达和状态方面的社会和功能的作用。这就需要强调色彩、建筑材料以及使其更具个性以使城市在视觉上能够被认识。

③可达性和方位：涉及入口、路径和重要基地的设计中的清晰和安全问题。设计要素包括公共空间的布局和照明，以及目标的方位，它们要标示去哪里，去干什么。

④行为支持：涉及空间上限定行为的领域。环境提供了领域的"可视结构"（Visible Structure），并用各种记号指示适当的性能。设计包括与该空间提供的设施相关的空间划分位置和尺寸。

⑤视景：它鼓励城市设计去加强或减小"现存有价值的视景"的影响，并提供（如果可能）从建筑物和公共空间能得到新的视景的可能性。

⑥自然要素：通过地貌、植被、阳光、水和天空景色所赋予的感受，保护、结合并创造富有意义的自然表现。

⑦保护观众的视域：使之免受各种有害要素的干扰。这些干扰、损害城市环境的视觉愉快感的有害要素包括眩光、烟、灰尘、混乱的或过分引人注目的招牌或光线、快速移动的各种交通往来及其他讨厌的东西。

⑧维护和管理：涉及那些能促进维护和管理的设计要素，特别是对于使用团体。

林奇教授则将五项"绩效维度"（Performance Dimension）作为设计评价标准，即活力、感觉、适合、可达性和控制，并提出两项"衍生准则"（Meta-criteria）——效率（Efficiency）和公正（Justice）。在由林奇主持完成的"明天的波士顿"城市设计研究中，将此标准作为项目的理论基础。从分析评价到确定对策，理论上的统一性都是独一无二的。每一个基本价值相应建立一套基本政策，而每一条政策都依据其意义和相关分析以及实施规划加以讨论确定。由于体制方面的原因，这个规划最终未得到完全实现。但林奇拟定的评价标准在理论构架的完备程度上又进了一步。

3）综合目标

雪瓦尼在总结概括了美国比较流行的几种评价标准后，在《城市设计过程》（The Urban Design Process）一书中提出了一套综合的标准。

（1）可达性：林奇的活力概念显然可类比为旧金山的活力评价标准中的舒适。这些概念可由上述标准所建议的"可达性"所包含。

（2）和谐一致：这也是各类标准中一个趋同的主要领域。

旧金山标准就有对视觉和美学的强调，以及根据基地位置、密度、色彩、形式、材料、尺度和体量而建立的和谐协调的关注，林奇给"和谐一致"增加了行为和功能度量，并考虑将它作为行为—场所和谐的度量。

（3）视景：这也是一个共同的标准。旧金山标准强调了视景的美学方面（如"悦人的景观"等），同时也涉及人们的方位感的重要性，即它的"尺度和格局"标准亦是视景标准的一部分。林奇则强调了诸如文物建筑、时间、路、边缘等的参考作用及物质形象在帮助定向和环境理解中的参考作用。

（4）可识别性：上述各类标准的表述虽有不同，但都关注建筑学和美学的因素，表达了城市视觉丰富多彩的价值和重要性。

（5）感觉：林奇的"感觉"标准强调了空间形式的作用及形成环境的概念和个性的文化质量，这一提法本质上和旧金山的"功能"标准是结合的。

（6）宜居性：这是所有城市设计评价标准背后潜隐的目标和理论基础，它是一个关键的概念。

不过，迄今为止，城市设计的评价标准和参量尚无唯一的结论。如有学者调查美国70个城市设计实例，其涉及的评价内容就达250种之多。即便归纳，亦可分为10多类，如结构及其形式、舒适与便利、可达性、健康与安全、历史、自然保护、多样性、协调与开放性、维持能力、适应性、社会性、含义和控制等。总体说，目标和价值取向作为一种设计的内驱力会贯穿到整个设计过程。设计成果的评价、检验都离不开预设的目标和评价标准。

第 2 章注释

①《外滩画报》记者对荷兰城市规划公共学者菲德斯（Feddes）的采访，网易新闻，2012-03-03。

第 2 章参考文献

[1] 吉伯德. 市镇设计 [M]. 程里尧，译. 北京：中国建筑工业出版社，1983：43.
[2] 亚历克斯·克里格，威廉·桑德斯. 城市设计 [M]. 王伟强，王启泓，译. 上海：同济大学出版社，2016：93.

第 2 章图片来源

图 2-1 源自：COLIN R，FRED K. Collage city[M]. Cambridge，MA：The MIT Press，1978：67.

图 2-2 源自：COLIN R，FRED K. Collage city[M]. Cambridge，MA：The MIT Press，26；BLACK J. Metropolis：mapping the city[M]. London：Bloomsbury Publishing，2015：211.

图 2-3、图 2-4 源自：COLIN R，FRED K. Collage city[M]. Cambridge，MA：The MIT Press，1978：37，40.

图 2-5 源自：黑川纪章. 都市デザンの思想と手法 [M]. 彰国社，1996：39.

图 2-6 源自：许昊浩摄.

图 2-7 源自：笔者摄.

图 2-8、图 2-9 源自：王建国工作室成果 / 郑州中心城区总体城市设计.

图 2-10 源自：HALPERN K S. Downtown USA：urban design in nine American cities[M]. London：The Architectural Press Ltd.，1978：144.

图 2-11 源自：REPS J W. Bird's eye views：historic lithographs of Northern American cities[M]. Princeton：Princeton Architectural Press，1998：42.

图 2-12 源自：高超一提供；CAMERON. Above Washington[M]. San Francisco：Cameron and Company，1996：46.

图 2-13 至图 2-15 源自：CAMERON. Above Washington[M]. San Francisco：Cameron and Company，1996：11，77，81.

图 2-16 源自：笔者摄；CAMERON. Above Washington[M]. San Francisco：Cameron and Company，1996：85.

图 2-17 至图 2-24 源自：笔者摄.

图 2-25 源自：MIYAGI S. Contemporary Landscape in the World[M]. Tokyo：Process Architecture Books，1990：25.

图 2-26 源自：笔者摄.

图 2-27 源自：IBELINGS H. 20th century urban design in the Netherland[M]. Rotterdam：NAi Publishers，1999：158；OMA/Koolhas 1987—1998. Madrid：EL Croguis Books，1998：390.

图 2-28 至图 2-33 源自：笔者摄.

图 2-34 源自：BARNETT J. 都市设计概论 [M]. 谢庆达，译. 台北：创兴出版社，1993：38.

图 2-35 至 2-41 源自：笔者摄.

图 2-42 源自：王湘君根据导游图改绘.

图 2-43 至图 2-46 源自：笔者摄.

图 2-47 源自：笔者绘制分析.

图 2-48、图 2-49 源自：笔者摄.

图 2-50、图 2-51 源自：许昊浩摄.

图 2-52、图 2-53 源自：笔者摄.

图 2-54 源自：笔者根据资料改绘.

图 2-55 源自：笔者摄.

图 2-56 源自：笔者摄；SOPHIA，BEHLING S. Sol power[M]. Munich and New York：Prestel，1996：228.

图 2-57 至图 2-61 源自：笔者摄.

图 2-62 源自：谷歌地球网站.

图 2-63 至图 2-66 源自：笔者摄.

图 2-67 源自：王建国工作室成果；笔者摄，许昊浩摄.

图 2-68 源自：东南大学建筑学院设计团队成果；笔者摄.

图 2-69 源自：建筑设计资料集（第三版）第 8 分册 [M]. 北京：中国建筑工业出版社，2017：405.

图 2-70 至图 2-75 源自：笔者摄.

图 2-76 源自：谷歌地球网站.

图 2-77 至图 2-83 源自：笔者摄.

图 2-84 源自：笔者摄.

图 2-85 至图 2-87 源自：笔者摄.

图 2-88 源自：东南大学建筑学院陈薇、王建国、韩冬青、阳建强、成玉宁团队研究成果.

图 2-89 源自：谷歌地球网站；《世界建筑》，1983（2）：49.

图 2-90 源自：《世界建筑》，1981（1）：30.

图 2-91 至图 2-94 源自：笔者摄.

3 城市空间要素和景观构成的设计

城市空间要素和景观构成是最典型的城市设计对象。空间要素一般多指物质形态中那些诉诸视觉的内容，如建筑、地段、广场、街道、公园、环境设施、公共艺术、建筑小品、花木栽植等，诚如吉伯德所说的那样："城市中一切看到的东西，都是要素。"邹德慈先生则将城市设计要素归纳为18大类[1]。

根据雪瓦尼在《城市设计过程》一书中的归纳，城市设计的要素大致构成如下：土地使用、建筑形态及其组合、开放空间、步行街（区）、交通与停车、支持活动、标志、保存与维护。这一概括和归纳涵盖了城市空间环境所涉及的主要相关内容，基本契合当今国内外城市设计的实践。本书将在此架构基础上修改补充，并展开阐述。

3.1 土地使用

城市形态的重要决定要素之一就是城镇聚落的选址和土地的合理利用和整理。

土地使用是城市设计关注的基本问题。土地决定了城市物质形体环境的二维基面。土地使用和功能布局合理与否，其影响开发强度、交通流线组织，直接关系到城市的效率和环境质量。当然，城市中地段不同，土地利用的强度和价值也常常不同。

土地使用的设计过程有三个步骤：第一，根据给定城市设计的预设目标，研究和分析土地的历史和使用潜力，并建立土地使用的空间意象；第二，为所需要的土地使用建立特定标准，特别应注意实施的可行性和使用的充分性；第三，规划设计，依据目标和标准确定土地使用格局，在城市设计中主要考虑以下三方面的内容。

3.1.1 土地的综合利用

特定地段中各种用途的合理交织是指某城市产权地界内的空间使用和占有的情况。理论上说，设计应尽可能让用地最高合理容限的占有率保持相对不变，以便充分利用城市有限的空间资源，东京涉谷车站地区的城市土地利用就具备了这样的特点（图3-1）。

时间和空间是土地综合使用的基本变量。城市发展总是会经历一个长期演进过程，所以，当下的土地和空间使用在未来都可能发生一定程度的变化或者目标偏移，城市设计需要考虑土地使用在时间进程中必要的应变性，在实践中也常常设置一些混合功能用地乃至暂不指定用途的"白地"，特别是对于中国现今比较普遍的城市新区规划建设更应如此。

城市设计应该从人的社会生活、心理、生理及行为特点出发妥善处理土地使用问题，尽量避免和尽量减少土地在时间和空间上的使用"低谷"。街道设计可以有多功能使用的可能，如用作游憩场地，上海南京路步行街在早晨甚至成为人们健身锻炼的场所。

综合利用的另一含义是对用地进行地上、地下、地面的综合开发，以建筑综合体的方式来提高土地使用效率。如日本的东京站以及新宿、涉谷、池带、汐留、品川车站都是超大规模和尺度的建筑综合体，其中东京站设置有5层的地下交通和商业步行街空间，纽约的中央车站、旧金山的市场大街、南京的新街口德基广场等也是土地综合使用和城市立体开发的优秀案例。

3.1.2 自然形体要素和生态学条件的保护

自然形体和景观要素的利用常常是城市特色所在。河岸、湖泊、海湾、旷野、山谷、山丘、湿地等都可成为城市形态的构成要素，城市设计师应该很好地分析城市所处的自然基地特征并加以精心组织（图3-2至图3-4）。

历史上许多城市大都与其所在的地域特征密切结合，通过多年的匠心经营，形成个性鲜明的城市格局。如中国南京"襟江抱湖、虎踞龙盘"的城市形态；广西桂林"山、水、城一体"的城市形胜；海南三亚"山雅、海雅、河雅"的艺术特色；巴西里约热内卢、德国海德堡和斯图加特、瑞士卢塞恩、澳大利亚布里斯班、中国丽江、香格里拉、青岩等都是依山傍水、地势起伏，城市建设巧妙利用当地地形，进行了富有诗意的和有节制的建设，使城市掩映在绿树青山之中，有机而自然（图3-5至图3-8）。

同时，生物气候条件的差异亦对城市格局和土地利用方式产生很大的影响。如湿度较大的热带和亚热带城市的布局，就可以开敞、通透，组织一些夏季主导风向的空间廊道，增加有庇护的户外活动空间；干热地区的城市建筑为了防止热浪风沙和强烈日照，需要采取比较密实和"外封内敞"式的城市和建筑形态布局；而寒地气候的城市，则应采取相对集中的城市结构和布局，避免不利风道对环境的影响，加强冬

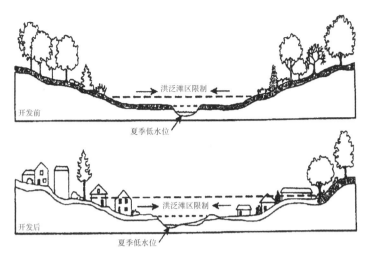

图 3-1　东京涉谷车站附近，国铁、私铁与地面公交与一般汽车交通、人行的空间组织

图 3-2　城市建设用地防洪处理

图 3-3　依山而建的意大利名城阿西西

图 3-4　海德堡自然形态及生态条件的保护

季的局部热岛效应，降低基础设施的运行费用。这一点虽然今天许多人已经认识到，但实践仍常有一些显见的失误，以致破坏了土地原有格局和价值。麦克哈格曾指出，过去多数的基地规划技术都是用来征服自然的，但自然本身是许多复杂因素相互作用的平衡结果。砍伐树木、铲平山丘、将洪水排入小山沟等，不但会造成表土侵蚀、土壤冲刷、道路塌方等后果，还会对自然生态体系造成干扰[2]。

　　事实上，城市化进程一定程度上都是对大自然的破坏，如东京在快速城市化进程中先后在郊区开发建设了多摩、千里、千叶等新城，开发过程中都不同程度地忽视了对自然的关注。以始于 1953 年的多摩新城（Tama New Town）开发建设为例，这一地区曾是郁郁葱葱的丘陵岗地，为解决东京城市日益尖锐的人口居住问题，政府下决心开发这一地区。在此决策下，3000 hm² 的丘陵地中的 80% 被用于建造各类住宅和公共建筑，绿化和公园占地则不足 20%。后来生态学家对这

种开发区建设毁掉绿色山丘的做法提出抗议，于是，政府在后来开发时将有价值的树木保留下来，并移植到新建公园中。到了 21 世纪，这里的人口老龄化问题日渐突出，如这里的丰丘社区的居民大都为 1970 到 1980 年代入住，现在已经进入六七十岁的年龄段。为了复兴这里的活力和环境吸引力，社区首先对一座闲置的称之为"八角堂"的建筑进行了改造，入驻本地居民开设的面包房，并在此开展各种社区活动，后来在本地大学帮助下，邀请社区规划师在"八角堂"2 楼每周二开展社区营造的微更新工作。2019 年 3 月，笔者实地考察，这里已经焕然一新（图 3-9、图 3-10）。

　　此外，我国南方许多城市，一些建筑设计不考虑特定的自然气候条件，使用大面积玻璃幕墙，造成能源过度耗费。同时光污染亦是普遍存在的问题，在有些城市甚至引起了社区居民与城市开发建设者的情绪对立并诉诸法律。近年，基于国家可持续发展基本国策，住建部通过课题研究、政策和

图 3-5　布里斯班中心区保护原有地形条件

图 3-6　利用地形地貌建设的斯图加特

图 3-7　云南中甸依山而建的城镇聚落

图 3-8　依山就势建设的卢塞恩

评估标准制定等措施，有效推动了绿色建筑的探索和实践应用。在注册建筑师的培训中，连续多年都设置了建筑设计绿色环保的内容，新近也在各地建了不少国家认证的绿色建筑。目前，《绿色建筑评价标准》（2019 版）已经颁布；"十三五"期间，科技部专门设立了绿色建筑与工业化的重大专项，笔者也承担了该专项中的发达地区基于文脉传承的绿色建筑的项目研究。

3.1.3　基础设施

城市基础设施的狭义概念指市政工程、城市交通及电力通讯设备等，广义则还包括公路、铁路及城市服务事业、文教事业等。基础设施既是城市社会经济发展的载体，又是城市社会经济发展和环境改善的支持系统，其发展应与城市整体的发展互相协调、相辅相成。

图 3-9　东京多摩新城

图 3-10a　东京多摩新城住宅区八角堂　　　　　　　　　　　　　　　图 3-10b　寓意容纳丰富活动内容的八角堂地标

以横滨"港口未来21世纪"地区建设为例，这项建设除了改善滨水地区环境、绿化和道路设施外，还充分考虑了完善的防灾系统、港口转运系统、垃圾处理系统、给排水系统及兼顾防灾集散之用的开放空间系统等。其中用于防震的紧急用水贮藏系统可为50万人提供3天的日常饮用水。

近年，我国较大幅度地提高了城市基础设施的投资和建设力度，为城市的社会经济发展和环境品质的改善及提高奠定了良好的外部条件。全国各大城市都把城市交通道路建设、地铁规划建设提到了重要的议事日程，截至2019年1月，中国已经有包括香港、台北在内的37个城市建设了地铁，还有不少城市正在申请等待审批。城市地铁属于大通量的公共交通设施，对城市居民出行及城市形态演变发生了很大的影响，站点周边的集中性的城市建设（TOD）则具有非常大的城市土地经营价值。

基础设施在城市土地使用中具有投资大、建设周期长、维修困难等特点，而且常常是比城市形体空间设计先行的步骤，一旦形成，改造更新就比较麻烦，而良好的基础设施往往又是城市建设开发的重要前提。第二次世界大战后，以波兰首都华沙为代表的不少欧洲城市重建仍决定在原址建设，就是因为可以利用原来地下的基础设施（图3-11）。我国有关部门和学者也已经日益重视城市基础设施问题。

基础设施概念在当代又有了新的认识发展，一些专家认

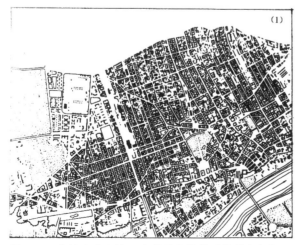

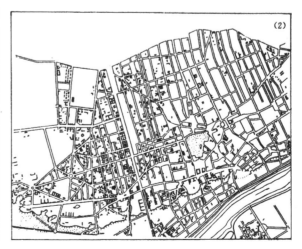

图 3-11　华沙市中心第二次世界大战前后的形态变化

为，城市中那些对保持水及空气的清洁和废物循环等自然过程具有重要作用的元素，如公园、郊野用地、河流廊道、公共设施廊道以及空置用地等，可以被看作城市的绿色基础设施（Green Infrastructure）。这些绿色基础设施因其类自然系统的属性维护了城市环境的生态品质，同时也具有游憩和审美的功能和价值（图3-12）。

3.2 建筑形态及其组合

3.2.1 建筑形态与城市空间

建筑是城市空间最主要的决定因素之一。城市中建筑物的体量、尺度、比例、空间、功能、造型、材料、色彩等对城市空间环境具有极其重要的影响。广义的建筑还应包括桥梁、水塔、河堤、电视通讯塔乃至烟囱等构筑物。城市设计虽然并不直接设计建筑物，但却一定程度上决定了建筑形态的组合方式。城市空间形态和景致的优劣与此密切相关。城市设计直接影响着人们对城市环境的评价。城市空间环境中的建筑形态具有以下特征：①建筑形态与气候、日照、风向、地形地貌、开放空间具有密切关系；②建筑形态具有支持城市运转的功能；③建筑形态具有表达特定环境和历史文化特点的美学含义；④建筑形态与人们的社会和生活行为相关；⑤建筑形态与环境一样，具有文化的延续性和空间关系的相对稳定性。

通常，建筑只有组成一个有机的整体时才能对城市环境建设做出贡献。吉伯德曾指出，"完美的建筑物对创造美的环境是非常重要的，建筑师必须认识到他设计的建筑形式对邻近建筑形式的影响"。"我们必须强调，城市设计最基本的特征是将不同的物体整合，使之成为一个新的设计，设计者不仅必须考虑物体本身的设计，而且要考虑一个物体与其他

图 3-12 安置三个城中村后建设的南京钟山风景区博爱园

物体之间的关系"[3]，也即我们常讲的"整体大于局部"。

因此，建筑形态总的设计原则大致有以下几点：

（1）建筑设计及其相关空间环境的形成，不但在于成就自身的完整性，而且在于是否能对所在地段产生积极的环境影响。

（2）注重建筑物形成与相邻建筑物之间的关系，基地的内外空间、交通流线、人流活动和城市景观等，均应与特定的地段环境文脉相协调。

（3）建筑设计不应唯我独尊，而应关注与周边的环境或街景一起，共同形成整体的环境特色（图 3-13 至图 3-16）。

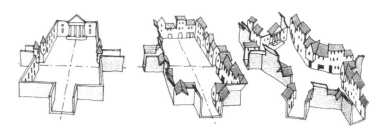

图 3-13　建筑形态组合与空间意象

图 3-14　长安街上在统一中有变化的新老北京饭店

图 3-15　斯德哥尔摩旧城多样而有序的街景

图 3-16　代尔夫特多样化的城市建筑街景

3.2.2 城市设计对建筑形态及其组合的引导和管理

从管控和引导方面看，城市设计考虑建筑形态和组合的整体性，一般是从一套弹性驾驭城市开发建设的导则和空间艺术要求入手进行的。导则的具体内容包括建筑体量、高度、容积率、外观、色彩、沿街后退、风格、材料。城市设计导则可以对建筑形态设计明确表达出鼓励什么，不鼓励什么，及反对什么，同时还要给出可以允许建筑设计所具有的自主性的底线。

例如，培根早年在旧金山的城市设计中，首先分析出城市山形主导轮廓的形态空间特征，并为市民和设计者认可，然后据此建立城市界内的建筑高度导则，"指明低建筑物在何处应加强城市的山形（Hill Form），在何处可以提供视景，在何处高大建筑物可以强化城市现存的开发格局"。类似地，建筑体量也可通过导则所建议的方式来反映城市设计的文脉。

由笔者早年主持完成的"南京市城东干道地区城市设计导则"则为沿线建筑的设计和开发制定了 15 条专项导则，内容涉及建筑密度、建筑间距、容积率、后退、外部空间与高架干道之关系、体量、色彩、材料、开发权和容积率转移等。

然而，城市设计的驾驭不是刚性、僵死的，而是弹性、动态、阶段性的形体开发框架，如南京城东干道设计导则就明确了这样的指导思想，"引导建筑师在整体城市设计概念框架的前提下，发挥各自的创意，鼓励多样性"。在有些场合，它还常常结合其他的非形体层面的法规条例加以实施，如结合特定的历史地段或文物建筑的保护条例、环境生态保护条例等。这样就既考虑了形体要素内容，又考虑了该城市设计相关的特定社会、文化、环境和经济的背景，使引导和控制更加全面。

有时也可提出一种宏观层面的"城市设计概念"来实施建设驾驭。如培根在 1974 年提出运用于费城中心区开发设计和实施的"设计结构"概念。它为引导建筑设计和所有其他"授形的表达"提供了"存在的理由"（图 3-17）。一般地，具有明确开放建设目标和时序的城市地区或项目，如城市新区、大学校园及各类文化艺术中心、体育中心等，也都需要"城市设计概念"的制定和引导。

近几十年，全球城市在经济一体化、工业化和信息互联等多重因素影响下，城市建筑风貌不同程度上出现了"千城一面"的现象。在中国，自上而下、以土地利用和管控为特征的城市规划与自下而上、以业主意愿和个性营造为特征的建筑设计之间普遍脱节是其中的重要原因。在此情况下，标

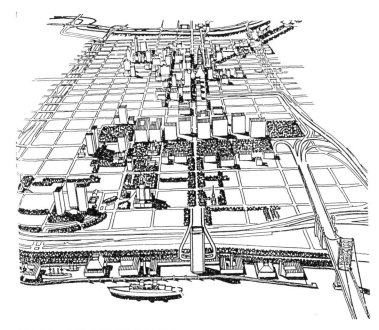

图 3-17 费城"设计结构"概念

准化导致的批量化建筑产品生产是"千城一面"的重要诱因。因此，基于城市设计的视角，大量性建筑的设计应该力争做到"同中有异"或"大同小异"，公共建筑或标志性建筑设计则也要考虑城市环境的连续性，做到"和而不同"。

总的来说，现代城市设计与传统城市设计相比，更加注重城市建设实施的可操作性；也更加注重建筑形态及其组合背后隐含的社会背景和深层文脉。

3.3 开放空间和城市绿地系统

3.3.1 开放空间的定义和功能

开放空间（Open Space）是城市设计特有的，也是最主要的研究对象之一。在当代人口日益稠密而土地资源有限并日益枯竭的城市中，开放空间显得稀有而珍贵。如何在城市空间环境中方便可及的地方为人们留出更多的户外和半户外的开放空间，增加人们与自然环境接触的机会，就成为城市建设各级决策机构和城市设计专业工作者在改善城市环境品质方面的当然任务。

关于开放空间的概念和范围，国内外有不尽相同的表述。查宾指出开放空间是城市发展中最有价值的待开发空间，它一方面可为未来城市的再成长做准备，另一方面也可为城市居民提供户外游憩场所，且有防灾和景观上的功能。林奇教授也曾描述过开放空间的概念，只要是任何人可以在其间自由活

动的空间就是开放空间。开放空间可分两类：一类是属于城市外缘的自然土地，另一类则属于城市内的户外区域。这些空间由大部分城市居民选择用来从事个人或团体的活动。艾克伯则认为开放空间可分为自然与人为两大类：自然景观包括天然旷地、海洋、山川等；人为景观则包含农场、果园、公园、广场与花园等。

综上所说，开放空间意指城市的公共外部空间，包括自然风景、硬质景观（如道路等）、公园、娱乐空间等。

一般而论，开放空间具有四方面特质：①开放性，即不能将其用围墙或其他方式封闭围合；②可达性，即人们可以方便到达和进入；③大众性，即服务对象应是社会公众，具有开放共享的特点；④功能性，即开放空间并不仅仅是供观赏之用，而且要具有人们休憩活动和日常使用的功能。

开放空间的评价并不在于开放空间是否具有细致完备的设计，有时未经修饰的开放空间，同样具有特殊的场所情境和开拓人们城市生活体验的潜能。城市开放空间主要具备以下功能：①提供公共活动的场所，提高城市生活环境的品质；②维护、改善生态环境，保存有生态学和景观意义的自然地景，维护人与自然环境的协调；③有机组织城市空间和人的行为，行使文化、教育、游憩等职能；④应具备一定的城市防灾能力并为突发灾害提供避难场所。

相比之下，开放空间对于公共活动和生活品质的支持作用体现了人们在社会文化和精神层面的追求，而其负载的生态调节和防灾功能直接涉及安全和健康的基本要求。

开放空间对风、热、水、污染物等环境要素的集散运动及空间分布具有正面的调节作用，有利于从源头上减少危及安全和人体健康的致害因素，降低热岛效应、洪涝、空气污染等城市灾害的风险水平；片区组团间绿地、卫生防护绿地、滨水空间、建筑之间的室外场地等缓冲隔离开放空间能够为相应的建筑和区域提供有效的外围防护屏障，降低噪声等物理环境要素的危害程度，抑制火灾等灾害的蔓延；而与防灾空间设施紧密结合的开放空间是地震、火灾等城市广域灾害的疏散避难、救援重建等防救灾活动的主要空间载体。不论在城市总体还是局部环境中，开放空间系统对于提升城市空间环境的容灾、适灾能力和降低灾害损失具有不可替代的作用。

3.3.2 开放空间的特征

大多数开放空间是为满足某种功能且以空间体系存在的，故连续性是其特征。林奇教授曾经指出，开放空间因其开阔的视景，强烈对比出城市中最有特色的区域，它提供了大尺度上的连续性，从而有效地将城市环境品质与组织做出

很清晰的视觉解释。作为典型案例，南京紫金山与玄武湖构成的城市山林体系和纽约中央公园就具有这样的特征。开放空间一般分为两类：单一功能体系和多功能体系。

1）单一功能体系

以一种类别的形体或自然特征为基础，如河谷、城市滨海或者滨水地区。由城市街道、广场和道路构成的廊式体系是最典型的开放空间体系。多伦多（Toronto）滨湖区的河谷廊道开放空间、维也纳环城大道景观带、横滨的大冈川滨水地带、我国合肥和西安的环城公园以及南京秦淮十里风光带、明城墙沿线公园也都属于此类开放空间。

2）多功能体系

大多数开放空间体系都是多功能的。各种建筑、街道、广场、公园、水路均可共存于这一体系中。如在美国圣安东尼内城城市改造中，对流经全城的圣安东尼河（San Antonio River）开展了包括自然生态保护、景观保护和创造、功能调整和基础设施完善在内的城市设计；芝加哥也对芝加哥河沿线滨水开放空间开展了卓有成效的城市设计，强调功能复合、开发建设结合城市旅游观光和城市天际线效果营造，非常成功。这两个项目虽焦点落在城市中心区这一段，但具体设计着眼点却是整个城市沿河地区的各种建筑物和外部空间环境的关系。在新城镇规划设计中，开放空间体系既可作为开发的有利条件，也可成为控制的制约因素，而在更大范围内，它甚至可成为区域的空间特征。大致上，城市开放空间在城市结构体系方面具有如下特点：

（1）边缘：即开放空间的限界。它出现在水面和土地交接或建筑物开发与开敞空间的接壤处。这常常是设计最敏感的部分，必须审慎处理。

（2）连接：系指起连接功能的开放空间区段。例如，连接绿地和开放空间的道路和街道，它也可以是一个广场和其他组合开放空间体系要素的焦点，在城市尺度上，河道和主干道也可成为主要的行使连接功能的开放空间。

（3）绿楔：这在大尺度城市设计中常常遇到，是一种城市人工开发建设中的"呼吸空间"。它提供自然景观要素与人造环境之间的一种均衡。

（4）焦点：一种帮助人们组织方向和距离感的场所或标志。在城市中它可能是广场、纪念碑或重要建筑物前的开放空间。

（5）连续性：这是体系的基本特征。自然河道、一组公园道路、相连接的广场空间序列乃至室内外步道系统都可以形成连续性。

开放空间及其体系是人们从外部认知、体验城市空间，

也是呈现城市生活环境品质的主要领域。今天，开放空间已经超越了建筑、土木、景观等专业领域，与城市整体的关系越来越密切。开放空间的组织需要政策，需要合作。城市设计在考虑较大范围的开放空间时，应取得与上位规划和城市发展目标的结合。

3.3.3 开放空间的建设实践

在实践中，开放空间设计比较注重公众的可达性、环境品质和开发的协调。同时，设计亦已经从传统的注重规划主体的效率与经济利益转向重视综合的环境效益。

在西方一些国家，对城市开放空间的规划设计一向非常重视，除了景观和美学方面外，对开放空间在生态方面的重要作用认识亦比较早。早在19世纪，美国景观建筑师唐宁（Downing）就发表文章，指出"城市的公共绿地是城市中的肺"的观点，并得到建筑师和园林专业人士的支持。同时，西方还把城市开放空间看作社会民主化进程在物质空间方面的重要标志，甚至把它用法律的形式固定下来，任何人必须遵守（如1851年纽约通过的"公园法"）。随着时间的推移，城市的建设有了很大的发展，但原先确定的开放空间保留地仍然保存无虞，这是很不容易的。例如纽约的总面积达830英亩（336 hm^2）的中央公园（Central Park）、波士顿中央绿

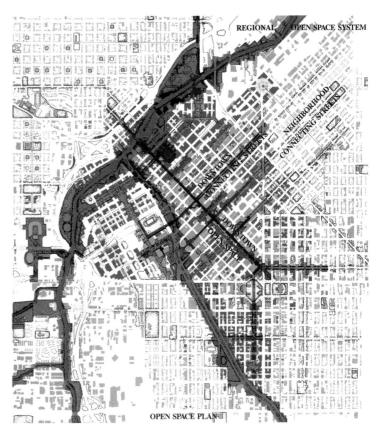

图 3-18　丹佛中心区开放空间体系

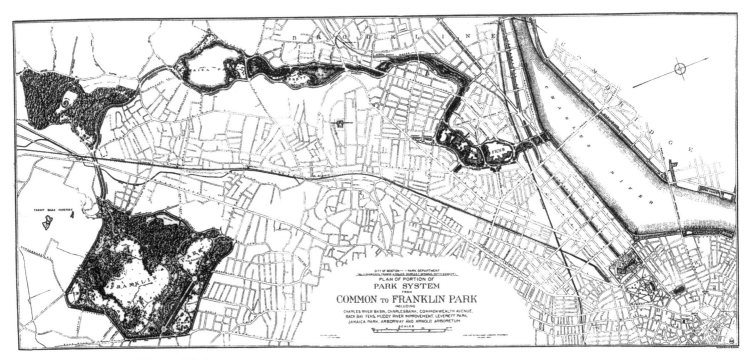

图 3-19　波士顿 19 世纪末绿地系统规划

图 3-20　从波士顿中心绿地看汉考克大厦

图 3-21　纽约中央公园鸟瞰

图 3-22　悉尼滨水绿地公园

图 3-23　奥斯陆古城堡旁的公园

图 3-24　华盛顿波托马克河滨水区

地（Boston Common）、澳大利亚悉尼城市中心的公共绿地（The Domain）等（图 3-18 至图 3-25）。

近些年来，英国以生态保护、资源利用及环境灾害防治为主要目标，强调将城市绿带、河川、公园、林荫道、公共绿地等开放空间连接为整体系统。德国从区域、城市、分区、居住区、建筑各个层面对私人及公共开放空间进行保护、抚育、恢复和品质的全面提升，发挥其生态、环境、美学、休闲娱乐的综合效益。日本主要针对地震及地震引发的火灾，积极推进灾害隔离带及以"防灾公园"为代表的防灾避难救援场所的建设，如位于东京吉祥寺的井之头恩赐公园就在公园导览图上明确标识了避难功能及其具体位置（图 3-26）。不仅如此，日本还结合对建筑间距、空间布局形态等要素的控制来提升地段、街区到城市总体的防救灾能力。上述实践全面拓展了对于开放空间多功能属性的认识及其社会、生态、防灾等综合效益的开发利用。

今天，开放空间作为城市设计最重要的对象要素之一，其以往概念定义在今天有了新的发展。如纽约中心区国际商用机器公司（IBM）总部、香港汇丰银行、横滨"港口未来21世纪"地区都设有城市与建筑内外相通的连续中庭空间，这种空间形式上虽有顶覆盖，但其真正的使用和意义却属于公众可达的城市公共空间，这一概念的发展为开放空间的设计增加了新的内容。

在城市建设实施过程中，开放空间一方面可以用城市法定形式保留；另一方面，更多的则是通过城市设计政策和设计导则，用开放空间奖励办法来进行实际操作，这种办法在美国纽约、日本横滨等城市运用都已非常普遍，环境改善非常显著。近年，中国正在贯彻生态文明时代的城市建设新理念，公园等开放空间因此引发很多城市的高度关注，如雄安新区建设就将蓝绿空间比例定在了 70%，笔者和段进团队共同完成的徐州大郭庄机场地区城市设计则也将蓝绿空间比例争取控制到 50%，成都天府新城建设则提出了"公园城市"的概念。

3.4 人的空间使用活动

3.4.1 人的环境行为

人在城市空间环境中的行为活动与感知一直是城市设计关注的重要问题，城市设计空间和人的行为的相互依存性（Interdependency）构成了城市设计的重要内容，国外也有学者把此称为关于行为支持（Activity Support）的城市设计（图 3-27至图 3-30）。在学科专业属性上，除了与城市设计，它还与环

图 3-25　上海浦东某高层建筑裙房屋顶绿化和历史保护建筑的公园绿地结合

图 3-26a　东京吉祥寺井之头恩赐公园作为灾害避难所的标识

图 3-26b　东京吉祥寺井之头恩赐公园

图 3-27　北京后海传统商业区

图 3-28　南京 1912 历史街区

图 3-29　东京浅草寺入口人的活动

图 3-30　开罗城市广场中的人的活动

境心理学、环境行为学、社会学以及人类学等密切相关。

城市景观具有连续性特点，它通过为富有生机的活动所设计的整体环境而充满情趣。人的多样性活动、汽车穿梭往来、建筑光影变化、时间改变、季节转换、云彩变幻、植物色叶变化都与人对城市环境的实际感知和感受相关。在当今"以人为本"的城市人居环境营造的时代，最重要的还是人的活动及其对城市环境营造的有效参与。活动的参与并非只是单纯地、消极地利用城市空间环境，而是指与设计者原本的设计初衷相近的参与活动。

美国学者怀特①曾对美国一些城市的小型广场空间进行了环境行为的深入研究，相关成果最早发表于 1980 年。其研究的重要特点就是开展了连续 3 年对人们广场使用行为的观察调查，通过量的积累和不同时段的人的行为表现来探寻其规律性。结果表明，一些设计精美、设施完备的广场的实际使用还不如有些设计处理比较简单的广场，其原因主要是绿化配置不当、方位朝向、座椅等配套设施以及与周边建筑和

其他要素的关系欠佳。他还对如何提高小城市中心公共空间的活力并与郊区大型综合商业购物中心的竞争提出了见解。怀特认为，规划师和建筑师总想在想象中的一张白纸上开展工作，而客观上，如果他们能真正处理好一系列城市法规和环境约束，如建筑红线、容积率、后退、看似支离破碎的空间等，他们的设计就能真正做出创造，而其中"亲切宜人"是最需要遵循的设计准则[1]。

丹麦学者扬·盖尔（J. Gehl）教授等则对哥本哈根（Copenhagen）一些人们日常使用的城市广场和街道的现状、实际的环境品质进行了实证研究，其研究重点是试图解决我们今天如何去创造更为人性化的城市公共空间的问题。扬·盖尔将公共空间中的户外活动划分为：必要性活动，亦即与日常工作和生活相关的目的性的城市活动，如上下班、购物等；自发性活动，亦即市民自发的休闲、驻足、漫步等有选择性的活动；社会性活动，亦即在公共空间中由他人共同参与完成的活动。这三种活动类型对城市外部空间的要求都有

不同之处。

扬·盖尔等人所建立的城市公共空间调查方法其实就是一些大家熟悉和能够驾驭的常规方法，但他们的研究可贵之处在于将其系统化并在时间上持续地付诸实施。他对支持人们行为活动的一系列城市要素，如不同季节的步行交通、城市活动、事件、城市休闲活动等开展了大量田野调查研究，并得出一些针对城市公共空间的城市设计基本原则[5]。他们的研究与美国景观设计大师哈普林（Halprin）的研究有些类似，哈普林关注人对城市环境的体验和感知，而扬·盖尔等人的研究则更加注重科学研究，强调一手数据的收集、统计和实证，理性成分多一些（图3-31、图3-32）。

我国近年建设的部分广场，为了增加"开阔、气派"的视觉景观效果，这些广场中大都设置了几乎没有一棵树木的大片空旷绿色草坪，结果市民们进不去，反而与使用者产生了距离。尤其在夏天，这些广场缺少遮阳的环境。不仅如此，

草坪吸收二氧化碳、释放氧气方面的作用不及乔木的一半，而日常维护和费用却要比乔、灌木高出许多。难怪有专家呼吁，当前最要紧的是增加城市中能更有效改善生态状况的"林带和林地"，并与城市绿地开放空间系统相联系，而不是单一性的绿地。

人的城市生活一般可分为公共性和私密性两大类：前者是一种社会的、公共的街道或广场生活；后者则是内向的、个体的、自我取向的生活，它要求宁静、私密性和隐蔽感。这两者对于城市空间有不同的领域要求。所以，城市设计的这一客体内容又成为"人的双重生活的相关矩阵"，同时，人的行为活动又往往按年龄、社会习惯、兴趣爱好、宗教信仰乃至性别等不同，而在同一城市空间环境中自然积聚并形成各自的领域范围。这就需要我们去认真地关心和研究人的环境行为及其含义对空间设计的要求和影响，同时为人们提供城市设计方面的技术支持。日本建筑家芦原义信曾在《外部空间设计》一书中对此有精辟的论述。

3.4.2 使用活动的支持

使用活动要素不仅要求城市设计为人们提供合适的步行空间，而且要考虑产生这些活动的功能要素，包括商店，各种公共建筑、公园、绿地等，还要考虑刺激环境的各种因素对行为活动的正负面影响。现代城市人群密集，建筑稠密、交通繁忙、店铺和商业广告琳琅满目、环境噪声大、空气被污染，这些都会对城市环境中人的行为产生不利影响，而绿色植物簇拥的林荫大道、景色优美的城市公园和广场、小巧宜人的社区绿地则为人们送上几许轻松温馨、自然舒适的环境氛围（图3-33至图3-35）。

如南京朝天宫广场，由于多年来自发形成了一个民间收

图3-31　哥本哈根丹麦城市广场人的活动

图3-32　巴黎百货商店周边的市民活动空间

图3-33　法兰克福步行商业街

图 3-34　苏黎世滨水步道和市民休憩空间　　　　　　　　　　　　图 3-35　纽约高线公园

藏品交易市场，加之又是一个著名的历史地段，所以人们非常欢迎。再如南京夫子庙及贡院历史街区，经 1980 年代的更新改造，恢复了繁荣兴旺的传统商业街区的功能和环境气氛，近年又增加了科举博物馆。它为市民和中外游客提供了美食、购物、娱乐和游览古迹等多种行为活动的绝好场所。据询问来南京讲学工作的外国友人，他们经常在周末游逛夫子庙商业街，因为这里可以发现中国传统的商业购物方式、浓郁的市井气氛以及宜人的环境。

同时，设计也必须要注意行为与功能要素之间可能的或暗示的行为活动连续性。例如，横滨市关内地区的伊势佐木商业步行街，自西向东延展并与数条南北向城市干道垂直相交，由于设计贯彻了步行优先的原则，所以在这些交叉点专门设置了机动车限速和避让的交通标志，从而保障了步行街行人的安全和活动的连续性。上海南京路步行街、广州北京路步行街等也采用了类似的做法。

通常，封闭机动车交通的一条街未必一定能吸引人，重要的是应组织多种相关的活动和功能，连接成为行为节点。综合性的多功能会增进设计结构中的多样性和其他要素的活力，室内外活动的结合也是使用活动设计中的重要方面，如巴黎香榭丽舍大街旁的露天咖啡座，终日人流不绝，熙熙攘攘，是巴黎古城的一道独特的风景线。此外，精心设计的室内外空间穿插及小品也是街道和建筑联系的例子。在城市环境中，特别是闹市区为市民提供休憩的城市空间和设施，及我国南方城市设置的沿街步行骑楼也是具有"行为支持"意义的城市设计。

3.4.3　不当行为的预防及安全防卫

与对空间环境中正当行为活动的支持相对，对于不当行为的抑制也是一个重要方面。人的不当行为具有多种类型，主要包括城市空间环境中发生的犯罪活动及恐怖主义袭击等破坏和攻击行为，与人的心理和实际的安全密切相关。除直接造成的人身伤害和财产损失之外，对于犯罪等不当行为的恐惧和安全感的缺失会导致人们减少，甚至放弃公共活动，造成相应公共空间的萎缩和社会生活品质的低下 [6]。

城市设计应当从犯罪行为和恐怖袭击的类型、实施过程、实施方式等特征出发，保卫受攻击对象，提高犯罪和恐怖袭击被发现的可能，阻止破坏行为的发生和减少其危害程度。自上世纪中后期，现代城市设计针对犯罪防控从物质空间环境设计层面展开积极探索。雅各布斯在 1961 年最早阐明城市空间对犯罪行为模式的影响，强调通过明确划分公共及私人空间领域及"街道眼"（Eyes on the Street）等自然监控力量来预防犯罪。奥斯卡·纽曼提出的"可防卫空间"（Defensible Space）理论从领域感、自然监控、意象和环境四个要素，提高居民的集体责任感和对犯罪的干预能力。杰弗瑞（Jeffery）于 1971 年借鉴犯罪心理学及犯罪社会学相关成果，分析犯罪行为、人际关系、社会规范、空间环境的互动关系，提出通过环境设计预防犯罪（Crime Prevention Through Environmental Design，简称 CPTED）的概念，旨在以空间环境的改善加强人际社会关系的互动，从而预防犯罪。1992 年，克拉克（Clark）以犯罪行为的理性选择模型等为基础，提出"情境犯罪预防"（Situational Crime Prevention）理论，通过对犯罪情景的控制，

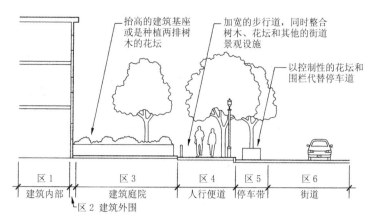

图中标注（从上到下、从左到右）：
抬高的建筑基座或是种植两排树木的花坛
加宽的步行道，同时整合树木、花坛和其他的街道景观设施
以控制性的花坛和围栏代替停车道

区 1 建筑内部
区 2 建筑外围
区 3 建筑庭院
区 4 人行便道
区 5 停车带
区 6 街道

图 3-36　防止汽车炸弹恐怖袭击的街道设计示例

增加犯罪难度、提高犯罪风险、降低犯罪回报和移除犯罪借口，实现预防犯罪之目的（图 3-36）。

上述成果的不断发展与融合逐渐形成综合性 CPTED 策略，重点在于物质空间设计、技术设备和组织管理的结合运用。在物质空间设计层面主要包括三个方面，即[7]：

（1）自然入口控制（Natural Access Control）——运用象征的和真实的障碍物，拒绝和减少潜在罪犯接近犯罪目标、实施犯罪的机会。

（2）自然监视（Natural Surveillance）——使入侵者和潜在罪犯易于被观察和发现。

（3）领域强化（Territorial Reinforcement）——创造、培养、加强使用者的所有权和领域控制能力。

尽管在设计措施的适应性、与社会文化意识的冲突等方面仍然存在认识差异，但作为富有实效的犯罪预防措施，CPTED 策略得到广泛认可并付诸实践，涵盖范围也逐步从建筑周边区域、居住区延伸至城市公共空间及城市商业中心区、交通枢纽等各个城市功能区域。20 世纪 80 年代后期，加拿大多伦多市的"保障安全城市设计大纲"强调人在空间中的可见性、可监视性和空间可识别性。2004 年英国颁布的旨在建设更安全场所的设计指南从入口和运动、结构、可监视性、归属感、物质性保护、活动的适宜性、管理和维护等方面入手，在纽卡斯尔中心区等一系列城市公共空间犯罪防控取得显著成效[8]。美国 2006 年的《城市规划及设计标准》将通过环境设计预防犯罪所包括的基本概念分为防卫空间、自然入口控制、自然监视、领域强化、管理和维护、正当行为的支持等几方面，在城市各个层面全面推进。

自"9·11"恐怖事件之后，恐怖袭击的巨大危害和防控措施受到世界各国的广泛关注。比较而言，美国规划设计

领域针对汽车炸弹恐怖袭击的系统研究最具代表性。除建筑密度、消防通道及避难空间之外，还强调适应于防汽车炸弹袭击的城市设计对策等，比如利用建筑退让和公共空间形成安全缓冲区，结合花坛、灯柱、树木等街道设施设置实体障碍，结合道路结构形态和场地设计移除可能被利用的道路、停车和完善道路进出口管制等，以阻止携弹汽车接近攻击目标，增大携弹汽车与攻击目标之间的间距，降低炸弹爆炸的破坏力。上述措施在美国华盛顿和澳大利亚堪培拉的首都核心政治区安全设计的具体实践中得以应用。

3.4.4　增强城市环境的空间使用活动和城市活力的设计原则

事实上，人的空间使用活动与城市活力（Urban Vitality）密切相关。笔者认为，城市活力具有具象和抽象两种理解：具象的活力是大众所直接可以感知和观察到的，也是城市和建筑设计师的专业工作最直接相关的，如大量存在于城市街道、广场、公园、公共建筑和文化建筑等外部物质空间中的种种人群活动。如各种广泛存在于中国、墨西哥、秘鲁等中等收入的发展中国家的"非正式性"（Informality）经济活动：小店铺、小作坊、街头摊贩、临时性观演等。抽象的活力则可以表达为城市公众参与城市发展讨论、就重大事项和参政议政发表意见的机会和可能。

为了提升城市活力，增强人们与城市环境的积极互动，可以考虑以下五方面的城市设计原则[2]：

（1）宜小（尺度）宜慢（生活节奏）的步行化。即设计需要关注"小微环境"，人性化尺度的关键在于对个人尺度的关注，可以是针对特定性的社会人群（特别是失能人群），也可以是无特定针对性的，全龄适宜。关注个人生理要求的步行方式与舒适优雅的生活节奏是城市活力产生的重要基础。某种程度上，基于个体的合宜碎片性和异质性并存对于城市活力是有好处的。

（2）杂而不乱，喧而不闹，动静相宜。城市活力需要合理的人群密度和有效的人际互动交往，密度和拥挤是两个概念。在城市空间尺度日益变大的情况下，组织优质化的城市功能就会吸引富有活力的社会人群聚集，如东京表参道、上海南京路、南京新街口。

（3）关注"自下而上"、自发、自愿、自主、自为的城市活力提升途径。特定地段的建筑空间形式、要素布局和形象特征会吸引和诱导特有的功能、用途和活动，而人们的心理又可能寻求适合于自己要求的不同的环境。只有将活动行为安排在最符合其功能的合适场所，才能创造良好的城市环境，环境也因此具有场所意义。

（4）以他者身份留意、观察、注视城市活动和景观、人看人也是最常见的活力提升的途径。看热闹、看表演、探新猎奇这样的百姓行为其实自古至今都是城乡空间中的真实存在，城市各种传统集市、城市节庆、乡土民俗活动都是人们所喜爱的社会生活，其高度和谐、分享、互动的社会参与正是一座城市的活力所在，也是城市独特的"名片"。

（5）营造场所感使城市活力获得质量并持之久远。城镇建设应该要"望得到山、看得见水、记得住乡愁"。今天的"乡愁"通常与当代人的高度流动性有关。这种基于集体记忆的、对于"故土"地理空间的情感，会随着空间的远近、时间的长短及其场景的演变而引发感知主体的乡愁情感变化。

总之，城市设计应该积极营造大众可以享受生活丰富性和环境多样性的环境场所。

3.5 城市色彩

3.5.1 城市色彩的概念

城市色彩，是指城市物质环境通过人的视觉所反映出的总体的色彩面貌。城市色彩的感知主要基于人们对于城市物质空间和相依存的环境的视觉体验，城市建筑的总体色彩作为城市色彩中相对恒定的要素，所占比例很大，是城市色彩的主要组成要素。

通常，城市规模越大，物质环境越复杂，人对城市的整体把握就越困难。城市的地域属性、生物气候条件、作为建筑材料的物产资源以及城市发展的状态对于城市色彩具有决定性的影响，世界城市所呈现出来的色彩格调都和这种影响有密切联系。而文化、宗教和民俗的影响，进而使这种差异变得更为鲜明而各具特色。如德国人的理性、严谨、内敛、坚毅，意大利人的热情、随性和外向，中国人的含蓄、淡泊、随和、包容，还有拉美人的热烈和奔放，都在他们的城市色彩中得到了充分的展现，体现了地域人文特色。而具有相近地域条件的城市，一般也具有相类似的色彩面貌（图3-37至图3-39）。

诚如法国色彩学家让·菲利普·朗克罗所说的，一个地区或城市的建筑色彩会因为它在地球上所处地理位置的不同而大相径庭，这既包括了自然地理条件的因素，也包括了不同种类文化所造成的影响，即自然地理和人文地理两方面因素共同决定了一个地区或城市的建筑色彩，而独特的地区或城市色彩又将反过来成为地区或城市地方文化的重要组成部分[9]（图3-40）。

3.5.2 城市色彩的历史发展梗概

以欧洲城市为例，工业革命以前城市发展速度相对缓慢，并呈现出渐进修补的特点。在发展过程中，虽然建筑风格在不断演变，形式在不断变化，但由于所采用的建筑材料相对稳定并具有延续性，同时，产权地块一般也比较小，这样就使街道、广场乃至整个城市在视觉上感觉十分和谐，城市色彩主调也得以相对稳定地建立起来。工业革命以后，一些发达国家逐渐进入工业时代，城市色彩的发展经历了一个从稳定、渐变到变异的过程。总体而言，在工业化早期，城市的尺度、建筑材料，在相当大的程度上仍然得到很好的保持。到20世纪，现代建筑开始大量使用钢铁、玻璃和混凝土等新

图3-37 阳光下的威尼斯

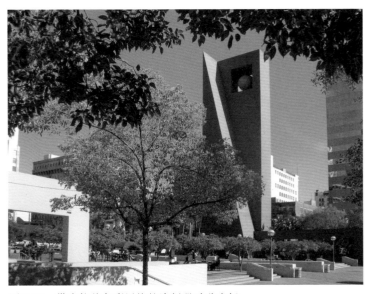

图3-38 带有拉美色彩风格的洛杉矶珀欣广场

图 3-39　贵州青岩古镇色彩代表了农耕社会因地制宜的建造方式

图 3-40　马赛统一和谐的城市色彩

型建筑材料，建筑设计和施工日益工业化和标准化，这使得原有的城市色彩面貌受到一定的冲击。但由于新建筑的体量大多仍协调原有的城市尺度，色彩上带来的视觉冲击仍然在可控范围内，如法国的雷恩和圣玛罗（图3-41、图3-42）。

图3-42　圣玛罗古镇

图3-41　仍然保持着前工业时代建筑色彩的雷恩城郊景观

中国传统城市总体多体现儒家文化和与之相结合的社会等级制度。建筑色彩和建筑形式一样，体现了严格的等级制度。色彩成为显示权力、威力的象征，要追溯到国家出现时的商周时期，《礼记》规定："楹，天子丹，诸侯黝，大夫苍。"历代宫垣庙墙刷土朱色和达官权贵使用朱门，可以说是因传统所致。红色后来虽退居黄色之后，但仍为最高贵的色彩之

一。在所有色彩中，黄（金）色为最尊贵。黄色在五行说中代表中央，"'黄，正色'（《诗·邶风》毛传），于是自唐代始，黄色成为皇室专用的色彩。其下依次为赤（红）、绿、青、蓝、黑、灰。皇宫寺院用黄、红色调，绿、青、蓝等为王府官宦之色，民舍只能用黑、灰、白等色"[10]。明清北京城曾被美国著名学者培根誉为"人类在地球上最伟大的单一作品"[11]。皇城外大片灰砖、灰瓦的四合院形式的民居，烘托出了金碧辉煌的皇家建筑群色彩的核心地位，形成了突出的色彩对比效果（图3-43至图3-45）。

我国城市色彩在1980年代以前总体上呈现为协调的状况。在当时缓慢发展的城市中，无论是建筑材料的使用还是

图3-43　北京中轴线北段城市色彩

图 3-44　西藏拉萨布达拉宫

图 3-45　西藏拉萨大昭寺金色和红色代表了宗教地位的崇高至上

建造方式都相对稳定，因而城市形态与结构得以保持，城市色彩也呈现相对稳定的面貌，具有较明显的地域特色。但是，伴随着逐渐加快的城市化进程，城市发展开始有了日新月异的变化。历史城市中高层建筑的出现和连片的多高层住宅区的建设，使老城城市肌理与尺度产生很大改变。大体量和新兴建筑材料的规模性使用打破了城市原有的和谐色彩基调，城市色彩的异质性日益加剧，并由于其物质载体的巨大变化而趋于紊乱。而另一方面，新的建筑材料与城市物质空间环境的趋同，又造成新城区建筑色彩面貌雷同（图 3-46）。

　　城市社会经济发展方式及其所处的阶段对于城市色彩具有显著影响。城市色彩要实现和谐并且得以维持，相对长时间的积淀是关键。不能把我国的城市与国外的城市作简单的类比，城市主色调的确定，应当根据每个城市的实际发展情况而定，明确其应用范围。对于城市的历史地段及其周边的风貌区，由于其尺度与传统城市接近，可以根据其历史状态和建筑材质等确定其主色调。对于城市的其他地区，在色彩配置方面应主要从色彩本身的协调考虑，控制好彩度、明度与面积，对于主色调则不必强求。

3.5.3　基于城市设计的城市色彩处理原则

　　1）从城市设计角度出发的整体性原则

　　城市色彩问题必须从城市角度出发，运用城市设计方法对城市空间环境所呈现的色彩形态进行整体的分析、提炼和技术操作，并在此基础上根据城市发展所处的历史阶段、不同的功能片区属性和建筑物质形态进行色彩研究。

　　2）依据色彩理论，提倡色彩混合、整体和谐

　　色彩具有色相、明度、饱和度三要素，不同色彩通过合

图 3-46　现代主义思潮影响下的北京城市色彩变化

适的方法混合共存，相互影响，由此产生整体协调的色彩混合效果，对于控制城市色彩景观具有重要意义。和谐是色彩运用的核心原则，也是城市色彩处理的重要原则。通常，利用色彩理论搭配出的色彩组合比较易于形成和谐统一的色彩关系。

　　3）尊重自然色彩，与自然环境相协调

　　人类的色彩美感与大自然的熏陶相关，自然的原生色总是最和谐、最美丽的，如土地的颜色、树木森林的颜色、山脉的颜色、河流湖泊的颜色。城市色彩规划只有不违背生态法则，掌握色彩应用的内在规律，才能创造出优美、舒适的城市空间环境。通过科学的色彩规划和有力的色彩控制，才可避免整体色彩无序。

4）服从城市功能区分

城市色彩与城市功能密切相关。商业城市与旅游城市、新建城市和历史城市，其色彩应有所区别；一座大城市与一座小城市，其色彩原则也不尽相同；城市不同功能分区之间的色彩定位也有所不同。

5）融合传统文化与地域特色

城市色彩一旦形成，就带有鲜明的地域风土特点并与人群体验的"集体记忆"相关，并成为城市文明的载体。城市色彩规划必须遵循融合传统文化与地域特色这一基本原则。

城市设计的重要目标之一是创造安全、舒适、充满吸引力的场所，提升空间环境品质并增强其活力。和谐的色彩配置无疑有助于这一目标的实现。城市设计师在城市色彩方面要做的工作，是要在不断发展的城市环境中，运用色彩理论，尽可能创造出具有一定可持续性和弹性的整体色彩和谐，并从不同尺度层面提出城市色彩管控与引导原则：

（1）对城市与城市区域的尺度，城市色彩以整体和谐为原则。在这一层面，人们能感受的城市色彩主要来自于俯瞰的角度（图3-47）。

（2）对街区的尺度，即街道与广场的尺度，城市色彩可在多样统一的前提下表现不同的特点与气氛。人们可以从正面、侧面和仰视的角度感受城市色彩，而且通常会伴随光影的变化或夜间灯光的变幻，也可以天空作背景（图3-48）。

（3）对建筑及细部（门窗洞口，栏杆，环境设施）的尺度，城市色彩应更为丰富且更接近人体尺度。人们可以从各种角度感受城市色彩，仔细体会不同情境下色彩的细微差别，而需要控制的则是各种要素的关系，在统一协调的形体环境下创造丰富的色彩变化（图3-49）。

3.5.4　我国城市色彩研究的部分案例

在国外的一些城市建设规范中，往往专门设有城市色彩

图 3-47　城市建设中保持城市色彩协调的青岛

图 3-48　意大利古城阿西西的教堂广场　　　　　　　　图 3-49　苏州拙政园附近的古城色彩风貌

的章节，以强调整个城市色彩的基调。如法国的巴黎，日本的京都、大阪等城市都有较为系统的色彩规划方案，科学的规划使得这些城市呈现出和谐有机的整体面貌。和谐协调的城市色彩在历史城市，特别是在传统历史街区中表现得相对完整清晰。但对于处在快速现代化进程中的城市，尤其是大城市，不太可能进行简单地类比和借鉴。这些城市一般不应过于强调统一或是分区统一的主色调，而应抓住城市结构性的要素，"大同小异"，总体强调"和谐关联"（并非统一），局部彰显特色，从而塑造出具有现代城市色彩特色的物质空间环境。

　　例如，在南京老城空间形态优化研究项目中[3]，针对南京老城丰富而多元的文化内涵，笔者提出"求同存异，和而不同"的南京城市特色的观点，建议南京城市建筑色彩采取"总体调控、分区突出倾向、局部彰显特色"的原则。武汉市在已完成的城市建筑色彩的控制引导规划中，从建筑的功能定位出发，将建筑色彩分为几个大类。规划依据"整体协调、多样统一"的原则，综合分析城市建筑色彩的空间格局，将城市分为若干色彩控制区，提出控制图则、推荐色谱和城市建筑用色控制引导细则。哈尔滨市则根据自身的历史文化和地域特色，将城市主色调确定为米黄色和白色，并在此基础上完成了城市色彩的控制引导规划。

　　处理好城市色彩并非易事，尤其是"度"的把握。2000年初，北京市开始大规模的清洗粉刷城市建筑物的外立面。在具体实施的过程中，虽然主管部门出台了《北京市建筑物外立面保持整洁管理规定》，确定采用以复合灰色系为主的

稳重、大气、素雅、和谐的城市色彩基调，以烘托金碧辉煌的故宫建筑群色彩的核心地位。但缺乏具体的可依据的城市色彩设计与控制管理条例，以及不同的操作主体部门对于"以灰色调为主的复合色"在认识上的差异，结果不尽如人意。问题主要表现为有些建筑重新粉刷的颜色过于鲜艳，难以与周边建筑的色彩协调，以致城市总体色彩效果难以得到保证。尽管如此，北京这一举措还是很快引发上海、南京、杭州、武汉、哈尔滨、大连等城市的积极响应，各城市的管理部门纷纷表示要将城市色彩的规划设计与管理纳入城市环境整治的工作中[12]。

　　2006—2008年，澳门民政总署、中国美术学院和澳门艺术博物馆对澳门城市联合开展了系统的城市色彩研究。该研究从历史、地理和文化的角度分析了在澳门城市色彩的成因，并通过现状调研采集了大量一手相关资料。在此基础上，研究对澳门城市色彩层次和色彩文脉（多元历史文化和宗教）进行了深入研究，最后将澳门城市色彩的主旋律概括为"古今交响、中外合璧；简繁共存、素艳共生；多样交汇、多元诠释；五彩交融、绚丽斑斓"[13]（图3-50至图3-52）。

3.5.5　常州市城市色彩研究案例

　　该研究考虑了常州的历史城市性质，提出"建构以自然环境为背景、城市片区为单元、城市核心景观和街道为重点、历史与现代并举的整体色彩景观系统"的技术思路[4]（图3-53）。

　　1）与自然环境背景色相互协调

图 3-50 澳门历史城区的广场

图 3-51 澳门历史城区夜景

图 3-52 澳门历史城区街道

从常州的地理位置与气候特性出发，其城市整体色调应淡雅明快，不宜浓重晦暗。碧水绿树是大自然赋予常州的天然背景色，因此常州的总体城市色彩应结合和借助于水系与开放空间系统，突出绿色生态特征，"以水为纲、以绿为本、水绿相依、建筑相间"，并在此基础上结合不同的功能模式和地段进行城市色彩的分区控制。在城市建筑色彩与水体、绿化的色彩配合上，可采取不同的做法：一是利用色相对比，如建筑采用红瓦顶、米黄墙面等，效果鲜明瑰丽；二是采用明度对比，以高明度的中性色（如白色和各种浅淡的冷灰色）与自然背景色搭配，取得清爽宁静的效果。常州城市色彩可以明度对比的方式为主，色相对比的方式为补充（图3-54）。

常州市区内虽然地势相对较为平整，但有天宁寺塔与多处高层建筑等作为眺望点，城市"第五立面"即建筑屋顶的色彩处理比较重要。从调研情况看，常州市区重要地段的多数住宅建筑已实现"平改坡"，新加的坡屋顶多为红色，少数为深灰色，效果比较整齐划一，能够与自然环境较好协调。公共建筑的屋顶大多未做处理，可考虑对其进行屋顶绿化。

2）以城市片区为单元、城市核心景观和街道为重点，与城市功能区空间氛围相协调

常州现状整体的城市色调偏中性灰，其优点是易于与自然环境取得协调，缺点则是城市个性不够突出。事实上，在整个城市的范围内城市色彩不必过分统一，可根据各个区的城市功能与环境条件和城市结构，确定与各个地区空间氛围协调的色系。城市的商业区、居住区、风景区、历史保护区等不同功能分区的色彩彼此也应是有区分的（图3-55）。

图 3-53　常州城市色彩特征是多样丰富、新旧杂陈

3）历史与现代并举、与城市发展的文脉相协调

老城区内历史地段及景观敏感地带可以根据其周边历史状态确定顺应文脉的主色调，从色彩上呼应和处理新的建设与传统的关系，以期达到有机融合和协调。老城之外的常州

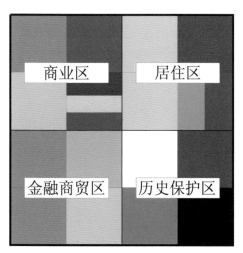

图 3-54　常州不同功能区色彩

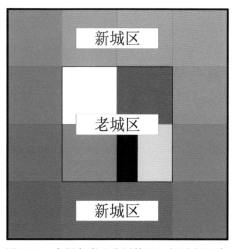

图 3-55　常州色彩（分层管理，与城市文脉相协调）

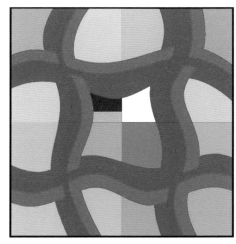

图 3-56　常州色彩（与自然环境协调）

是一个数十倍于老城规模的新城区。在近年的城市建设中，新建筑已不再是青砖灰瓦白墙的基调，老城区虽有一定的影响力，但已不足以影响控制整个城市。常州新城区的色彩不必仿照老城的色调，新的城市文化的时代气息、新的建筑尺度、新的材料都要求反映常州的活力和特色，创造新的常州城市色彩格调。只要新的色彩不与传统冲突，在色彩配置方面可主要从色彩本身的协调考虑，控制好彩度、明度与面积，对于主色调不必强求（图3-56、图3-57）。

4）常州城市色彩设计导则

（1）城市整体色调

① 常州城市色彩建设目标设置。建构以自然环境为背景、城市片区为单元、城市核心景观和街道为重点、历史与现代并举的整体色彩空间景观系统。

② 总体主色调宜淡雅明快。结合和借助水系与开放空间系统，突出自然要素对城市色彩基调的贡献。

③ 采用圈层模式分层管理。老城的城市色彩适于比较素雅的色调，即色彩的饱和度和明度应在相对的小范围内波动；对中心组团除老城以外的区域，城市色彩饱和度和明度波动范围的控制可适当放宽；对城市快速道路环以外的湖塘、高新、城东与城西组团，城市色彩可更加清新明朗，色彩饱和

度和明度的可变范围可相对较大。

（2）城市功能区和建筑色彩

① 在自然环境占比较大的地段，建筑色彩可采用以高明度的中性色与自然背景形成明度对比，或是以鲜明色彩与之形成色相对比的方式，取得良好效果。

② 重要鸟瞰点附近未做处理的公共建筑屋顶，可考虑对其进行屋顶绿化，改善"第五立面"印象。

③ 城市各特色分区可有不同的建筑色调，不同的功能街区可有不同的色彩特征，从而实现城市色彩上的常州个性。历史文化景观敏感地带可根据其周边历史状态确定顺应文脉的主色调（如以白色、冷灰色墙面搭配灰黑色屋顶），并可适当增加建筑辅色调的彩度，通过色彩的明度、饱和度的强弱不同来产生变化。商业区可对一定范围内的建筑采用统一的辅色调，主色调可以更加多样化，局部可以活跃色彩点缀。金融商贸区的墙面主色调可选用色相、饱和度、明度微差的稳重大气的中性或冷灰色为主的复合色，搭配蓝色调的玻璃幕墙。居住区的墙面主色调可在素雅的暖色调、浅中性色的基础上，通过增加暖色进行补充，并要注重和加强与绿化、水体的融合。

④ 在主要街道、广场等中心地区，现状建筑色彩或广告

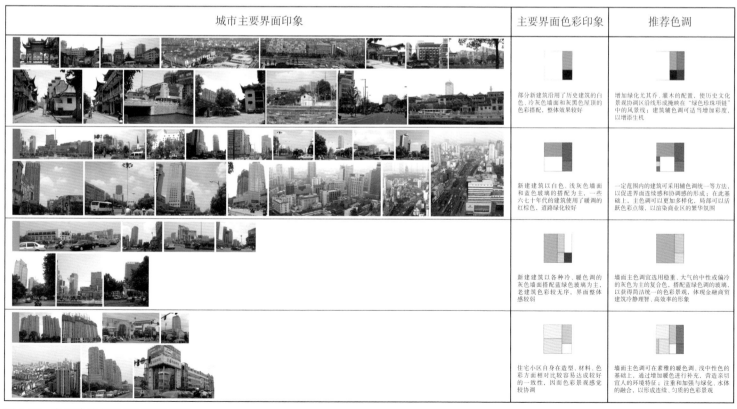

图3-57　常州建筑色彩控制引导细则

与整体环境很不协调，应通过色彩整治等技术措施加以改造、实施重点整顿。

⑤ 单体建筑中强烈浓重的色彩，如红色、黄褐色、深蓝色等，应控制在外墙总面积的20%以内，敏感地段要控制在10%以内。城市地标或某些重要建筑，如需以强烈色彩作为单体建筑主色调，须经专家组审议确定，并报有关部门批准。

⑥ 高层建筑集中的区域，不宜使用轻浮、晦暗的色彩。

⑦ 使用大面积浓重色彩的广告、标识要提请城市相关部门论证审议，审议通过方可实施。

3.6 交通与停车

3.6.1 停车方式

交通停车是城市空间环境的重要构成。当它与城市公交运输换乘系统、步行系统、高架轻轨、地铁等的线路选择、站点安排、停车设置组织在一起时，就成为决定城市布局形态的重要控制因素，直接影响到城市的形态和运行效率。从大的方面看，城市交通主要与城市规划与管理有关；城市设计主要关注的是静态交通、建筑物地下车库出入口设置和机动车交通路线的视觉景观问题。国内外学者曾运用图解方式，研究了停车方式与城市设计的关系（图3-58、图3-59）。

停车因素对环境质量有两个直接作用：一是对城市形体结构的视觉形态产生影响；二是促进城市中心商业区的发展。因此，提供足够的，同时又具有最小视觉干扰的停车场地是城市设计成功的基本保证，通常可采用以下四种途径。

（1）在时间维度上建立一项"综合停车"规划。即在每天的不同时间里由不同单位和人交叉使用某一停车场地，使之达到最大效率。如白天使用的办公楼、商店可和夜晚使用的影剧院、餐饮酒吧或歌舞厅等共用同一停车场。

（2）集中式停车。一个大企业单位或几个单位合并形成停车区。

（3）采用城市边缘停车或城市某人流汇集区的外围的边缘停车方式。如美国明尼阿波利斯（Minneapolis）市中心、奥地利萨尔茨堡及南京夫子庙街区的集中停车设施均经城市设计安排到了中心外围地区。

（4）在城市核心区用限定停车数量、时间或增加收费等手段作为基本的控制手段。欧美一些国家对此已积累了一些行之有效的经验。

我国目前多层车库建设还比较少，但多层车库能节约城市用地，故有很大的发展潜力，上海、徐州等地都已经注意

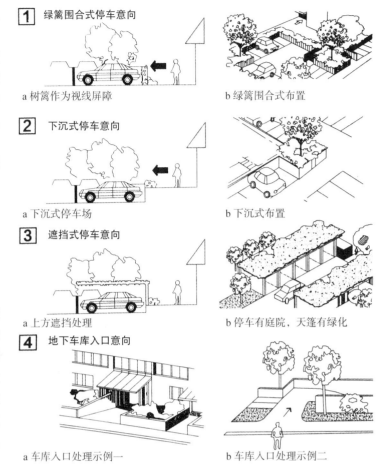

1 绿篱围合式停车意向
a 树篱作为视线屏障　　b 绿篱围合式布置

2 下沉式停车意向
a 下沉式停车场　　b 下沉式布置

3 遮挡式停车意向
a 上方遮挡处理　　b 停车有庭院，天篷有绿化

4 地下车库入口意向
a 车库入口处理示例一　　b 车库入口处理示例二

图 3-58　道路停车方式分析

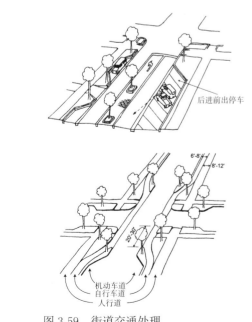

后进前出停车

机动车道
自行车道
人行道

图 3-59　街道交通处理

图 3-60　横滨港町关内车站东北口停车场（结合绿地和环境）

图 3-61　南京江宁矿坑公园停车场结合绿化处理

图 3-62　徐州彭城广场旁的集中停车场建筑

图 3-63　纽约高线公园旁的立体堆栈式停车

图 3-64　德美因一座获 AIA 奖的多层停车场一

图 3-65　德美因一座获 AIA 奖的多层停车场二

这一点。同时它也直接影响着城市街道景观。澳大利亚的墨尔本城市设计对车库设立了专门的导则，美国爱荷华州的德梅因一座多层车库设计还曾获得了美国建筑师协会（AIA）奖，成为当地的标志性建筑。一般说，多层车库在城市设计中，特别应注意其地面层与城市街道的连续性和视觉质量，如可能应设置一些商店或公共设施（图 3-60 至图 3-65）。

3.6.2 道路视觉景观

道路视觉景观同样十分重要。当它与城市公共道路、步行街（区）和运输换乘体系连接时，可直接形成并驾驭城市的活动格局及相关的城市形态特征。城市设计对此的要求一般包括：

（1）道路本身应是积极的环境视觉要素，城市设计应要能促进这种环境质量的提升。具体说有四点要求：对多余的视觉要素的屏隔和景观处理；道路所要求的开发高度和建筑红线；林荫道和植物；强化道路中所能看到的自然景观。

（2）道路应使驾驶员方便识别空间方位和环境特征。常见手法有：沿道路提供强化环境特征的景观；街道小品与照明构成的街景的交织；城市整体的道路设计中的景观体系和标志物的视觉参考；因街景、土地使用而形成的不同道路等级的重要性。

（3）在获得上述目标中，各种投资渠道及其投资者应协调一致，要综合考虑经济和社会效益，这在集资修路时问题会比较突出。纽约市布鲁克林路更新设计时采用了"联合开发"途径，获得成功。其经验是建立一个共同的价值尺度，经过协商达成共识，最后由主管部门和专家共同决策。

3.6.3 存在问题

20 世纪以来，汽车交通正以前所未有的冲击强度和扩展速度影响着城市环境，北京机动车保有量已经达到了 564 万辆（2018 年数据），南京城市小汽车近年以每年 25 万辆的速度递增，目前小汽车也超过了 250 万辆。而且，中国大多数中小城市的私家车数量还在大量增加。巴奈特早在 1974 年就说过，如果不考虑自然资源可能会耗竭的因素，在可预见的将来，大多数的城市仍然会以小汽车、公共汽车和卡车当作主要的运输工具。世界银行交通、水资源和城市发展部主任佩莱格里尼很早就认为，"机动车化可能是不可避免。但我们必须变换我们的思维视角，应该考虑如何让人流动，而不应想着怎样才能最好地让车子动起来"[5]（图 3-66）。

无疑，汽车交通是城市发展的动力之一，然而，世界上大多数城市中心区街道最初都是步行和马车通行，当时并未

想到今天的城市中心会是高楼大厦林立、人口密集和车辆拥挤的情景。于是汽车骤增与原有城市道路结构不相适应就在所难免。

目前，我国有些城市中心区机动车平均时速已经下降到每小时 15 km 以下。为此，人们想到的最简单的办法是拆房拓路，但这种单打一的拓路效果不甚理想，有时效果还适得其反，世界上许多城市都有着类似的经验教训。如到过美国洛杉矶的人都会有一个体会，那就是如果不开车就会寸步难行，因为洛杉矶最早的规划遵循了汽车时代的城市交通模式，对人行和非机动车交通考虑甚少。但是随着私人交通的无节制的发展，城市蔓延扩张到了漫无边际的地步，而公交系统却因建设成本和服务对象的分散而越来越难发展完善。洛杉矶是世界上"城市感"最差的特大城市之一。

实际上，今天的城市交通问题多属结构性失调，它与城市整体的发展策略、城市交通规划和管理法规建设密切相关，而且也与一个国家的经济、社会和环境承受能力相关。其次才是道路本身，故必须以城市整体的社会经济发展为基础，从城市结构入手，并与城市规划密切配合，才有可能从根本上解决。慕尼黑"津森十字"步行街在交通组织上的成功，主要就是因为它在建设的同时，重组了全城的城市交通结构。2009 年，纽约市长布隆伯格宣布在百老汇大街（Broadway）时代广场和先驱广场试行增加步行空间。2010 年 2 月，时代广场改造成永久性的人行广场，增设公共活动需要的电源等基础设施。试运行实施后发现，该地区交通事故减少了 63%，交通通行速度反而提高了 2%—17%（图 3-67）。

图 3-66　东京表参道机动车礼让过街人流

图 3-67　纽约时代广场近年开设的步行街（区）

3.7　保护与改造

3.7.1　保护与改造的意义

　　城市发展的历史过程中，新生与衰亡、保留与淘汰、改造与保护的矛盾是不可避免的。同样，城市面貌特色和形态特征亦永远处于发展变化之中。但是，城市又是一种人与历史、文化和艺术交互作用的结晶，是生长出来的，这不同于一般的产品是生产制造出来的。城市的变化和演进应该完成于一个渐进有序的发展过程。城市物质空间是在特定时间、场所中与人们生活形态紧密相关的现实形态，其中包含着历史。它是人类社会文化观念在形式上的表现（图 3-68）。

　　《不列颠百科全书》在总结以往城市设计经验教训时曾

图 3-68a　杜伊斯堡滨水区工业建筑遗产保护再利用

图 3-68b　京都清水寺历史街区

指出，失败的原因解释可能很多，但很重要的是，"优美的景观需要在时间中成熟，随着时间的转移，历史痕迹累积起来；二是形体与文化紧密地结合在一起。如果这样说是对的，那么最好的办法是在今天创造技术上合理的环境的同时，把过去保护好，使新的环境在以后的年代里也能发展其个性"[14]。

3.7.2　保护与改造的内容和方式

保护与改造是一项十分重要，同时又极其复杂的综合性规划、管理和设计课题。城市设计主要关注的是作为整体存在的空间形体环境和行为环境。保存不仅意味着保护现存的城市空间、居住邻里以及历史建筑，而且要注意保存有助于社区健康发展的文化习俗和行为活动。对于文物建筑遗迹，历史真实性是保护的基本原则，而不可简单沿用常规的建筑学知识，如统一、完整、和谐等，更不能用"焕然一新"及"以假乱真"的方式来对待保护改造对象。

保护与改造涉及的价值构成主要有两部分：一是城市土地的经济价值；二是隐藏在居民心中的、驾驭其行为并产生地域文化认同的社会价值。也就是说，保护和改造不能只以经济效益为价值取向。

1991年，哈佛大学彼德·罗伊教授在总结美国城市地区公共空间领域的设计时曾经指出，"在可能的情况下，尽可能通过修缮和再利用维系仍有活力的城市结构和建筑。这不仅是出于节省开支，而且是为了避免城市街区在无人使用时变得荒芜。从建设和开发的角度，这样做还可以加强公共空间领域的重要性，使之富有纪念性，成为历史文化的结果。历史告诫我们，建筑形式与功能之间不存在直接的联系，因此，我们不应该把建筑和建筑肌理简单地视为功能和受市场制约的结果"[15]。

我国城市在改造旧区特别是在改造旧居住区时，对社会价值还设有引起足够的重视。近年来情况有所改观，如南京夫子庙和老门东、上海田子坊和泰康路、北京南锣鼓巷、广州上下九地区的保护改建，重新唤起了居民心中的昔日回忆和文化认同感，同时也给这些城市注入了新的活力。

3.7.3 保护与改造对象的发展

在人们习见的观念中，保护（保存）与改造（更新）主要指对历史古老建筑和遗存而言。但今天的保护与改造工作已经涉及更广义的既有建筑、空间场所、历史地段乃至整个城镇。无论是暂时的，还是永久的，只要它们还具有文化意义和潜在的经济价值就有保护和改造再利用的价值。这种看法在第二次世界大战后，特别是《威尼斯宪章》等一系列文物建筑和历史城市保护的国际性文件发表后，已经成为世界性的共识。1975年"欧洲建筑遗产年"从舆论和实践两方面将此共识向前推动了一大步。1996年巴塞罗那国际建筑师协会（UIA）19届大会则提出城市"模糊地段"（Terrain Vague）概念，它包含了诸如工业、铁路、码头等在城市中被废弃的地段，指出此类地段同样需要保护、管理和再生。2002年柏林国际建筑师协会21届大会则以"资源建筑"（Resource Architecture）为主题，引介了鲁尔工业区改造再生等一系列产业建筑改造的成功案例，进一步使历史地段保护、改造和再生事业引发世界建筑同行的关注。2003年，在莫斯科通过了由国际产业遗产保护联合会（TICCIH）提出的《关于产业遗产保护的下塔吉尔宪章》，可以被认为是世界产业遗产保护认识进步和演进的一个里程碑。

近年中国城市建设有一个重要的认识转变就是对建筑历史遗产保护工作的日益重视。截至2018年5月2日，已经确定134座国家级历史文化名城，另外还有数量更为众多的地方历史文化名城、名镇、名村和历史文化街区。而城镇建筑遗产正是构成这些名城、名镇和历史街区的主要物质载体。国家近年亦组织了相关的专题科学研究，2012年笔者负责承接了国家自然科学基金重点项目"中国城镇建筑遗产适应性保护和利用的理论和方法"；2017年负责主持完成了关于古建聚落保护和改造再利用的科技部"'十三五'科技支撑计划"项目。相关保护和改造的城市设计实践也越来越多。仅笔者曾主持开展过的项目就包括北京老城总体城市设计、杭州西湖东岸景观提升规划设计、京杭运河杭州段景观保护提升设计，以及唐山焦化厂、南京压缩机厂和7316厂、宜兴丁蜀古南街等历史地段的保护改造项目。

3.8 城市环境设施与建筑小品

3.8.1 城市环境设施与建筑小品的内容

环境设施指城市外部空间中供人们使用，为人们服务的一些设施。环境设施的完善体现着一个城市文明建设的成果和对"以人为本"的关注程度，完善的环境设施会给人们的正常城市生活带来许多便利。建筑小品在功能上可以给人们提供休息、交往的方便，避免不良气候给人们城市生活带来的不便。哈普林曾这样描述到，"在城市中，建筑群之间布满了城市生活所需的各种环境陈设，有了这些设施，城市空间才能使用方便。空间就像是包容事件发生的容器；城市，则如一座舞台、一座调节活动功能的器具。如一些活动指标、临时性的棚架、指示牌以及供人休息的设施等，并且还包括了这些设计使用的舒适程度和艺术性。换句话说，它提供了这个小天地所需要的一切。这都是我们经常使用和看到的小尺度构件"[16]。

建筑小品一般以亭、廊、厅以及城市家具等形式存在，可以单独设于空间中，又可以与建筑、植物等组合形成半开敞的空间，或者附属于建筑。有些小品可以具有独立的功能（图3-69）。

城市环境设施与建筑小品虽非城市空间的决定要素，但在空间的实际使用中给人们带来的方便和影响也是不容忽视的。一处小小的点缀同样可以为城市环境增色，并得到意想不到的效果（图3-70）。

城市环境设施及建筑小品，一般包括以下内容：

（1）休息设施：露天的椅、凳、桌等。

（2）方便设施：用水器、废物箱、公厕、问讯处、广告亭、邮筒、电话间、行李寄存处、自行车存放处、儿童游戏场、活动场、露天餐座设施等。

图 3-69 横滨结合地铁设施的下沉广场

图 3-70 横滨马车道地区城市雕塑

（3）绿化及其设施：四时花草、树木、花池、花台、花盆、花箱、种植坑与花架等。

（4）驳岸和水体设施：驳岸、水生植物种植容器、跌水与人工瀑布处理；跳石、桥与水上码头等。

（5）拦阻与诱导设施：围墙、栏杆、沟渠、缘石等。

（6）其他设施：亭、廊、钟塔、灯具、雕塑、旗杆等。

3.8.2 城市环境设施与建筑小品的作用

城市环境设施和建筑小品的功能作用主要反映在以下几个方面：

（1）休息。为居民提供良好的休息与交往场所，使空间真正成为一种露天的生活空间。为人们创造优美的、轻松的空间环境气氛。

（2）安全。一方面利用一些小品设施和通过对场地的细部构造处理，实施"无障碍设计"，使人们避免发生安全事故；另一方面，则可以利用场地装置、照明和小品设施吸引更多的行人活动，减少犯罪。

（3）方便。用水器、废物箱、公厕、邮筒、电话间、行李寄存处、自行车存放处、儿童游戏场、活动场以及露天餐饮设施等等，这些都是为了向居民提供方便的公共服务，因之也是城市社会福利事业中不可缺少的一部分。

（4）遮蔽。亭、廊、篷、架、公交站点等等，在空间中起遮风挡雨、避免烈日曝晒的作用。

（5）界定领域。设计中可根据环境心理学的原理，强化那些可能在空间内发生的活动，界定出公共的、专用的或私有的领域（图 3-71）。

同时，广义的城市街道设施、环境建筑小品还包括城市公共艺术（如城市雕塑等）的内容，具有在公共空间中展现艺术构思、文化理念和信息，以及美化环境方面的作用，增加空间的场所意义（图 3-72、图 3-73）。

3.8.3 城市环境设施与建筑小品的设计要求

就城市景观而言，街道环境设施和建筑小品、建筑物的设计同样重要，如街道上所必要的种种设施往往要配合适当的地点，来反映特定功能的需求。交通标识、行人护栏、城市公共艺术、电话亭、邮筒、路灯、饮水设施等应进行整体配合，这样才能表现出良好的街景。城市外部空间环境中有时也设置一些休息凳椅，供人休憩小坐；同时，那些用来划分人车界线的栏杆、界石、路标、自行车停放架和露天咖啡座的帐篷、报亭和花摊等也都是城市设计需要考虑的。有时，城市里的空间还应该为特殊的节日庆典、游行活动而专门设计

图 3-71　东京新宿地区街头专设的吸烟区环境设施

图 3-72　香港中环城市雕塑

图 3-73　东京新宿西口结合建筑的地面景观

图 3-74　亚特兰大奥林匹克公园建筑小品

调整，以使艺术家和广大市民都能有对城市环境建设和保护有所贡献（图 3-74、图 3-75）。

　　具体包括以下设计要求：

　　（1）兼顾装饰性、工艺性、功能性和科学性要求。许多细部构造和小品体量较小，为了引起人们足够的重视，往往要求形象与色彩在空间中表现得强烈突出，并具有一定的装饰性。同时，功能作用也不可忽视，不能只是为了好看而不实用。小品布置应符合人的行为心理要求，设计时要注意符合人体尺度要求，使其布置和设计更具科学性。

　　（2）整体性和系统性的保证。城市设计中应对环境设施和建筑小品进行整体的布局安排、尺度比例、用材设色、主次关系和形象连续等方面的考虑，并形成系统，在变化中求得

图 3-75　北京坊的城市雕塑兼座椅

统一。

（3）具备一定的更新可能。环境设施和小品使用寿命一般不会像建筑物那么久，因而除考虑其造型外，应考虑其使用的年限、日后更新和移动的可能性。

（4）综合化、工业化和标准化。花台、台阶、水池等大多可与椅、凳结合，既清洁美观，又方便人们使用，扩大"供坐能力"。而基于"人体工学"的尺寸模数，又可使设计制造采用工业化、标准化的构件，加快建设速度，节约投资。

3.9 标识

标识，如广告、方位和地名标牌等外部环境图示，如果配置良好、简洁明晰、设计精良，可以使城市外部空间环境生动活泼。反之，不良和冗余的标识所起的消极作用也不可低估。

从城市设计角度看，标识基本上是一个环境视觉管理问题，它本身并不直接介入标识的设计工作。通常，各行各业所要求设立的广告标志和设计质量应该给予管理控制，同时规范化。除特殊场合或商业用途，城市中一般应采用国际通用的符号标志，它不但可以作为方向和识别的标志，还可在步行街（区）、城市广场、道路、问讯处、行李寄存处、厕所等其他类似地方作为环境设计的基本规范，以建立环境的协调性和系统可识别性。

在交通干道上，尤应注意避免对驾驶员的视觉干扰，其次应减少混乱，并与必需的、公共交通标志相协调。

历史上的环境标识多与商业有关，其文字、形象及图片表达方式均有，它是商业竞争的产物。不同文化背景、不同国家表达方式有其不同的自身特点。

中国及日本古代店铺中的招幌、匾额、灯笼、旗杆等是富有东方色彩的标识。以招幌为例，就有形象幌、标志幌和文字幌三种。形象幌以商品或实物、模型、图画为特征，如酒店门前挂葫芦和置酒坛，在长期的商业经营中，这些幌子得到人们的公认，成为约定俗成的认知符号；标识幌主要是旗幌或灯幌，如清代灯幌常出现在夜间还要营业的酒楼、饮食店等；文字多以单字、双字简明表达店铺的经营类别，如酒、茶、米、当、药等（图 3-76）。

在欧洲，传统上多采用色彩缤纷的图片作为商业标志，这种习俗一直延续到 18 世纪。但人们特别是外来的人对其的理解比较费劲，后来，更加简单明了的文字招牌得到了迅速发展和广泛运用。

图 3-76　东京新宿步行街丰富多样的店招

图 3-77　苏黎世斯塔德尔霍芬车站结合候车环境的信息标识系统设计

图 3-78a　亚特兰大公共交通标识系统之一

图 3-78b　亚特兰大公共交通标识系统之二

图 3-79　东京交通导引地面标识

现代的标志系统主要是由文字组成的。标志作为一种符号，其意义有直接和间接两个层面，说明商业贸易信息的地点和货物是标志的"直接"用途；而其特定的形式、特征和引申的意象则是人们获取的"间接"信息。就一个（组）设计完备的标志而言，这两种交流层面都是需要的（图 3-77）。

最好的解决方法是用一套完整的、有层次的、固定与灵活的元素相结合的系统来完成以下几方面的功能：①提供交通信息；②指示道路方向；③识别内部空间功能。

在实际工作中，目前已有一些成功的经验可以借鉴。如指示道路方向时，表达到某特定地区道路的标志（如不常变动的车站和机场入口）可相对固定。寻道研究实验表明，当道路很长、其他线索不太明晰时，为保证行人确信自己方向无误，多设几个路标是需要的。美国亚特兰大（Atlanta）将城市包括地铁、公共汽车等在内的综合公交系统（MARTA）均使用统一的路标，极大地方便了乘客特别是不同交通工具间的换乘（图 3-78）。目前，我国已经有很多城市建设了地铁系统，而用不同颜色标识不同线路使人们容易认知，也便于换乘。

方向性标志应放在外围的转弯处或交叉路口，及行人会自然停下寻找方向的地方。交通术语和文字应简洁明了，标识的尺度与所找位置的重要性应协调一致。

我国和日本一些城市中的停车导引系统表达得也很清晰。如在路口的大型显示板上，标示附近的停车场位置，并用灯光显示目前是否还有停车位，以减少盲目寻找停车空间的烦恼（图 3-79）。

同时，现在还有一个追求简单化的趋向，如尽量不用详细的地图和有彩色标志的墙壁或比箭头、文字、数字等更为复杂的标志。如果必须使用地图的话，近似轴侧和透视一类的图比平面图来得直观。

目前，各种公共活动领域的规则和标志的图示样本已由外部环境图示设计者协会（SEGD）制定出来。同样不可忽略的是，标识系统也有"无障碍"设计的问题，这在国外一些大城市中已经考虑到。如日本大城市中普遍采用不同的音乐来告诉盲人红绿灯的变化状态，大阪市政府前更有一个形似筒子的专门导盲设施，挂在行人信号灯旁，筒子上方刻有凹凸的点字，帮助盲人辨别方向。

由于具体环境、性质、规模、文化习俗的差别，不同城市对标识设计的要求也是不同的。如在北京、华盛顿这样一些政治文化中心，一般对各种标志的管理就很严格，并在数量上严加限制，有些地段甚至根本不允许存在。一般来说，各种标志广告牌、招幌、霓虹灯的无序交织最易成为冲突混杂的信息。哈普林曾认为，应限制私人（个别单位）的标志，它们在制造一连串的、眼花缭乱、光怪陆离的信息，污染着我们的城市环境。反之，标志符号过于统一，一切井然有序，也会导致城市环境的索然无味。因而，城市设计的引导十分必要。

一般标识建立功能标准有两个途径：

第一，根据从交通工具上人们能获得的"可读性"（Legibility）来规定标识的大小，这一考虑包括速度、视野范围和聚焦距离，也包括表达某种信息所需的符号（如数字、文字等）的尺度及数量。

第二，设法将标识同时实现"直接"和"间接"的交流，并使之适合于所实存的外部空间环境。

例如，美国明尼阿波利斯 1969 年在街道铭牌的城市设计中，具体规定了符号字母的可视性（包括地点、标准、材料和安排）和可读性（字形、间隔），并以铭牌底色不同来区别城市不同地段。

辛辛那提制定的城市设计导则对标识规定了 5 条要求：①反映所在地段的特质；②规定符号之间保证能见度所需的足够间隔；③与标志所在的建筑物和建筑学处理特征相协调；④限制闪光的符号标志（剧场、娱乐场所除外）；⑤禁止在步行人流汇集地段的主要景点和景向上设置大型标志。

关于标识的城市设计问题已经受到我国学者的关注。深圳市的城市设计政策已明确提出专门的广告标识问题，并提出，"应当对广告牌大小、设计与竖放地点以及照明等有所规定并制定一套全面的管理办法"；在南京市，一些专家则经常对市区中的广告标识设置及其环境影响向政府提出改进举措，如对过街人行天桥设置广告的管理建议就得到了政府的采纳。当前，电子技术的发展为标识的设计、表现、媒体带来了新的前景，在商业广告中信息系统软件的应用。也达到

图 3-80　纽约时代广场广告

图 3-81　南京九华山地铁站标识结合立体绿化

了前所未有的水平（图 3-80、图 3-81）。

第 3 章注释

① 怀特（White）是美国《财富杂志》的编辑，出版有畅销书《有组织的人》（*The Organization Man*），该书是 1950 年代三大畅销书之一；后来，他又出版了另一本畅销书《最后的景观》，该书成为 1960 年代与麦克哈格的《设计结合自然》和哈丁的《工地的悲剧》齐名的畅销书。

② 参见王建国演讲"城市更新与城市活力的再生"，中国城市科学研究会第十三届城市发展与规划大会，苏州，2018-07-26。

③ 参见王建国工作室：南京老城空间形态优化和形象特色塑造，2003。

④ 参见王建国工作室：常州城市空间景观研究之色彩专题，2006。

第 3 章参考文献

[1] 邹德慈 . 城市设计概论 [M]. 北京：中国建筑工业出版社，2003：73.

[2] 麦克哈格 . 设计结合自然 [M]. 芮经纬，译 . 北京：中国建筑工业出版社，1992.

[3] 吉伯德 . 市镇设计 [M]. 程里尧，译 . 北京：中国建筑工业出版社，1983：2.

[4] WATSON D，PLATTUS A，SHIBLEY R. Time-Saver standards for urban design[M]. New York：McGraw-Hill Professional，2001：12.

[5] 扬·盖尔，拉尔斯·吉姆松 . 公共空间 公共生活 [M]. 汤羽扬，等译 . 北京：中国建筑工业出版社，2003.

[6] 蔡凯臻 . 基于公共安全的城市设计理论及策略研究——以公共开放空间为例 [D]：[博士学位论文]. 南京：东南大学，2009.

[7] American Planning Assoiation．Planning and urban design standards[M]．New Jersey：John Wiley & Sons，Inc，2006：472.

[8] Office of the Deputy Prime Minister．Safer places：the planning system and crime prevention[EB/OL].（2006-10-08）[2019-06-27].http://www.securedbydesign.com/pdfs/safer_places.pdf.

[9] 尹思谨 . 城市色彩景观规划设计 [M]. 南京：东南大学出版社，2004：99.

[10] 谭烈飞 . 北京城市色调的演变及特点 [J]. 北京联合大学学报，2003，17（1）：63.

[11] 培根 . 城市设计 [M]. 黄富厢，朱琪，译 . 北京：中国建筑工业出版社，2003：244.

[12] 周立 . 城市色彩——基于城市设计向度的研究 [D]：[硕士学位论文]. 南京：东南大学建筑学院，2005.

[13] 澳门民政总署，澳门艺术博物馆，中国美术学院 . 阅读澳门城市色彩 [M]. 杭州：中国美术学院出版社，2009.

[14] 北京市社会科学研究所城市研究室 . 国外城市科学文选 [M]. 宋俊岭，陈占祥，译 . 贵阳：贵州人民出版社，1984.

[15] 罗伊 . 美国大都市的演变和中介景观设计 [J]. 世界建筑,1994（2）：19.

[16] 哈普林 . 城市 [M]. 许坤荣，译 . 台北：新乐园出版社，2000：51.

第 3 章图片来源

图 3-1 源自：笔者摄 .

图 3-2 源自：WATSON D，PLATTUS A，SHIBLEY R. Time-Saver standards for urban design[M]. New York：McGraw-Hill Professional，2001：5-4.

图 3-3 至图 3-8 源自：笔者摄 .

图 3-9 源自：MIYAGI S. Contemporary Landscape in the World[M]. Tokyo：Process Architecture Books，1990：166.

图 3-10 源自：笔者摄 .

图 3-11 源自：王瑞珠 . 国外历史环境的保护和规划 [M]. 台北：淑馨出版社，1993：241.

图 3-12 源自：许昊浩摄 .

图 3-13 源自：CARMONA H，OC T. Public place-urban space：the dimensions of urban design[M]. London：Architectural Press，2003：142.

图 3-14 至图 3-16 源自：笔者摄 .

图 3-17 源自：培根 . 城市设计 [M]. 黄富厢，朱琪，译 . 北京：中国建筑工业出版社，1989：269.

图 3-18 源自：Downtown area plan[D]. Denver，1986：14.

图 3-19 源自：GARVIN A. The American city：what works，what doesn't [M]. New York：McGraw-Hill Co.，1996：58.

图 3-20 至图 3-22 源自：笔者摄 .

图 3-23 源自：李京津摄 .

图 3-24 至图 3-35 源自：笔者摄 .

图 3-36 源自：American Planning Association．Planning and urban design standards[M]．New York：John Wiley & Sons，Inc.，2006：477.

图 3-37 至图 3-53 源自：笔者摄 .

图 3-54 至图 3-57 源自：王建国工作室成果 .

图 3-58 源自：据建筑设计资料集（第三版）第 8 分册 [M]. 北京：中国建筑工业出版社，2017：445 稍作完善 .

图 3-59 源自：WATSON D，PLATTUS A，SHIBLEY R. Time-Saver standards for urban design[M]. New York：McGraw-Hill Professional，2001：2-5.

图 3-60 至图 3-81 源自：笔者摄 .

4 城市典型空间要素和景观设计

4.1 城市街道空间

4.1.1 街道和道路

街道是城市生活经由基本的线性运动而产生的空间类型,其最重要的特点在于不同功能、活动点和活动方式之间的关联性。它既承担了交通运输的任务,同时又为城市居民提供了生活的公共活动的场所。相比而言,道路多以交通功能为主,而街道则更多地与市民日常生活以及步行活动方式相关。当人们提及一座城市的印象时,通常都与街道有关,如上海的南京路、北京的王府井大街、南京的中山路、广州的北京路,以及巴黎的香榭丽舍大街、纽约第五大道等。街道有活力,城市就有活力,街道萧条城市也就索然无趣。

在以街道为代表的城市市井生活场所中发生的种种活动屡屡记载于各种史书,专业学者、文人墨客也时常以此为题材著书立说,艺术家也多以家乡生活经历和场所记忆为重要的创作来源。在地性城市活力所承载的场所集体记忆更是一个民族和一个地方演化成长的重要见证。

城市的活力很大程度上来自街道的活力。当代成功的街道复兴再生设计都以加强街道的复合多样功能及其服务设施改善为主要目标,从慕尼黑开欧洲步行街复兴之先河的"津森十字",到中国近年的成都宽窄巷子、北京南锣鼓巷、南京1912街区、杭州清河坊、上海新天地等都是如此。

据有关专家统计,城市中街道(含道路)面积约占城市总用地面积的四分之一左右,当然,这个比例随城市功能布局与地形差异会有不同。如旧城商业区街道密度就比较大,而一般住宅区中道路密度就比较小。街道空间和街景设计是城市设计关注的基本对象(图4-1、图4-2)。

从空间角度看,街道两旁一般有比较连续的建筑围合,这些建筑与其所在的街区及人行空间成为一个不可分割的整体,而道路则对空间围合没有特殊的要求,与其相关的道路景观主要是与人们在交通工具上的认知感受有关。

图4-1 乌尔姆教堂广场附近的城市街道

街道景观由天空、周边建筑和路面构成。街道路面起着分割或联系建筑群的作用,同时,也起着表达建筑之间空间的作用。古往今来的街道路面设计曾尝试运用过各种各样的材料,如石板路、弹石路、沥青路、砖瓦路、水泥路等,这些材料在材质质感、组织肌理和物理化学属性上各不相同,形成丰富多彩的街道路面形式。

城市发展的历史表明,不少传统城镇聚落开始都与线性街市发展有关。如我国一些江南水乡城镇早先就是以自然河道为基础发展起来的,所谓的"一河一街""一河两街"的空间形态就是城镇沿河线性发展的直接结果。当社会进入商品流通阶段,这些街道又得到进一步的发展,并逐渐演化为

图 4-2　苏黎世城市街景

"十字街"空间布局形态。罗马时代许多城镇和我国早期的
州县城镇都是典型的"十字街"格局。

　　从街道功能方面看，在古代，街道既是交通运输的动脉，
也同时是组织市井生活的空间场所。没有汽车的年代，街道
和道路是属于人的空间，人们可以在这里游玩、购物、闲聊
交往、欢愉寻乐，完成"逛街"所需的所有活动（图 4-3 至
图 4-5）。因为古代的交通运输工具尚不足以对人的步行行为
产生威胁，但这种情形到了马车时代，特别是汽车时代以后
就大不一样，街道性质就有了重大改变。由于人车混行，人
们不得不借助于交通安全岛、专用人行道和交通标识系统等
在街道上行走，且不得不忍受嘈杂的噪声和汽车尾气排放的
污染。这时人们再也享受不到"逛街"的乐趣，步行与其他
交通运输方式的共存与和平共处的局面也自然难以为继了。

　　在这种情况下，生活性街道与交通性道路就不得不分离
开来。交通干道上的公共建筑物也不得不开设到背向干道
的方向，并开设附属道路（图 4-6）。除巴黎、威尼斯等一
批著名历史城市外，大多数历史城镇以往那种亲切宜人、界
面连续、空间尺度适当的街区组织被现代城市基于效率和
机动性准则的发展完全摧毁了。经过多年的发展，人们发
现这种做法存在许多社会和环境问题：人际交往的慢生活
不可能建立在车行为主的道路上；高层建筑把人在垂直方
向分隔开，剥夺了家庭的基本户外生活要求，难以维持邻
里关系和家庭间的日常接触和交往。为此，直接的做法就
是重新恢复一些步行为主的街道空间。一些建筑师在 1950
年代末提出了一种在现代城市背景下的"空中街道"设想，
希望以网络形式连接不同的建筑群和城市社会活动场所，
其要点就是要恢复被人们所遗忘的街道概念，重建富有生
活活力的城市社区。

图 4-3 四川古镇罗城的街道空间和戏台

图 4-4　京都结合地势的三年坂街道

图 4-5　威尼斯城市街道

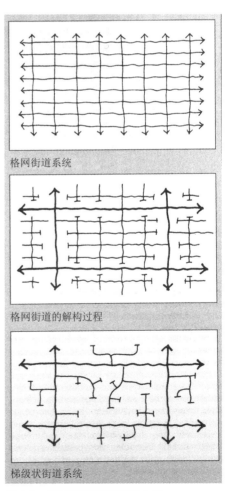

格网街道系统

格网街道的解构过程

梯级状街道系统

图 4-6　不同街道格网结构分析

4.1.2 街道空间设计

街道空间设计主要应满足以下几方面的需要[①]（图4-7）。

1）交通要求

无论是街道，抑或道路，首先是作为一地至另一目的地的联系的通道或土地分隔利用而出现的，因此保证人和车辆安全、舒适地通行就很重要。

（1）处理好人、车交通的关系。既方便汽车通行，又不对行人产生干扰；既要方便人、车进出，又要防止穿越的交通，被阻挡的过境车辆应有可能由边缘的道路通过。大范围的城市街道与道路网络，一般都由城市总体规划确定。

（2）处理好步行道、车行道、绿带、停车带、街道交结点、人行横道以及街道家具各部分关系。

（3）在现代城市建设中，街道应按立体空间考虑，但应注意要尽量使人们在同一层面上运动。

（4）由于人们有走近路的习惯，街道的设计除了应具备美观和趣味性之外，还应能与行进的主要目标配合，尽可能地将主要目标安排在街道人流动线上，减少过分的曲折迂回。

（5）由于街道在不同地段中人流、车流的活动情况不同，其横剖面宽窄应有所不同，所以最好是将街道分成不同段落，并对其进行功能、人流和车流疏密程度的研究，并相应决定其宽窄变化。

2）贯彻步行优先原则和生活功能要求

在城市中的许多地段，尤其是中心区和商业区、游览观

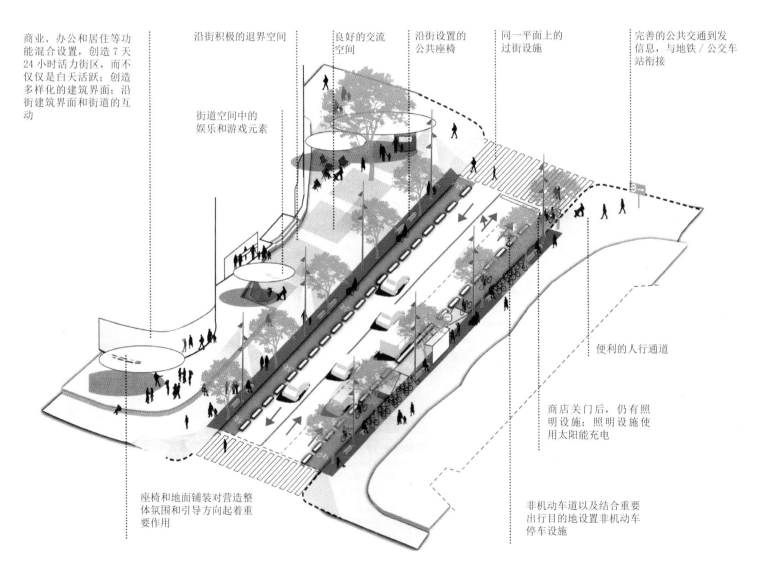

商业、办公和居住等功能混合设置，创造7天24小时活力街区，而不仅仅是白天活跃；创造多样化的建筑界面；沿街建筑界面和街道的互动

沿街积极的退界空间

良好的交流空间

沿街设置的公共座椅

同一平面上的过街设施

完善的公共交通到发信息，与地铁/公交车站衔接

街道空间中的娱乐和游戏元素

便利的人行通道

商店关门后，仍有照明设施；照明设施使用太阳能充电

座椅和地面铺装对营造整体氛围和引导方向起着重要作用

非机动车道以及结合重要出行目的地设置非机动车停车设施

图4-7 城市街道设计要素图解

光的重要地段，要充分发挥土地的综合利用价值，创造和培育人们交流的场所，就必须要在城市设计中贯彻步行优先的原则，建立一个具有吸引力的步道连接系统，这也是美国等发达国家在城市中心区复兴和旧城改造取得成功的重要经验之一。1980年，在日本东京召开的"我的城市构想"座谈会上，人们提出了街道建设的三项基本目标：①能安心居住的街道；② 有美好生活的街道；③ 被看作自己故乡的街道。这三项目标都是与人的步行方式密切相关的。

解决好步行和车行的矛盾，确保行人的安全，是步行优先原则贯彻的前提条件和基本要求。在城市街道中设立人行道护栏、休息座椅，加宽人行道虽有一定效果，但唯有实行人车系统彻底分流，才能根本解决这一问题。最常见的做法就是建造步行街和人行天桥系统，仅美国就已有200多个城市在城市中心区把主要街道改造成步行街，而人行与车行交汇处则要靠人行天桥系统来解决。在加拿大渥太华（Ottawa）、美国明尼阿波利斯、中国香港等城市，行人不必到底楼穿越马路，就可通过楼层系统到达其他商业办公设施（图4-8、图4-9）。

步行街（区）和立体步行交通系统的建立使人车流线分离，最大限度地避免了行人受到机动车造成的交通事故伤害，但这多适用于城市中的特定区域。实际上，根据国内外的统计分析，行人遭受的步行交通事故多发生于人车混行，尤其是行人过街空间中人车运动轨迹发生交叉的地点。从街道形态及环境设计的角度来提高步行活动空间的安全性成为城市设计的研究课题。20世纪70年代由荷兰学者首先提出的"居家庭院"（Woonerf）理念不仅强调人车共享街道和营造生活功能性街道空间，更包含了对街道中行人及日常活动安全的关注，其后经逐步发展而形成较为系统的"交通稳静化"（Traffic Calming）设计思想和措施。总体上，"交通稳静化"结合道路曲化、局部窄点等街道形态控制，路面铺装的色彩质感变化，以及减速装置的技术性设施，提示行人步行及过街空间，确保人车之间的视线可见性，降低机动车车速，从而避免事故的发生，在荷兰、德国、英国、日本等国家的实施取得了显著效果。

近年，我国一些城市纷纷开展了街道城市设计规范的研制工作，如2016年上海市编制完成的《上海市街道设计导则》[1]。该导则共包括3篇10章，对街道内涵、目标导向、设计要求、管理建议进行全面阐述，旨在明确理念、凝聚共识，统筹协调相关要素，改善政府部门管理方式，提升街道设计与建设水平，引导沿线业主和市民积极参与，对规划、建设、管理全过程进行指导。2017年4月，南京市颁布《南京市街

图4-8　明尼阿波利斯步行天桥

图4-9a　香港市中心步行系统之一

图4-9b　香港市中心步行系统之二

道设计导则（试行）》，该导则的读者对象包括所有与街道相关的设计师、决策者、管理者、沿线业主和市民，导则明确了设计师是街道设计工作的主体，街道设计需要包括规划师、城市设计师、建筑师、道路工程设计师、景观设计师等在内的设计师的共同参与。决策者和管理者则包括城市规划、建设、市政、交管、园林、城管、基层政府组织等相关政府部门的管理人员和部门领导。沿线业主和市民包括街道的使用主体和利益相关者。导则为街道的使用和沿线物业的建设和运营提供了规范性的引导。面向不同对象，导则的编制采用了条文、条文说明、案例解释相结合的方式，通过不同颜色、大小和字体的文字进行区分。

4.1.3　街道空间景观设计

街景设计中处理好使用、形体和空间环境秩序的连续性是非常重要的。这一连续性包括了建筑设施，乃至建筑的风格、尺度、用材和色彩等内容。但是，只有面和线性的连续，并不一定能创造出舒适宜人、美观适用的街道空间景观。许多历史城市不仅在街景艺术处理，如曲折、进退、对景、框景、节律等方面做得好，而且在街坊与建筑，以及与步行空间的配合上也做得很好。

由于城市街道纵横交错，形成一个个相对独立的面状生活空间单元，这也即是所谓的"街区"或"街坊"。传统城市市区街坊尺度较小（一般在百米以下），虽然限制了建筑的横向发展尺度，但却增加了行人的方便。现代城市中那些数百米边长的超大街坊和超大建筑极易造成尺度与人活动之间的不协调性。依据笔者研究，综合考虑人行活动、街道功能和交通组织，除了历史街区的传统步行街，现代城市矩形街坊边长一般设置在 150—250 m 较好。

沿街建筑是构成道路空间的垂直界面，对行人空间体验有着重要影响。在满足各类功能的前提下，沿街建筑，尤其是生活特征显著的道路底层建筑功能（如商业零售业）宜保持一定的连续性。一方面，类似的功能有利于建筑底部外立面造型的协调一致，同时行为方式的有效聚集也有利于形成良好的生活氛围。为此，纽约区划曾特别规定，百老汇大街、第五大道等道路的沿街建筑底层必须安排面向街道的零售业，且类似银行等非积极性商业不在其内。

沿街建筑的屋顶轮廓线是构成道路空间景观的重要因素。古今中外的经典道路实例证明，相对一致的建筑高度易于使人产生规整有序的感受。如巴黎、柏林、伦敦等欧洲名城沿街建筑的高度基本控制在 7 层 20—22 m。这一标准不仅反映为建筑的绝对高度，也包含建筑的檐口高度，因为檐口往往是行人所观察到的建筑与天空交接的真实界面。高度一致的建筑檐口可以给车行人流以规整的空间感受，整齐的裙房檐口则可以给步行人流以连续的界面体验。如东京丸之内地区所有高层建筑建设通过设计导则约定，必须继承历史上 31 m 的建筑檐口天际线，体现了该地区城市设计的延续性。在实际工作中，沿街建筑檐口立面必须考虑建筑功能要求，给建筑师设计留下合理的层高处理可能，而不是简单的"一刀切"。如南京老城南历史街区，檐口高度原先统一定在 7 m，建筑功能不太好布置，如做商业二层嫌低，一层太高，同时因为街区面积规模较大，容易带来新的"千篇一律"。在笔者近期完成的南京老城高度研究中，就将檐口 9 m 和 12 m 按总量的一定比例纳入规划设计管理，增加了历史街区步行街的高低错落和建筑使用的合理性[②]。

沿街建筑外立面色彩与材料的使用对道路形象也有很大的影响。虽然严控每栋建筑的色彩与材料有点刻板，但为道路制定一个统一的色调与材质基准，在此基础上由每栋建筑进行灵活变化的方式是必要的。此外，对于建筑附属设施，如户外广告、商招、阳台、窗檐、遮阳棚、空调窗机等突出建筑外墙的部分，也需要通过城市设计的要求去协调，避免因零乱对道路景观造成破坏。

沿街建筑既是街景构成的空间内界面，又是所在街坊的外界面。通过城市设计，我们就能将沿街建筑与周围空间的环境处理成一个整体。如将高层建筑或公共建筑沿街适当后退，留出广场绿地，这一方面可以吞吐吸纳人流，另一方面可以增加空间层次，起到由街到坊的空间过渡作用。而良好的街景不但成为塑造城市特色的主要因素，而且可发挥协调一定范围内视觉效果的功能，即使是重复使用某些特定的街道设施，如地铺面、行道树、自动售货机、公共电话亭、公交车站、路灯等，也会有利于创造街景统一中的变化和艺术效果。

街道上的树木栽植对于街道城市设计成功也非常重要。沿街建筑是由不同建筑师根据不同的投资业主，在不同时间里设计建造出来的，因此，设计水平、形体尺度、建筑风格常常是变化有余，统一不足，甚至不排除一些设计低劣、乏善可陈的建筑。而整排连续的行道树就能提供视觉统一性的保证，乃至成为一种独特的街景风格，如南京有悬铃木（法桐）簇拥的中山路、巴黎的香榭丽舍大道及美国一些城市中的"公园路"等。

4.1.4　街道和道路的层次等级及其设计

不同功能的街道和道路，城市设计的要求和考虑是不同的。综合考虑到步行空间环境和车辆进出方便的协调平衡，可以将街道按其功能作用不同分成不同层次和类别。如美国就将街道划分成主要干道（Major Arteries）、收集道路（Collectors）、大众运输道路（Transit Ways）、邻里道路（Local Access Streets）等，在不同等级的街道上，行人和车辆使用空间的分配是不同的。例如，城市中大众运输道路和邻里道路往往是行人步道系统中最重要的元素，设计时应与市区重要的人行活动和工作场所相配合；而交通流量较大的城市干道，虽可同时容纳与街道平行的行人流动和行人穿越点，但车行交通的效率和安全性确是这一级道路考虑的主要因素，有时甚至需要采用高架和地下隧道的方式加强机动车的通过能力；收集道路则介于二者间。国内外一些大城市现已将城市中心区的干道高架，与地面普通道路分离，如上海、广州、日本的东京、名古屋等；有些城市出自景观方面的考虑，还将干道以地下隧道方式经过人流和建筑稠密的城市中心区，如南京就分别建造了城东干道地下隧道、城西干道隧道、九华山隧道和玄武湖隧道，极大疏解了繁忙的城市主干路交通。著名的波士顿"大开挖"（Big Dig）历经 16 年，花费了 220 亿美元（约1300 亿人民币）建成城市地下桥隧，基本解决了波士顿最突出的交通问题，但巨大的投资也引发了社会各界的争议。

事实上，早在 20 世纪初，柯布西耶等人就已经预见到未来的大城市发展必将采用人车分离的方法来解决现代城市的汽车交通问题。美国纽约 60 多年前的总体规划，英国1960 年代的新城规划建设也提出了完全的人车分离方案。但也有学者认为，街道完全与机动车隔离并不是任何时候都是必要的，如加拿大渥太华则采取了人车协调共存的模式，并认为这比较符合街道运作的历史传统。

就设计而言，城市干道是城市大交通系统的一部分，设计时应优先考虑驾乘人员的视觉要求，优先考虑道路的交通流量、效率、安全和视觉连续以及城市对外门户的景观要求，有些城市主干道还可作为城市的迎宾礼仪的纪念性道路来设计，如华盛顿的宾夕法尼亚大道、北京长安街、南京太平北路等。一般来说，干道两侧对于住宅和写字楼开发有吸引力，但却不利于零售商业的开发。收集道路、大众运输道路等城市次级街道则应具有将道路两侧街面整合成一体的功能，并应容纳和鼓励行人使用，城市设计还应考虑环境艺术小品、富有特色的街道设施、地铺面、街灯等接近人尺度的布置（图4-10 至图 4-17）。

4.2 城市广场空间

广场是现代城市空间环境中最具公共性、最富艺术魅力、

图 4-10　费城唐人街

图 4-11　台北迪化街

图 4-12　丹佛中心区十六街

图 4-13　香港兰桂坊步行商业空间

图 4-14　维也纳中心区步行商业街

图 4-15　布拉格老城步行街

图 4-16　布拉格老城街道和广场

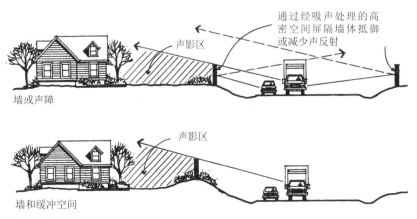

图 4-17　城市街道交通隔声处理

也是最能反映城市文明和社会氛围的开放空间。

4.2.1　城市广场设计的历史经验

城市广场的发展已经有数千年的历史。

从西方看，真正意义上的城市广场源于古希腊时代。由于当时浓郁的民主气氛和温和适宜的气候条件，所以人民喜爱户外活动，同时也有宗教神庙祭奠和议事功能的需要，这就促成了广场这样的户外交往空间的产生。广场的规划设计集中反映了人们对空间的体验感受和审美情趣。古罗马的广场使用功能有了进一步的扩大。除了原先的集会、市场用途外，还包括了审判、庆祝、竞技等职能。著名实例有罗马罗曼努姆广场、凯撒广场、奥古斯都广场和图拉真广场等。有趣的是，这些广场互相组织在一起，成为一个广场群，是后世经常提及的城市设计历史先例。

中世纪的广场曾经是意大利城市空间中的"心脏"。当时的意大利城市大都拥有匀称得体、充满魅力的广场。有学者认为，"如果离开了广场，意大利城市就不复存在了"[2]。从功能上讲，意大利广场主要分为市政、商业、宗教以及综合性等类型。中世纪城市具有一种高度密实的城市空间特征，随着教堂、修道院和市政厅的建设，人们逐渐感到应有某种开放空间与其功能相匹配，这种局部拓展的空间区域就成为广场的雏形，市民们在此参与城市的社会、政治、文化和商业的活动。从规划设计方面看，中世纪城市广场大多具有

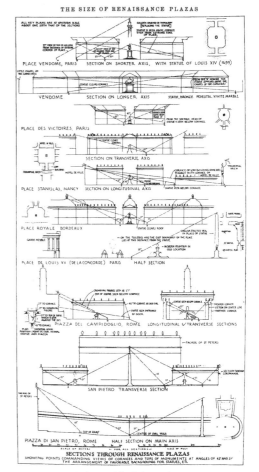

图 4-18　文艺复兴时期广场尺度

图 4-19a　罗马卡比多广场

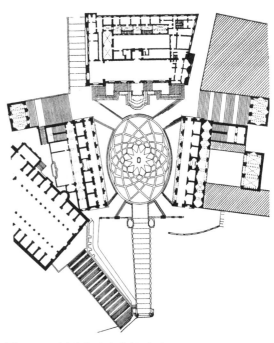

图 4-19b　罗马卡比多广场平面

图 4-20a　罗马圣彼得大教堂广场剖面

图 4-20b　罗马圣彼得大教堂广场平面

较好的围合性，规模尺度适合于所在的城市社区，地点多位于城市中心，周边建筑物一般具有良好的视觉、空间和尺度的连续性，著名实例有锡耶纳的坎波广场、维罗纳的市政广场等。

15 世纪文艺复兴时期的城市广场的主要特点是，力图在城市建设和对现存的中世纪广场改造中体现人文主义的价值，追求人为的视觉秩序和庄严雄伟的艺术效果。科学性、理性化程度明显得到加强，并运用了透视术和比例法则等美学原理（图 4-18）。世界闻名遐迩的威尼斯圣马可广场就是在这一时期基本完成的。同时，文艺复兴的城市广场还在具体规划设计方面建立了一种至今仍有效的广场空间设计美学规范，如 16 世纪由米盖朗琪罗设计的罗马卡比多广场（图 4-19）。

巴洛克城市广场设计的主要贡献是，将广场空间最大程度上与城市路网体系联成一个整体，并使城市形态呈现为更加活泼和动态的格局。它强调塑造一种可以自由流动的连续空间，强调广场及其建筑要素的动态视觉美感、有机结合地形以及城市道路对景。著名实例有罗马的圣彼得大教堂广场、纳沃纳广场、波波罗广场和圣马可广场等（图 4-20 至图 4-26）。

中国古代城市广场相对比较缺乏，散布于少数城市和民间乡镇的主要是庙宇、宗祠和市场广场。明清以降，随着资本主义萌芽的产生，在城市中心以及城市的对外交通的门户上逐渐有了商业性的公共空间。此外，在我国少数民族地区

图 4-21　罗马圣彼得大教堂广场

图 4-22 从罗马圣彼得大教堂广场看向东通往台伯河的轴线

图 4-23 从罗马圣彼得大教堂鸟瞰罗马城

图 4-24a 罗马纳沃纳广场

图 4-24b 罗马纳沃纳广场

图 4-25 威尼斯圣马可广场

图 4-26 罗马波波罗广场

图 4-27 纽约派雷（Paley）袖珍广场

亦有着不少原始自然崇拜的广场。实例有南京夫子庙广场和人称"山顶一条船"的四川罗城广场等。

现代城市广场设计又有了突破性进展，它已经不再是一个简单的空间围合和视觉美感问题，而是城市有机组织中不可缺少的一部分。规划建设时除运用传统的规划学和建筑学科知识外，还必须综合生态学、环境心理学、行为科学的成果，并充分考虑设计的时空有效性和维护管理要求。另一方面，历史遗存的城市广场改造和保护也取得了瞩目成就，许多著名广场及其广场的活动今天仍然很好地保存了下来，并被赋予了新的意义。

4.2.2 现代城市广场的规划设计

从物质角度看，广场系一种经过规划设计的，由建筑物、构筑物或绿化等围合而成的开放空间。一般我们可用以下要素评判广场。

诸如：广场功能及其最初形成的诱发契机；城市中的位置；与城市街道路网的关系；广场和四周建筑物的尺度及其相互匹配关系；广场的主题及意义。

现挑取几个重点元素进行阐述。

1）广场的功能

广场的功能和作用有时可以按其城市所在的位置和规划设计要求而定；有时它可以结合城市重要的公共建筑，如政府办公楼、博物馆和影剧院等来兴建；有时处于城市干道交汇的位置，广场主要起组织交通作用；而更多的广场则是结合广大市民的日常生活和休憩活动，并为满足他们对城市空间环境日益增长的艺术审美要求而兴建的。今天的现代城市广场还愈来愈多地呈现出一种体现综合性功能的发展趋势。

2）广场的主题和特色

广场作为城市空间艺术处理的精华，往往是城市风貌、文化内涵和景观特色集中体现的场所。因此，城市广场的主题和个性塑造非常重要。广场建设可以浓郁的历史背景为依托，使人在闲暇徜徉中获得知识，了解城市过去曾有过的辉煌。如南京的汉中门广场，以古城城堡为主题，辅之以古井、城墙和遗址片断，为游人营造了一种凝重而深厚的历史感；南京鼓楼广场则是一个历史上以古代制高点鼓楼命名，特殊时期曾作为市民集会的场所，现代又以紫峰大厦、邮政大楼、电信大楼等围合并建有地铁和南北隧道的交通性广场。广场常常可以创造优雅的人文气氛或特殊的民俗活动，如意大利锡耶纳坎波广场举行的赛马节和佛罗伦萨市政厅广场的足球赛都是世界闻名的民俗活动，广场的场所意义在这时最能得到充分体现。再如南京夫子庙每年元宵节的灯会、朝天宫广场周末的收藏品交流市场等都是极富特色的城市人文景观。

同样，现代城市广场也可以利用新的特定使用功能、场地条件和景观艺术处理来塑造出自己的特色（图 4-27）。

概括起来说，现代城市广场主要特点有如下三点：

（1）范畴扩大，不仅市政广场、商业广场等是城市的主要广场，较大的建筑庭院、建筑之间的开阔地等也具有广场的性质。

（2）多样化。古典广场大多在夏季气候宜人的欧洲，一般以硬地铺装、雕塑和建筑围合为主。而现代城市广场已经遍布世界，由于不同的气候条件和广场功能和尺度的变化，绿化栽植也成为重要的构成要素。同时，广场形式日益走向复合式和立体化，广场空间的形态从建筑围合的简单方式逐步拓展到立体空间，包括下沉式广场、空中平台、步行街等。

（3）公共性。广场的使用进一步贴近人的生活，更多的体现对人的关怀，强调公众作为广场使用主体的身份。同时，将广场作为综合解决环境问题的手段，强调广场对周边乃至城市空间及交通人流的组织作用。

4.2.3 广场的空间形态

广场空间形态主要有平面型和空间型。

历史上以及今天已建成的绝大多数城市广场都是平面型广场。在现代城市广场规划设计中，由于处理不同交通方式的需要和科学技术的进步，对抬升式广场和下沉式广场给予了越来越多的关注（图4-28至图4-31）。

抬升式广场一般将车行放在较低的标高层或地下，而把人行和非机动车交通放在地上，实现人车分流。例如，巴西圣保罗市的安汉根班（Anhangaban）广场就是一个成功的案例。该广场地处城市中心，过去曾是安汉根班河谷。20世纪初由法国景园建筑师波瓦（Bouvard）设计成一条纯粹的交通走廊，并渐渐失去原有的景观特色，人车混行导致了严重的城市问题。为此，当地重新组织进行了规划设计，设计的核心就是建设一座巨大的面积达6 hm² 的上升式绿化广场，而将主要车流交通安排在低洼部分的隧道中，这项建设不仅把自然生态景观的特色重新带给这一地区，而且还能有效地增强圣保罗市中心地区的活力，进而推进城市改造更新工作的深入（图4-32、图4-33）。耗时多年，2007年才竣工完成的波士顿"大开挖"将穿越城市滨水核心区的高速公路改成隧道，将地面大部分还给城市公共空间和公园

绿地，也是类似的案例。

下沉式广场在当代城市建设中应用更多，特别是在一些发达国家。下沉式广场不仅能够解决不同交通的分流问题，而且在现代城市喧嚣嘈杂的外部环境中，更容易取得一个安静安全、围合有致且具有较强归属感的广场空间。在有些大城市，下沉式广场常常还结合建筑功能、地下街、地铁乃至公交车站的使用，如美国费城市中心广场结合地铁设置，日本名古屋市中心广场更是综合了地铁、商业步行街的使用功能，成为现代城市空间中一个重要组成部分。

4.2.4 广场的空间围合

在广场围合程度方面，我们可以借助格式塔心理学中的

图4-28 西安钟楼广场及其与周边建筑的关系

图4-29 横滨地标塔船坞广场

图4-30 芝加哥伊利诺伊州政府大楼前广场

"图底关系"（Figure and Ground）进行分析。一般地，广场围合程度越多，就越易成为"图形"。中世纪的城市广场大都具有"图形"的特征。但围合并不等于封闭，在现代城市广场设计中，考虑到市民使用和视觉观赏，以及广场本身的二次空间组织变化，必然还是需要一定的开放性，因此，广场规划设计掌握这个"度"就显得非常重要。

广场围合一般有四种情形：

① 四面围合的广场：当广场规模尺度较小时，这类广场

图 4-31　名古屋中心区绿洲（OISIS）广场

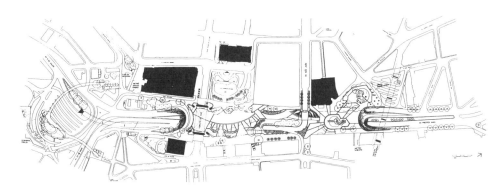

图 4-32　圣保罗安汉根班广场平面

图 4-33　圣保罗安汉根班广场模型

就会产生极强的封闭性，具有强烈的向心性和领域感。

②三面围合的广场：封闭感较好，具有一定的方向性和向心性。

③二面围合的广场：常常位于大型建筑与道路转角处，平面形态有"L"形和"T"形等。领域感较弱，空间有一定的流动性。

④仅一面围合的广场：这类广场封闭性很弱，规模较大时可考虑组织不同标高的二次空间，如局部下沉等。

总之，四面和三面围合是最传统也是最典型的广场布局形式。值得指出的是，有些围合广场可以配合现代城市里的建筑设置，如黑川纪章（Kurokawa）设计的福冈银行入口广场、原广司设计的大阪新梅田中心广场等。同时，还可借助于周边环境乃至远处的景观要素，有效地扩大广场在城市空间中的延伸感和枢纽作用，如南京鼓楼广场西抵鼓楼高地、东可眺望北极阁丘陵景观，成为南京城市自然绿脉延伸的一部分。

广场围合常见的要素有建筑、树木、柱廊和有高差的特定地形等。此外广场围合还与广场的开口位置和大小有关，如在广场角部开口围合程度就差一些。

4.2.5　广场的尺度

广场处理最关键的是尺度问题。即广场与周边围合物的尺度匹配关系，广场与人的观赏、行为活动及使用尺度的配合关系。西特曾指出，广场平面边长最小尺寸应等于其周边主要建筑的高度，而最大尺寸不应超过主要建筑高度的2倍。当然，如果建筑处理较厚重，且宽度较大，亦可以配合一个较大的广场。虽然广场长宽比也是重要的尺度控制要素，但很难精确描述，广场千变万化，也不尽规则。经验表明，一般矩形广场长宽比不大于3:1。

如果用L代表广场的长度，用D代表广场的宽度，用H代表周边围合物的高度，则有：① $1<D/H<2$；② $L/H<3$。但是，这种比例关系也是相对的。大体上属于对空间的一种静态视觉感受分析，如果加上人的活动、特殊的广场功能及广场的二次空间划分，该关系就要根据实际情况调整。

广场具有人的尺度同样重要。因为广场一定程度上是为缓解和调剂现代人高节奏的城市生活，并让他们共享城市公共环境而建设的。

从空间视觉美学角度看，视线所达的对景界面高度（H）与观察者到界面的距离（D）就有如下几种典型的场景：① $D/H=1$，即垂直视角为45度，可看清实体细部，有一种内聚、安定感。② $D/H=2$，即垂直视角为27.5度，可看清实体整体，内聚向心而不致产生离散感。③ $D/H=3$，则

可看清实体与背景的关系，空间离散，围合感差。

至于广场的环境小品布置，如路灯、花台、电话亭、广告标识、休息设施、界面铺装、材料色彩、植物花草配置等更要以人的尺度为设计依据。

4.2.6　广场设计的原则

现代城市广场规划设计主要有6条原则，即整体性原则、尺度适配原则、生态性原则、多样性原则、可达性原则和步行化原则。

1）整体性原则

对于一个成功的广场设计而言，整体性非常重要，具体包括功能整体和环境整体两方面。

功能整体即是说一个广场应有其相对明确的功能和主题。在这个基础上，辅之以相配合的次要功能，这样的广场才能主次分明、特色突出，如北京天安门广场、南京夫子庙广场。不能将一般的市民广场同交通为主的广场混淆在一起。

环境整体同样重要。它主要考虑广场环境的历史文化内涵、时空连续性、整体与局部、周边建筑的协调和变化有致问题。城市建设中，时间梯度留下的物质印痕是不可避免的，在改造更新历史上留下来的广场应妥善处理好新老建筑的主从关系和时空接续问题，以取得统一的环境整体效果。

2）尺度适配原则

即根据广场不同的使用功能和主题要求，赋予广场合适的规模和尺度。如政治性广场和一般的市民活动广场尺度上就有较大区别。

从趋势看，大多数广场都在从过去单纯为政治、宗教服务向为社区和市民服务转化。即使是天安门广场，今天也改变了以往那种空旷生硬的形象而逐渐贴近生活，每天都有很多游客前往观光，国旗升旗仪式一直是培养公民爱国主义精神的重要活动。

3）生态性原则

广场是整个城市开放空间体系中的一部分，它与城市整体的生态环境联系紧密。一方面，其规划的绿地、花草树木应与当地特定的生态条件和特色栽植特点（如"市花"和"市树"等）相吻合；另一方面，广场设计要充分考虑本身的生态要求，如阳光日照、风向和水面等。

4）多样性原则

城市广场虽应有一定的主导功能，但也可以有多样化的空间表现形式和特点。由于广场是人们共享城市文明的场所，它既反映作为群体的人的需要，也要综合兼顾特殊人群，如残障人士的使用要求。同时，服务于广场的设施和建筑

功能亦应多样化,纪念性、艺术性、娱乐性和休闲性兼容并蓄(图4-34)。

5)步行化原则

这是城市广场的主要特征之一,也是城市广场的共享性和良好环境形成的必要前提。广场空间和各种要素的组织应该支持人的行为,如保证广场活动与周边建筑及城市设施使用的连续性。

我国大规模的城市广场建设,自1990年代逐渐起步并取得重要进展。仅南京市在不到3年的时间里,就先后兴建了明故宫广场、水西门广场和汉中门广场,并分三期扩建了鼓楼广场。西安、成都、上海等很多城市均在广场建设方面取得突出成绩(图4-35至图4-37)。

4.2.7 案例分析

1)洛克菲勒中心广场

洛克菲勒中心广场建成于1936年。它是美国城市中公认最有活力、最受人欢迎的公共活动空间之一。中心由十余栋建筑组合而成,空间组合生动,外部环境富于变化,中心布局上同时满足了城市景观和人们进行商业、文化娱乐活动的需要,所以又被称为"城中之城"。

在70层主体建筑RCA大厦前有一个下沉式的广场,广场底部下降约4 m,与中心其他建筑的地下商场、剧场及第五大道相连通。由城市道路进入广场的道路称为"峡谷花园"(Channel Garden)。在广场中轴线尽端,是金色的普罗米修斯雕像和喷水池。它以褐色花岗石墙面为背景,成为广场的

图4-34 横滨港口未来21世纪地区广场中的杂耍表演

图4-35 南京鼓楼广场

图4-36 拉萨大昭寺广场

图4-37 上海市结合地铁的静安寺广场

视觉中心，四周旗杆上飘扬着各国国旗。下沉广场的北部是一条较宽的步行商业街，街心花园布置有座椅等方便设施供人休憩（图 4-38）。

从城市设计角度看，广场下沉式处理可以避开城市道路的噪音与视觉干扰，在城市中心区为人们创造出比较安静的环境气氛。广场虽然规模较小，但使用效率却很高。每逢夏季就支起凉棚，棚下安排咖啡座，棚顶布满鲜花；冬季则又变成为溜冰场。环绕广场的地下层里布置各类餐馆，就餐的游人可透过落地大玻璃窗看到广场上进行的各种活动（图 4-39 至图 4-43）。

洛克菲勒中心广场创造了繁华市中心建筑群中一个富有生气的、集功能与艺术为一体的新的广场空间形式，是现代城市广场设计走向功能复合化的典范案例，其成功经验为许多后来的城市广场设计提供了参考。

2）波士顿市政厅广场

波士顿市政厅广场及其周边地区是随市政厅的建成而改建的。波士顿市政厅是通过国际建筑设计竞赛，由意大利建筑师卡尔曼（Kallman）和麦金奈尔（Mckinnell）所设计。市政厅于 1963 年开工，1968 年完成。该建筑物平面呈矩形，中央是一个方形内院，立面很富有古典建筑的纪念性品格。

广场的规划设计则由著名建筑师贝聿铭承担，总规划范围为 24 hm²。广场设计与市政厅及其周边建筑结合得很好，并以市政厅为中心带动周边地区的建设开发。在城市设计方面，对周边地区的建筑密度、体块和风格等提出了控制要求

图 4-38　从纽约第五大道进入洛克菲勒中心广场的"峡谷花园"

图 4-39　夏季的纽约洛克菲勒中心广场

图 4-40　冬季的纽约洛克菲勒中心广场

图 4-41　纽约洛克菲勒中心广场与城市空间的关系

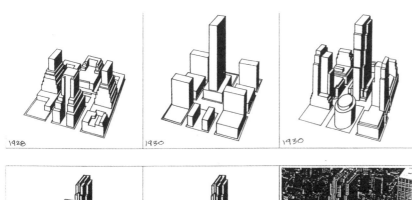

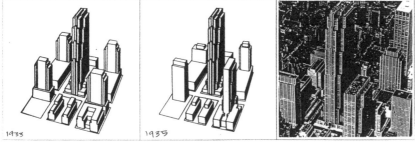

图 4-42　纽约洛克菲勒中心设计方案演变

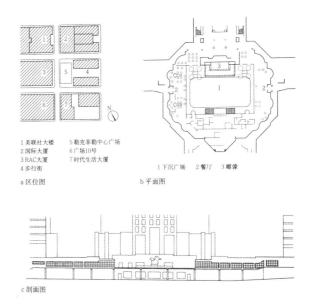

1 美联社大楼　　5 勒克菲勒中心广场
2 国际大厦　　　6 广场10号
3 RAC大厦　　　7 时代生活大厦
4 步行街

a 区位图

1 下沉广场　　2 餐厅　　3 雕像

b 平面图

c 剖面图

图 4-43　纽约洛克菲勒中心平面、剖面、空间结构示意

和设计导引，促进并保护了这一地区的空间模式。广场规模则通过对欧洲典型城市广场原型的分析来确定，进而确定广场的空间界面，保证广场空间良好的比例。广场地面采用富有地方特色的红色地砖和白色花岗岩分格线组合，一直从市政厅室内铺至整个广场。它虽属于平面型广场，但在空间处理上还是利用了地段的坡度，从广场中心向坎布里奇大街和梅明马克大街呈台阶状跌落处理。加强了广场空间与城市空间的渗透，广场一角则布置了一扇形下沉式小广场等作为空间过渡的元素，增加了空间层次和丰富性。纽约时报在其建成时曾发表过一篇评论，认为它是"20世纪最优秀的城市广场之一"（图 4-44 至图 4-47）。

3）洛杉矶珀欣广场

珀欣广场（Purshing Square）位于洛杉矶第 50 大街与第 60 大街之间，其历史可以追溯至 1866 年。从那时起，广场曾重新设计过多次，1918 年，该广场终以珀欣（Purshing）将军命名。1950 年代，广场下建有一个 1800 个车位的地下停车场。但到 1980 年代，该广场已经变成一个无家可归者和吸毒者聚集的场所。

1980 年代，广场四邻的业主出于经济、环境和文化等方面的考虑，发起了一场珀欣广场复兴运动，在珀欣广场业主协会和城市社区改造协会共同努力下，这一运动引起了城市建设决策者的重视。经多次研究和协调，洛杉矶城市更新和

园林局决定保留该广场。

1991 年，纽约大地规划事务所在广场重新设计竞赛中标，但是该方案造价过高，后由海纳 / 奥林和里卡多·雷可瑞塔完成设计任务。在经费方面，珀欣业主协会通过税收筹集了 850 万美元，而另外的 600 万美元则由社区改造当局提供。这个机构与社会有关务业部门协同工作，为原滞留广场的无家可归者提供咨询和帮助。

该设计用正交关系线组织，顺应了城市的原有脉络。粉色混凝土铺地上耸立起了一座 10 层楼高的紫色钟塔，与此相连的导水墙也是紫色的，墙上开了方的窗洞，成为从广场看毗邻花园的景窗。

广场的另一边有一座鲜黄色的咖啡馆和一个三角形的交通站点，后者背靠着另一堵紫色的墙。在广场四个角上则安排了四个步行入口。二三棵并排的树列限定了广场的边界。高大成组的树列减弱了环绕广场的车行路的影响，但却能保留广场与周边建筑的联系。在广场东边，由老公园移植过来的 48棵高大的棕榈树在钟塔边形成一个棕榈树庭。广场的中央是橘树园，这也是洛杉矶的特色之一。

圆形的水池和正方形下沉剧场是公园中的规则几何元素。水池边的铺地用灰色鹅卵石铺成并与周围铺地齐平，并有意做成类碟子的圆边，匠心独具。在水池边缘，从导水墙喷起的水落入水池中央并起起落落，模仿潮汐涨落的规律，

图4-44　波士顿市政广场总平面规划

图4-45　波士顿市政广场鸟瞰

图4-46　波士顿市政厅和广场

图4-47　波士顿市政广场地面高差处理

每8分钟一个循环。水池中央还有一条模仿地震裂缝的齿状裂缝。可容纳2000人的露天剧场地面植以草皮，踏步则用粉色混凝土。舞台的标志是4棵棕榈树，同水池一样，它们是对称布置的。广场的出色之处在于，设计中运用了对称的平面，但是被不对称却整体均衡的竖向元素打破，如塔、墙、咖啡店（图4-48至图4-51）。

总之，这是美国商业区新建的比较成功的广场之一。该

广场以自然与秩序并重的城市设计手法，表现了作为场所精神存在的空间环境。同时，设计裹挟了一定的促进政治安定的目的，考虑了与南加利福尼亚的拉美邻国墨西哥文化方面的渊源关系，最终建成一个满足多方需求的广场。

4）曼彻斯特皮卡迪利广场

皮卡迪利广场（公园）位于英国中部的工业城市曼彻斯特，由安藤忠雄与易道公司和阿鲁普事务所合作完成了他在

图 4-48　洛杉矶珀欣广场平面

图 4-49　珀欣广场全景

图 4-50　从西南入口看珀欣广场

图 4-51　珀欣广场细部

英国的第一个设计作品。该广场过去曾经一度治安不良、环境恶化，很难让人接近。该广场设计旨在使所在环境成为一个市民休闲集会的场所。在新的广场规划中，保留了原来的女王雕像，并设计了椭圆形的喷泉空间、草坪和步行道，面对电车和巴士站的一面设计了一面弧形的"安藤的墙"，把公园从喧闹中隔离出来，既有效控制了广场的整体空间，也很好地融入了城市整体环境。虽说是"墙"，但仍然有屋顶，局部还有玻璃门。当地雨水很多，所以该建筑也可用于约会和避雨，体现了对人的关怀[3]（图 4-52、图 4-53）。

图 4-52　曼彻斯特的皮卡迪利广场

图 4-53　曼彻斯特的皮卡迪利广场平面

4.3 城市中心区

4.3.1 城市中心区含义

城市中心系指城市中供市民进行公共活动的地方，在中心区内一般集中了城市第三产业的各种项目，如公共建筑、行政办公建筑、商业建筑、科研建筑和文化娱乐设施等等。在城市规划和城市设计语境中，有时也用"中央商务区"（CBD，规模一般较小）和"中央活力区"（CAZ，融合了城市更多的生活功能，规模一般较大）来部分表达城市中心的含义。

城市中心可以是一种具有集聚效果的空间，如一个广场或一片特定的地区。在欧洲一些国家，把城市中心所在的那部分地区称之为"City"，在美国也有人把市中心这部分地区称为"Downtown"，意指该地区集中了比较多的金融贸易机构办公楼、酒店和商业建筑等。中国则一般称市中心为商业中心（如北京王府井、南京新街口、天津劝业场及上海南京路等）和政治中心（如天安门广场及其周边地区）。但现在有一种功能复合化的发展趋势，在规模较大的城市中，可以有不止一个的、层次不同且功能互补的中心，如为全市服务的市中心、分区中心、居住社区中心等，它们包括了行政、政治、经济、文化、商业、金融、娱乐等方面的功能。

通常，城市中心集中体现了城市的风格面貌和文化特色，是城市建设中的"点睛之处"。正如吉伯德所指出，"把城市中心作为一个整体考虑时，显然它必须给人一种最文雅的感觉；有高度组织的空间，有很好的建筑气氛，给人最强烈的印象"[4]（图 4-54 至图 4-56）。

4.3.2 城市中心区的历史发展

古代城市中心多以政治、宗教活动为主，附带有部分的市场的商业活动，如前述古罗马广场群、意大利中世纪城镇中的广场等。随着社会的进步，城市中心区越来越多地趋向于平民化。直到 20 世纪初，城市中心区一直是城市社区和社交生活的主要焦点。人们在此交往、互通信息、游逛购物，

图 4-54　纽约曼哈顿中心区

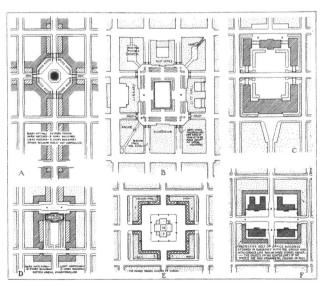

图 4-55　城市中心区空间组织经典方式

图 4-56　波士顿市中心鸟瞰

休闲娱乐或表现自我,是城市特定社区的象征。

传统城市中心区之所以能成为政治、文化和社会生活的焦点,一般会具备两个基本条件:一是它位于城市交通网络和系统的枢纽位置;二是复合化和相对紧凑的土地使用方式,具有对城市社区各种活动的吸引作用,从而中心具有良好的可达性、多样性和积聚性的特点。

随着交通方式、社会经济、人口结构和生活方式的发展,传统的市中心经历了经济和空间环境的双重变化。

在交通方面,马车和电车的使用逐渐取代步行,使工作、居住及休闲功能分区成为可能,但也使当时一些大城市出现了严重的交通问题。二次大战后,汽车运输方式的普及,高速公路的出现使居民出行方式、活动空间范围大大增加,并直接导致后来的城市郊区化。

当代社会经济发展呈现出日益多元化的趋势,这直接导致一些城市中心区倾向于安排高度集中的金融贸易、办公等用途的房地产开发,而这种纯以经济便捷为目标的建设开发,虽然增加了中心街区空间的繁荣,却将一些规模较小、获利较低的开发用途排除出去,使得中心区失去传统的"多样性"特征。而且,中心区内许多依赖全天候的行人活动和购物休闲而存在的行业,也因行人使用活动局限于上下班和午休时间而迅速衰微。特别是如果中心区主要街道两侧只安排行政办公类建筑,那下班以后,窗户灯光熄灭,

行人稀少,街道上没有交通,就会给人们一种冷冷清清的不祥之感,美国和英国许多大城市都有这个问题。我国城市中的旧城中心区一般情况较好,但近些年城市新区的城市中心区也存在这个问题。

同时,在上述因素和汽车普及、建筑工程技术及电梯技术迅猛发展的背景和前提下,城市中心区亦越来越趋向于向高层发展。机动车道路取代了传统的人行步道空间、停车空间需求日益突出、空间环境的尺度和围合性也产生了巨大变化,而事实证明,优先考虑机动车、交通和停车需要的做法往往会削弱市中心区紧凑而密实的组织架构。

1960年代以来,城市中心区进入一个调整、改造和更新的发展阶段。人们对于市中心在吸引人群和投资方面的潜能和特质等有了较以前更深的了解,传统的经验亦为旧市区复兴目标的制定提供了重要的参考。在这种背景下,世界各地都成功实施了一系列中心区城市设计和再开发案例。其中公共空间和步道系统的建设、旧城中心历史地段及建筑保护和新型城市管理方式的实施,都直接促进了城市旅游观光和文化娱乐事业的蓬勃发展,也给城市中心区注入了全新的活力(图4-57至图4-61)。

不仅如此,在发达国家,家庭和人口结构的改变、市郊住宅价格的上涨和新型大众捷运系统的完善及信息时代的初露端倪也都是城市中心区复兴的新的促进因素。

图4-57 丹佛市中心

图4-58 丹佛市科罗拉多州政府广场

图 4-59　丹佛市中心城市设计

图 4-60　悉尼市中心远眺

图 4-61　墨尔本市中心联邦广场

4.3.3　城市中心区的设计开发原则

美国学者波米耶（Paumier）在《成功的市中心设计》
（*Designing the Successful Downtown*, 1988）一书中，曾论及
到城市中心区开发的 7 条原则，其内容基本包括了中心区城
市设计的要点，现将其引述并点评如下：

1）促进土地使用种类的多样性

城市中心区土地使用布置应尽可能做到多样化，有各
种互为补充的功能，这是古往今来的城市中心存在的基本条
件。城市中心规划设计可以整合办公、商店零售业、酒店、住
宅、文化娱乐设施及一些特别的节庆或商业促销活动等多种
功能，发挥城市中心区的多元性市场综合效益。笔者早年完
成的浙江义乌市中心城市设计竞赛方案就综合考虑了行政办
公、商业、居住、历史保护等用地的有机组合（图 4-62）。

2）强调空间安排的紧密性

在现代城市中心的规划布局考虑上，其开发项目不论是
直接为本市居民服务的，还是间接的甚至不为本市居民服务
的，都有集中布置的趋势。一般来说，将具有相近功能的设
施集中在一起是有利的，这不仅对这些设施本身的日常运营
有利，而且也能更好地为人们服务。紧凑密实的空间形态有
助于人们活动的连续性。同时，空间过于开阔也会导致各种
活动稀疏和零散，在城市设计手法上最常用的就是应推荐采
用建筑综合体的布置办法，"连"和"填"。即填补城市形体
架构中原有的空缺，沿街建筑的不连续，哪怕是一小段，都
会打断人流活动的连续性，并减低不同用途之间的互补性。

3）提高土地开发的强度

无论从经济的角度看，还是就市中心在城市社区中所起

图 4-62　浙江义乌市中心区城市设计

的作用而言，城市中心区都应具有较高密度和商业性较强的
开发，只是需注意不要对城市个性和市场潜能造成过大的压
力，对交通和停车要求也应有周全的考虑。中心区中最常见
的高楼大厦被大片地面停车场所环绕，这种做法是不可取的。
此外，城市土地的综合利用也是保证土地开发强度的一种有
效方式，同时，城市设计应特别关注沿街建筑在水平方向的
连续性和建筑对空间的围合作用。

4）注重均衡的土地使用方式

城市中心区各种活动应避免过分集中于某一特定的土地
使用上。不同种类的土地利用应相对均衡地分布在城市中心
区内，并考虑用不同的活动内容来满足。白天与晚上，平时

与周末的不同空间需求，如果只安排商务办公用途，那到了夜晚和周末，就会使中心区萧条冷落，无人问津。

5）提供便利的出入交通

车辆和行人对于街道的使用应保持一个恰当的平衡关系。对于大多数中心区来说，应鼓励步行系统和街面的活动，如鼓励人们使用公交出行到达，并在中心区外围的适当位置设计安排交通工具换乘空间节点等，必要时可以安排多层停车楼，综合性的停车场的底层布置商店及娱乐设施等，一些大城市则在中心区设置了大规模的地下停车场，如美国的亚特兰大、日本的名古屋等。

6）创造方便有效的联系

即在空间环境安排上考虑为人使用的连续空间，使人们采取步行方式能够便捷地穿梭活动于城市中心区各主要场所之间。如美国明尼阿波利斯、中国香港等城市中心区的人行步道系统，这些联系空间将市中心区主要活动场所联系起来，在整体上形成一个由街道开放空间和建筑物构成的完整步行体系。

7）建立一个正面的意象

即应让城市中心区具有令人向往、舒心愉悦的积极意义，如精心规划布置中心区的标志性建筑物，设置广场和街道方便设施和建筑小品、环境艺术雕塑等等，这样就会有利于为中心区建立一个安全、稳定、品味高雅的环境形象。

总之，城市中心区应是城市复合功能、地域风貌、艺术特色等集中表现的场所，具有特定的历史文化内涵，同时，它又常常是市民"家园感"和心理认同的归宿所在，应让人感受到城市生活的气息（图4-63、图4-64）。

4.3.4 案例分析

1）巴黎德方斯副中心规划设计

德方斯是巴黎为应对城市发展压力、疏解老城城市功能而兴建的城市副中心，位于巴黎原先的东西向城市发展轴线的西向延长线上。

巴黎是一座历史悠久的世界著名都城，迄今仍保持着较为完整的历史风貌。然而，巴黎城市建设在现代化进程中，为了保护老城的整体历史风貌，城市发展也面临着巨大的压力。1960年代，政府决定在巴黎近郊，即在著名的凯旋路延伸到诺特路的德方斯地区，开发建设具有20世纪最高水平的综合贸易中心。它是巴黎规模最大的市区重建工程，也是为改变旧巴黎单核中心城市结构而设的副中心之一，这项工程所采用的城市设计手法和建筑手段之先进，当时在世界上是独一无二的。

德方斯地区面积为750 hm²，其中340 hm²属于计划管理局（EPAD）。这块土地中有150 hm²用于公共设施，190 hm²用于市区改建。经过多年建设，现在这里已是高楼林立，商业繁华，交通通畅，颇有纽约曼哈顿的气氛（图4-65至图4-70）。

德方斯交通系统规划参照了柯布西耶当年提出的城市设计理念和原则，人车完全分离。地面层是一块面积达48 hm²的钢筋混凝土板块，将过境交通全部覆盖起来。板块上面为人行道和居民活动场所，板块下部是公路，再往下是地铁，在与城市干道垂直的方向，在公路和地铁标高之间安排铁路。三种交通互不干扰。凡需进入德方斯的汽车，先驶入街区周边的高架单行环形公路，通过几组立交经几条放射形的公路进入板块下部。由于将机动车道路全部安排在地下，因而保持了新市区街面的完整性。道路和停车场则设在一块能将各个建筑物相互连接起来的面积达40 hm²、停车量达3.2万辆的地下层。为了使上下班的人们和这些楼房群中的居民交通便利，规划设计还考虑了小型电车和传送带。

在功能布置上，德方斯副中心规划采取了与现代主义功能分区不同的方法。高层写字楼与低屋的住宅彼此毗邻，使得这个新市区昼夜一样充满生气。在白天商业贸易的繁忙喧

图 4-63　美国 HOK 公司提出的上海市中心区城市设计概念

图 4-64　湖州南太湖片区中心城市设计

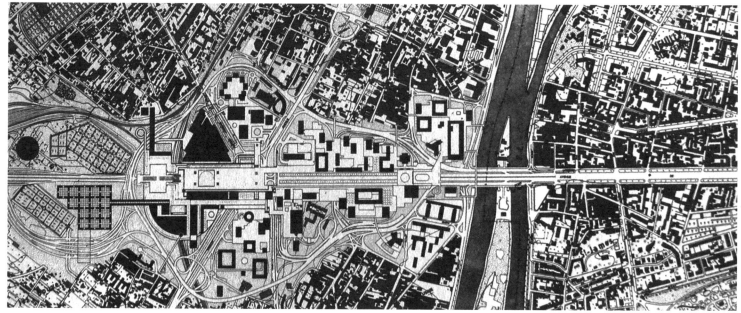

图 4-65　巴黎德方斯副中心与中轴线

图 4-66　从巴黎老城看德方斯副中心

图 4-67　德方斯副中心广场和凯旋路

图 4-68　从香榭丽舍大街看德方斯副中心

图 4-69　从德方斯副中心看凯旋路

图 4-70　德方斯副中心城市雕塑

闹之后，晚上主要是文娱社交活动。在这里人们可以找到城市中通常所见的各类建筑，如电影院、旅馆、游泳池等，也包括其他各种新的设施，如艺术中心和业余活动中心、区域性商业中心、展览馆等。

由于德方斯副中心建设规模很大，基础设施复杂，所以巴黎专门成立了一个机构来领导实施这一项目，从而在体制上保证了建设的整体协调。德方斯副中心的建设导致了巴黎地区经济和生活中心的西移，同时也增加了原先在西部靠优惠政策生存的一些地区的吸引力。该建设也引起了一些不同的看法，有人认为在新区建设这么多高层建筑会破坏他们传统的生活概念，巴黎漂亮的规划和传统的建筑风格本身就是极好的艺术品，这样建设会损害这种美丽。实际上，多数居民都在地下直接进入各高层建筑，广场上步行者很少。但法国总统蓬皮杜认为："我不是一个高层建筑迷，我觉得在一个村庄或小城镇里建筑高层建筑，甚至建造中等高度的楼房都是不合理的，然而，事实上是大城市的现代化导致了高层建筑。"

1970 年代后，法国有关部门客观地总结了德方斯副中心建设的成功经验和失败教训，并认为这种超高层、高标准的办法，是美国纽约市中心曼哈顿区建设的路子，并不完全适合法国国情。尽管如此，德方斯副中心的规划建设在现代城市中心区设计中仍然占有重要的一席之地。

2）常熟新城区中心

江苏常熟是国家级的历史文化名城，1980 年代以来，城市面临保护与发展的棘手矛盾和巨大压力。通过反复论证，当时的常熟市政府认为，常熟作为一个小城市，不宜采用像南京、北京等规模较大的历史名城那样的以旧城更新改造为主的路子，而是应采用新城建设与旧城改造并举的方式。

为此，政府决定将城市中心区迁出古城区，在古城东北向建设新的城市中心区。城市后来发展的实践表明，这一决策是有远见的。

1980年代中期，东南大学建筑研究所对常熟新城区中心区的城市设计进行了实践探索。在新城区中心的设计构思中，设计者注意研究并吸取古今中外一些城市中心形成的成功经验，并确立了以下规划设计原则：

（1）鼓励各种具有城市意义及有吸引力的建筑物在中心区开发建设，使之具有内聚力，同时充分满足并保证新城区中心具有行使综合性功能的条件。

（2）在中心区实行人车相对分离的交通方案，为人们步行创造舒适的空间行为环境。

（3）在新城区中心体形和空间组织上，除自身功能和周围环境外，综合考虑与古城城市标志——虞山和南宋方塔之间的空间景观和视觉连接。

（4）平面布局、建筑色彩、风格和形式的总体构思中，考虑视觉上的在地文化特征和艺术符号的表达，强调创新主题。

（5）在道路的平面布置中，设计考虑24 m 宽的区划干道，以机动车为主，在各分区内部设二、三级道路（宽分别为12 m 和9 m），并以"丁"字形交接，限制机动车车速，以自行车和人行为主，这样可以使各区内的功能完整，并有助于突出设计中人的地位。

常熟新城区中心于1980年代末基本实施完成，达到了城市设计的预期目标（图4-71至图4-76）。

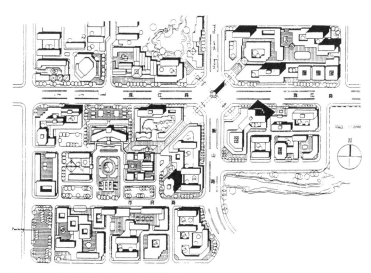

图 4-71 常熟新城区中心规划设计

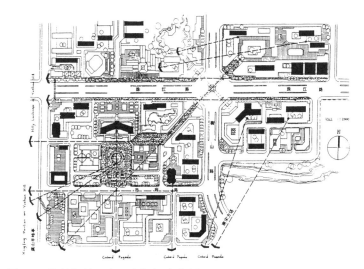

图 4-72 常熟新城区中心空间视廊分析

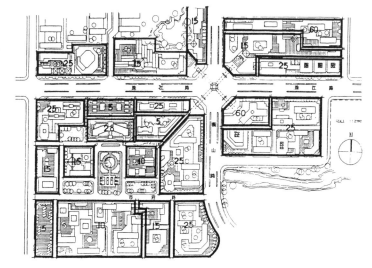

图 4-73 常熟新城区中心高度分区设计导则

图 4-74 常熟市政府大楼效果图

图 4-75　常熟市政府办公楼

图 4-76　常熟市政协办公楼

4.4　城市空间轴线

4.4.1　城市空间轴线的概念

　　城市轴线通常是指一种在城市中起空间结构驾驭作用的线形空间要素。城市轴线的规划设计是城市要素结构性组织的重要内容。一般来说，城市轴线是通过城市的外部开放空间体系及其与建筑的关系表现出来的，并且是人们认知体验城市环境和空间形态关系的一种基本途径。如城市中与建筑相关的主要道路、线性形态的开放空间及其端景等，这种轴线通常具有沿轴线方向的向心对称性和空间运动（时常还伴随人流和车流运动）特性。

　　从城市轴线的表现形态上，有的非常容易辨识，有的则需要通过一定的解析才能将相对隐含的城市轴线揭示出来。但城市轴线的形成，无论其形成和发展时间的长短，都有一个历史的发展过程。因而，除了一些当代新城市中规划的轴线，大多数城市的轴线都可以认为是城市传统轴线。从古罗马时期军事城镇的十字轴线，中国古代依据《周礼·考工记》中关于城市布局论述而规划修建的城市，再到近现代城市建设中世界公认的巴黎传统轴线、华盛顿轴线、堪培拉轴线等，无不经历了一个伴随其所在城市发展的时间历程。

　　从轴线所涉及的城市空间范围上看，城市轴线可以分成整体的、贯穿城市核心地区的轴线空间，及局部的、主要以某特定的公共建筑群而考虑规划设计的轴线空间。一个城市

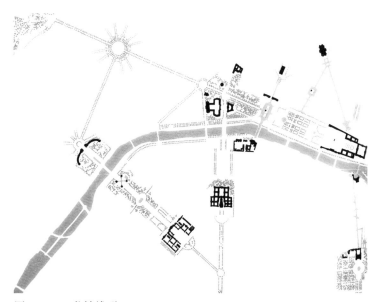

图 4-77　巴黎轴线群

也可以有一条以上的轴线，乃至有很多条（组）规模和空间尺度不同的城市轴线（轴状空间）。前者如中国明清两代的北京城市中轴线，巴黎以东西向贯穿新旧城区的城市中轴线为核心的多组轴线空间（图 4-77）；后者如罗马帝国时期的广场群、哈德良离宫建筑群、日本奈良法隆寺和东京浅草寺入口空间序列中体现出来的轴线。

　　理解认识城市轴线可以是图像性的，大多数城市轴线对于人们来说可以通过视觉途径来察觉。轴线分析是我们解读城市空间的一种经典研究方法，也是规划设计中预期城市空间形态架构的一种手法。城市传统空间轴线主要诉诸视觉层

面、并由轴向线性空间、广场、相关的建（构）筑物等组成（图4-78）。今天的城市轴线则要考虑更加广泛的内容，如社会经济发展、空间结构调整、城市预期的成长性和发展建设的管理等。在现代城市中，还出现了一些基于机动车交通的巨硕尺度的空间轴线，因而导致了图面上而非人实际体验的城市轴线空间，这样的轴线在一些城市新区和新城建设中特别明显（图4-79）。

4.4.2　城市空间轴线的组织方式

培根认为，历史上曾出现过六种常见的城市空间设计的发展方式，即以空间连接的发展、建筑实体连接的发展、连锁空间发展、以轴线联系的发展、建立张拉力的方式发展和延伸的方式发展[5]。其中后三种都与城市轴线概念相关。

在西方，基于整个城市范围来考虑轴线空间的驾驭作用在巴洛克时期表现特别明显。

巴洛克时期的城市设计强调城市空间的运动感和序列景观，采取环形加放射的城市道路格局，为许多中世纪的欧洲城市增添了轴向延展的空间，也一定程度上扩大了原有城市空间的尺度。

巴洛克时期的城市轴线设计思想曾经对西方城市建设产生了重要影响。除了罗马和巴黎外，还对美国华盛顿特区规划设计、澳大利亚堪培拉规划设计、日本东京官厅街规划建设乃至中国近代南京的"首都计划"等产生过重要影响（图4-80）。

西方大多数城市轴线采用的是开放空间作为枢纽并联轴线两旁建筑的组织方式，由于历史文化背景的显著差异，中国城市传统轴线具有自身的特点，所采用的是建筑坐落在轴

图4-78　柏林东西向城市轴线

图4-79　法兰克福铁路车站地区重建规划

图 4-80　华盛顿中心区轴线

线中央的实轴而非西方那样的虚轴。

4.4.3　城市空间轴线的设计要点

（1）一般来说，城市轴线的缘起有其人为原因，如在城市规划设计时就对其未来进行预期的考虑。客观上，城市轴线与城市道路布局、城市广场和标志性建筑定点、开放空间系统考虑一样，都是处理和经营城市空间及其结构的一种手法。同时，一座城市也可以像巴黎那样，根据不同的主体和规模层次规划建设多条空间轴线。

（2）城市轴线既可以根据城市建设和发展需求而规划设计，也可以结合城市所在的特定地形地貌来确定建设。即便是采取几何轴线的城市结构控制方式，城市及其周边的地形地貌仍然能够成为规划建设可资利用的重要素材，并使城市具有鲜明的地域特色。

（3）适度运用城市轴线的空间设计方法，有助于在一定的规模层次上整合或建立城市的空间结构，体现一个时期城市发展和建设的意图。

（4）城市轴线的魅力和完美主要体现在轴向空间系统与周边建筑规划建设在时空维度上的成长有序性、形态整体性和场所意义。如果城市轴线及相关建筑不能整体建设或者建设决策分散失控，轴线规划建设就不能够或者说就难以达到预期的效果。城市轴线在对付城市发展中随时间而产生的不可预见的变化和因素方面往往有其脆弱的一面，因此，不顾城市的客观需要和具体情况滥用轴线规划和设计手法是危险的。

（5）就具体城市设计手法而言，城市轴线所特有的空间连续性和序列场景的考虑和创造是至关重要的。培根曾经强调人对于体系清晰的空间的体验是顺应人的运动轴线产生的。为了定义这一轴线，设计者要有目的在轴线两边布置一些大小建筑，从而产生空间上的关联和后退的感觉，或者在场景中加入跨越轴线的建筑要素，如牌楼、拱门和门楼等，从而建立起空间尺度和序列感。

4.4.4　案例分析

1）罗马城市轴线

以罗马改造为例，罗马虽然历史上曾经贵为帝都，但从5世纪罗马帝国灭亡到15世纪文艺复兴早期，由于蛮族入侵、教皇政权迁离，它还非常荒凉，只是一个人口不到4万人的"僻静小城"[6]。1420年，教皇重新回到罗马并逐渐控制了城市的发展，尼古拉五世为教廷确立了罗马重建的宏伟目标，并修复了仍可使用的古代城市市政设施，其中包括城墙、街道、桥梁和上下水管道以及一些建筑。但是当时罗马一直处于从属和次要的地位，远不及佛罗伦萨、威尼斯等城市，教皇亦没有能够达到上述目标的政治和经济力量。直到1503年尤利乌斯二世上台时，才又一次将原先的规划提出并决心付诸实施，这次教皇还特地邀请了拉斐尔和米开朗基罗两位大师加盟建设。此次改造的要点就是打破中世纪城市已损坏和废弃的城市格局，用开辟轴向性的城市道路和广场体系的方式来联系台伯河东岸的纪念性建筑物，以更好服务于朝圣人群往来于7座主要教堂。这次改造在台伯河不远处修建起伦卡拉大道和朱莉亚大道，罗马时期的弗拉米纳大道也重新得到整修。但这个计划差点由于尤利二世1513年去世而停顿，好在西克斯特斯五世1585年当选教皇后又继续了先前的城市建设，罗马城市最终形态的形成主要归功于他执政的5年（1590—1595）。建筑师封塔纳是教皇的规划实施顾问，就在这时完成了从波波罗广场放射而出的3条包含着2个教堂的轴向道路。经过上述建设和改造，罗马城市结构变得更加清晰可辨，而利用城市原有道路布局、综合运用城市轴线来创造新型城市空间环境的规划方法在其中功不可没，正是这次改建，使罗马重新变成名副其实的世界名城（图4-81）。

2）巴黎城市空间轴线

巴黎中世纪（1367—1383）的发展主要与位于塞纳河的渡口相关，当时的城墙界定了当时的城区，这种状态持续了2个世纪。路易十五时期，著名景园建筑师勒·诺特（Notre）发展出丢勒里（Tuileries）花园轴线伸长的概念，并将其作为巴黎后来城市发展的一项支配性要素，而这一轴向延长与

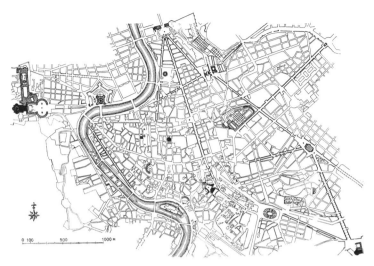

图 4-81 罗马改建与城市轴线

塞纳河紧密相关,这种"轴向延伸设计"概念通过建筑布置和树木栽植方式一经建立,就成为巴黎此后发展的一项支配因素。到巴洛克时期,巴黎城市发展曾经历了一段君权扩张,更值得一提的是18世纪法国拿破仑时期实施的、由塞纳区行政长官奥斯曼主持的巴黎改建设计,当时采用了一系列典型的巴洛克城市设计手法。经过一个对城市来说是辉煌壮丽的"大拆大建"阶段,城市确立了大尺度的直线放射型道路系统,逐渐形成主次相间、层次分明的轴线群,相应的城市景观也随之塑造出来,同时也通过这些结构性的路网轴线,便捷和有效地控制了较大的城市版图范围。20世纪下半叶的德方斯新城中心的建设又进一步将原有的城市空间轴线向西延伸,并形成新旧并存、在继承基础上又有发展的新巴黎城市空间轴线(图4-82至图4-84)。

3)中国古代城市轴线

培根曾经谈到过华盛顿中轴线与北京中轴线对于人视觉体验方面的差异,"如果一个人站在华盛顿纪念碑脚下,美国首都两条主要轴线的交叉点上,他只要绕基座移动,只不过几英尺,就能领悟纪念碑式的华盛顿的全部要素。在北京除非通过二英里通道的空间移动,否则就无法领悟它的设计"[5]。

事实上,原因还不完全如此。笔者认为,更重要的是,北京传统中轴线采用的是一种显著不同于西方传统轴线的空间布置方式。这就是它将城市的线型空间与大尺度的紫禁城建筑群体围合结合,而且其紫禁城建筑群体及其相匹配的景山占据了轴线中央突出的位置,阻隔了空间的南北向的运动性和贯通感,也把轴线切分成南北两段,人们虽然可以在地图上清楚辨认出北京中轴线的存在,但在实际的空间体验上真正体验到它并非易事。一个人如果不登上景山,很难捕捉

北京轴线之存在(图4-85)。

广州传统中轴线也是一个典型案例。传统广州城市中心是从公元前214年秦始皇统一岭南、南海郡尉任嚣在今仓边路以西的古番山上建筑番禺城开始的。从汉唐宋到明清,广州城区背倚越秀山,南临珠江之势没有大的变化,始终沿南北轴线发展,但其中自然山水关系和独特的地势具有决定性的作用。北京路在隋唐时已建成北有衙门,南有厅门的城市轴线,一直持续至今。

广义上,广州传统城市中轴线应当是一组自越秀山向珠江发散的轴线束。解放路以西以光孝寺、六榕塔、五仙观等文物景点形成传统文化活动轴。北京路一线的南越王宫署遗址、古城墙遗址、书院群、大佛寺也形成一条传统文化活动轴。自民国起,随着中山纪念堂、中山纪念碑、市政府、起义路、海珠桥的建设,形成广州近代轴线。该轴线(特别是北段)与北京中轴线有着类似的布局特点,即轴线空间是由一系列坐落在轴线中央的纪念性建筑和重要公共建筑所组成。总体看,广州传统轴线历经2800多年的发展,其形态走向并未受城市剧烈变动和扩展的影响,这在中国城市发展历史上是罕见的。2001年,笔者团队参加广州市传统轴线城市设计竞赛,提出以"云山珠水,一城相系"为轴线的核心理

图 4-82 巴黎中轴线:卢浮宫—凯旋门

图 4-83 巴黎中轴线鸟瞰

图 4-84　巴黎埃菲尔铁塔附近城市轴线

图 4-85　北京皇城鸟瞰

念并调整优化空间结构，此外整合历史文化资源，提出以山、水、城步行连续性为轴线概念的基本构想并重构了广州城市轴线与白云山和珠江的关系。该城市设计方案最终在竞赛中胜出并结合后来的控规修编实施（图 4-86、图 4-87）。

　　一座城市的轴线在历史发展过程中，轴线的位置、规模、功能和空间组织方式也会发生变化。六朝古都南京城市轴线的历史演化则呈现出这样的情况。

　　南京在历史上曾经先后出现过三次城市建设高潮，并形成三条城市中轴线。第一次城市建设高潮中的六朝建康城，其范围大致是北自鸡鸣寺，南至淮海路，东起逸仙桥，西抵鼓楼岗。都城前的一条城市中轴御道自北向南，一直延伸到秦淮河畔的朱雀门，御道旁排列着中央政府的各种衙署，并用槐树和柳树作为行道树。第二次城市建设高潮出现在南唐时期，这时候的城市宫殿主要建在北侧轴线上。明初南京城建设则是在原旧城基础上向东和北发展，其新建设的宫城占

图 4-86 广州传统轴线鸟瞰（从越秀山看中山纪念堂）

图 4-87 广州传统中
轴线城市设计

地约 60 hm²，在与之相关的中轴线上布置了三朝五门、外朝内廷及东西六宫等。时过境迁，在今天的南京，除明故宫轴线尚可清晰辨认外，其他两条轴线已经基本消逝，难以卒读。

国民政府 1927 年在南京建都，开始进行城市规划，并出现一次新的城市建设高潮。1929 年，政府聘请美国建筑师墨菲（Murphy）和工程师古力治为顾问，制定了中国近代城市建设史上著名的《首都计划》。该计划将当时的南京分为中央政治区、市行政区、工业区、商业区、文教区和住宅区等。其中位于钟山南麓的中央政治区规划采用了巴洛克手法，在道路规划建设中，有意识地运用了轴线概念，此外，因运送孙中山先生灵柩而修建的自下关码头至钟山南麓的中山路，及另一条经鼓楼通往和平门的南北向的子午大道，体现了规划者希望通过轴向空间来控制大尺度城市用地的意图。

南京市政府近年已经制定了《南京历史文化名城保护规划》，明确要求保护上述三条历史轴线的后二条并加上南京民国时期形成的以中山路为基础的城市轴线，并就相关的南京中华路、御道街和中山路等制定了相应的保护和现状整治措施（图 4-88）。

北京城市中轴线也是在不断发展和继承中成长的。从明代起，虽然曾经在朱棣时向东迁移过 150 m，但其后直到今天基本保存完整。1950 年代以来，虽然景山以北段和前门以南段轴线在城市建设中逐渐模糊，但与此同时建设的天安门广场、人民英雄纪念碑及毛主席纪念堂却进一步强化了原有的中段轴线，并使原先封闭的轴线具有了开敞特性，生长出一种新的空间特点。2001 年，中国北京申报 2008 年奥运会获得成功，而在进一步的城市建设中，北京市政府坚定了恢复和部分重建传统中轴线的决心。具体措施包括：恢复原中轴线的起点永定门，并将其在空间上扩展到南苑机场；整理原中轴线北段钟鼓楼地区，恢复万宁桥，并结合奥运会建设用地将轴线纵向扩展至天圆广场和奥林匹克公园。

北京城中轴线的空间序列在当时是为了体现封建帝王宗法礼制的权势，但其运用的多种手法及空间观念，对现代

图4-88　南京城市轴线变迁图

城市设计的空间处理仍有丰富的启迪和借鉴意义。目前北京老城中轴线部分正在启动申遗工作，笔者也与吴晨、杨俊宴、陈薇等合作完成了北京老城总体城市设计和北京中轴风貌评估项目，为北京老城保护和中轴线申遗工作提供了重要参考。

4.5　城市滨水区城市设计

4.5.1　城市滨水区的概念

水滨（Waterfront）是城市中一个特定的空间地段，系指"与河流、湖泊、海洋毗邻的土地或建筑，亦即城镇邻近水体的部分"。水滨按其毗邻水体性质的不同可分为河滨、江滨、湖滨和海滨。城市滨水区概念可笼统概括为"城市中陆域与水域相连的一定区域的总称"，并由水域、水际线、陆域三部分组成。

城市滨水区建设大致可以分为开发（Development）、保护（Conservation）和再开发（Redevelopment）三种类型[7]。美国学者安·布里和迪克·里贝则把城市滨水区开发从用途上归纳为商贸、娱乐休闲、文化教育和环境、历史、居住和公交港口设施六大类[8]。

日本在1977年制定的第三次全国综合开发计划中提出与水域相关的三个开发概念，岸域开发、滨水区开发和水边开发，大致上可以完整地概括城市滨水区开发建设的内容、规划设计重点及相互关系。

4.5.2　城市滨水区的历史发展

水一直与城市发展成长和人类自身繁衍生存有着不解之缘。

作为生存、灌溉和运输的源泉，水与人类最早的文明起源相关。世界最早的城市出现在两河流域"新月沃地"、早期埃及城镇均沿尼罗河分布便是明显例证。世界上许多著名城市都地处大江大河或海陆交汇之处，便捷的港埠交通条件不仅方便了城市的日常运转，同时还常使多元文化在此碰撞融合，并形成独特的魅力。纽约、悉尼、香港、里约热内卢、威尼斯都是因其滨水特征而享名世界。苏州"小桥、流水、人家"、镇江"三面翠环起伏，一面大江横陈"、三亚"山雅、海雅、河雅"的城市整体意象，都来自于独一无二的滨水城市景观。

水对于各阶层的人都具有一种特殊的吸引力，无论是节日庆典、宗教礼仪，还是娱乐活动，人们总喜欢选择滨水地区。恒河河畔的沐浴和圣火崇拜仪式，汨罗江的龙舟比赛，巴林水滨的晚间野餐，抑或名古屋供奉神灵的"热田祭"等都是以城市滨水地区作为活动的场所。

工业革命后，城市滨水地区逐渐成为城市中最具活力的地段。为满足日益增长的水路运输的要求，港口和码头建设空前繁荣，社会生产力、劳动生产率的提高亦极大地刺激了近代工业的发展。此时的滨水区开发以工业制造、物流加工为主要目的，船坞、码头、仓库、厂房成为这一时代城市滨水区的地标。

1960年代以来，随着世界性的产业结构调整，发达国家城市滨水地区经历了一场严重的逆工业化过程，其工业、交通设施和港埠呈现一种从中心城市地段迁走的趋势。同时，港口对于城市的重要性日益下降，港口也因轮船吨位的提高和集装箱运输的发展而逐渐由原来的城市中心地域迁移他处，如向河道的下游深水方向迁移。另一方面，现代航空业、汽车和铁路的发展削弱了水运港口作为城市主要交通中心的统治地位。因此，原先工厂、仓库、火车站和码头船坞密布的城市滨水区逐渐废弃，而其毗邻的水体也因多年的污水垃圾排放污染，致使城市滨水地区成为人们不愿接近乃至厌恶的场所。

然而，城市滨水区在当今城市发展中也具有明显的优势。除了原本就是绿地公园的滨水区用地，工厂、仓储业、码头或铁路站场今天大多处在城市的中心位置，一般具有宽裕的空间功能转换可能性，且代价低廉，拆迁量较小。于是，城市滨水区用地功能结构的调整和废弃的用地，恰恰成为这些地区再生的基本条件。许多城市迫于人口持续增长，可资利用的空间越来越少，而一度被忽视的城市滨水区却使人们获得了难得的具有如此优越区位的建设用地，城市正好可以利用其开发达到中心区更新改造和结构调整的目的。这种现象构成滨水区资源利用的历史性转变。

如果说美国和英国在1950年代后期在这一领域开辟先河的话，那么其他国家，特别是亚洲国家目前正在积极迎头赶上，尤其在日本和今天的中国，许多滨水区案例都呈现出其他国家城市难以相比的规模尺度和复合性（图4-89至图4-91）。

4.5.3 中国城市滨水区开发建设

20世纪的最后10年，虽然世界范围内的滨水区开发建设依然活跃，但是重心已转移到亚洲，特别是在中国，城市滨水区开发建设正在成为一个城市建设新的热点。

然而，国内外城市滨水区的开发建设，由于社会、经济和技术发展时段等因素不同而存在显著差异。国外主要由于水运交通业、工业等传统产业的衰退和造成港口码头区的闲置衰落，其开发的主要意图是利用原有滨水区的良好区位而

将其进行适应性再开发，如将其改造成为休闲娱乐场所，增加滨水空间的公共性等，并带动地区经济的发展。与之形成鲜明对比的是，我国滨水区的改造主要由于区划调整、城市快速发展或地区空间的迅速拓展，而使得原有滨水地带成为开发建设的热点地区；另一方面出于"政绩工程"和"景观整治"的目的，一些城市也开展了城市滨水区的形象重塑和改造。

分析国内城市滨水区规划建设的存在问题，主要有以下几点：

（1）许多滨水地区的土地仍被传统工业、仓储和运输业占据，较少体现城市的公共功能，土地使用方式和强度也不尽合理。

（2）城市基础设施残旧落后，水体污染严重，生态系统受到破坏；水流自净功能下降，洪涝灾害频繁；江河防洪措施老化，标准偏低，且严重影响景观，给开发建设带来困难。

（3）滨水区土地权属构成复杂。一些城市中的国家、地方、部队及一些企业单位都与城市滨水区相关，土地置换代价高，任务艰巨。

（4）滨水区开发缺乏政策引导，缺乏系统而有效的城市规划设计理论和方法指导。

尽管存在上述问题，但是近年我国仍然开展了一系列卓有成效的城市滨水区城市规划设计。以1992年上海浦东陆家嘴地区规划设计为先导，我国东部沿海、长江流域及珠江流域的各大城市，如大连、青岛、烟台、天津、上海、厦门、广州、深圳、北海等，相继组织了多次滨水区规划与城市设计的竞赛与咨询。随着后工业时代的到来，上海近年在黄浦江江畔举行了西岸建筑与当代艺术双年展，2016年还启动了黄

图 4-89　美国巴尔的摩内港改造

图 4-90　美国丹佛 Platte 河滨水地区城市设计

图4-91 安藤设计的日本京都Time's建筑突出了滨水城市空间环境的设计

浦江两岸岸线贯通工程，极大地提升了滨水地区的公共性和亲民性，实施效果受到广泛好评。

按类型分，中国近年滨水区城市设计则可分为：景观设计型，如南宁邕江两岸景观设计；公共空间设计型，如海口万绿园规划设计；环境整治型，如成都府南河生态活水公园；历史资源保护型，如南京夫子庙秦淮河两岸历史风貌设计；综合型，如上海黄浦江两岸地区城市设计、潍坊白浪河城市中心区城市设计、京杭运河杭州段景观提升工程、上海苏州河整治开发等（图4-92）。

总体说，"让水滨重新回归城市"已经成为世界性的趋势，也正成为我国一些城市建设中新的发展契机。不仅如此，人们还认识到，滨水区的建设可以显著促进城市经济，特别是旅游业的发展，并带来税收、就业和更多的发展机会。

4.5.4 城市滨水区城市设计原则

1）整体性原则

必须把滨水区作为城市整体的一个有机组成部分，在功能安排、公共活动组织、交通系统等方面与城市主体协调一致。应通过有效手段加强滨水区与城市腹地、滨水区各开放空间之间的连接，将水域和陆域的城市公共空间和人的活动有机结合，并为滨水区留下必要的景观视觉走廊。

2）适配、制宜和特色原则

世界各国的滨水区开发建设实践表明，由于地区、经济和文化背景存在的差异，世界上成功案例的经验彼此并不完全相同。不能轻易照搬和移植国外开发建设模式，而应因地、因时、因具体对象而发挥规划设计和开发运作的主观能动性，并充分挖掘本土文化内在的特质。每个具体的城市滨水区开发和规划设计都会有各自的特点，应通过缜密的研究与分析，探寻适宜的方案，并使人能够区别场所间的差异，唤起对一个地方的回忆。

3）滚动渐进原则

滨水区城市规划和设计应采用动态、循序渐进且具有一定弹性的规划设计方法。同时，合理选取开发"触媒"，经济对城市滨水区开发建设具有先决性的制约作用，具体项目实施必须考虑可操作性，通常做法是选取局部地块先期启动，营造环境，先易后难，促进周边土地经济升值，并为后期建设的综合目标实现打下基础。有时，还可利用博览会和商贸文化节庆活动，作为滨水区开发的前奏。如蒙特利尔城市滨水区和横滨"港口未来21世纪"滨水区都是通过先期举办博览会而取得后来开发成功的。

4）岸线资源共享与社会公正原则

这是世界公认的滨水区城市设计依据和原则。滨水区城市设计必须合理处理协调好不同投资主体的权益分配问题，对我国而言，应借鉴蒙特利尔和悉尼达令港（Darling

图 4-92　广州珠江新城滨水区

Harbor）公私投资权益协同的方式。从国际经验看，完全私有化（或个别单位所有化）极易导致过度的商业开发和对水滨资源的掠夺性滥用，并使滨水地区丧失原有的社会、文化、历史和生态的脉络特点。因此编制总体上的城市设计导则对于城市滨水区建设是非常重要的。

4.5.5　案例分析

1）芝加哥河滨水区城市设计

位于密西根湖畔的芝加哥是美国最重要的城市之一，也是现代主义建筑和城市美化运动（City Beautiful Movement）的发源地。1871 年芝加哥大火使城市蒙受巨大损失，但大火后的重建却使芝加哥进一步加快了城市的建设发展，并吸引了大批建筑师来此工作。当时的芝加哥是全美建筑师活动最密集的地区，也是高层建筑实验性建造全美最早的地区（图4-93）。

在前工业时代，密西根湖畔和芝加哥河沿线布满了工厂、仓库、码头和承载水陆转换功能的铁路。但工业的发展也使得芝加哥滨水地区的城市环境日益恶化。20 世纪初，规划师伯纳姆（Burnham）受政府委托，完成了著名的《芝加哥规划》，并对芝加哥滨水区整治改造提出很好的主张，得到社会各界的广泛认可。但也有人认为，芝加哥应该发展成像纽约那样拥有海洋级码头的国际贸易城市，所以具体实施过程还是受到来自部门和经济方面的阻力，最明显的是 1950 年将铁路

由南向北延伸至已经建成的公共运输码头——海军码头地区[9]。所幸的是，芝加哥后来也经历了一个滨水区产业和运输业急剧衰退的时期，于是，人们再一次把改造再生的希望投向了芝加哥城市滨水区（图 4-94、图 4-95）。

1980 年代，芝加哥开始了一项对穿越市中心的芝加哥河滨水区的城市复兴计划，这一计划顺应了人们对芝加哥河滨水环境改善日益高涨的期望（图 4-96、图 4-97）。

为此，芝加哥市政府有关部门和一个名为"芝加哥河之友"（The Friends of the Chicago River）的民间团体出资 9.5万美元为该河流流经市中心的 9.6 km 的滨水区编制了《芝加哥河城市设计导则》。该导则是芝加哥市政府、市规划委员

图 4-93　芝加哥城市鸟瞰

图 4-94　历史上的芝加哥河

图 4-95　芝加哥河河口

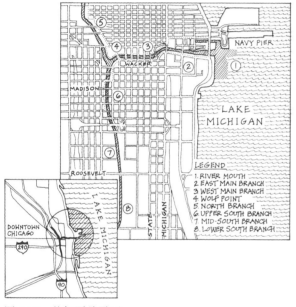

图 4-96　芝加哥总平面

图 4-97　流经市中心的芝加哥河

会及市民团体之间的成功合作的成果结晶[10]。

1990 年，市长达利（Daley）签署同意这一导则，并宣称芝加哥河应该是城市"开发中最重要的地区，而不是边缘"。这一计划还表达出芝加哥高层建筑发展区将从传统市中心西部越过芝加哥向北面的开拓。1990 年 6 月 14 日，芝加哥规划委员会以官方身份采纳了该导则的成果。

该导则编制的目标在于：

（1）在整个穿越市中心的芝加哥河道廊道建立连续的河滨步行系统；

（2）创造出市中心区人们能够方便到达的宁静安谧的绿色开放空间；

（3）将芝加哥河附近的城市中心区改造成对旅游观光客有吸引力、具休闲娱乐功能的地区，以增强芝加哥作为人们向往的适宜生活、工作和游览之地的意象。

导则编制的外在目标是，强化芝加哥河滨水建筑的魅力，将芝加哥河滨水地区作为城市开发的中心。导则还同时规定，所有的开发项目都要经过市规划委员会的认定和批准。同时，该导则将与已经实施的芝加哥分区法协同作用。

导则草案由"芝加哥之友"一位作家志愿者与有关规划部门工作人员合作草拟，后来在提交过程中得到了规划委员会的修改润色，有些地方原来的用词"推荐"改成了"必须"。

导则中有关"必须"的内容包括建筑后退距离、向河道的开口大小、应受到鼓励和不鼓励的功能清单、滨水绿化栽植标准等。在"推荐"的内容条款中，包括沿河建筑的体量、避免建筑立面的玻璃反射对城市街道及更低标高层的影响、推荐的滨河界面处理方式、河岸防水墙自然化处理、景观建议、如何控制水位、如何控制街道层与滨河之间的过渡区、铺装建议等。

导则提供了两套有关滨水空间后退的规定。其一是：滨河区必须布置至少宽为 10 m、最佳为 16.67 m 的步行道；其二是在建筑或码头所在的地方至少后退 5 m，如有街道则再退 5 m，最佳为各退 8 m。

在功能上，沿河的餐饮和零售商店属于被"强烈推荐"的项目，而沿河地区的停车用途则属于严格限制的范围。导则规定，地面停车场必须离开河道 16.67 m 或更多；独立的停车库离河道至少 33 m；建筑室内停车至少离开河道 10 m，其中属于建筑停车的设施如果在 33 m 范围以内，必须在建筑底层设置商业或其他有利于滨水活动的功能。

导则的第三部分则说明了如何实施贯彻导则的内容。

经过多年的实施，已经取得了明显效果，笔者曾经两次造访芝加哥河地区。第一次是 2003 年 12 月感恩节期间，初

步感受到城市滨水空间具有的魅力，尽管天气寒冷，但仍然有许多游客在水滨徜徉观光。但当时从现状看，这一计划似乎还没有最后完成。2018 年夏季，笔者旧地重游，两岸的各种公共服务设施和建筑已经全部完成，夏季的芝加哥河，游船如织，而且有包括观赏建筑文化遗产在内的不同主题的观光路线选择，河畔众多的餐厅吸引了众多客人，滨水步行线路也得到了精心设计，芝加哥河城市再生的空间视觉和非凡活力给笔者留下了深刻印象（图 4-98 至图 4-103）。

2）宜兴团汏滨公园城市设计 [11]

宜兴是一座历史悠久、风景秀丽的江南水乡城镇，拥有"一山枕二城，五河系两汏"的独特形态格局。

随着城市规模不断扩大，宜兴城市形态逐渐由单核向双核演变，原来地处宜兴城西的团汏城市滨水区及汽车站地段逐步发展成为城市的中心地区，拥挤混乱且破旧的城市环境已不能适应城市发展和市民生活之需，团汏城市滨水区的开发改造势在必行。

宜兴团汏城市滨水区基地现状存在以下问题：

① 现状滨水地块之间缺乏景观方面的有机联系，且步行系统之间缺乏连贯性。

图 4-98　流经市中心的芝加哥河夜景

图 4-99　芝加哥河畔的滨水城市生活

图 4-100　分层次立体化的魅力滨水空间

图 4-101　滨水建筑向芝加哥河开放公共步道

图 4-102　为公众提供游船等多功能的服务

图 4-103　芝加哥河滨水步道的桥下景观设计

② 团氿作为城市西部的大型集中湖面，通过 5 条河道与城市融合，并与城东的东氿湖面相连，但滨水环境混乱，视觉上难以与城市沟通和融合。

③ 氿滨中路作为规划中的景观大道，东侧界面零乱，沿街环境亟待整治，行人过街穿越快速路对滨水可达性造成负面影响。

④ 团氿是观赏城市西侧天际线、展示城市形象的窗口，也是重要的水上旅游资源。

为此，团氿城市滨水区城市设计提出以下构想：

（1）结构与主题

在城市范围内综合考虑宜兴团氿滨水区的功能定位，重点体现生态优先的城市设计概念，合理地确定空间形态。地段内划分不同的主题空间，力求体现宜兴城市特色和滨水风貌，在整合建筑、道路、绿地和水体的基础上，创造自然与人文交融的城市滨水空间景观（图 4-104、图 4-105）。

（2）景观与界面

在系统化的景观格局中重点设计景观节点、景观通道、轴线的空间序列以及它们之间的对位关系，塑造整体性的滨水景观，并通过滨水和城市界面的整合使滨水景观引入城市。

（3）功能与交通

功能上形成"一轴、两面、三区、七节点"的滨水用地结构体系。

"一轴"指作为景观大道的氿滨中路。除了道路绿化的景观效果外，强调氿滨中路作为展示宜兴滨水风貌的窗口和连接城市和滨水生态地区的纽带，成为区域内的重要景观轴线。

"两面"指城市界面和滨水界面。城市界面涵盖了天际线设计和沿街界面形式，滨水界面设计着重研究了滨水步行带和团氿水体的有机结合关系，体现亲水性。两种界面共同建构了地段的空间语汇，引导着使用者的空间体验。

"三区"指对城市滨水区三大功能区的划分。按现状道路及河道划分为三片：北段为以世纪广场为主体的市民公共活动区；中段包括现状的任坊公园和氿滨公园的主题游赏园区；南段为最后建成的生态休闲区，该段与北段、中段步行体系贯通并使其延伸至西侧的岛屿上，保留其现有的湿地功能，同时提出了相关的城市设计导则。

"七节点"指滨水开放空间的七个重点处理的广场、标志和对景等，包括北段的世纪广场、太滆河南北广场与对景，中段的任坊公阁和钓台、氿滨亲水平台，南段的体育公园、氿洲生态绿地与岛屿的对景节点（图 4-106）。

交通组织强调"人车分流、步行优先"的设计理念，通过预留 6 处跨越氿滨中路的步行地下过街通道，着重解决氿滨中路的行人过街问题，南北向的滨水空间也考虑了完整的步行体系，沿步道设置集中硬地、广场、休息座椅等设施，方便游人及晨练人群的使用。

（4）绿地和开放空间

滨河开放空间分为以绿化为主导的柔性休憩空间和以硬地为主导的广场活动空间，引导行为活动移向滨水地区，沿湖设水上平台及景观标志物，在各区段中均根据实际需求状况设置中、小型广场供游人活动。各广场与绿化通过内部步行系统联系，并与道路东侧的街区绿地共同构成区域内开放空间的整体格局（图 4-107）。

绿化布局设计加强东西向视觉通道的原则，除行道树外，绿地内部树木一般沿东西向通道排列，成为滨水视线的引导，在主要轴线处沿轴线排列以强化空间序列。

图 4-104　宜兴汌滨公园规划设计

图 4-105　宜兴汌滨公园鸟瞰

图 4-106　宜兴汌滨结合生态的景观

图 4-107　宜兴汌滨广场

图 4-108　宜兴公园中的中国象棋环境小品

绿地内部形成草地、灌木、乔木的多层次绿化，注重树形和色彩搭配，观叶植物和观叶、观果植物结合，体现绿色空间的细节处理。

（5）空间序列与建筑构成

重点研究了空间节点的分布及其相互对位关系，通过轴线与视觉通道的引导，使各节点形成视觉延续与转折的关系。城市设计中强化了世纪广场地块与任坊雕塑公园之间的景观对位，同时将各自的景观体系进一步延伸到周边区域，形成氿滨公园—亲水平台（楠木厅地块）—任坊雕塑园—世纪广场及其延伸地段的空间序列。各节点均与氿滨中路通过步行通道连接，同时满足视觉上的沟通需求。

对氿滨中路的两侧界面进行改造，城市界面增加部分小高层建筑来加强天际线的连续性，同时通过对保留建筑的改造和出新设计使城市界面成为滨水景观的重要构成元素。增加建筑物的沿街绿化和开敞空间，并与滨水绿地开放空间形成一个整体。

天际线设计根据地段特点分为三个景观层次：背景性主体以城市标志性高层建筑作为天际线背景；整体性界面以强调韵律的多层和小高层作为联系与过渡；连续性基座以临街裙楼和商业设施作为空间底座来协调城市建筑与滨水绿地的围合和贯通关系。

（6）滨水岸线的利用

着重体现滨水地区亲水性特点的岸线设计。降低滨水步行带的标高，设置休息座椅；利用钓台、跌落式亲水平台等设施，增加亲水平台伸入水面，使游人真正融入水体。

建成后的氿滨世纪广场已经成为广受宜兴市民喜爱的公共活动场所，同时还取得了显著的周边土地利用的经济效益（图4-108、图4-109）。

4.6 历史地段

4.6.1 历史地段的含义

虽然世界文化遗产的保护工作已经历了150多年的发展过程。但保护与人类生活密切相关的历史地段却是在20世纪60年代才开始的。

1964年由联合国教科文组织（UNESCO）颁布的《威尼斯宪章》，不仅提出了文物古迹保护的基本原则，而且扩大了保护范围，即"不仅包括单个建筑物，而且包括能够从中找出一种独特的文明、一种有意义的发展或一个历史事件见证的城市或乡村环境"，"包含着对一定规模环境的保护——

不能与其所见证的历史和其产生的环境分离"。

1976年联合国教科文组织在内罗毕通过《关于历史地段的保护及其当代作用的建议》。文件肯定了历史地段在社会、历史和实用方面具有的普遍价值，"历史地段是各地人类日常环境的组成部分，自古以来，历史地段为文化、宗教及社会活动的多样化和财富提供了最确切的见证"。

1987年10月国际古迹遗址理事会（ICOMOS）通过的《华盛顿宪章》，是一份针对城市历史文化遗产保护的更全面的文件。文件指出，"历史地段"系指城镇中具有历史意义的、包括城市的古老中心区或其他保存着历史风貌的地区，"它们不仅可以作为历史的见证，而且体现了城镇传统文化的价值"。

根据中国学者王景慧的观点，历史地段的确定应具有以下几个特征：

① 历史地段是有一定规模的片区，并具有较完整或可整治的景观风貌。它代表了这一地区的历史发展脉络，拥有集中反映地区特色的建筑群，具有比较完整而浓郁的传统风貌，是这一地区历史的活的见证。

② 有一定比例的真实历史遗存，携带着真实的历史信息。历史街区不仅包括"有形文化"的建筑群及构筑物，还包括蕴含其中的"无形文化"和场所精神，如人们生活在该地段中形成的价值观念、生活方式、组织结构、风俗习惯等。

③ 历史地段应在城市生活中仍起重要作用，是新陈代谢、生生不息具有活力的地段。

图4-109 宜兴氿滨公园环境构筑物小品

4.6.2　历史地段的城市设计

实践经验表明，一些城市利用对保护历史遗产事业的投资可成功实施城市设计计划。一旦由保护铺平了道路，其他问题就比较好办，它会带来许多收益——文化的、经济的和社会的。

值得一提的是文化价值，它包括可提供教育、美学感受或更隐匿的"可触知感"的历史资源。如意大利以威尼斯、罗马为代表的一大批历史古城内的城市广场改造，悉尼的达令港（Darling Harbor）和岩石区（The Rocks）、东京惠比寿花园广场更新改造、波士顿的柯普利广场（Copley Square）和昆西市场（Quincy Market）等保护性城市设计就是这方面的成功案例。应该指出，历史地段保护更新也是随着历史的发展而发展的。历史上有些重要地段的保护改造，都要经过多次的反复研究和推敲，才能日益完善、臻于完美。如圣彼得大教堂广场改造和英国伦敦圣保罗大教堂及周边地区的改造等都是如此（图4-110、图4-111）。

事实上，文物建筑和富有生活特色的历史地段本身就是公认最有价值的三大旅游资源之一（另两项是自然风光和娱乐消遣）。欧洲旅游委员会曾对去美国的旅游者进行过旅游动机调查，其结果，60%的人主要是受美国文化的吸引，希望摆脱本国那种机械、呆板而腻味的生活方式。中国南京在1981年也曾对来华的外国旅游者进行调查，结果表明，22%的人是为游览名胜古迹，51%是对中国人的生活方式、生活习俗、传统文化和伦理道德感兴趣。这恰好顺应了近年出现的一种由传统的自然美景转变为兼顾自然美景而以领略异国（地）情调和历史文化为主的旅游倾向（图4-112至图4-115）。

局部历史地段的更新改造则更多地反映在新旧建筑并存

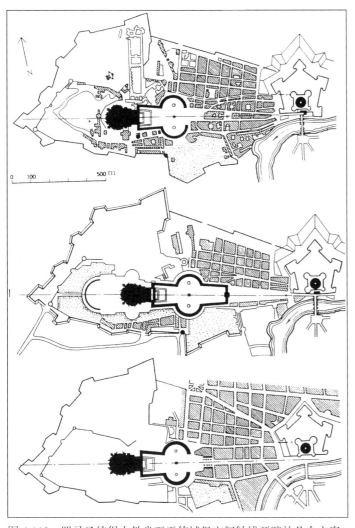

图4-110　罗马圣彼得大教堂至天使城堡空间轴线开辟的几个方案

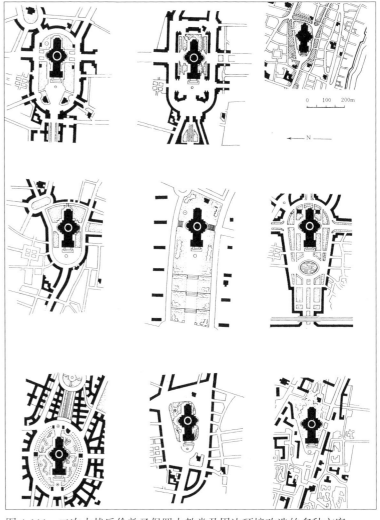

图4-111　二次大战后伦敦圣保罗大教堂及周边环境改造的多种方案

图 4-112　京都清水寺周边的历史街区

方面。城市环境中，一般旧建筑总是要比新建筑多。作为有特色的城市，一定要珍惜和保护好优秀传统的旧建筑，处理好"岁月留痕"和"焕然一新"的辩证关系，切忌推土机式的"大拆大建"。纽约一条原先高架的货运铁路线历经"拆除还是保留"的多年争执，最终作为城市演进历程的记忆而完整地保留下来，华丽转身变成今天的"高线公园"。西安钟楼和鼓楼地区经过城市设计，形成市民喜闻乐见的多功能广场和商业结合的公共空间，周边建筑也得到整体的改建。北京南锣鼓巷历史街区保护和更新依循自下而上的社区参与策略也取得良好效果。

在处理新建筑与旧建筑的关系方面，不外有协调和对比两种办法。一是协调，如北京饭店在相邻地块内先后扩建 4 次，从 1920 年代、1950 年代、1970 年代直到 1980 年代总计 4 个年代的 4 栋建筑彼此毗邻，分别代表不同时期的风格，但总体上是和谐的。另一种是对比，如法国巴黎蓬皮杜文化艺术中心和卢浮宫扩建，在后者的建设中，贝聿铭先生用玻璃做了金字塔形的透光顶棚和出入口，与主体建筑形成强烈对

图 4-113　伯尔尼古城

图4-114 常熟虞山东麓言子墓、仲雍墓历史地段保护改造

图4-115 罗马古城遗址保护

比，更加突出了卢浮宫的传统风貌。当然，这种对比手法对设计师提出了更高的专业素养和环境整体把握方面的要求。

4.6.3 历史地段的城市设计工作方式

历史地段城市设计总的发展趋势是在力求保护旧城原有历史结构和地段整体性的前提下，嵌插一些小型的改造建筑和新建筑，进而形成新陈代谢的有序渐进。设计强调深入研究城市历史，注重调查现状；同时，有层次地进行城市—片区—街坊—组群—单体的分析。但并不是简单地重建传统、恢复历史。城市环境建设和发展中不同时代的物质痕迹总是相互并存的——"城市本身就应该是一个教育人的、活的、有秩序的博物馆"（图4-116）。

同时，城市改造不能只停留在面貌层次上。当前我国最迫切也最重要的工作首推城市现状调查，重新评价旧城的综合价值。越是文化深厚、历史悠久的城市，调查越要细致，有条件的应把重要街区乃至单体建筑编制现状图，并将其建造年代、房屋产权、使用条件、立面、保留价值、毗邻建筑环境现状及建议分别建立档案，编制评价记录。其次，要尽量与社会科学工作者合作，对该城市的历史演化、文化传统、居民心理、行为特征及价值取向等作出分析。只有在这两项工作的基础上，才能开展进一步的城市更新改造工作。应该认识到，城市保护、改造和更新工作是一项永续的事业，决不可急功近利而铸成大错。近年，随着人们对"记得住乡愁"的日益重视，包括北京、上海、南京等在内的很多城市都编制了系统的、多层次的历史文化名城和历史地段的保护规划和城市设计，"应

保尽保"正在成为一些历史城市贯彻的基本理念。

4.6.4 案例分析

1）波士顿柯普利广场

位于波士顿市中心的柯普利广场历史悠久，著名的"圣三一"（Trinity）教堂、波士顿公共图书馆和汉考克大厦就坐落在广场旁。从19世纪末开始，这里就曾多次进行过改建规划和设计方案征集，其中比较重要的有：1909年由萨特列夫提出的在广场周边建设市政厅及其他公共建筑的方案；1923年在波士顿纪念建市300周年时，霍克谢提出了一个大规模扩大广场面积，并将广场延伸到查尔斯河边的方案；但与城市原有的空间形态格格不入；1958年又有人提出一个人车分离的改建方案，反映了汽车时代的要求。1966年，市政府决定举行全国设计竞赛，结果佐佐木（SASAKI）事务所的方案中选。1969年事务所对该方案进行了再度修改，其特点是将原汉廷顿大街的交通引开，使广场空间完整，而在波伊斯顿大街一侧将广场标高降低，并以绿化相屏隔。交通道路旁则设置几何形体的雕塑喷泉，该方案受到公众的广泛好评，并付诸实施。

随着时间的推移，人们渐渐对原广场教堂前大片的空旷硬地感到厌烦。于是，1983年又进行了一次广场城市设计竞赛，结果来自纽约的一家事务所的方案中选。该方案增加了绿化和水池的面积，并将广场划分成几个小空间，其间用树木隔离。值得一提的是，贝聿铭事务所设计的高60层的汉考克大厦，由于平面采用了梯形，因此在广场上看到的两个立面呈锐角相交，

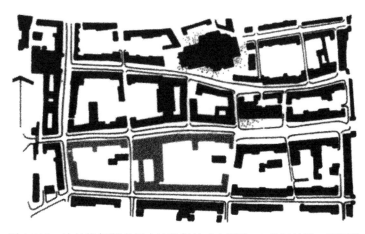

图 4-116 波兰格但斯克历史地段保护（上图为 19 世纪地段；下图为第二次世界大战后改造并顺应原有街区肌理的地段）

图 4-117 1903 年在波士顿柯普利广场举行的庆典仪式

加之整体使用了反射玻璃幕墙，将教堂景观映照在玻璃幕墙上，所以明显减轻了建筑的体量感，甚至有扩大空间的实际效果；而玻璃幕墙则会在不同的季节和天气变化中反映出不同的景象，迄今为止，大多数人认为这一建筑以及与广场的关系还是比较得体的（图 4-117 至图 4-120）。

2）纽约构台广场州立公园

构台广场州立公园（Gantry Plaza State Park）位于纽约皇后区（Queens），与位于东河畔的联合国总部隔岸相望（图 4-121）。

构台的词意是门式钢架起重机，一组标有"长岛"（Long Island）字样的巨型钢架遗迹让人追忆起皇后区工业区曾经的繁荣。19 世纪 50 年代该地段是居住区，后来围绕轮渡码头和位于长岛西端的火车站发展了商业。但是由于该地段水运便利，工业利用价值极高。目前保存完好的、体现工业化力量和精美工艺的门式起重构台始建于 1876 年，主要功能是将经东河而来的货船上的货物吊运到岸边的卡车上，是纽约市最早的水陆交通转换设施。第二次世界大战末，皇后区的工业活动逐渐衰退，至 1990 年代只剩下大量空闲的厂房和废弃堆场。

工业衰退为城市的复兴和滨水土地重新开发带来新的契机，此处与联合国大厦隔河相望，拥有无敌的曼哈顿天际线景观和开阔的滨水开放空间。经过皇后区西部水域发展计划（Queens West Waterfront Development）的研究，最终确定了一套完整的遗产公园保护和开发利用结合的实施方案，包括毗邻公园的 6385 套住宅以及配套的商业空间、社区、学校设施以及 3.2 万 m² 的酒店，其中有构台公园绿地以及佩里设计的"城市之光"（City Lights）居住楼（图 4-122）。

公园设计围绕滨水环境和构架遗产的特点，营造出各种富有变化的各类场所，同时还注意了土地混合利用，保证社区中贫富阶层生活的融合。整个公园分成两个部分：一是北构台广场，由开放空间构成；二是更为柔美、有机的南构台公园，其间是一些景观小径与植物。北构台广场以花岗岩为铺地，茂密的树荫下掩映着弧形的台阶与遗留下来的墙体。废弃的构台形成台幕，在城市天际线的背景作用下，又俨然是一座舞台。最北端的码头上设置了曲折蜿蜒的长凳。现在，人们可以通过一座曲形格构式的金属桥到达南构台公园，金属桥架在一片小水湾之上，其间遍布浅水植物，又或可以沿着砾石小道进入该公园。这里再度引进了一些地方草种和岸边植物，使人们能找回前工业时期及废弃后的感觉。有些植物生长在锈蚀的枕木和巨型石堆之间，而这些石堆正是数十年前建造铁路用的基础桥石。南构台公园的第三码头则是垂

图 4-118　1991 年的柯普利广场

图 4-119　2009 年的柯普利广场

图 4-120　柯普利从广场看汉考克大厦

图 4-121a　纽约构台广场州立公园区位

图 4-122　构台遗址及其周边的地产开发

图 4-121b　从构台广场州立公园看曼哈顿天际线

钓休闲的理想场所，码头上设有平坦的水洼形操作台、出水口和洗鱼槽。同时这儿也是观赏迷人的曼哈顿天际线的绝好去处（图 4-123 至图 4-127）。

3）悉尼达令港

悉尼是欧洲首批殖民者在澳洲的登陆地之一。1988 年为纪念欧洲殖民 200 周年，悉尼大兴土木，开展了大规模的公共建设。悉尼达令港改造就是当时一项由旅游部门负责的、带有国际意义的城市设计实施项目。达令港与悉尼中心商业区紧邻，这一带历史上原来是悉尼铁路站场和港埠所在地，后一度废弃衰落（图 4-128）。

按照 1971 年和 1984 年制定的"殖民 200 周年"规划建设项目，该地区被确定为重点建设用地，建设内容包括会展中心、临海散步道、中国花园、国家海洋博物馆、海湾市场、旅馆以及高架环路单轨电车路线等。其中，考克斯（Philip Cox）事务所设计的"展览中心"，采用连续的白色悬索和宝蓝色的玻璃幕墙，构造精细，富于动感，给达令港增添了

图 4-123　构台广场州立公园伸向东河的滨水栈道和河对岸的曼哈顿天际线

图 4-124　构台广场州立公园场地保留了原来的铁轨遗迹

图 4-125　东河畔的垂钓活动

图 4-126　保留场地演进痕迹的构台公园设计

图 4-127　市民休闲活动

现代化气息。达令港项目的基本要求是整体开发,历时3年多。这项改造设计不仅在市中心区保留了一大片整地,建设了大体量的会议展览建筑,而且该开发项目与已有的中国城、娱乐中心、动力科学博物馆等和谐结合(图4-129至图4-133)。

从建成实际效果看,环境优雅、景色秀丽、游人如织,通过城市设计实施提高了城市环境质量,达令港周边地价亦步步攀升。据不完全统计,达令港在外部空间环境景观改造建设竣工而周边建筑尚未投入使用的前2个月里,就吸引了近300万的观光客慕名前来游览,这说明达令港城市设计中对外部空间要素,如公园、绿地、港埠、步行道及原先存在的船舶和建筑遗迹等的组织运用是十分成功的;另一方面,达令港城市设计与众不同之处,在于它将达令港地区完全考虑成步行区和公共性的开放空间,充分尊重了"人"在城市环境中的重要性。许多人认为,达令港城市设计是一个足以与

世界上那些最负盛名的滨水地区改造,如波士顿港湾地区复兴改造、温哥华格兰维尔岛(Granville lsland)滨水地带建设相媲美的成功案例。

4)东京惠比寿花园广场

惠比寿花园广场被认为是东京山手线沿线地区20世纪最后一个大型复合性城市设计开发项目,项目利用具有130年历史的札幌啤酒工场旧址开发,总用地面积为8.3 hm^2,建筑总的开发面积约4.6 hm^2。

日本以往的都市开发多以专门的商业和商务开发为主体,而惠比寿项目则通过公私结合,创造出一组文化、娱乐、居住功能复合的城市综合体,建筑内容包括办公楼、饭店、公寓、文化娱乐和商业设施等。特别需要指出的是,项目通过复合开发强化了都市中心区的居住功能,为东京提供了包括商业住宅和出租住宅在内的1030户居住单元。同时,项目还为公

图4-128　悉尼航片

图4-129　悉尼达令港鸟瞰

图4-130　达令港滨水景观之一

图4-131　达令港滨水景观之二

图 4-132　达令港供人们休憩的滨水阶梯

图 4-133　达令港滨水服务设施与景观

众提供了美术馆和博物馆等文化设施，提升了项目的品质。

　　笔者曾三次前往造访考察。总的感受是，惠比寿花园的空间环境设计做得非常成功，这里对原先啤酒厂部分厂房进行了功能转型和再利用，游客可以通过多媒体和展览了解札幌啤酒厂的发展历史，品尝最新酿制的啤酒。同时，这里还新建有三越百货商店等商业设施，人们可以方便地通过与东京山手线惠比寿站之间的水平电梯来此购物和游览。在环境设计方面，该开发建设遵循了"水与绿"的城市设计概念，这里拥有充足的绿化、富有吸引力的喷泉和流水、各种雕像和历史建筑等，为人们提供了理想的观光休闲的环境氛围。同时，设计精致考究的各种环境设施和建筑小品，硕大无朋的拱形雨罩下的中心广场，完善的汽车和自行车停车设施，又为人们提供了"行为的支持"，让人们在此流连忘返（图4-134、图4-135）。

4.7　步行街（区）

4.7.1　步行街（区）的功能作用

　　步行街（区）是城市开放空间的一个特殊类型，它从属于城市的人行步道系统，是现代城市空间环境的重要组成部分。

　　步行是市民最普遍的行为活动方式。步行系统是组织城市空间的重要元素，步行系统包括步行商业街、空中的和地下的步行街（道），其中步行商业街是步行系统中最典型的内容。组织好步行系统，能减少市中心人们对汽车的依赖，改善城市的人文和物理环境，保障市民的安全感，促进零售商业的发展。步行街是支持城市商业活动和有机活力的重要构成，确立以人为核心的观念是现代步行街规划设计的基础。

　　实际上，步行街反映了现代人对以往那种生气勃勃的街道生活的向往。随着新型步行街的建立，人们对步行街购物条件的关注已经转到了对交往条件的关注。成都宽窄巷步行街（区）、北京南锣鼓巷步行商业街保护再生、南京老门东步

图 4-134　东京惠比寿花园广场航片

图 4-135a　惠比寿花园广场之一

图 4-135b　惠比寿花园广场之二

行商业街区更新改造的成功等都说明了这一作用的存在（图 4-136）。

　　欧洲大陆的荷兰、德国、丹麦等国最早发展了"无车辆交通区"（Traffic Free Zone）。今天欧洲许多城市，如瑞士的苏黎世、伯尔尼，德国的法兰克福、斯图加特、慕尼黑，土耳其的伊斯坦布尔等城市，都建有设施完备且与城市主要对外交通节点联系方便的步行商业街。近年我国也掀起步行街建

设热，并先后建成上海南京路、北京王府井大街、苏州观前街、广州北京路和中山孙文西街等步行商业街（区），这些建设不仅显著改善了这些城市的商业购物环境，而且还塑造了新的城市旅游形象（图 4-137 至图 4-140）。

　　概括起来，步行街有以下优点：

　　（1）社会效益——它提供了步行、休憩、社交聚会的场所，增进了人际交流和地域认同感，有利于培养居民维护、

图 4-136　成都宽窄巷步行街

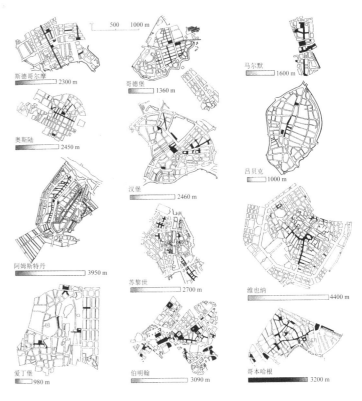

图 4-137a　欧洲 12 个城市步行街（区）总长比较之一

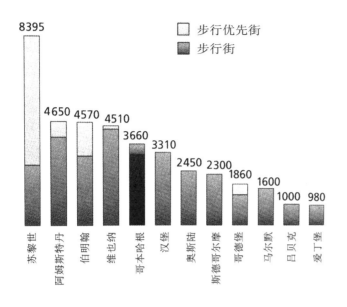

图 4-137b　欧洲 12 个城市步行街（区）总长比较之二

图 4-138　夜晚人群熙攘的广东中山步行商业街

图 4-139　苏州三塘街滨水茶座

图 4-140　波士顿昆西市场步行街（区）

关心市容的自觉性。

（2）经济效益——促进城市商业经济、历史文化保护和旅游观光的繁荣。

（3）环境效益——减少空气和视觉的污染、交通噪声，并使建筑环境更富于人情味。

（4）交通方面——步行道可减少车辆并减轻汽车对人的活动环境所产生的压力。

4.7.2　步行街（区）的类型

根据不同的功能和环境要求，步行街又可分为四种形式，即封闭式、半封闭式、转运式和步道拓宽式。

从人的角度看，步行需要满足三种要求，即功能使用、心理学意义的舒适度和人体工学尺度的适宜性。此外，设计中还要考虑步行街所在地段、城市的交通量情况、停车难易、路面宽窄及步行道的合理长度等因素。步行街由两旁建筑立面和地面组合而成，其构成包括：铺地、标志性景观（如雕塑、喷泉）、建筑立面、橱窗；广告店招、游乐设施（空间足够时设置）、街道小品、街道照明、植物配置和特殊的街头艺术表演等活动空间（图 4-141）。

4.7.3 步行街（区）的设计要点

步行街（区）设计最关键的是城市环境的整体连续性、人性化、类型选择和细部设计。

从城市设计角度看，步行要素应有助于基本的城市要素和系统的相互作用，联系现存的空间环境和行为格局，并有效地与城市未来的发展变化相联系。

随着城市步行系统的发展，人们对城市公共环境要求不断提高。发达国家一些温带和寒带的城市，城市室内公共空间也得到了很大发展，且有系统化乃至覆盖大范围街区的趋势，如横滨从樱木町车站附近的"动的步道"开始，步行空间穿越了地标塔（Landmark Tower）及横滨皇后广场（Queen's Square Yokohama），创造了具有室外步行环境尺度的室内空间步行道，一直到太平洋横滨会展中心（Pacific Yokohama），总长达 1km 左右（图 4-142）。

街道空间自古就是"步行者的天堂"。在汽车时代以前，道路几乎都是供行人或马车使用的。1920 年代起，美国开始制造汽车；1930 年代，福特汽车公司制造出第一批家用车以来，汽车日益普及；随着城市环境中行人受到越来越多的来自汽车的威胁，这时开始有人提出人车分离的规划设想，并在 1950 年代普遍实施。事实上，历史上盛大的礼仪、竞技、狂欢、市场交易都是在步行前提下存在的。我国古代"清明上河图"等绘画中描绘的市井生活、京城看灯、街头卖艺、法场劫人、茶棚献艺等都构成一幅幅街道生活的画卷。今天，街道重又回到了人的身边，步行街（区）作为一种最富有活力的街道开放空间，已经成为城市设计最基本的要素构成之一（图 4-143）。

4.7.4 案例分析

德国慕尼黑步行商业街

慕尼黑是一座历史悠久的古城，二次大战期间曾遭受严重破坏。战后经济迅速起飞，人口剧增。1963 年，慕尼黑确立了"促进市中心的城市生活"的规划设计目标。1965 年，由津森（Jensen）教授领衔组成工作小组，在对全市交通全面调查分析的基础上，做出著名的"津森鉴定"，并建议将

图 4-141 东京吉祥寺步行街

图 4-142 横滨皇后广场室内步行空间

东西向宽 18 m 的纽豪森街、考芬格街和南北向的凡恩街改为步行街，即所谓的"津森十字"。1968 年议会通过并实施，并于 1972 年竣工落成。这里集中了数百家特色商店、餐馆，还有教堂、博物馆、剧院等。在环境方面，除了这些各类完善的建筑设施外，还对花坛、铺地、座椅等建筑小品进行了精心设计，为公众交往、商品销售、节日庆典、艺术表演提供了宜人的场所。该步行街游人如织，环境特色鲜明，街道活动丰富（图 4-144 至图 4-146）。

总结其成功经验主要有四点：

一是选址好。它与城市门户火车站联系直接，通畅便捷。

二是成功结合了地铁建设。步行街实际上成了周边辐射地区的联系纽带，结合交通换乘体系，很好地解决了老城交通问题。

三是具有复合功能。可满足人们多方面的使用要求。

四是空间布局富有变化。设计精细，并很好地利用了历史建筑文化遗产。

笔者曾两次亲历考察，印象极为深刻，是笔者所见过最成功的步行街之一。

图 4-143　瑞士伯尔尼城市街道

图 4-144　慕尼黑步行街之玛利亚广场

图 4-145　慕尼黑步行街

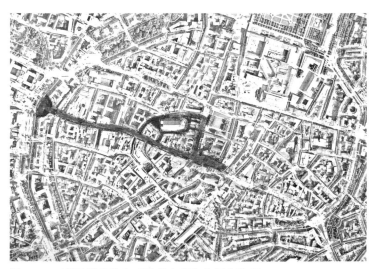

图 4-146　慕尼黑航片上"津森十字"步行街位置

4.8 建筑综合体

4.8.1 建筑综合体的概念

现代城市中的建筑规模越来越大，功能越来越复杂多样，建筑所涉及的空间领域也越来越具有城市属性。正如"十次小组"所察见，当代城市将愈来愈像一座巨大的建筑，而建筑本身也愈来愈像一座城市。建筑周边环境乃至部分内部空间的设计都越来越多地渗透着城市环境的要求，城市建筑综合体就是对此类建筑的一种概念描述（图4-147至图4-149）。

1970年代以来，随着现代科学技术与工业生产的高度发展，城市功能与社会需求发生巨大变化，大城市中心区更新和综合再开发的需求应运而生。同时，对建筑功能也提出综合性和灵活性的要求。城市、建筑与交通一体化成为当代城市设计和建设的新趋向，并出现一种占地规模达整个乃至数个街区的超大构筑（Mega-Structure），中国近年亦开始出现这样的开发案例。这种多功能、复合性的建筑综合体，可以说是适应社会需求、经济发展和城市土地集约使用的必然产物，它集中地体现了城市更新的面貌，并形成城市全新的社会和经济活动中心。

建筑综合体通常由城市中不同性质、不同用途的社会生活空间组成，如居住、办公、出行、购物、文娱、社交、游憩等。把各个分散的空间综合组织在一个完整的街区、一座巨型的综合大楼或一组紧凑的建筑群体中，有利于发挥建筑空间的协同作用。这种在有限的城市用地上，高度集中各项城市功能的做法，对调整城市空间结构，减少城市交通负荷，提高工作效率，改善工作和生活环境质量等具有一定的作用。同时，对有效使用城市土地，节省市政、公用设施投资，减少城市经营管理费用及改善城市景观等，也具有很好的综合经济效益。著名案例有法国巴黎蓬皮杜文化艺术中心、香港机场快线港岛站、东京涉谷车站、京都铁路旅客站、上海虹桥交通枢纽、南京新街口德基广场等（图4-150至图4-155）。

建筑综合体成功地将城市环境、建筑空间和基础设施有机地结合在一起，使建筑向空间、地面、地下三个维度发展，构成一个流动的、连续的空间体系。建筑师在设计中往往把城市设计作为建筑设计的基础，亦即，首先考虑的是"整体性"和"关联性"，其次才是建筑物本身。他们以巧妙的构思和丰富的想象力，将城市建筑形体空间有效地组织起来，采用人车交通垂直分离的建筑手段，将城市建筑空间与立体交通统一设计和建设，是大城市综合再开发的主要途径之一。

国内外大城市的现代室内购物街也是一种建筑综合体的形式。它不仅满足人们日常生活采购的需求，也是人们增加社会见闻和活跃社交的场所。现代室内购物街的主要特点是购物空间都在玻璃顶棚或拱廊覆盖之下，顾客可以免受气候条件的影响，形成一个全天候的步行世界。如意大利米兰教堂广场的室内购物街，设有大小1000多家形形色色的零售商店，环境舒适。这种商业性的建筑综合体多设有高大开敞的中庭——高大、明朗、宽敞，它既是人流交通的枢纽，又是人们的活动中心，具有多功能的特点。大空间与周边的多层小空间相互穿插，上下渗透，许多商场、零售商店及游憩设施连接在一起，设有宽阔的楼梯、电动扶梯或透明观光电梯，整个购物环境充满着愉悦、轻松、欢快的气氛。例如南京德基广场、北京侨福芳草地、澳大利亚悉尼的"女王大厦"和日本福冈的博多水城（Canal City）等室内购物街以及美国各大城市市郊的室内步行商业街，都是典型的也是比较成功的商业性建筑综合体的案例。

图4-147　费城中心区结合地铁交通换乘的下沉式广场

图4-148　上海商城入口设置了酒店与南京路之间的缓冲空间

图 4-149　香港汇丰银行底层架空与城市环境一体化

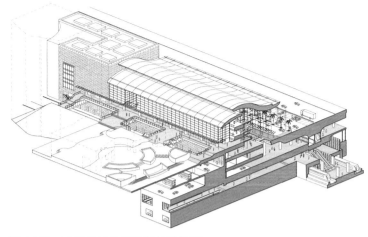

图 4-150　香港机场快线港岛站轴侧图

图 4-151　京都车站容纳了综合性的城市功能

图 4-152　具有城市公共空间功能的纽约 IBM 总部中庭

图 4-153　东京惠比寿花园广场建筑综合体

图 4-154　大阪难波建筑综合体

图 4-155　东京涉谷车站建筑综合体

4.8.2　建筑综合体的城市设计要点

建筑综合体的突出特征是"大型"和"复合"，当这种开发大到占据一个乃至几个街区时，将会打破城市环境在街面上的连续性和一贯性，采取实墙面对大街、建筑开口和活动朝向内部的城堡布置方式是此类开发中最不好的模式。因此，使这种大型的建设开发能够和谐地融入城市环境便是城市设计关注的焦点之一。根据美国城市中心设计实践积累的经验，波米耶认为建筑综合体设计有以下几点需要考虑：

（1）利用开窗设计、建筑细部、后退和屋顶线的变化界定出一系列的立面模式，将连续水平长条立面分为若干具有人性尺度的单元；

（2）将建筑物超大的体量打散、分割成为一群较小体量造型的组合，减少大型结构所造成的压迫感；

（3）提供一系列与现有市街道路相连接的公共空间和人行步道；

（4）建筑的后退要能加强沿街建筑立面的延续性，并将内部活动带到沿街人行道边缘；

（5）主要建筑立面和进口应朝向重要的行人步行街；

（6）在建筑的地面层，利用透明的立面和零售商业活动，将超大结构的开发在功能上与沿街其他的使用融合在一起；

（7）设计新、旧、大、小建筑物之间在高度和体量上的过渡。

上述导则清楚地说明了在城市设计层面上，建筑综合体的社区建设目标是要塑造一个连贯、和谐和更具吸引力的环境。

4.8.3　案例分析

1）悉尼维多利亚女王大厦（Queen Victoria Building）

维多利亚女王大厦位于悉尼最重要的历史地段，建筑占据了一个完整的街区。它最初由麦克利设计，1898年竣工建成，并取代原址上的悉尼市场。当时，悉尼正处在经济萧条时期，这项建设使大批已经失业的工匠、石匠、泥水匠、彩绘玻璃艺术家等能够在该建筑中获得工作机会。该建筑包括了一个音乐厅、一组展示空间、咖啡店、办公室、仓库以及一些供个体裁缝、花匠、理发师等业主承租的商业空间。从今天的眼光看，该建筑是一个名副其实的建筑综合体。

经历多年的风风雨雨，承租业主变化非常大。音乐厅变成悉尼城市图书馆，咖啡店变成了办公室。建筑虽曾在1930年代由悉尼市政府改造过一次，但到了1950年代末，该建筑还是濒临颓败，且一度准备拆除。为了以一种能动的方式

来保护这座建筑，有关部门及设计人员先后提出了55项改造建议和设想，其中包括将它改造成赌场、酒店和会议中心等，经过多次的论证和听证会讨论，最后由马来西亚的伯哈德（Berhad）提出的一项将其改造为零售商业中心的设想中标入选，因此，他获得了99年的建筑承租权，但建筑房产仍归悉尼市政府。

女王大厦的改造开始于1984年，历时2年，总投资7500万澳元，内设200多家商铺、展览馆、快餐厅、咖啡店等。改造后的女王大厦重新焕发出迷人的魅力，再现了历史和文化的场所意义，这座19世纪经济、技术和艺术的产物，真正创造出了像著名时装设计师皮尔·卡丹所说的"世界上最美丽的商业中心"，并成为人们到悉尼观光旅行的重要目的地。1987年，女王大厦获得萨尔曼（Sulman）建筑奖和澳大利亚历史遗产保护奖（图4-156）。

2）日本福冈博多水城（Canal City）

福冈的博多水城曾是日本历史上最大的私营地产开发项目，合作开发的还有两座宾馆、两个大型商场、一幢商务中心和一个剧院（图4-157）。据介绍，这种把零售商业和休闲娱乐结合起来的综合开发方式源自1984年建成的美国加利福尼亚圣地亚哥的霍顿广场（Horton Plaza）。

博多水城包括购物、休闲娱乐、文化、办公和宾馆等内容，因这些不同功能的建筑设施之间贯穿了一条人工河道，故取名为"运河之城"（Canal City）。该设施试图把福冈市的三块步行街（区）融合为一个整体，同时反映周围环境的细小尺度和传统肌理。在弯曲的人工河道中部有一个半露天的中庭，以该中庭为中心从地下1层到4层共有120多家各种各样的餐馆和专卖店，中庭中还设有一个水上舞台，经常举行演唱、杂技及展示活动。设计者认为，城市的未来及商业设施设计的挑战基于一条简单原则，即提高人们在场所中体验生活的品质。这一原则贯穿在博多水城设计的各个方面，首先为人，然后才是商业。

在造型上，该建筑群以鲜艳大胆的用色、布局新颖奇特的中庭、水上舞台和音乐喷泉为特点，空间组合虽很丰富，但整体性并未受到影响。在设计过程中，业主与建筑师密切合作，共同制定项目的市场、规划、运营、出租策略，并很好地协调了景观、环境、造型、水景、照明等专业的设计工作。该建筑建成后深受人们的喜爱，在开业的最初8个月内，博多水城就接待了1.2亿的来访者（图4-158至图4-161）。

3）美国纽约花旗联合中心（Citicorp Center）

位于纽约曼哈顿的花旗联合中心是美国纽约新一代摩天楼代表作之一。

图 4-156a　悉尼城市环境中的女王大厦　　　　　　　　　　　　　　　　图 4-156b　悉尼女王大厦主入口

图 4-156c　悉尼女王大厦室内中庭之一　　　　图 4-156d　悉尼女王大厦室内中庭之二

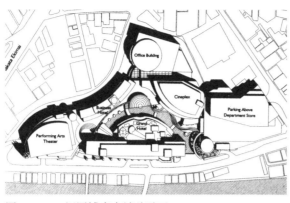
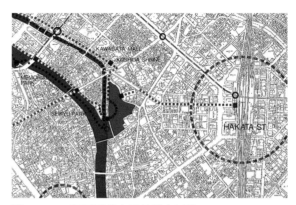

图 4-157a 福冈博多水城
鸟瞰

图 4-157b 福冈博多水城总平面

图 4-157c 福冈博多水城的城市区位

图 4-158 福冈博多水城内庭景观之一

图 4-159 福冈博多水城内庭景观之二

图 4-160 福冈博多水城内庭景观鸟瞰

图 4-161 纽约花旗联合中心远眺

该建筑包括第一花旗银行使用的高层办公大楼、教堂、带中庭的多层零售商店、餐馆和一个绿化庭园广场。大楼基座部分由于成功地结合城市设计的处理手法，形成一个富有人情味和亲切感的空间。在这里，人们拥有日常生活中购物、就餐、社交、消遣、休憩等方面活动的便利性，同时，还可尽情享受中庭的"共享空间"。

花旗联合中心大楼高 65 层，278.6 m，建筑容积率高达18，曾经是纽约第五高楼。其基座部分没有沿用以墙面封闭内部空间的手法，而是用 4 根截面为 7.3 m 见方、高度 27.45 m的抗风结构柱体高高架起，使建筑凌驾于街道平面之上，形成一个高大的开敞流动的城市型空间。集中的电梯群则设置在中央，柱内的楼梯和管井分别设置在每一片墙面下部的中心处。7 层带有玻璃顶棚中庭大厅的零售商店、餐馆和一个地下层庭园广场连在一起，广场在街道首层下沉 3.6 m，可直接通向地铁车站。地下层中庭布置着奇花异草、池水滴泉和休息桌椅，邻近设有食品店，在高楼林立的闹市区中，形成一个较为清静的休息环境（图 4-162 至图 4-165）。

花旗联合中心建设当年是城市设计的一项新成就。建筑师斯塔宾（Stubbins）和他的同事们在酝酿设计时曾指出，在纽约或美国其他城市中习见的高层建筑平淡无奇，代表的是机械时代，它们没有个性，冷漠而且缺乏人情味。我们必须以社会的概念，去开创办公大楼的一个新时代。务使城市开发成为充满活力、吸引人的公共生活和工作场所（图 4-166至图 4-168）。

值得注意的是，设计中政府部门聘请的城市设计小组也参与了工作。他们注意到这里原是一个繁华的商业地区——曼哈顿区，不能由于摩天大楼的建造而影响原有的购物环境。1930 年代的纽约洛克菲勒中心已为城市留出了公众活动空间，花旗联合中心进一步发展了这一城市设计的概念。同时，它的外观形象轻盈、淡雅而明快，与纽约其他的摩天楼多呈深色外观有所区别。

图 4-162　支柱层鸟瞰

图 4-163　下沉式广场提供了商业服务及与地铁接驳的空间

图 4-164　支柱层提供了连接地铁的城市公共空间

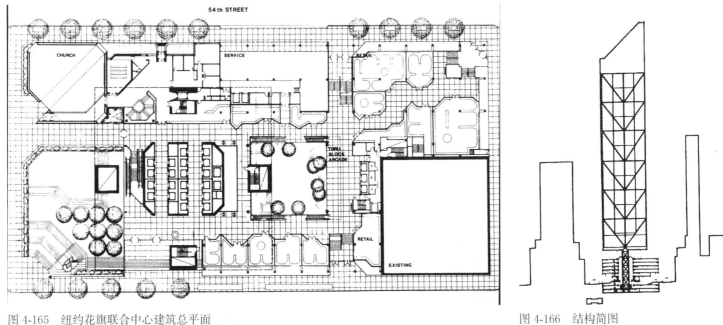

图 4-165　纽约花旗联合中心建筑总平面　　　　　　　　　　　　　　　　图 4-166　结构简图

图 4-167　建筑下沉式广场与城市街道的关系

图 4-168　建筑近地面层与城市的景观设计一体化

4.9　城市天际线

4.9.1　城市天际线的概念

　　天际线原指天空与地面相交接的线。绘画中常通过天际线来校准画面的透视比例以及帮助确定构图。天际线与人的视觉审美感受关系密切。

　　城市天际线则主要指城市建筑物、构筑物及自然要素与天空交接的轮廓线。

　　城市天际线是城市的象征，它在一定程度上表达了城市建设的文明程度和社会发展阶段。"任何文化和任何时代的城市都有各自高耸而突出的地标以颂扬其信仰、权力和特殊成就"[12]。

4.9.2　天际线的形成

　　城市天际线的形成通常有三种不同的路径：

　　（1）利用城市特定的地景地貌，通过人工建设形成人工与自然交融的天际线（图 4-169 至图 4-171）；

（2）以表达人为营建和建筑艺术表现为主的天际线（图4-172、图4-173）；

（3）出自政治、宗教、军事抑或经济财力炫耀等目的经人工建设而形成的天际线（图4-174）。

天际线因其形成原因的多样性而呈现不同的特色。

天际线不仅可以彰显城市特色和个性，帮助人们辨认方位（在古代），也能给公众以视觉美感上的养眼，同样，也会由深度赏析引发人们的历史追忆和怀旧感叹。

中国农业社会的州、府、县城常常以宝塔、楼阁（如古代的四大名楼）及垂直尺度较高的庙宇建筑和水平延展的城墙和民居建筑群构成城市的天际线（图4-175）。

图 4-169 凝冻中世纪城市意象的圣·米歇尔城堡

图 4-170 香港尖沙咀与港岛城市天际线

图 4-171 伦敦泰晤士河畔的城市天际线

图 4-172　上海外滩带有西方古典建筑风格的城市天际线

图 4-173　上海陆家嘴带有现代建筑风格的城市天际线

图 4-174　伊斯坦布尔的城市天际线带有明显的宗教文化色彩

图 4-175　故宫为前景的北京城市天际线

在前工业社会的西方城市，常由教堂及市政厅等公共建筑的钟塔等高耸的建筑构成天际线轮廓的主体。城市天际线如果有幸附之以自然地景则会更具特色。如意大利中世纪古城阿西西（Assisi），作为圣方济各诞生地的古老圣所，建造在连绵的托斯卡纳地区的山丘上，其依山就势、因地制宜而建造的各类建筑，形成高低错落、丰富而有序的城镇天际线（图 4-176）。

用普通建筑来表达天际线则已经是 19 世纪下半叶的事了，此时美国的芝加哥和纽约等城市先后出现高层建筑，它对城市外观形象产生前所未有的影响（图 4-177）。工业社会的地标除了新兴的高层建筑外，也可以是高耸的水塔、烟囱、谷仓和电视塔等（图 4-178）。

图 4-176　阿西西古城天际线

图 4-177　芝加哥城市天际线

图 4-178　旧金山城市天际线

4.9.3 天际线的评价原则

笔者认为，天际线赏析有以下的品评标准：

（1）美学原则。可让人们通过城市天际线观赏实际感知到美，如优美、壮观、跌宕起伏或者富有层次和韵律感等，这是首位也是国际公认的天际线品评的原则。

（2）人工和自然的和谐原则。善加利用自然要素是许多城市天际线成功的重要原因。好的城市天际线应该在人工要素和自然要素之间寻求恰当的相关性。通常来说，主从结合的关系比较合适，势均力敌的关系较难获得美的效果。

（3）特色和可识别性原则。可实际感知的城市整体结构性特征，乃至特别的建筑艺术处理，可以形成显著区别于其他城市的、易于识别的城市意象和氛围。

（4）内涵和意义。天际线构成既是一个历史范畴，又承载了城市变迁成长记录的视觉图像。其中蕴涵着人们关于历史事件、轶事、时代发展等的丰富想象。

（5）地标性原则。特定的城市天际线及其构成物因其较高的形象显示度，有时会形成城市乃至国家财富和精神的象征。如悉尼由港湾大桥、悉尼歌剧院和CBD建筑群共同构成的城市天际线等就被世人公认为澳大利亚的地标象征（图4-179）。

城市天际线具有多样、多元和多姿的特点，赏析不同的城市天际线应尝试体验其各自不同的魅力。如以自然地貌与建筑相结合的青岛滨海天际线（图4-180）、以高层建筑为标志的海口滨海岸线、从北京景山高视点南眺的以紫禁城为观赏对象的历史城市天际线、以14座高塔建筑耸峙为特色的意大利山城圣·吉米格纳诺古城、以开阔水面为前景的浦东陆家嘴城市天际线，以及重庆渝中半岛城市天际线、威尼斯古城天际线，还有以玄武湖为前景的南京城市天际线等都各具特色，蜚声远近（图4-181）。

图 4-179　悉尼港湾天际线

图 4-180　青岛滨海城市天际线

图 4-181　南京以玄武湖为前景的城市天际线

此外，城市天际线的感受还受到空气能见度、光线强度以及观察的时间等具体视觉环境的影响。阳光明媚、空气能见度高时，建筑物与天空的对比强烈，天际线清晰透彻；而云雾缥缈时，天际线的轮廓则有另一番景象。

4.9.4 天际线的设计

1）建筑高度

建筑高度一直是国家或者城市间实力竞争的要素，其中不乏炫耀和浮夸的攀比意识。然而，建筑高度不一定是城市天际线品质好坏评判的普适性尺度，建筑一味攀高对一些历史城市并不合适。科斯托夫认为，美国的摩天楼是塔式个人利益和资本主义侵略性竞争的纪念碑，也是一种不可被接受的城市象征。今天的高层建筑早已不再是简单的技术挑战，而是应不应该建的问题。

2）形状奇异独特的建筑

形态的奇异独特因它与视觉感受的唯一性相关联而成为城市天际线的要素，恰当利用这一视觉特性是天际线城市设计需要关注的原则之一，但应把握好奇异独特的"度"。西班牙毕尔巴鄂古根海姆博物馆和悉尼歌剧院的独特建筑形态早已成为所在城市驰名世界的地标。

3）人工装饰要素

建筑材质、夜间照明光电效果（甚至可以配合以音像手段）等构成的城市天际线也经常是人们对城市体验的重要内容。如经过特别控制和引导的香港港岛城市天际线夜景、悉尼港湾城市天际线等（图 4-182）。

4）观景场所

通常观察天际线的场所有以下几种：

入城的陆上通道、江边或水边、城中自然或人工制高点（有利于获取城市天际线形象的高地或者建筑物）、城市街道等（图 4-183、图 4-184）。

入城的陆上通道，即城市设计研究中必然涉及的城市出入口。入城陆上通道是人们在进入城市前，从外围逐渐移近的观察方式，获得对城市最初的总体形象。经过悉

图 4-182a　香港港岛夜景

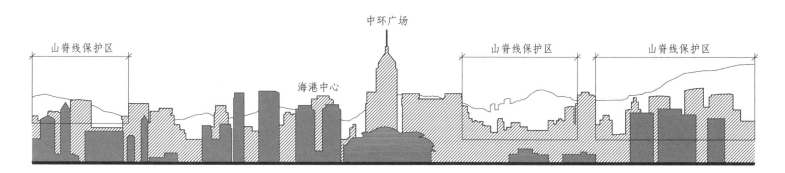

图 4-182b　香港港岛天际线分析

天际线名称	视点	天际线长度	设计时间	设计来源
维多利亚港湾城市天际线/中国香港特别行政区	尖沙咀	约8 km	2002年	《香港城市设计指引》，罗麦庄马（RMJM）香港有限公司，香港特别行政区政府规划署

以山体作为远景衬托中前景建筑轮廓，彼此高低迭起、错落有致。以香港中环广场大楼作为地标建筑，形成视觉高潮。为保护视线中的自然景观要素，选取重要的观景视点，控制视点与景物之间的建筑高度与密度，设立山脊线在一定程度上不受建筑物遮挡的保护区域

图 4-183　纽约东河河畔的曼哈顿天际线

心设计的入城路径可以呈现出富有特点的天际线。

　　凭借开阔的水面眺望城市天际线也是最常见的观景方式。如在南京车站广场视点和太阳宫视点所看到的以玄武湖水面为前景的南京城市天际线等。

　　不少城市专门设置观景制高点（自然山丘或者高层建筑观光平台）以使公众能够在高处观赏城市天际线，如法国巴黎、意大利罗马、澳大利亚墨尔本、中国南京等。

　　城市的街道和广场则是与人们日常生活联系在一起的城市天际线观赏场所。

4.9.5　案例分析

1）圣·吉米格纳诺[13]

　　圣·吉米格纳诺是一座名副其实的塔楼之城，它坐落在意大利托斯卡纳地区靠山的一处丘陵上。城镇平面呈不规则形状，古城中矗立着 14 座高塔建筑，这些今天看来平静安详的塔楼当年却是家族之间竞争、仇视乃至敌对的代表，象征着权利和欲望（图 4-185、图 4-186）。

　　城镇的奇特景观源自公元 8 世纪，当时隆格巴（Longobard）建造了南北向的城镇主干道路，并由此将城镇向东扩展至山边。10 世纪时，建筑了环绕城镇的城墙，13 世纪时逐渐形成今天的城镇形态。整个城镇聚落分成 4 个部分，并分别以各自的入口大门命名，其布局形态遵循特定的地形地貌，而其街巷格局和住宅形制均遵循锡耶纳的做法。

图 4-184　芝加哥河看到的老城中心天际线

　　圣·吉米格纳诺城镇的构成要素，如大门（楼）、塔楼、住宅、公共建筑和广场等都依南北主轴布置。教堂广场（Duomo）和水井广场（Cisterna）构成城镇的中心，教堂广场旁建有大教堂和新旧市政厅，周围有 7 座塔楼围绕。市民日常生活则主要在水井广场。水井广场因一口建造于 1237 年的八角形水井而得名，广场的形状呈不规则状，周围都是古老的建筑物，遍布着餐厅和咖啡馆。

2）常州城市天际线

　　在常州空间景观规划的城市设计项目中，笔者根据以上

图4-185　意大利圣·吉米格纳诺城市入口

图4-186　圣·吉米格纳诺水井广场

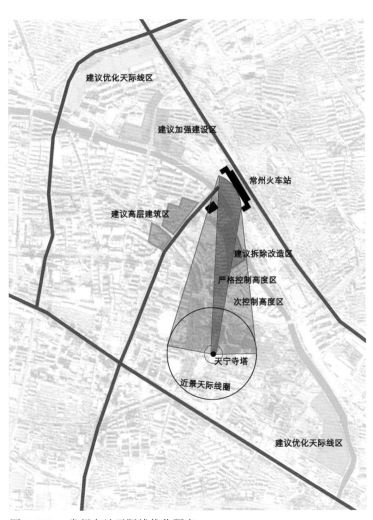

图4-187a　常州车站天际线优化研究

天际线的城市设计原则，选取具有城市形象显示度和公众集聚功能的火车站广场、天宁寺塔等，对城市天际线的现状及其优化途径进行了城市设计研究。

（1）常州火车站广场节点

铁路旅客站一般是一个城市重要的门户节点。常州铁路旅客站广场结合内运河（关河），本应成为一处欣赏城市天际线的公共场所，但现状并没有反映出这一景观的优势。广场周边建筑在天际线层面缺乏统一的规划，建筑形式缺乏相互之间的协调和节奏感。火车站广场东南向有一片比较开阔的视野景观，视线可穿越运河和一个多层住宅建筑街区，直达红梅公园和天宁寺塔。现状沿运河的一些质量不高的住宅群对天宁寺塔有部分遮挡，造成重点景观不凸现。火车站广场西侧、运河北侧地块的建筑形成天际线景观的视觉中心，现状建设较为良好，疏密恰当，且风格一致。缺点在于天际线缺乏层次，形式也比较单一（图4-187、图4-188）。

优化建议：

① 火车站及其周边现状用地业已形成，只能在现有的基础考虑再建视觉中心。用个性鲜明，或者高层建筑来统领此地段，重塑具有重点的城市天际线景观。

② 沿河现状大多为低层住宅开发，可维持现状，不宜再建设高层，以免造成景观屏障。

③ 滨水地区加强绿化种植，中远距离建筑应注意结合绿带，遵循近低远高的原则，以利形成错落有致的天际线层次。

④ 在火车站广场和天宁寺塔之间的视线联通区域，应严格控制建筑的密度和高度，以保证天宁寺塔的可见度。同时，

将挡住天宁寺顶端的部分低质量的建筑拆除。

（2）天宁寺节点

天宁寺塔制高点观察到的城市天际线范围广袤：南侧天际线以天宁寺塔院落建筑群为中心；西侧为文化宫、小营前和南大街地区的密集点式高层建筑群；东侧天际线较为平缓，以红梅公园开阔水面和绿化为前景，远处则有兆丰花园等多层、高层住宅建筑群；北侧为大范围多层住宅，间有高层建筑。

优势：近景和远景层次分明。近景为红梅公园及天宁寺建筑群，景观开阔且建筑秩序感强。中景和远景表现出强烈的疏密对比。

劣势：总体天际线秩序感尚待加强。南侧天宁寺建筑群主体地位不够突出，东侧多层建筑群中独立高层较显孤立。

总体评价：现状天际线资源比较丰富，且天宁寺塔具有良好的公众可达性。

优化建议：近景天际线以低平开阔的红梅公园绿地水面为主，建议改造或拆除天宁寺东侧多层住宅群，以突出天宁寺建筑群的主体地位。中间层次和远景天际线可在东北侧加建中、高层建筑群，减弱现有独立高层建筑的孤立感，同时丰富东北侧天际线轮廓，增强节奏感韵律感和疏密的变化（图4-189、图4-190）。

4.10　大学校园

4.10.1　大学校园规划概述

大学校园规划主要是指在技术层面上的校园物质空间规划，而广义的校园规划还包括大学的事业发展和学科发展的规划。

关于历史上大学校园的发展演变，学术界有不尽相同的看法和理解。

最早的高等教育学校主要涉及神学、天文学、哲学和医学领域。这样的高校在埃及和巴比伦，以及之后的希腊（国立和私立大学以及高中）、罗马、拜占庭和阿拉伯国家（如科尔多瓦和巴格达）就已出现。罗马帝国灭亡后，教会和修道院成为继续提供古典教育（读、写、算）的地方。但一般认为，始建于1088年的意大利博洛尼亚大学（University of Bologna）是西方最古老的大学，并位居欧洲四大文化中心之首。它与巴黎大学（法国）、牛津大学（英国）和萨拉曼卡大学（西班牙）并称欧洲四大名校，是世界范围内广泛公认的拥有完整大学体系并发展至今的第一所大学。

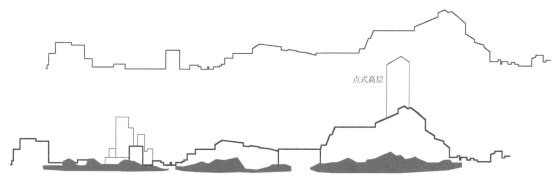

图 4-187b　常州车站—天宁寺天际线

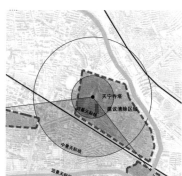

图 4-188　常州天际线分析

图 4-189　常州天宁寺塔周边景观天际线研究

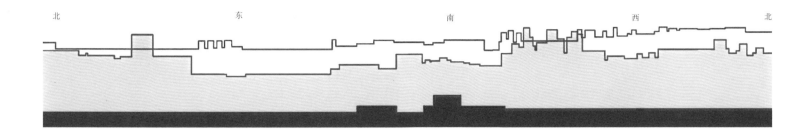

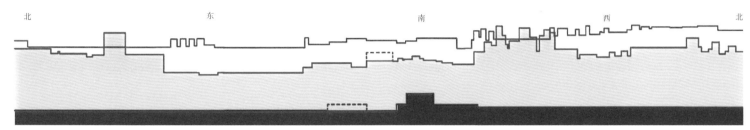

图 4-190　常州天宁寺周边景观天际线优化研究

有学者通过对校园与城市空间关系的分析，认为大学校园发展过程中出现过 4 种类型，即历史上布局相对集中的大学城、散布在城市中的多中心结构大学校园、城市市区中的校园大学和郊区型大学校园[14]（图 4-191）。

历史上的大学校园及建筑大都经历了一个从小到大、从简单到复杂、从传统修道院封闭式校舍到现代开放式校园和建筑的发展过程。一般来说，越是历史久远的大学校园越呈现出其环境氛围、空间构成、建筑风格、文化特色等方面的多元性和复合性，而越是后来新建的校园，就越是趋向于整体规划和建筑风格的协调一致。前者典型案例有英国的牛津大学、剑桥大学和美国哈佛大学、宾夕法尼亚大学、耶鲁大学等，后者有日本的东京工业大学、筑波大学、爱知工业大学和中国的深圳大学、汕头大学、珠海大学及一大批现有高校扩建的新校区等（图 4-192、图 4-193）。

不同时代建造和规划设计的校园和建筑，镌刻着特定历史时期的学校发展轨迹和痕迹，体现了一个学校蕴含的教育传统和文化积淀，也是人们唯一能通过视觉体验可以感知到并产生深刻印象的历史见证物。城市设计虽然并不直接设计建筑物，却在一定程度上决定了建筑形态的组合、结构和校园空间的优劣，直接影响着人们对环境的评价。

4.10.2　校园规划布局

大学校园规划与城市的关系是一个非常有价值的学术话题。历史上，大学校园曾经与教会和修道院有密切的关系，

在中国教育则与书院制度有关。现代很多校园也是独立于城市单独进行规划建设的，这时校园规划就具有明显的"内部性秩序"，亦即可以独善其身。但是从近现代开始，已经有越来越多的校园是与所在城市、城镇甚至乡村一起规划建设并共同成长的，于是校园规划和设计就带有城市设计的基本内涵，具有城市设计的基本属性。

另一方面，大学校园承担了复杂的综合功能，所以一般具有较大的空间尺度规模，校园建筑设计必然要依托校园规划中的城市设计原则。

从技术层面上看，校园规划建设中既有部分城市规划的内涵，又有城市设计、建筑设计及景观设计涉及的工作。现代城市设计中许多概念、原则和方法手段大体都适用于大学校园规划设计，如经典的城市空间序列组织原理、"图一底关系"理论、城市意象设计原理、场所理论，以及芦原义信通过日本武藏野大学规划阐述的外部空间设计原理、环境心理学原理等。

高校校园总体布局首先要满足现代高校的功能使用要求，保证高校建筑空间环境与教育模式及其在今天的发展变化相适应。其次要精心塑造符合城市设计和空间美学要求的校园环境。同时，生态原则正日益成为校园规划设计的基本影响因素。著名的校园规划研究学者多伯（Dober）指出，目前已经有足够的证据说明自然环境与人工环境的整合将会持续对校园规划设计产生影响并使其受益[15]。

历史上有不少大学的规划建设很好地利用了特定的地形地貌和周边自然景观条件，并因此形成整体布局的鲜明特色，

图 4-191　苏黎世联邦高等工业学院主楼

图 4-192a　耶鲁大学图书馆

图 4-192b　宾夕法尼亚大学校园

图 4-193a　东南大学九龙湖校园

图 4-193b　东南大学四牌楼校区

图 4-193c　清华大学校园

如美国弗吉尼亚大学、加利福尼亚大学伯克利分校、科罗拉多大学博尔德分校及中国武汉大学等。

4.10.3 校园道路组织

校园道路组织是非常重要的城市设计对象。当代大学校园中机动车日益增加，从而带来现代大学校园道路新的规划组织特点。历史地看，机动车问题在西方发达国家的高校校园先期出现，对这一问题解决的通常做法是，将校园主体建筑群和核心区安排为步行优先区，以创造一个宁静、安全、充满校园学术气氛的环境。校园中主要的机动车交通和停车则组织安排在人流比较集中的核心区以外乃至整个校园的外围地块。

如1962年的美国加利福尼亚大学尔湾（Irvine）分校规划采用了这样的校园交通组织模式。从总体布局看，该规划呈现一种强烈的设计理念，六组长方形的建筑群围绕一圆形开敞中心绿地（植物园），平面就像一个巨大的车辖辘，而机动车交通则做周边式处理，从而赋予校园中心区步行优先权，也给校园带来了鲜明的环境特色[15]。即使是地处纽约城市街区中的哥伦比亚大学，也设置了专门的校园步行区域，局部还采用了跨路的广场平台处理（图4-194）。

城市公共交通捷运系统能直接通到校园附近是最为理想的，这样可以从根本上缓解校园的机动车交通问题。如美国波士顿就在哈佛大学和麻省理工学院专门设置了地铁车站；中国的广州大学城和南京仙林大学城也设置了专门的轨道交通站点，南京地铁3号线连接了东南大学江宁、四牌楼和江北三个校区，1号线南延线也特别将江宁大学城作为重要的选线设站依据，大大方便了校园师生的出行及其与城市主城区的联系。

我国近年组织规划实施的校园规模和绝对尺度越来越大，自行车由于机动性大、可达性好、经济实用，因而成为最基本的交通工具，这是中国大学校园规划中道路组织的一个特点，也是一个难点。同时，机动车数量亦增加很快，故在道路组织规划中保证一定的人车分流区域是必要的。当然，从使用角度看，人车混行仍属普遍现象，但可以通过设计手段减缓改善，如对道路断面、线型选择、动静态交通结合进行优化处理。

从城市设计角度看，校园道路规划设计除本身的功能使用外，还有以下几点需要注意：

（1）校园道路本身应是积极的环境视觉要素。设计时应该考虑：对多余视觉要素做必要的屏隔和景观处理；对道路两旁设计合适的建筑高度和建筑红线；配置林荫道和植物；强化道路视觉景观。

（2）沿道路提供能强化和烘托特定校园环境氛围和特征的景观，并应形成体系性的整体道路标识和视觉参考物。

图4-194a　哥伦比亚大学校园

（3）应反映因景观、校园不同分区的土地使用而形成的不同道路等级的重要性。

4.10.4 建筑环境及其场所感的创造

就大多数人而言，高校校园给人印象最深的还是校园里直接感知到的建筑环境。这种环境既包括物质性的建筑和空间，也包括校园特定的人文环境氛围。

建筑是校园空间最主要的决定因素之一。校园中建筑物的体量、尺度、比例、空间、功能、造型、材料、色彩等对校园空间环境具有重要影响。校园一般多以建筑协调为基本原则，尤其是当前我国大量新建的高校校园，由于是集中投资，一次规划设计实施，故建筑总体呈统一状。

但是，校园建筑也并不总是绝对统一的，改建、扩建乃至建筑功能改变是非常普遍的情况。事实上，绝大多数校园建设都是经过了相当一个历史时期的发展而逐渐完善的，不同艺术风格、不同体量、不同材料和结构的建筑总是交错拼贴在一起，呈现为复合多样、文化积淀深厚的校园建筑环境整体。如麻省理工学院校园除了历史上留下的沙里宁、阿尔托和贝聿铭的作品，近年还特邀弗兰克·盖里、斯蒂文·霍尔（S. Holl）等为学校改扩建进行设计，进一步丰富了校园的场所内涵并增加了校园的知名度。东南大学四牌楼校区从两江师范建设办学开始，历史上不断改建和扩建，功能逐步完善。杨廷宝、齐康等中外著名建筑师在历史的不同时期参与其中，大礼堂、图书馆、中大院、健雄院、体育馆、榴园宾馆和校园中轴线等形成历史校园的基本空间结构，近年已经被列入国家重点文物保护单位。因此，在规划建设时，设计者应该深入调查研究校园的发展和人文背景，熟谙历史上的建设和基地使用的演变情况（图4-195）。

建筑设计及其相关空间环境的形成，不但成就自身的完整性，而且能够赋予所在校园的环境以特定的场所意义。如美国加利福尼亚大学伯克利分校校园里的萨泽塔（Sather Tower），该建筑最早是在1914年模仿威尼斯圣马可广场的钟塔而兴建，是校园里最引人注目的标志性建筑物，也是全校师生最喜欢在此交流聚会的地方[8]。清华大学校园里的水木清华、东南大学校园里的大礼堂等也都是这些学校历史发展的形象见证，具有重要的场所意义，也是校园的"名片"和"窗口"地段的地标。

同时，规划设计还要注重相邻建筑物之间的关系，基地的内外空间、交通流线、人流活动和景观等，均应与特定的地段环境文脉相协调。即使是新建的大学校园，只要精心设计，也可以创造出高水平的校园规划作品。如中国美术学

图4-194b　哥伦比亚大学校园穿越城市道路上的步行空间

院象山校区规划设计就打破了当今国内校园规划流行之模式，创造了与当今中国大多数新校园规划建设所不同的独特范式，布局因场地而随形、依山傍水、散点布置的建筑、功能上的中心感淡化以及在地域性文化景观环境氛围营造方面突破了一般校园规划中重规训管理和效率至上的空间组织方式，烘托出艺术类校园建筑的自由洒脱、情景交融和设计者本人所追求的注重过程的建造特点。看到中国美术学院象山校区，可以让人想到徐渭和王羲之兰庭序描绘中的地域景致（图4-196）。地处重庆的四川美术学院规划受到艺术家的强烈影响，更加自由洒脱，校园建筑设计也是充分结合地形地貌，校园甚至保留了场地原来的少数农民，并保留了一些农耕生产生活方式，确实与众不同。

著名建筑师设计的建筑作品也是校园环境中的宝贵的物质和精神财富。如哈佛大学校园里柯布西耶为视觉艺术系设计的"木工中心"、路易斯·康（L. Kahn）为耶鲁大学设计的美术馆、鲁道夫为耶鲁大学设计的建筑系馆、沙里宁为麻省理工学院设计的小教堂和体育馆、贝聿铭设计的教学科研楼等（图4-197至图4-199）。

4.10.5 案例分析

1）新疆大学城北校区规划设计

城北校区位于乌鲁木齐城北新区的北部，是科研教育片区的核心部位。2017年，笔者团队在新疆大学城北校区规划设计竞赛中中标。规划设计通过对经典校园布局、传统书院结构、综合体式校园模式、校区文脉的研究，提出建设秩序方正、布局紧凑、生态友好、空间丰富、传承文脉、服务城市的现代大学。规划结构以中心建筑组团作为校园空间核心；以南北向文化礼仪轴、东西向主体教学轴作为两条主要的空间发展轴；以中心教学组团知识环廊、中心组团与系科组团

图 4-195a　麻省理工学院校园

图 4-195b　麻省理工学院校园中斯蒂文·霍尔设计的学生宿舍

图 4-195c　麻省理工学院校园中盖里设计的公共活动中心

图 4-196a　依山傍水的中国美术学院象山校园

图 4-196b　中国美术学院象山校园建筑内庭

图 4-196c　中国美术学院象山校园结合地形地貌

图 4-197　柯布西耶设计的哈佛大学"木工中心"建筑

图 4-198　鲁道夫设计的耶鲁大学建筑系馆

图 4-199　矶崎新设计的中央美术学院美术馆

之间的生态带、系科组团之间交往联系带作为由内而外依次递进的三环。新校区在重要轴线、节点设计中提取新疆大学历史中重要的红湖、崇能楼、红楼元素，再现为新的标志建筑景观，建筑形态以现代风格为基础，细部综合运用来自中亚新疆地域的建筑符号，以建立与老校区和地域文化的形象关联（图4-200）。

2）江苏护理职业学院

江苏护理职业学院新校区位于淮安市北部高教园区，占地23.3 hm²，总建筑面积为15.2万 m²。笔者团队承担了该学校的规划和建筑设计（图4-201）。

新校园场地呈近似梯形的五边不规则形。规划强调了场地的特征，致力于营造环境宜人、尺度得体、疏密有致的人文校园、绿色校园和动感校园。

规划设计重点考虑了该校大部分学生均为女生的特殊情况，针对女生的空间认知、交往需求和安全需要展开规划设计。同时，针对女生特点合理安排生活服务设施的男女分配比例，在户外运动项目的选择和场地的尺度及布置方式方面考虑女性的需求。

总体布局突出了柔曲的道路线形和温和细腻的建筑形态。设计以环形主干路网为主要交通轴和景观轴，外侧布置教学楼、实训楼、食堂、学生宿舍等基本功能区，内侧布置特征鲜明的校园标志建筑图文中心、体育馆等，整体形成"曲轴连环串书院，花开四季映水园"的空间认知意象（图4-202）。

一个具有中心性感知特点的校园中心，有助于形成校园的凝聚力。规划在校园入口及接近于校园几何中心的位置设计了校园中规模最大、等级最高和体量也最占优势的图文中心。建筑单体造型多采用曲面形态，在与环形路网呼应的同时营造出灵活多变的室内空间（图4-203）。

4.11 城市光环境

城市公共照明延长了城市活动时间，现代城市中人们夜间活动的时间，已经大体接近白天活动时间的一半。因此，夜间的公共照明是城市设计中一个必须考虑的重要因素。

林贤光先生曾指出，城市公共照明是指除了体育场、工地等专用地段以外的一切室外公共活动空间的照明，包括道路、广场、停车场、立体交叉、隧道、桥梁和公共绿地等的照明，以及重要建筑物和建筑群、名胜古迹、纪念碑或纪念性雕塑的装饰照明和节日照明等。

城市照明系统必须具备两点基本功能：第一，提供街道安全、减少犯罪和交通事故所需的必要照明；第二，美化城市环境的作用。基于经济方面的考虑，如能运用单一照明设施综合满足这两种要求则最为理想。

从类型上看，城市公共环境照明大致上可分为三种。

4.11.1 道路照明

对于道路照明，最重要的是要满足基本的亮度要求。1960年代著名学者德·波尔（De Boer）等提出的一套建立在以"亮度"为评价标准的道路照明理论，取代了过去多年来一直沿用的"照度"评价标准。这一理论上的重大突破，使得道路照明设计更加合理，更加符合人的视觉实际感受。现在这套方法已为国际照明委员会（CIE）所承认。许多国家已经采用这套评价体系，来制定本国的道路照明标准。

同时，高压钠灯和低压钠灯的发明也是道路照明取得重大发展的重要推动因素。1965年人们发明了世界上第一支高

图4-200a　新疆大学城北校区校园规划设计

图4-200b　新疆大学城北校区化工组团建筑设计

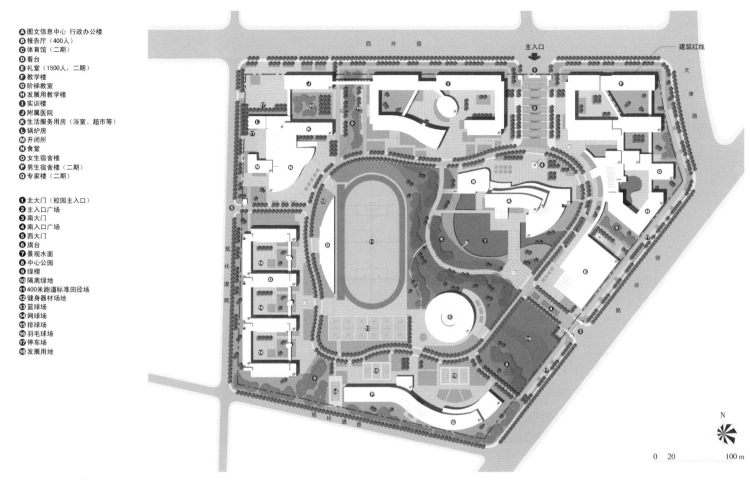

Ⓐ 图文信息中心 行政办公楼
Ⓑ 报告厅（400人）
Ⓒ 体育馆（二期）
Ⓓ 看台
Ⓔ 礼堂（1500人，二期）
Ⓕ 教学楼
Ⓖ 阶梯教室
Ⓗ 发展用教学楼
Ⓘ 实训楼
Ⓙ 附属医院
Ⓚ 生活服务用房（浴室、超市等）
Ⓛ 锅炉房
Ⓜ 开闭所
Ⓝ 食堂
Ⓞ 女生宿舍楼
Ⓟ 男生宿舍楼（二期）
Ⓠ 专家楼（二期）

❶ 北大门（校园主入口）
❷ 主入口广场
❸ 南大门
❹ 南入口广场
❺ 西大门
❻ 旗台
❼ 景观水面
❽ 中心公园
❾ 绿楔
❿ 隔离绿地
⓫ 400米跑道标准田径场
⓬ 健身器材场地
⓭ 篮球场
⓮ 网球场
⓯ 排球场
⓰ 羽毛球场
⓱ 停车场
⓲ 发展用地

西 外 路
主入口
建筑红线
天津路
创业路
规划道路
规划道路

N

0　20　　　　　100 m

图 4-201　江苏护理职业学院校园规划

图 4-202　江苏护理职业学院校园鸟瞰

图 4-203a　江苏护理学院图文中心

图 4-203b　江苏护理学院实训楼

图 4-203c　江苏护理学院教学楼之一

图 4-203d　江苏护理学院教学楼之二

压钠灯，其光效相当于白炽灯的 10—15 倍，相当于 1960 年代广泛用于道路照明的高压汞灯光效的 3—4 倍。近来，另一种高效光源低压钠灯的发展也极为迅速，它的光效更高，应用这种光源在经济和节能方面都有极大的优越性。不过它的光色不好，使用有一定的局限性。一般只能用在对颜色要求不高的地方。现在对道路照明的舒适性也进行了大量研究工作。首先人们对道路照明不仅要求够"亮"，而且要求均匀地亮。只有这样，才能使整个路面成为一个均匀明亮的背景，当在道路上出现障碍时，司机就能明确地发现和辨认。此外，还要将路面的最小亮度与最大亮度之比控制在 0.7 以上，否则路面上一条亮带和一条暗带交替反复出现，会使司机的视觉不断地受到亮与暗的反复刺激，感到疲倦和视力下降。另外对由灯和照明器直接射入司机眼中的耀眼光线引起的"失能眩光"和"不舒适眩光"的研究也有重要进展。现

在人们已从设计上通过一定的标准和经验来控制它，使得眩光的控制更加科学和实用化。

巴奈特在研究纽约城市设计时发现，可以选择两种街道照明设施。一是设置一种可以消除直接照射的间接光源，如光柱等，"除非人们直接注视光源，否则光柱不会觉得刺眼，对驾驶员造成的眩光问题也可迎刃而解"。二是对于人行道而言，可采用"较低且具装饰，如爱德华式的街灯"，并考虑到行人活动在环境心理方面的要求。还有一种内部装有漫射装置的圆球体照明设施，一般装置在人行道或周边建筑物较低的楼层，由于这种光源是隐藏的，故也不易产生眩光问题。

除了机动车道路照明以外，近年来，由于自行车数量大为增加，对慢车道和人行道的照明也提出了新的要求。同时，良好的道路交通照明对于减少刑事犯罪案件和交通事故具有

非常显著的作用。如美国底特律市在改善了照明条件后街道上的刑事案件减少55%；华盛顿市改善了照明条件后，抢劫案件减少85%。由此可见，改善街道的照明是降低犯罪率的有效手段之一。

4.11.2 广场照明

广场照明是泛指城市广场以及停车场、路口、立体交叉等处的大面积照明。这些地方面积大，车流人流也大。在这些场合，一般使用"高杆照明"的方式，即使用高20 m以上的灯杆，上面有灯架，灯架上装置若干支或若干组照明器。传统的普通灯杆路灯式照明，只能沿着道路边缘布置，挑出不能太多，故很难照亮广场中心。现在都采用投光灯具，里面装有高效率的放电灯，如钠灯、金属卤素灯等，每支投光灯按要求瞄准指向一定的位置。

广场照明与一般沿街照明应有所区别，它要兼顾机动车驾驶员和步行者的安全。

一般可以用光将广场的地面"铺"满，并保证一定的照度和均匀度，平均水平面照度则应达标。广场照明还应充分考虑人们夜间活动，如娱乐、休憩、交往活动的需求，照明设计应围绕其特定的使用特点进行。

高杆照明的杆高目前多为30 m，间距一般为90—100 m。若布灯合适，一般都可以达到30—50勒克斯（lx）的水平照度，取得很好的照明效果。

广场照明除基本的亮度要求外，还应充分考虑广场的功能性质，如商业广场就要突出强调包括霓虹灯、灯箱广告等在内的环境照明效果；广场周边道路、建筑物也应当与广场空间结合起来综合考虑照明效果。道路、建筑照明与广场照明性质不同，形式不同，但应力求两者协调，过渡自然。近年我国城市广场夜晚的照明设计逐步受到重视，如南京中心区的鼓楼广场，入夜时分在专门的照明灯光烘托下，喷泉奔涌，流水潺潺，景色宜人，周边的紫峰大厦、江苏广电大楼、电讯大楼、邮政指挥中心大厦等建筑则在泛光照明下熠熠生辉。

4.11.3 建筑装饰照明

城市设计与城市建筑（构筑物）装饰照明有非常密切的关系。

城市装饰照明系指为城市中的重要建筑物、名胜古迹、雕刻、纪念碑、桥梁及环境小品等专门设置的照明，也包括一些庆典节日照明以及在公园、广场中的艺术照明。城市夜间有重点地设置装饰照明，可以使城市的夜间面貌更为生动也更完美地展现城市的天际线（图4-204至图4-206）。

城市装饰照明设计应当与空间的大小、形状、周围环境等结合，注意烘托照明气氛。照明设计始终应当为人和所需要的城市空间服务。旧式的装饰照明常用成串的灯泡将建筑物的轮廓勾绘出来，但这种方法视觉效果不好，若中间有几个灯泡出现故障就会使整个轮廓线不完整，维修也很困难。因而现代的装饰照明多采用泛光照明，用光自下而上将整个建筑立面或环境铺满照亮，效果也远较"勾边"方式更佳。近年建成的上海人民广场、南京鼓楼广场及城市中一些重要的公共空间和建筑物都采用了这种泛光照明方式。

经过照明后所显示的建筑艺术效果和白天是很不一样的，而照明工程师还常常故意夸张这种差异。他们针对建筑物的不同特点，重点突出的部位，表面材料的不同颜色与质地等，巧妙布灯。高大建筑物可以重叠布灯，将一组灯照在建筑物的下半部，另一组灯照在上半部。同时对建筑物的凸出凹进部分，如阳台、线脚、凹廊、雨罩等，可观需要，或者强调它的阴影，或者设置辅助照明减弱它的阴影，使建筑物的表面效果更强烈也更生动。有些局部可间用窄光束的强光照射。泛光照明有时还佐以调光设施，这样，就可以出现多重色调，效果更为丰富。

国内外一些旅游胜地，如中国深圳"世界之窗"、北海银滩的音乐雕塑喷泉，以及埃及金字塔等，为了开展夜间旅游，装备了声光幻影系统。它可以一座建筑或一组建筑群为中心，在周围布置成组的投光灯（包括彩色投光灯）和若干套扬声器组，再配上音乐、讲解、朗诵等立体声。灯光则从强弱、颜色、照明部位等加以变化，形成一套声光混合的效果。这些效果事先通过巧妙的安排，排成程序，由计算机进行控制，逐场逐批表演。这种新型的表演，是旅游区吸引大

图4-204　拉斯维加斯夜景

图 4-205　悉尼歌剧院附近夜景

图 4-206　东京惠比寿花园广场夜景

量游客的手段。埃及金字塔在 1971 年装设了这种声光幻景，效果显著。

装饰照明也可以用于一些重点构筑物，如桥梁、水塔、电视塔都可用灯光进行装饰。对于桥梁照明的例子甚多，主要是突出桥的雄伟及轮廓线。水塔和电视塔则可用投光灯自下向上照明以突出高耸入云的体量。雕塑和纪念碑可用少数小型投光灯进行照明，突出它们的立体感、质感和颜色。

目前，随着城市发展的转型，中国已经进入一个品质提升的时代。当下很多重要的公共建筑在建筑设计时，就已经普遍考虑夜景照明的设计问题。如笔者正在从事的郑州龙湖金融中心 TC3-04 地块建筑设计、合肥中国科学院量子信息与量子科技创新研究院 1# 科研楼设计在建筑初步设计阶段就介入了城市夜景观的灯光设计。其中：前者考虑的主要是龙湖周边一圈相邻建筑之间的整体关系，同时又要突出建筑原创最初考虑的形象特色；后者则主要考虑科研楼本身具有城市尺度的巨大体量给城市夜景，特别是从基地北面王咀湖公园看建筑带来的艺术效果和积极影响，这也正是最初参加建筑设计竞赛时就已经考虑的构思中的一部分（图 4-207）。

4.11.4　照明灯具选择

城市空间中各种造型优美、布置有序的灯具，在白天是很好的装饰品，入夜则可充分发挥其指示与引导作用，并使城市空间具有舒适、愉悦而安全的环境气氛。照明灯具选择一般应从造型、光色、照度、环境等几个方面考虑（图4-208）。如美国 HOK 建筑事务所完成的上海市中心区城市设计，就分别针对道路、广场、人行道、公园和建筑区用城市设计导则的方式规定了灯杆高度、灯具选择、照明方式等内容。一般来说，灯具选择具有以下要点：

（1）灯具首先应根据特定的场合、空间的形态和功能需要加以选择。如路灯、广场灯、装饰灯、庭院灯、草坪灯、地脚灯、扶手灯等。

（2）灯具外形应具有装饰性。与城市道路的路灯不同，城市空间中灯具应该更多考虑其外观造型的明快简洁，且色彩形式能够与环境协调。

（3）灯具还应注重光源的色温和显色性的选择。当显色性要求不高时，可用钠灯或汞灯；当显色性要求较高时，可以使用金属卤化物灯，有些场合也可使用白炽灯。

（4）灯具选择还应考虑维修的方便。

（5）照明系统和灯具选择还必须兼顾城市空间中其他信号和标识系统的要求。因为在多数情况下，这些系统都是由

图 4-207a　郑州龙湖金融中心 TC3-04 地块建筑夜景设计

图 4-207b　合肥中国科学院量子信息与量子科技创新研究院 1# 科研楼夜景设计效果图

不同的部门或企业来安装设施，且施工时间和工期也不会完全协调。比较理想的是，在政府部门授权下，由城市设计考虑一套合理的照明和标识系统，并配合以必要的行政管理程序和城市设计导则加以实施，这样才能保证城市景观组织的秩序和整体性（图 4-209 至图 4-212）。

目前除了城市局部场景照明的城市设计外，整个城市的夜景照明设计也在一些城市提上议事日程并部分实施。如上海、重庆、厦门、深圳等。但夜景照明需要高质量和低能耗的设计，需要热烈与高雅的合理平衡，如厦门城市夜景的设计和实施效果就比较好，而有些城市的夜景照明就引发了一些争议。

第 4 章注释

① 此处参考了徐思淑、周文华的《城市设计概论》（中国建筑工业出版社，1991 年）。

② 参见王建国工作室成果 / 基于风貌保护的南京老城城市设计高度研究（2015 年）。

第 4 章参考文献

[1] 上海市规划和国土资源管理局，上海市交通委员会，上海市城市规划设计研究院. 上海市街道设计导则 [M]. 上海：同济大学出版社，2016.

[2] AKINORI K. The Plaza in Italian Culture[R]. Process：Architecture（No.16），1985：5.

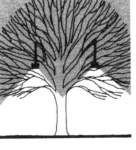
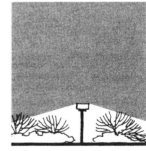

图 4-208a　街道照明形式之一

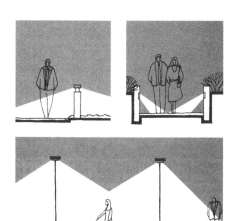

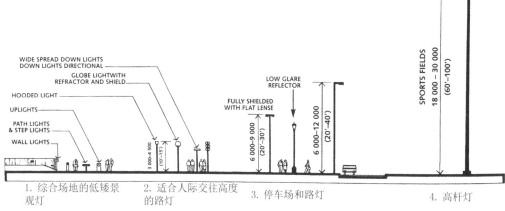

WIDE SPREAD DOWN LIGHTS
DOWN LIGHTS DIRECTIONAL
GLOBE LIGHTWITH
REFRACTOR AND SHIELD
HOODED LIGHT
UPLIGHTS
PATH LIGHTS
& STEP LIGHTS
WALL LIGHTS

LOW GLARE
REFLECTOR

FULLY SHIELDED
WITH FLAT LENSE

SPORTS FIELDS
18 000 – 30 000
(60'–100')

6 000–12 000
(20'–40')

6 000–9 000
(20'–30')

3 000–4 500
(10'–15')

1. 综合场地的低矮景观灯
2. 适合人际交往高度的路灯
3. 停车场和路灯
4. 高杆灯

图 4-208b　街道照明形式之二　　　　图 4-208c　街道照明形式之三

图 4-209　麻省理工学院公共活动中心夜景

图 4-210　京都滨水环境夜景

图 4-211　纽约时代广场夜景

图 4-212　阿西西广场夜景

[3] BRUTUS C. Grand Tour with Ando No.30[J]. Arcspace，2002（9）：
110.

[4] 吉伯德 . 市镇设计 [M]. 程里尧，译 . 北京：中国建筑工业出版社，
1983：79.

[5] 培根 . 城市设计 [M]. 黄富厢，朱琪，译 . 北京：中国建筑工业出版社，
2003：54，80-81.

[6] 贝纳沃罗 . 世界城市史 [M]. 薛钟灵，等译 . 北京：科学出版社，
606.

[7] 干哲新 . 浅谈水滨开发的几个问题 [J]. 城市规划，1998（2）：42-44.

[8] BREEN A，RIGBY D. The new waterfront[M]. London：Thames and
Hudson，1996：5-9.

[9] 张庭伟，冯晖，彭治权 . 城市滨水区设计与开发 [M]. 上海：同济大
学出版社，2002：42.

[10] BREEN A，RIGBY D. Waterfront[M]. New York：McGraw-Hill,
Inc.，1993：275-277.

[11] 王建国，等 . 谈滨水地区城市设计实践——以宜兴团氿滨水地段
改造开发为例 [J]. 建筑创作，2003（7）：84-89.

[12] 科斯托夫 . 城市的形成——历史进程中的城市模式和城市意义
[M]. 单皓，译 . 北京：中国建筑工业出版社，2005：296.

[13] Process：Architecture（No.16），1985：54.

[14] 何人可 . 高等学校校园规划设计 [J]. 建筑师 1985（24）：94-96.

[15] DOBER R P . Campus landscape[M]. New York：John Wiley &
Sons，Inc.，2000：76-77，173-174.

第 4 章图片来源

图 4-1 至图 4-5 源自：笔者摄 .

图 4-6 源自：CARMONA H, OC T. Public place-urban space: the dimensions of urb-
an design[M]. London：Architectural Press，2003：73.

图 4-7 源自：上海市规划和国土资源管理局，上海市交通委员会，上海市城市
规划设计研究院 . 上海市街道设计导则 [M]. 上海：同济大学出版社，2016.

图 4-8 至图 4-15 源自：笔者摄 .

图 4-16 源自：WATSON D，PLATTUS A，SHIBLEY R. Time-Saver standards for
urban design[M]. New York：McGraw-Hill Professional，2001：7.8-4.

图 4-17、图 4-18 源自：笔者摄 .

图 4-19 源自：Process: Architecture（No. 16），1985：88，89.

图 4-20、图 4-21 源自：笔者摄 .

图 4-22 源自：陈薇摄 .

图 4-23 源自：笔者摄；Process：Architecture（No. 16），1985：71.

图 4-24 源自：笔者摄 .

图 4-25 源自：WATSON D，PLATTUS A，SHIBLEY R. Time-Saver standards for
urban design[M]. New York：McGraw-Hill Professional ，2001：2.3-2.

图 4-26 至图 4-31 源自：笔者摄 .

图 4-32、图 4-33 源 自：MIYAGI S. Contemporary Landscape in the World[M].
Tokyo：Process Architectural Books，1990：46，47.

图 4-34 至图 4-41 源自：笔者摄 .

图 4-42 源自：方顿 . 独一无二的洛克菲勒中心 [J]. 世界建筑，1997（2）：65-66.

图 4-43、图 4-44 源自：建筑设计资料集（第三版）第八分册 [M]. 北京：中国建
筑工业出版社，2017：399，416.

图 4-45 源 自：HALPERN K S. Downtown USA：urban design in nine American
cities[M]. London：The Architectual Press Ltd.，1978：190.

图 4-46、图 4-47 源自：笔者摄 .

图 4-48 源自：谷歌地球网站 .

图 4-49 源 自：MOLDEN R. Landscape Design [M]. London：Laurence King.
1996：125.

图 4-50、图 4-51 源自：笔者摄 .

图 4-52、图 4-53 源自：BRUTUS C. Grand Tour with Ando No. 30[J]. Arcspace,
2002（9）：110.

图 4-54 源自：笔者摄 .

图 4-55 源自：WATSON D，PLATTUS A，SHIBLEY R. Time-Saver standards for
urban design[M]. New York：McGraw-Hill Professional，2001：4.3-5.

图 4-56 源自：笔者摄 .

图 4-57 源自：Denver Planning Office. Downtown area plan[Z]. Denver, 1985：14.

图 4-58 至图 4-61 源自：笔者摄 .

图 4-62 源自：王建国工作室成果 .

图 4-63 源 自：GRICE G. The art of architectural illustration 2[M]. MA: Rockport
Publishers，1996：157.

图 4-64 源自：王建国工作室成果 .

图 4-65 源自：BACON E. Design of cities[M]. New York：Penguin Books，1976：
192.

图 4-66 源自：巴黎航片 .

图 4-67 至图 4-70 源自：笔者摄 .

图 4-71 至图 4-73 源自：东南大学建筑研究所方案 .

图 4-74 源自：笔者绘制 .

图 4-75、图 4-76 源自：东南大学建筑研究所方案 .

图 4-77 源自：BACON E. Design of cities[M]. New York：Penguin Books，1976：
192.

图 4-78 源自：柏林明信片 .

图 4-79 源自：鲍威尔 . 城市的演变——21 世纪之初的城市建筑 [M]. 王珏，译 .
北京：中国建筑工业出版社，2002：194.

图 4-80 源自：CAMERON. Above Washington[M]. San Francisco：Cameron and
Company，1996：41.

图 4-81 源自：沈玉麟 . 外国城市建设史 [M]. 北京：中国建筑工业出版社，1989：
79.

图 4-82 源自：BACON E. Design of cities[M]. New York：Penguin Books，1976：
193.

图 4-83 源自：CAMERON. Above Paris[M]. San Francisco：Cameron and Comp-
any，1984：11.

图 4-84 源自：笔者摄 .

图 4-85 源自：江苏地矿局遥感中心 .

图 4-86 源自：笔者摄 .

图 4-87 源自：王建国工作室成果 .

图 4-88 源自：南京市规划局，南京市城市规划设计研究院 . 南京老城保护与更
新规划 [Z]. 南京，2003：2-13.

图 4-89 源自：笔者摄 .

图 4-90 源自：Denver Planning Office. Downtown area plan[Z]. Denver, 1985：61.

图 4-91、图 4-92 源自：笔者摄 .

图 4-93、图 4-94 源自：CAMERON. Above Chicago[M]. San Francisco：Cameron
and Company，2000：8，15.

图 4-95 源自：笔者摄 .

图 4-96 源自：BREEN A，RIGBY D. Waterfront[M]. New York：McGraw-Hill,
Inc.，1993：276.

图 4-97 至图 4-103 源自：笔者摄 .

图 4-104 至图 4-106 源自：王建国工作室成果 .

图 4-107 至图 4-109 源自：笔者摄 .

图 4-110、图 4-111 源自：王瑞珠 . 国外历史环境的保护和规划 [M]. 台北：淑馨出版社，1993：315，196.

图 4-112 至图 4-115 源自：笔者摄 .

图 4-116 源 自：WATSON D，PLATTUS A，SHIBLEY R. Time-Saver standards for urban design[M]. New York：McGraw-Hill Professional，2001: 4.5-4.

图 4-117 源自：VANDERWARKER P. Boston then and now[M]. London：Dover Publications, Inc., 1982：8.

图 4-118 至图 4-120 源自：笔者摄 .

图 4-121 源自：谷歌地球网站；笔者摄 .

图 4-122 至图 4-127 源自：笔者摄 .

图 4-128 源自：谷歌地球网站 .

图 4-129 至图 4-133 源自：笔者摄 .

图 4-134 源自：谷歌地球网站 .

图 4-135、图 4-136 源自：笔者摄 .

图 4-137 源自：扬·盖尔，吉姆松 . 公共空间·公共生活 [M]. 汤羽扬，等译 . 北京：中国建筑工业出版社，2003：25.

图 4-138 至图 4-145 源自：笔者摄 .

图 4-146 源自：笔者根据谷歌地图改绘 .

图 4-147 至图 4-149 源自：笔者摄 .

图 4-150 源自：建筑设计资料集（第三版）第八分册 [M]. 北京：中国建筑工业出版社，2017：439.

图 4-151 至图 4-156 源自：笔者摄 .

图 4-157 源自：DIXON M. Urban space [M]. New York：Visual Reference Publications. Inc.，1999：62，155.

图 4-158 至图 4-161 源自：笔者摄 .

图 4-162 源自：MORRIS D. Urban space[M]. New York：Visual Reference Publications, 1999：243.

图 4-163、图 4-164 源自：笔者摄 .

图 4-165、图 4-166 源自：世界建筑，1983（2）：58.

图 4-167 至图 4-181 源自：笔者摄 .

图 4-182 源自：笔者摄；建筑设计资料集（第三版）第八分册 [M]. 北京：中国建筑工业出版社，2017：442.

图 4-183 至图 4-186 源自：笔者摄 .

图 4-187 至图 4-190 源自：王建国工作室成果 .

图 4-191 至图 4-194 源自：笔者摄 .

图 4-195 源自：谷歌地球网站；笔者摄 .

图 4-196 至图 4-200 源自：笔者摄 .

图 4-201 源自：王建国工作室成果 .

图 4-202、图 4-203 源自：许昊浩摄 .

图 4-204 至图 4-206 源自：笔者摄 .

图 4-207 源自：王建国工作室成果 .

图 4-208 源 自：WATSON D，PLATTUS A，SHIBLEY R. Time-Saver standards for urban design[M]. New York：McGraw-Hill Professional，2001: 7. 10-2.

图 4-209 至图 4-212 源自：笔者摄 .

5 城市设计的空间分析方法和调研技艺

城市设计需要通过各种空间分析和设计方法，以及各种有效的场地调研技艺来开展和实施。

现代城市设计运用的各种方法是随着城市设计领域本身的发展演变而逐渐完善的。以美国为例，在1950年代到60年代，由于城市更新计划的影响，许多城市进行了城市设计和规划的研究，特别是1961年对《区划法》（Zoning）做了一些调整优化。这些研究力图超出诸如土地利用和交通等传统规划的研究内容，进而处理城市公共环境的质量和特色问题，但效果仍然不够理想。因其"大规模"和"粗线条"的改造反而使城市景观受到破坏，社会和场所失去了原有的特点。为此，其后的城市设计目标和方法就有了较大调整和发展。1970年代后，城市设计就开始更多探求增加社区可识别性、场所精神及特色的方法。

在具体项目中，城市设计方法应当有助于设计者完成以下任务：第一，全面了解设计项目的情况，充分认识和辨别设计的重要问题，明确设计的主要目标；第二，深入分析空间环境设计相关的社会、文化、经济、工程技术等多种要素之间的关系及其相互作用；第三，激发设计灵感，引发富有特点的设计构思；第四，推进设计构思的发展深化，对设计成果进行验证、评价、反馈和决策，促使整个城市设计过程顺利展开[①]。

笔者在《现代城市设计理论和方法》一书中，曾列举分析各国城市设计研究和实践领域曾经提出或运用过的，并具有代表性的基本分析方法和调研技艺，同时笔者也提出了相关线—域面分析方法（Related Line-Area Analytical Method）。这里将其进一步扩充综述如下。

5.1 空间—形体分析方法

5.1.1 视觉秩序分析

视觉秩序（Visual Order）是一种历史悠久，通常为接受过美学教育的规划师和建筑师所青睐的方法。以西方为例，自文艺复兴透视术发明以来，对这种视觉秩序的追求和崇尚，

就已经成为城市设计师的一种自觉意识和实践力量。教皇主持的罗马更新改造设计和斯福佐所做的米兰城改建设计，就主要建立在城市空间美学的基础上。其后，巴黎奥斯曼时期的城市大规模改造及20世纪实施完成的堪培拉和巴西利亚的规划设计都运用了视觉分析的方法。我国元大都以后的北京城建设、朗方的华盛顿规划设计更是将整个城市作为艺术品来加以塑造设计。工业革命后这种视觉秩序分析方法，曾由于人们对经济、人口、城市尺度巨变的热衷而一度被忽略。

1889年，奥地利建筑师西特出版了著名的《城市建设艺术》一书，该书通过总结欧洲中世纪城市的街道和广场设计，归纳出一系列城市建设的艺术原则，成为后世讨论广场设计"必然要引用的著作"。芦原义信早年在美国做研究时，甚至在《纽约时报》上刊登启事寻购该书。

西特十分强调城市设计和规划师可以直接驾驭和创造的城市环境里的公共建筑、广场与街道之间的视觉关系，而这种关系应该是"民主的"、相辅相成的。他欣赏中古时期的街道拱门，因为它打破了冗长的街道空间和视觉透视效果（图5-1）。

如果认为西特的艺术原则只注重视觉效果而忽略其他因素，那是有失偏颇的。西特指出，"现代生活和现代建筑方法不允许我们对古老的城市布局作无独创的模仿。我们决不应忽视这一事实，以免因无所作为而望洋兴叹。灿烂的古代榜样的生命力将激励我们追求某种特定的效果而不是无益的

图5-1 西特对欧洲广场的空间分析

模仿。如果我们寻找出这些遗产的基本特征，并将它们运用于现代条件，我们将能在看似贫瘠的不毛之地上播下具有新的生命力的种子"[1]。

不仅如此，西特还十分强调尊重自然，认为城市设计是地形、方位和人的活动的结合。在他看来，整个城市规划应是一种激奋人心的、充满情感的艺术作品，城市设计者就是表达社会抱负的、激情洋溢的艺术家。经他的呼吁倡导，视觉秩序分析方法终又重新引人注目，它一直激励鼓舞着整整一代建筑师和城市设计师的心路历程，并成为现代城市设计发展的重要思想基础。沙里宁曾说道，我"一开始就受到西特学说的核心思想的启蒙，所以在我以后几乎半世纪的建筑实践中，我从没有以一种预见构想的形式风格来设计和建造任何建筑物……通过他的学说，我学会了理解那些自古以来的建筑法则"[1]。我国一些学者也曾多次在论著中谈到西特城市设计思想对他们的影响（图5-2）。

视觉美学原则在以巴黎国立高等美术学院建筑教育为主流的19—20世纪上半叶，一直是建筑师培养的基本能力和艺术素

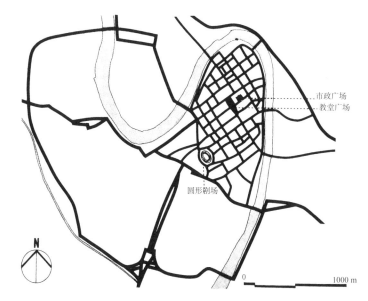

图 5-2a　维罗纳城市平面

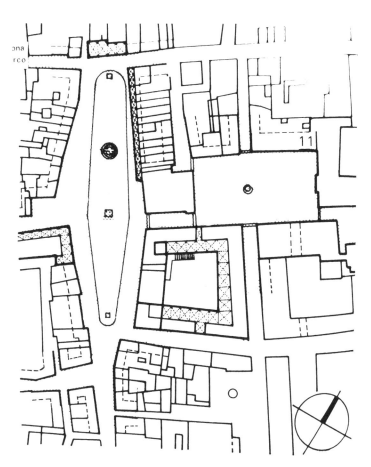

图 5-2b　维罗纳市政广场和教堂广场

图 5-2c　维罗纳教堂广场鸟瞰

质的要求。

1922 年出版的《美国的维特鲁威：城市公共艺术的建筑师手册》也是对后世影响极大的视觉美学有序原则图解分析的集大成者。80 多年后，这本书又多次重印，说明它具有强大的学术生命力。这本书的出版为城市美化运动式的城市设计提供了百科全书式的直接参考。

罗伯·克里尔于 1975 年出版的《城市空间》继承了西特的城市设计的基本思想。在书中，克里尔对城市形式的永恒性和场所设计原则进行了探讨。他们认为，城市空间总体上可分为城市广场、城市街道及其两者的交会空间三大类，并由它们通过加减、重叠、成角、分割、变形等派生出多种复合的空间形式。从形态学的角度，城市广场是由方形、圆形和三角形三种基本原型经过相应的角度、比例和尺寸几个相关要素的变换产生的结果；街道空间的形式与其两侧建筑断面的不同组合密切相关；而城市广场与街道交会处的空间形态总体上有"封闭式的"和"开放式的"两种基本原型。克里尔致力于建立一个城市空间系统的系列类型学，并具体提出如何在城市中创造广场、街道及其人文功能的设计原则，他从类型学研究和实践角度对城市设计的视觉秩序理论做出了贡献（图 5-3）。

在实践中，视觉秩序分析方法通常是由政治家、建筑师或规划师来驾驭贯彻的。这种方法易于满足政治变革形势的需要，成为特定的政体在物质空间表达上的中介。如社会主义国家建设运用城市空间的视觉美学秩序，反映出新的社会制度和积极向上的人民精神状态。这一途径也曾一度为纳粹法西斯极权主义所利用，并在柏林、慕尼黑等一些城市中留下了他们恣意妄为的历史罪证。总的来讲，这一分析途径注重城市空间和体验的艺术质量，而这是任何一个城市的设计建设都必须认真加以考虑研究的重要方面。当然，我们不能曲解西特的思想，只看到视觉和形体空间秩序，掩盖城市实际空间结构的丰富内涵和活性。在当代，这一途径往往与其他分析途径结合运用。

5.1.2 图形—背景分析

从物质层面看，城市系由建构筑物实体和空间所构成。

按照格式塔（Gestalt）心理学的观点，任何城市的形体环境都具有所谓的"图形与背景"（Figure and Ground）的关系：建筑物是图形，空间则是背景，或者相反也成立。

格式塔心理学，也称完形心理学，其基本含义是形态、形状、定型。它的核心观点是：整体先于部分，并决定部分的本质，是一种现代实验心理学。格式塔心理学于 1912 年诞生于德国，是当代心理研究的一个重要流派。格式塔心理学着重在知觉层次上研究人如何认识事物，其论点是"整体大于部分之和"，即人对事物的认识具有整体性心理，意识不等于感觉元素的机械总和；"格式塔"的"完形"概念不是外物的形状，而是经由知觉活动组织成的经验中的整体，是视觉经验中的一种组织或结构。

城市设计以格式塔心理学为基础对城市空间结构进行的研究，就称之为"图底分析"。一般认为，这一分析途径始于 18 世纪"诺利地图"（Nolli Map）。虽然格式塔心理学理论一度被瑞士儿童心理学家皮亚杰（Piage）的"图式"（Schemata）概念所取代，但是格式塔心理学理论还是具有重要的影响，例如，包豪斯的设计和艺术教学中将格式塔心理学作为一种认知学习的基础，而柯林·罗和科特更是将"图底分析"作为其研究城市拼贴理论的主要分析方法（图 5-4）。

从城市设计角度看，这种方法实际上是想通过增加、减少或变更格局的形体几何学来驾驭空间的种种联系。其目标旨在，建立一种不同尺寸大小的、单独封闭而又彼此有序相关的空间等级层次，并在城市或某一地段范围内澄清城市空间结构。正如美国学者特兰西克（Trancik）所说："一种预设实体和空间构成的'场'决定了城市格局，这常常称之为城市的结构组织（Febric），它可以通过设置某些目标性建筑物和空间，如为'场'提供焦点、次中心的建筑和开敞空间面得到强化。"[2] 而表达剖析这种城市结构组织的最有效的图式工具就是"图底分析"，这是一种简化城市空间结构和秩序的二维平面抽象，通过它，城市在建设时的形态意图便被清楚地描绘出来。这一分析途径在诺利 1748 年所作的罗马地图中曾得到极好表达。"诺利地图"把墙、柱和其他实体涂成黑色，而把外部空间留白。于是，当时罗马市容及建筑物与外部空间的关系便呈现出来，从"诺利地图"可以看到，建筑物覆盖密度明显大于外部空间，因而公共开放空间很易获得"完形"（Configuration），创造出一种积极的"空"（Void）或"物化的空间"（Space-as-Object）。由此推论，罗马当时的开放空间是作为组织内外空间的连续建筑实体群而塑造的，没有它们，空间的连续性就不可能存在。

"诺利地图"反映的城市空间概念与现代空间概念截然不同。前者的外部空间是图像化的，具有与周围环境实体一气呵成的整体特质；而在现代建筑概念中，建筑物是纯图像化的、独立的，空间则是一种"非包容性的空"（Uncontained Void）。

"图底分析"理论认为，当城市主导空间形态由垂直方

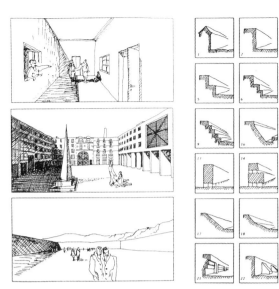

图 5-3a 罗伯·克里尔对城市空 　图 5-3b 城市空间围合度的分析
间的分析

图 5-3c 对城市空间断面的分析

图 5-3d 广场与街
道图析

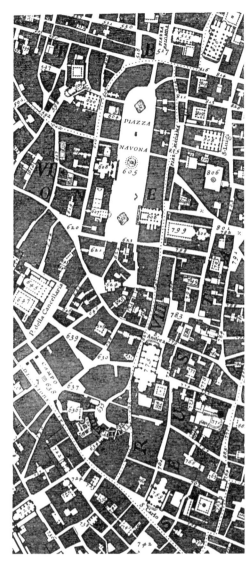

图 5-4 "诺利地图"表达的罗马城

向而不是水平方向构成时，要想形成连贯整体的城市外部空间几乎是不可能的。在城市用地中，设计建造的垂直方向扩展的实体要素，很易导致大量难以使用和定义的隙地（Lost Space）。在许多现代住宅小区中，由于高层公寓的存在，建筑覆盖率很低，所以很难赋予外部空间以整体连贯性。与"诺利地图"不同，这种"空"给人的主要印象是作为主体存在的建筑物，而互有关联的街区格局则已不复存在（图 5-5）。

为了弥补上述不足，重新捕获外部空间的形式秩序，我们可以把空间和街区的局部很好地结合起来，人为地设计一些空间阴角、壁龛、回廊、死巷等外部空间的完形[2]。

历史上城镇形态给人的亲切感受在于，很好地运用了水平向连续的、具有宜人尺度的建筑群。历史城镇中的建筑通常要大于外部空间覆盖率，并形成一种"合理的密集"。从概念上讲，也就是说空间由建筑形体塑造而成，这已经成为今天旧城更新改造和步行街设计一条行之有效的原则。

空间是城市体验的中介，它构成公共、半公共和私有领域共存和过渡的序列。空间连续性中的流线障碍必须能够能动地加以限制，空间方位则应由形成区段和邻里的城市街区轮廓来限定，正是实与空的互异构成了城市不同的空间结构，建立了场所之间不同的形体序列和视觉方位。城市中"空间"的本质取决于其四周实体的配置，绝大多数城市中实体与空间的独特性取决于公共空间的设计。同时，这种"图底分析"还鲜明地反映出特定城市空间格局在时间跨度中所形成的"肌理"和结构组织的交叠特征。城市中的"实体"则包括了各种公共建筑，如：西方城市中的市政厅和教堂，中国古城中的钟鼓楼、皇宫、衙署和庙宇等；城市街区领域以及一些限定边缘的建筑物。

"图底分析"是现代城市设计处理错综复杂的城市空间结构的基本方法之一。国内外一系列规划设计竞赛中，许多获奖方案都对基地文脉进行了这种分析。1983年法国巴黎歌剧院设计竞赛中，加拿大建筑师卡·奥托中选方案用了"图底分析"方法，确定了依循并尊重原有巴黎城市格局的设计原则；笔者主持参与的南京钟山风景区博爱园规划设计中也运用了"图底分析"方法。美国学者特兰西克在《找寻失落的空间——都市设计理论》一书中则运用图底关系分析了华盛顿、波士顿、哥德堡的城市空间（图5-6、图5-7）。

5.1.3 柯布西耶的"明日的城市"

20世纪上半叶，霍华德、盖迪斯、沙里宁和赖特等都对迅猛发展的城市和特大城市表示过怀疑，并提出了各种"城市分散"（Urban Decentralization）的理论。然而，柯布西耶却反其道而行之，他以乐观主义的思想，认为大城市必然会出现。他认为，只有展望未来和利用工业科技的力量才可以解决工业社会的问题，才能更好地发挥人类的创造力，因而主张用全新的规划和建筑方式改造城市。

他的关于城市规划的理论，被称为"城市集中主义"（Urban Centralization），其中心思想包含在两部重要著作中。一部是发表于1922年的《明日的城市》（*The City of Tomorrow*），另一部是1933年发表的《阳光城》（*The Radiant City*）（图5-8）。

柯布西耶的观点主要有四点[②]：

（1）他认为传统的城市，由于规模的增长和市中心拥挤加剧，已出现功能性的老朽。随着城市的进一步发展，城市中心部分的商业地区内交通负担越来越大，需要通过技术改造以完善它的集聚功能，满足现代城市的发展要求。

（2）他认为拥挤的问题可以用提高密度来解决。就局部

图 5-5 同一比例尺下不同城市街区尺度的图底关系比较

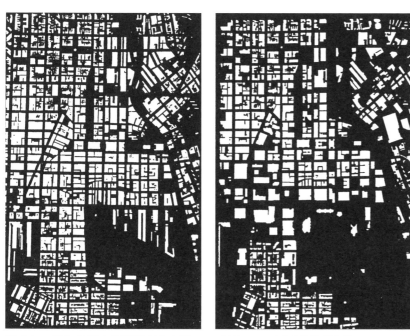

图 5-6a 巴尔的摩内港区及市中心区 1958 年与 1992 年图底关系比较

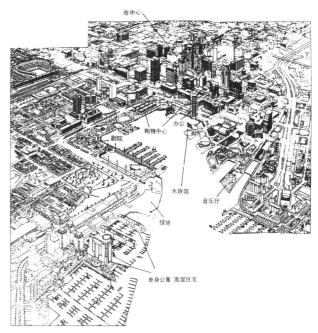

图 5-6b 巴尔的摩内港区及市中心区

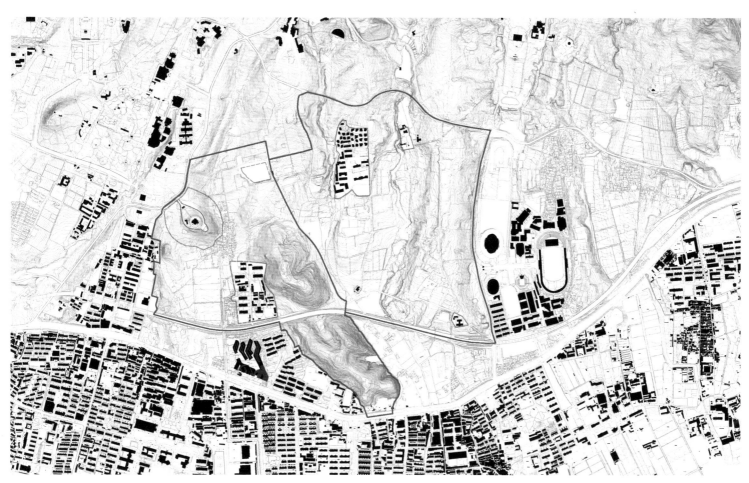

图 5-7 南京钟山风景区博爱园图底关系分析

图 5-8a　柯布西耶的现代城市意象之一

图 5-8b　柯布西耶的现代城市意象之二

而论，可采取安排大量的高层建筑获得高密度，这些高层建筑周围将会腾出很高比例的空地。他认为摩天楼是"人口集中，避免用地日益紧张，提高城市内部效率的一种极好手段"。这里，笔者愿意将此理解为在城市空间中采用大疏大密的原则，通过提高局部开发强度，以取得整体的开发建设均衡。

（3）他主张调整城市内部的密度分布。降低市中心区的建筑密度与就业密度，以减弱中心商业区的压力并使人流合理地分布于整个城市。

（4）他论证了新的城市布局形式可以容纳一个新型的、高效率的城市交通系统。这种系统由铁路和人车完全分离的高架道路结合起来，布置在地面以上。

柯布西耶的城市设计原则主要有六点：

（1）以几何为基础去创造洁净、简单的外形；

（2）崇尚秩序、功能与朴实；

（3）理性与效率至上；

（4）现代的建筑要使用现代的建筑材料；

（5）摈弃装饰，尤其是仿古；

（6）追求标准化、重复化。

根据上述思想和原则，柯布西耶于 1922 年发表的《明

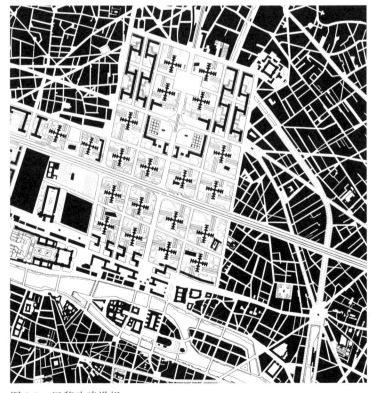

图 5-9　巴黎改建设想

日的城市》一书中，假想了一个 300 万人的城市：中央为商业区，有 40 万居民住在 24 座 60 层高的摩天大楼中；高楼周围有大片的绿地，周围有环形居住带，60 万居民住在多层连续的板式住宅内；外围是容纳 200 万居民的花园住宅。平面是现代化的几何形构图。矩形的和对角线的道路交织在一起。规划的中心思想是疏散城市中心、提高密度、改善交通并提供绿地、阳光和空间（图 5-9）。

柯布西耶的城市设计思想的重点是"秩序"（Order），而秩序的基础就是几何，是直线，是直角。艺术是"完美秩序"的追求，艺术是人创造的，它服从于自然规律。正如加拿大学者梁鹤年先生所察见，秩序是每一个活动的钥匙；感性是每一个行动的指引。在混乱中出现纯净的形可以带来力量，安定人心，又能使美具体化。这样，人的心智并没有白费，他以适当的工具去创造了秩序，这就是柯布西耶的美。

5.1.4 芦原义信和他的《外部空间设计》

1975 年，芦原义信出版了《外部空间设计》一书。该书后由尹培桐先生翻译成中文并连载发表于《建筑师》丛刊，受到我国读者的广泛欢迎③。

芦原义信出生在一个医生世家，1942 年毕业于东京大学建筑系；1951 年留学哈佛大学设计学院，师从格罗皮乌斯，也是建筑理论家诺伯舒兹（Norberg-Schulz）的同学。他注重空间设计手法、空间要素及其与人的视觉相关性的研究，并从事城市设计与建筑设计实践。

芦原义信先后出版了《外部空间设计》《街道的美学》及《隐藏的秩序——东京走过 20 世纪》等重要论著。与他的前辈和同辈现代建筑大师比较注重城市的整体性秩序有所不同，他比较关注局部环境观察和分析的方法来认知城市空间，并提出了很多既具有设计原理的创新性，又具有设计操作价值的城市设计概念和方法。同时，难能可贵的是，《外部空间设计》中分析应用的都是芦原义信自己的设计作品，等于自己提出的设计理论的实际应用。

在《外部空间设计》书中，他首先研究了外部空间的形成，并分析了历史上很多经典作品。从意大利锡耶纳的坎波广场鸟瞰照片中，芦原义信感受到城市空间其实是可以不分内外的，由此，他得到了"逆空间"（Reverse Space）的概念，也即类似前述城市实体与空间的"图底"互融关系。由此，芦原义信进一步总结比较了世界上的空间分析理论，在旁征博引和研究各家之说的基础上，运用自己设计的若干案例，提出了"积极空间""消极空间"和"加法空间"与"减法空间"等许多富有启发性的概念。芦原义信认为，"空间基本上是由一个物体同

图 5-10　芦原义信对外部空间领域性的理解和分析

感觉它的人之间产生的相互关系所形成"[3]。虽然空间与人的各种感官均有关系，但通常主要还是依据人的视觉来确定的（图 5-10）。

他分析了意大利和日本传统城镇空间在文化上的差异，比较了建筑师与景园建筑师不同的空间概念，指出建筑外部空间不是一种任意可以"延伸的自然"，而是"没有屋顶的建筑"。在此基础上，他归纳出"积极空间"和"消极空间"的分析结论，并指出"外部空间设计就是把大空间划分成小空间，或还原，或是使空间更充实更富有人情味的技术。一句话，也就是尽可能将消极空间积极化"。进一步，芦原义信又引申发展出所谓的"十分之一理论"（One-Tenth Theory），即外部空间可以采用内部空间 8—10 倍的尺度，和"外部模数理论"（Exterior Modular Theory）即外部空间可采用行程为 20—25 m 的模数[3]。

在实际运用的手法中，芦原义信则结合欧美及他本人设计的工程案例，详细探讨了外部空间的布局、围合、尺度、视觉质感、空间层次、空间序列等一系列相关要素的设计问题。最后他又以建筑漫画的形象化描述手段，通过马赛公寓和赫尔辛基文化会馆建筑分析，比较了柯布西耶从外向内建立向心秩序为重点的方法（减法空间）与阿尔托从内部建立秩序（加法空间）的设计手法，并分析了各自不同的空间秩序建立和组织方法[3]。

总之，芦原义信的外部空间论既包含了传统的空间理论，又包含了设计的方法论，对今天城市设计的实践具有较好的实际借鉴价值。

5.2　场所—文脉分析方法

为人们营造功能良好、充满活力、富有文化内涵的场所是城市设计的重要目标。人的各种活动及对城市空间环境提出的种种要求，是现代城市设计的最重要的研究课题之一。场所—文脉分析的理论和方法，主要处理城市空间与人的需要、文化、历史、社会和自然等外部条件的联系。它主张强化城市设计与现存条件之间的匹配，并将社会文化价值、生态价值和人们驾驭城市环境的体验与物质空间分析中的视觉艺术、耦合性和实空比例等原则等量齐观。

从物质层面讲，空间乃是一种有界的，或有一定用途并具有在形体上联系事物的潜能的"空"。但是，只有当它从社会文化、历史事件、人的活动及地域特定条件中获得文脉意义时方可称为场所（Place）。

诺伯舒兹曾经对场所理论有着精深的研究，他认为，"环境最具体的说法就是场所。一般的说法是行为和事件的发生。事实上，若不考虑地方性而幻想的任何事件是没有意义的"。他进一步指出，"场所很显然不只是抽象的区位而已。我们所指的是具有物质的本质、形态、质感及颜色的具体的物所组成的一个整体。这些物的总和决定了一种环境的特性，亦即场所的本质"[4]。

文脉（Context）与场所是一对孪生概念。从类型学的角度看，每一个场所都是独特的，具有各自的特征。这种特征既包括各种物质属性，也包括较难触知体验的文化联系和人类在漫长时间跨度内因使用它而使之具有的某种环境氛围。诺伯舒兹认为，如果事物变化太快了，历史就变得难以定形，因此，人们为了发展自身，发展他们的社会生活和变化，就需要一种相对稳定的场所体系。这种需要给形体空间带来情感上的重要内容——一种超出物质性质、边缘或限定周界的内容——也就是所谓的场所感。于是，建筑师的任务就是创造有意味的场所，帮助人们栖居。所以，成功的场所设计应该是使社会和物质环境达到最小冲突，而不是一种激进式的转化，其目标实现应遵守一种生态学准则，即去发现特定城市地域中的背景条件，并与其协同行动。

5.2.1　"十次小组"与场所结构分析

这是一种以现代社会生活和人为根本出发点，注重并寻求人与环境有机共存的深层结构的城市设计理论。

二次大战后，大规模的城市更新运动使城市人居环境逐渐恶化。这时，人们开始尝试从旁系学科的视角来重新审视人居环境的建设问题，来自国际现代建筑协会（CIAM）内部一批年轻人，包括凡·艾克、巴克玛、史密森夫妇、迪卡罗、伍兹、赫兹伯格、路易斯·康等，对前辈建筑家倡导的现代建筑思想和理念产生质疑并提出自己的学术主张。其中，"十次小组"提出的场所结构分析[5]理论是在设计思想上影响最为深远的思潮之一。

1959 年，凡·艾克在奥特陆国际现代建筑协会会议（CIAM'59）上提出著名的"奥特陆圈"（Otterlo Circles），重新定义了经典与永恒、现代与变化、地方与传统的关系。图 5-11 由两个圈组成。左边的圈是建筑学的整个领域，可以用三种传统意义上的范式所代表：一个是帕提农神庙，代表经典和永恒；一个是凡·杜伊斯堡的抽象构成，代表现代和变化；最后是普韦布罗村庄平面图，代表地方和传统。右边的圆圈描绘一个卡亚波印第安女性手拉手跳舞的图景，表达了"For Us"对个体与群体的意义，强调了人类与社会、个体与总体不可分割的关系。说明我们要充分尊重地方性，鼓励人居环境建设应该回应社会文化的健康发展。

"十次小组"城市设计概念的哲学基础部分源自结构主义。结构主义有一个基本假设，就是无论何时何地人都是相同的，但他们以不同方式作用于同样事物，也就是形成了转换。现世乌托邦（Utopia）则导致了他们对事物之间"中介性"（非此非彼）和城市日常生活的重新关注。

在他们看来，结构分析可看作 X 射线，它旨在透过表面上独立存在的具体客体，透过"以要素为中心"的世界和表层结构来探究"以关系为中心"的世界和深层结构（Deep Structure）。

"十次小组"成员凡·艾克针对现代主义空间—时间观及技术等于进步的教条，率先提出场所概念，并运用至城市设计领域。他认为，场所感是由场所和场合构成，在人的意象中，空间是场所，而时间就是场合，人必须融合到时间和空间意义中去，这种永恒的场所感（深层结构）已被现代主义者抛弃，现在必须重新认识、反省。

"十次小组"另一成员赫兹伯格则使用了结构主义语言学的模型，发展出"住宅共同决定"的主题，这是二次大战后公众参与设计的起点。他认为，"不同场合、不同时代的每一种解答都是一种对'原型'的阐释"。

路易斯·康也意识到场所感的重要性。他认为，"城市始于作为交流场所的公共开放空间和街道，人际交流是城市的本原"，但现在这些街道变成了没有情趣的运动通道，不再从属于与它共存的街区。"你只有路，而没有街道。"

日本一些建筑师也认识到这一点，丹下健三认为，如果

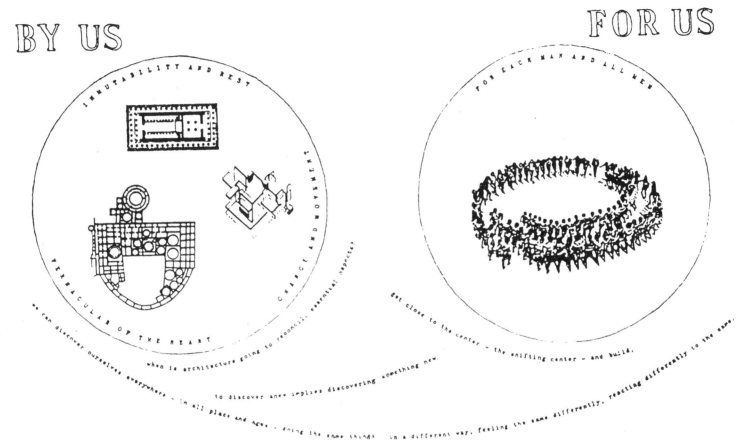

图 5-11 场所分析——凡·艾克 1959 年提出的"奥特陆圈"

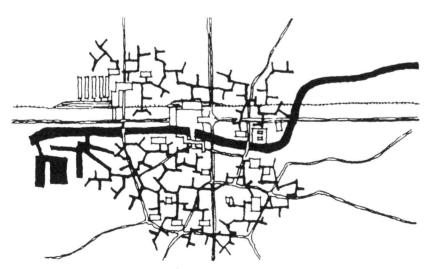

图 5-12a "簇集城市"（Cluster City）设想

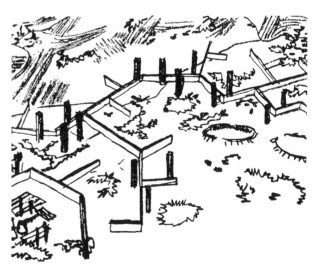

图 5-12b 史密森夫妇的"空中街道"设想

我们不引入结构这个概念，就不能理解一座建筑、一组建筑群，尤其不能理解城市空间，结构可能是结构主义作用于我们思想所产生的语言概念，它直接有助于检验建筑和城市空间。桢文彦则认为，作为认知城市形态的一种比较有效的方法，就是发掘出这种在表露得不够完全的城市形态表层背后的深层结构。

场所结构理论认为，城市设计思想首先应强调一种以人为核心的人际结合和聚落生态学的必要性。设计必须以人的行动方式为基础，城市形态必须从生活本身结构发展而来。与功能派大师注重建筑与环境关系不同，"十次小组"关心的是人与环境的关系，他们的公式是"人＋自然＋人对自然的观念"，并建立起住宅—街道—地区—城市的纵向场所层次结构，以替代原有雅典宪章的横向功能结构。

就城市道路交通而言，他们认为，一个社会的内聚力和效率必须依赖于便捷的流通条件，即交通问题。现代城市设计应担负起为各种流动形态（人、车等）的和谐交织而努力的责任，同时应使建筑群与交通系统有机结合。

"十次小组"承认现代城市不可能完全利用历史建筑，城市的高密度和高层化乃是不可避免的趋势，但为了恢复和重构地域场所感，他们设想了具有"空中街道"的多层城市。这种空中街道贯穿沟通建筑物，分层步行街既有线形延伸，又联系着一系列场所，围绕这一网络布置生活设施，这一构思在史密森夫妇的"金巷"（Golden Lane）设计竞赛方案中首次推出。

在城市美学问题上，他们认为，城市需要一些固定的东西，这是一些周期变化不明显的能起统一作用的点。依靠这些点人们才能对短暂的东西（如住宅、商店、门面）进行评判并使之统一，城市环境的美应能反映出对象恰如其分的循环变化。因此，作为特定地域标志和象征的某些历史建筑，或投资巨大、具有重要意义的建筑和开敞空间，可以看作相对固定的东西，这就是所谓的"可改变美学"（Aesthetic of Expendability）。

作为上述设想的综合，史密森夫妇提出了"簇集城市"（Cluster City）的理想形态，这种形态分主干和枝丫两部分，各枝丫必须经由簇集过程才有整体结构的完整性（图5-12）。

从方法论意义上讲，场所结构分析理论的贡献主要有四方面。

（1）明确了单凭创造美的环境并不能直接带来一个改善了的社会，向"美导致善"的传统概念提出了挑战；

（2）强调城市设计的文化多元论；

（3）主张城市设计是一个动态的连续渐进的过程，而不

是终端式的激进改造过程，城市是生成的，而不是造成的；

（4）强调过去、现在和未来是一个时间连续系统，提倡设计者"为社会服务"，面对现实的职业需求，在尊重人的精神沉淀和深层结构的相对稳定性的前提下，积极处理好城市环境中必然存在的时空梯度问题。

场所结构分析理论和方法具有深远的、世界性的影响。城市拼贴的观点则直接影响到一些国家的城市设计实践。法国巴黎城市形态研究室（TAV Group）认为，城市改建中新旧文脉的转换是关键。于是，他们潜心探索新古典意象的开发，并"通过开创作为一个连接城市各部分的盔甲（Armature）式的纪念碑来寻求更有意义的连续性"，在城市组织中，他们审慎地引用了对比因素，运用能交融于现存空间几何特点的、成角度的建筑物和空间，结果可以造成一种"城市形态分层积淀式的拼贴，并使连接体作为陌生的相邻格局之间的减震器"（Shock Absorbers）。文脉概念则通过刺激城市跨越时间生长而建立起来。

著名学者兼建筑师罗西在1966年出版的《城市建筑》一书（L'Archittura Della Citta）中认为，城市依其形象而存在，是在时间、场所中与人类特定生活紧密相关的现实形态，其中包含着历史，它是人类社会文化观念在形式上的表现。同时，场所不仅由空间决定，而且由这些空间中所发生的古往今来的持续不断的事件所决定。而所谓的"城市精神"就存在于它的历史中，一旦这种精神被赋予形式，它就成为场所的标志记号，记忆成为它的结构的引导，于是，记忆代替了历史。由此，城市建筑在集体记忆的心理学构造中被理解。而这种结构是事件发生的舞台，并为未来发生的变化提供了框架（图5-13）。

1960年代初在美国康乃尔大学兴起的"文脉主义"城市分析方法、黑川纪章等倡导的"新陈代谢"思想、1965年哈布瑞根（Habraken）提出的支撑体设计理论（SAR）、亚历山大的树形理论，以及剑桥大学的城市形态学分析思路，都体现了从场所结构入手处理城市整体形态的分析逻辑。

场所结构分析理论在城市设计应用领域中亦有重大影响。它主张从外向里设计，从外部空间向建筑物内部过渡，这里的"外"包含的内容绝不止于形体层面。其代表人物有欧斯金、克里尔兄弟、罗西、霍莱因等。美国学者索兹沃斯曾收集了1972年以后70项城市设计案例资料，并进行了系统分析。结果表明，场所分析是规划人员最常用的分析方法，1972年以后的城市设计实践中，大约有40%运用了这种方法。代表作有英国纽卡斯尔的贝克住宅区设计、意大利的"类似性城市"设计研究等。

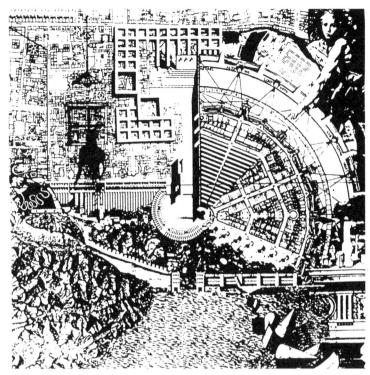

图 5-13 罗西的"类似性城市"设计研究

5.2.2 城市活力分析

1960年代以前,西方一些国家相继出现了比较严重的"城市病"。好的城市公共空间可以容纳交往、休憩、娱乐、学习、购物、运动甚至游行、表演等多种生活功能,为创造生机勃勃的城市生活方式提供物质性保障。但是西方一些国家大规模的城市建设导致城市中人的活动受到严重困扰,城市活力下降。1961 年,美国学者简·雅各布斯以调查实证为手段,以美国一些大城市为对象进行剖析,发表了《美国大城市的死与生》一书。 她以纽约、芝加哥、洛杉矶等城市的城市街道为主要研究对象,从土地使用性质、街道形态、周边建筑情况、人流频率、密度与拥挤的关系等方面,阐述了城市公共空间的"多样性"特征和规划设计对街区社会、经济活力的重要影响。该书出版后即成为城市研究与城市规划设计领域的重要著作[6]。1956 年,雅各布斯受邀参加了哈佛大学召开的第一次城市设计会议并做了重要发言。

雅各布斯认为,城市旧区的价值已被规划者和政府当局忽略了,传统城市规划及其伙伴——城市设计的艺术只是一种"伪科学",城市中最基本的、无处不在的原则,应是"城市对错综交织使用多样化的需要,而这些使用之间始终在经济和社会方面互相支持,以一种相当稳固的方式相互补充"。对于这一要求,传统"大规模规划"的做法已证明是无能为

力的,因为它压抑想象力,缺少弹性和选择性,只注意其过程的易解和速度的外在现象,这正是"城市病"的根源所在。

在雅各布斯看来,柯布西耶和霍华德是现代城市规划设计的两大罪人,因为他们都是城市的破坏者。霍华德认为伦敦是一座公开的邪恶之城,让如此多的人在一起是对自然的亵渎。于是他开出的药方是彻底推倒重来,并在郊外建设新的小镇——田园城市。他把田园城市想象成大城市的替代物,一个解决大城市问题的方案。他的乌托邦式的构想,"一笔勾销了大都市复杂的、互相关联的、多方位的文化生活",却被非中心主义者接受,"以破坏以致摧毁城市的系统为己任的处方"被议会、政府机构、立法机构所接受,并将此作为解决本身问题的基本指南。柯布西耶的"光辉城市"主张与"田园城市"有一定的关联,但他要做一个"垂直的田园城市",同样是一个城市乌托邦。柯布西耶对后来的城市造成了重大的影响,建筑师们狂热地称道他的主张并带入城市设计实践,但突出的是个人成就,"至于城市到底是如何运转的,正如田园城市一样,除了谎言,什么也没有说"[6]。笔者认为,雅各布斯对霍华德、柯布西耶以及还提到的芒福德等人的城市规划理念和伯纳姆的城市美化运动的设计思想的批判过于偏激而极端,但雅各布斯确实认识到了城市问题的复杂性,特别是"自下而上"来自街道、人行道、街区公园、老建筑等的城市生活活力之源。

她认为城市多元化是城市的生命力、活泼和安全之本。城市最基本的特征是人的活动。人的活动总是沿着线进行的,城市中街道担负着特别重要的任务,是城市中最富有活力的"器官",也是最主要的公共场所。路在宏观上是线,但在微观上却是很宽的面,可分出步行道和车行道,而且也是城市中主要的视觉感受的"发生器"。街道,特别是步行街(区)和广场构成的开敞空间体系,是雅各布斯分析评判城市空间和环境的主要基点和规模单元。

除交通功能外,街道还有三项基本变量,它们都与人的心理和行为相关。这三项变量分别是安全、交往和同化孩子。现代派城市分析理论把城市视为一个整体,略去了许多具体细节,考虑人行交通通畅的需要,但却不考虑街道空间作为城市人际交往场所的需要,从而引起人们的不满。因此,现代城市更新改造的首要任务是恢复街道和街区"多样性"的活力,而设计必须要满足四个基本条件:①街区中应混合不同的土地使用性质,并考虑不同时间、不同使用要求的共用;②大部分街道要短,街道拐弯抹角的机会要多;③街区中必须混有不同年代、不同条件的建筑,老房子应占相当比例;④人流往返频繁,密度和拥挤是两个不同的概念。

雅各布斯的观点源自她对市民对城市活力的实际调查和感受。她的思想对其后的城市规划和设计学科发展具有深远的影响，而且超出了专业领域。雅各布斯的著作现在是美国城市规划和设计专业的必读书，在1960年代，她还领导群众游行、抗议，其影响甚至直接导致了纽约曼哈顿地区居民把规划委员会主席哄赶出办公室的抗议事件。直到今天的互联网站上，都还写着"简·雅各布斯仍在帮助人们建设城市"。

5.2.3 认知意象分析

这是一种借助于认知心理学和格式塔心理学方法的城市分析理论，其分析结果直接建立在居民对城市空间形态和认知图式综合的基础上。1960年，林奇（Lynch）与研究生鲁卡肖克（Lukashok）一起，根据人们有关城市景观儿时记忆的测验进行了调查分析，在城市意象领域取得了开拓性的研究进展，其结论集中发表在《城市意象》一书④。

"意象"（Image）一词并非林奇首创。它原是心理学术语，用以表述人与环境相互作用的一种组织，是一种经由体验而认识的外部现实的心智内化，其现代用途由博尔丁建立。今天，意象概念已经在政治学、地理学、国际研究和市场研究等领域得到广泛应用。博尔丁认为，所有行为都依赖于意象，"意象可定义为个人累积的、组织化的、关于自己和世界的主观知识"。而意象的心理合成则与"认知地图"（Cognitive Map）密切相关。

林奇的主要贡献在于，他使认知地图和意象概念运用于城市空间形态的分析和设计，并且认识到，城市空间结构不只是凭客观物质形象和标准，而且要凭人的主观感受来判定。由于意象和认知地图是一种心理现象而无法直接观察，所以需要一些间接方法使之外显。

认知意象对城市空间环境提出了两个基本要求，即可识别性（Identity）和意象性（Imaginability）。前者是后者的保证，但并非所有易识别的环境都可导致意象性。意象性是林奇首创的空间形态评价标准，它不但要求城市环境结构脉络清晰、个性突出，而且应为不同层次、不同个性的人所共同接受。在实际操作中应注意，由于人各有异，所以受试者须达到一定数量，以便归纳、概括出基本共同之处，找出心理意象与真实环境之间的联系。通常，这一工作应在训练有素的调查人员组织指导下进行。

具体操作过程从两方面入手：（1）由两位或三位受过训练的观察者对实地进行考察，并区分步行和车行以及白天和夜晚，形成实地的分析地图和简要报告。（2）同时进行更大范围的采访（调研所需要的采样范围和人群代表性，可以分组），并做以下四件事：①快速画出所问地区的草图，标识出最有趣和最重要的特征；②根据想象中的意象，画出沿途线路和符合实际的近似草图，范围应该能够覆盖区域的长度或宽度；③书面列出城市中感觉最有特色的部分，采访者应该解释什么是"部分"和"特色"；④书面写出"———位于哪里"之类问题的简要回答等等。

然后对测试结果进行总结，统计元素被提及的频率及相互联系，分析绘图的先后顺序、生动的元素、结构的意义以及符合性意象等。就此，林奇概括出城市意象五要素（图5-14）。

（1）路（Path）：观察者习惯或可能顺其移动的路线，如街道、人行道、小巷、运输通道、河流、铁路等。林奇认为设计时要注意它的特性——延续、方向、路线和交叉。

（2）边（Edge）："边"常由两个面的分界线，例如河岸、铁路路堑、围墙所构成。林奇认为，最好的边缘不仅仅在视觉上明显，而且连续不断、具有不准穿越的功能。例如湖滨、墙体、陡峭的筑堤、悬崖等就是较好的边缘例证。

（3）区（District）：中等或较大的地段，这是一种二维的面状空间要素，人对其意识上有一种进入"内部"的体验。这类街区具有鲜明的主题，一般可以从文化、特色、空间、形态、细节、象征、用途、活动、居民、保养程度甚至地形等多方面烘托这一主题。

（4）节点（Node）：城市中的战略要点，如道路交叉口、方向变换处；抑或城市结构的转折点、广场，也可大至城市中的一个区域的中心和缩影。它使人有进入和离开的感觉，设计时应注意其主题、特征和所形成的空间张力。

（5）标志（Landmark）：城市中的点状要素，可大可小。是人们体验外部空间的参考物，但不能进入，通常是明确而肯定的具体对象，如山丘、标志性建筑物、高大构筑物等，有时树木、店招乃至建筑物细部也可视为一种标志。

继林奇后，又有许多学者分别在欧洲、拉丁美洲进行了城市意象研究。如爱坡雅对城市意象地图的类型进行深入研究，他将认知地图分为两类，即以路径为主导的、以空间为主导的。以路径为主导的认知地图分为段、链、支环和网四种类型；以空间为主导的认知地图分为散点、马赛克、连接和格局四种类型。他将此分析手段用于委内瑞拉的瓜亚纳城（Guayana）的项目。帕西尼还将其推广运用至大型公共建筑的室内设计，一些学者在博物馆观众观赏流线的空间设计中也运用了林奇的意象分析方法。在其他研究领域，如城市犯罪学，城市意象空间和城市评估性意象也都有所应用。如大

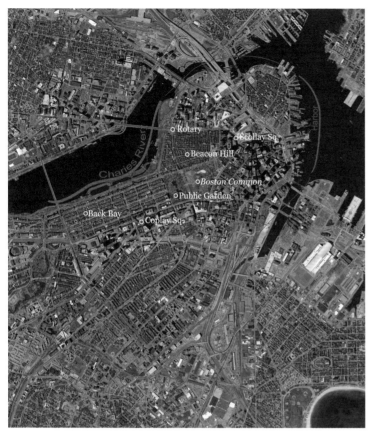

图 5-14a 根据林奇当年调查成果与今天地图的叠合之一

图 5-14b 根据林奇当年调查成果与今天地图的叠合之二

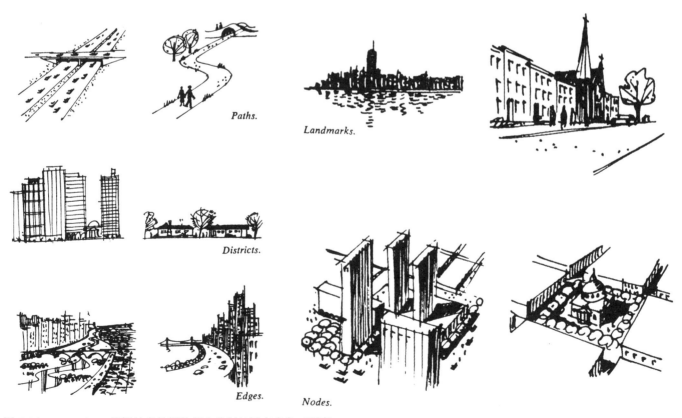

图 5-14c Sprereigen 根据林奇教授的概念绘制的城市意象五要素

卫·雷（D. Ley）在解释人们如何在费城的内城区感知危险，如何认识避开街头流氓、废弃建筑物及贩毒场所附近的危险就运用了城市意象空间和城市评估性意象的概念。

一般地说，认知意象分析较适用于小城市或大城市中某一地段的空间结构研究。由于人的感受体验范围、表述能力及文化背景、职业、年龄、性别等的差别，所以评价规模过大，仅此五点要素就显得单薄，如笔者认为"墙"就是认知中国、日本等东方城市和伊斯兰城市的典型空间要素之一，但对西方城市就不一定适用。桢文彦曾经在代官山地区城市设计提到原先场地"墙"的形态特征，阵内秀信则认为"町"（街区）是认知日本城市结构的基本要素。

城市意象分析开拓了城市设计中认知心理学运用的新领域，提供了居民参与设计的独特途径。公众意象评价说明了城市中哪些有活力，哪些地方有毛病，因而为城市建设提供了必需的分析基础。此外，它采用实证调查和案例研究的方法，其指导城市设计的原则，亦是由调查分析所得，因而是一种虚实兼备的城市分析理论，易于在实践中采用（图5-15）。在近年中国一些城市设计项目竞赛中，笔者曾多次发现参赛团队运用了这一方法，笔者则曾经将此方法与场所理论结合运用至南京总体城市设计等项目中。这一方法也在城市设计课程教学中得到了实验性应用。

5.2.4 文化生态分析

人与环境以何种方式共存、人怎样塑造环境、物质环境如何影响人并影响到何种程度，一直是现代城市设计的关注焦点。美国文化人类学家斯图尔德（Steward）于1950年代提出文化生态学（Cultural Ecology），主要探究具有地域性差异的特殊文化特征及文化模式的来源。文化生态学理论认为，人类文化和生物环境存在一种共生关系。这种共生关系不仅影响人类一般的生存和发展，而且也影响文化的产生和形成，并发展为不同的文化类型和文化模式。文化生态分析正是通过研究人类文化形成过程与自然环境、人工环境的相互关系，阐释文化与环境的适应过程。

将文化生态学理论和分析方法应用于城市设计，就是在特定的文化背景下，探寻城市中的人、社会文化与城市空间环境之间的相互影响，从而理解、认识和强化城市空间环境的形态结构所蕴涵的文化内涵。其中的重要代表人物是威斯康星大学的拉波波特教授，他在1977年出版《城市形态的人文方面——走向人与环境结合方式的城市形态和设计》（*Human Aspect of Urban Form: Towards a Man-environment Approach to Urban Form and Design*）一书，以高屋建瓴的视

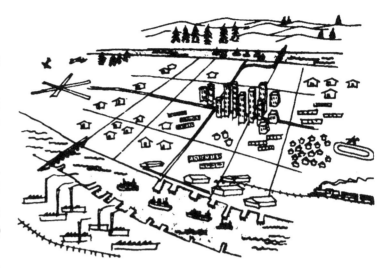

图 5-15　用五要素符号分析城市空间形态

野对此进行了讨论。

从这一分析理论的脉络上看，拉波波特强调的是文化人类学和社会生态学的综合，在应用层次上，则又综合了信息论、心理学的研究成果。

拉波波特认为，环境可以定义为有机体、组群抑或被研究系统由外向内施加的条件和影响。而这种环境是多重的，包括社会、文化和物质诸方面。城市设计所能驾驭的为人提供场所的物质环境的变化与其他人文领域之间的变化（如社会、心理、宗教、习俗等）存在一种关联性。

事实证明，即使是动物群体在空间中也不是无序分布的。在人类群体中，心理、社会和文化的特点常常可由空间术语表达。如城市同质人群社区的分布形式就能充分反映各种亚文化圈的存在。在通过对非洲、欧洲、亚洲等一些城市聚落形态的比较分析后，拉波波特认为，城市形体环境的本质在于空间的组织方式，而不是表层的形状、材料等物质方面，而文化、心理、礼仪、宗教信仰和生活方式在其中扮演了重要角色。例如，非洲新几内亚东部高地和法国13世纪中普遍存在的原始聚落的基型形状、建筑材料、地理条件等都相差甚巨，但其深层的空间组织规则和构造方式却十分相似。亦即，房间围绕院落组成住宅，住宅围绕广场空间形成群落，而群落进一步围绕更高一层次的公共空间形成城镇。但是，一旦统一聚落的主导性空间组织（常常是交往空间）改变为街道路径，则会导致一个完全不同的聚落形态。在这种空间组织中，人与环境在人类学和生态意义上的复合关系是关键变量，它具有一定的秩序结构和模式，拉波波特称此为"规则"（Rules）。他指出，它们都与文化系统有关，文化是人类群体共享的一套价值、信仰、世界观和学习遗传的象征体系，这些创造了一个"规则和惯例系统"，它可反映

理想，创造生活方式和指导行为的规则、方式、饮食习惯、禁忌乃至城镇形态，而且会导致一种跨越时空尺度的连续性（图 5-16）。

拉波波特的研究还表明，所谓"无规划的"（Unplanned）、"有机的"（Organic），抑或一些专家眼中所谓的"无序"（Disodered）城镇环境，实际上遵循的是一套有别于正统规划设计理论的规则系统。若不从文化的视角看城市设计，就会导致许多误解。如法国人认为美国城市缺乏文化结构，而美国人则认为伊斯兰城市不存在什么结构形态等，实质上都是以自己所熟悉的城市规则体系来理解另一种陌生的规则体系。这种文化生态思想是当代文化人类学和社会生态学研究对于现代城市设计理论最富价值的启迪[7]。

因此，城市设计行使的乃是"空间、时间、含义和交往的组织"功能，现代城市设计者应把环境设计看作信息的编码过程，人民群众则是他的解码者，环境则起了交往传递作用。设计更多地关心各构成要素之间及其与隐形规则之间的联系，而不是要素本身。正如前述，空间组织的意义和规则及相应的行为才是本质，而设计本身可看作人类对某种理想环境的"赋形表达"。设计无论大小，都有多种方案选择的可能性，都是一个根据不同规则排除不合适方案的过程（图 5-17）[7]。

总的来看，文化生态分析理论比较全面，并且在借鉴人

文科学成果方面卓有成效，缺点是具体分析方法尚不完善，其理论意义和方法论意义是主要的。

5.3　生态分析方法

5.3.1　麦克哈格和他的生态规划设计思想

麦克哈格（McHarg）的"设计结合自然"思想在城市社区设计与自然环境的综合方面，以及在科学的生态规划方法（Ecological Planning and Design Method）方面，为城市设计建立了一个新的基准。

麦克哈格强调人类对自然的责任。麦克哈格认为："如果要创造一个善良（Humane）的城市，而不是一个窒息人类灵性的城市，我们需同时选择城市和自然，不能缺一。两者虽然不同，但互相依赖；两者同时能提高人类生存的条件和意义。"芒福德曾指出："为了建立必要的自觉观念、合乎道德的评价标准、有秩序的机制，在处理环境的每一个方面时都取得深思熟虑的美丽表现形式，麦克哈格既不把重点放在设计方面，也不放在自然本身上面，而是把重点放在介词'结合'上面，这包含着人类的合作和生物的伙伴关系的意思。他寻求的不是武断的硬性设计，而是充分利用自然提供的潜力。"[8]

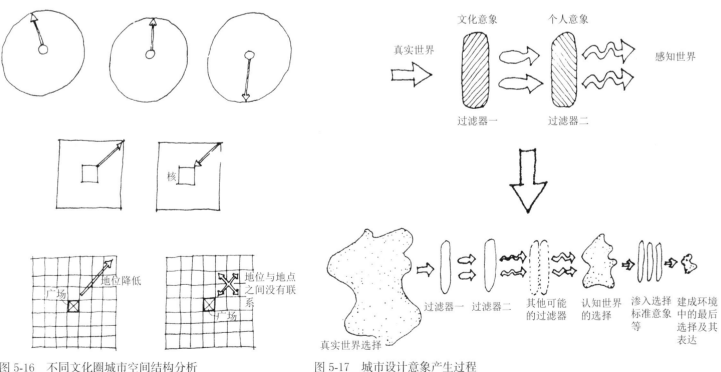

图 5-16　不同文化圈城市空间结构分析　　　　　　图 5-17　城市设计意象产生过程

麦克哈格是第一个把生态学原理系统用在城市设计上的，他的生态分析有两个基本原则：

（1）生态系统可以承受人类活动所带来的压力，但这种承受力是有限度的。因此，人类应与大自然合作，不应以大自然为敌。

（2）某些生态环境对人类活动特别敏感，因而会影响整个生态系统的安危。

他的设计只有两个目的——生存与成功，也就是健康的城市环境。这需要每个生态系统去找其最适合自己的环境，然后改变自己和改变环境去增加适合程度。适合的意思是"花最少的气力去适应"，这也是他的设计手段。

他把自然价值观带到城市设计上，强调分析大自然为城市发展提供的机会和限制条件，他认为，从生态角度看，新城市形态应该来自我们对自然演化过程的理解和反响。为此，他专门设计了一套指标去衡量自然环境因素的价值及它与城市发展的相关性。这些价值包括物理、生物、人类、社会和经济等方面的价值。每一块土地都可以用这些价值指标来评估，这就是著名的价值组合图（Composite Mapping）评估法。现在很多大型项目（公路、公园、开发区等）都是用这种办法来选址的。

麦克哈格认为，美是建立于人与自然环境长期的交往（Interaction）而产生的复杂和丰富的反应。这也是美与善的连接。

麦克哈格扩展了景观建筑学的范围，使它成为多学科综合的用于资源管理和土地规划利用的有力工具。从里士满林荫大道选线到纽约斯塔腾岛环境评析，到华盛顿特区的生态规划、土地的最佳利用，从州际公路选线、城市各类场地选择到城市发展形态确定等问题，他提出一系列极富警世价值的见解。如在公路选线问题上，他认为，"公路的路线应当作为一项多目标的而不是单一目标的设施来考虑……我们的目标是谋求取得最大的潜在的综合社会效益而使社会损失减少到最小。这就是说，迎合带有成见的几何标准，两点之间距离最短的路线不是最好的。在便宜的土地上的距离最短的也不是最好的路线"[8]。

他多方面地研究人和环境的关系，强调把人与自然世界结合起来考虑规划设计的问题，并用"适应"作为城市和建筑等人造形态评价和创造的标准。麦克哈格与他的同事们于1960年代曾据此对华盛顿规划设计进行过深入研究。麦克哈格认为，美国政府和法国军事工程师朗方在规划时，充分而敏锐地分析和研究了波托马克河流域，特别是哥伦比亚特区的自然生态特点和条件，其结果非常成功。"许多城市原有

的自然赋予的形式已经不可弥补地失去了，埋葬在无数的千篇一律和无表现力的建筑物下面，河流被阻塞，溪流变成了阴沟，山丘被推倒，沼泽地被填平，森林被砍伐，陡坡变得平缓而断断续续。但华盛顿并不如此，虽然某些情况不同了，但仍然保持着重大的自然要素"[8]。具体来说，麦克哈格的生态设计方法是：

（1）自然过程规划：视自然过程为资源。"场所就是原因。"对自然过程逐一分析，如有价值的风景特色、地质情况、生物分布情况等等都表示在一系列图上，通过"叠图"（即所谓的千层饼法，Overlay Method）找出具有良好开发价值又满足环境保护要求的地域。

（2）生态因子（Ecological Fator）调查：生态规划的第一步就是土地信息，包括原始信息和派生信息的收集。前者通过调查规划区域获取，后者通过前者的科学推论得出。

（3）生态因子的分析综合：先对各种因素进行分类分级，构成单因素图，再根据具体要求用叠图技术进行叠加或用计算机技术归纳出各级综合图。

（4）规划结果表达：生态规划的结果是土地适宜性分区，每个区域都能揭示规划区的最优利用方式，如保存区（Preservation）、保护区（Conservation）和开发区（Development）。这要求在单一土地利用基础之上进行土地利用集合研究，也就是共存的土地利用或多种利用方式研究，通过矩阵表分析两者利用的兼容度（Compatibility），绘在现存和未来的土地利用图上，成为生态规划的成果。

5.3.2 城市自然过程的分析

荷夫（Hough）于1984年出版的《城市形态和自然过程》（City Form and Natural Process）一书。从自然进程角度论述了现代城市设计实践中的失误和今后应该遵循的原则。

荷夫认为，"以往那种对形成城市物质景观起主导作用的传统设计价值，对于一个健康的环境，或是作为文明多样性的生活场所的成功贡献甚微"，"如果城市设计可描述成一种作用于城市生活质量的艺术和科学，那么，为了使人类生活场所更加丰富多彩和文明健康，就必须重新检讨目前城市形态构成的基础，用生态学的视角去重新发掘我们日常生活场所的内在品质和特性是十分重要的"。[9]我们的目标是发现一种新的和有建设性的方法来对待城市的物质环境，并需要寻找一个可替换的城市景观形态，以适合人们日益增长的对能源、环境和自然资源保护问题的关注。

这本书主要有两方面的内容：为城市设计提供了一个概念性的和哲学的基础，而这些过去一直缺乏理论文献的重视；

阐述一些由现实生活中提取的如何应用理论的实例，这对于城市设计者也是相关且有益的。

从 1960 年代起，人们开始认识到将环境评估带入土地发展和自然资源管理中的必要性。麦克哈格、芒福德和其他著名的环境规划运动倡导者就关注城市设计与生态原理的关系。他们认为，自然生态进程为规划和设计提供了不可缺少的基础。一种生命进程要靠另一种生命而存在；被相互链接的生命的发展和地理、气候、水文、植物和动物的物理过程；生命的循环和非生命物质之间持续的转变，这些都是永恒的生物圈中的元素；它们支持着生命并孕育了自然的景观，同时形成人类活动的决定因素。

于是，1920 年代末包豪斯运动以来一直为建成环境设计提供灵感的设计原理不再被看作唯一有效的形式基础。"设计结合自然"理论的应用现已形成在土地规划和自然资源管理方面的一个新的、可接受的基础，它认为，人类物质建设和社会发展目标事实上或潜在地与自然进程相关。

同时，城市环境是城市设计的必要部分，而城市环境中这些未被认识的自然进程就发生在我们周围，它同样是城市景观形态的基础之一。当前城市景观存在的问题来源于城市，因此必须由城市本身来加以解决。所以，我们的任务就是去建立一个城市与自然的整体概念。

荷夫还认为，城市的环境观是城市设计的一项基本要素。文艺复兴以来城镇规划设计所表达的环境观，除一些例外，大都与乌托邦理想有关，而不是与作为城市形态的决定者——自然过程相关。景观规划设计并非简单意味着寻求一种可塑造的美，而在某种意义上，寻求的是一种包含人及人赖以生存的社会和自然在内的、以协调性和舒适性为特征的多样化空间。

绿色城市设计正是在与自然过程结合这一点上，与景观建筑学有许多相通之处，景观建筑学为城市设计的生态分析方法和技术的发展起了重要作用。

5.3.3 西蒙兹和《大地景观》

西蒙兹（Simonds）是美国"受到最广泛尊敬的景观建筑师"。他毕业于哈佛大学设计学院，曾在卡内基梅隆大学建筑系任教多年，并曾担任美国景观建筑师协会（ASLA）主席。作为一位理论和实践并重的学者，西蒙兹在生态景观规划与城市设计的结合及其实际操作方面提出了系统的主张。

西蒙兹的学术思想集中反映在《大地景观——环境规划指南》（*Earthscape: A Manual of Environmental Planning*）一书中。该书于 1978 年在美国面世后，迅速行销到世界各国，中译本也由程里尧先生完成并于 1990 年出版。该书思想内涵深刻，但却简明实用，知识丰富，可读性强，并没有艰深晦涩的理论。西蒙兹全面阐述了生态要素分析方法、环境保护、生活环境质量提高，乃至于生态美学（Eco-aesthetic）的内涵，从而把景观研究推向了"研究人类生存空间与视觉总体的高度"[10]。

西蒙兹认为，改善环境不仅仅是指纠正由于技术与城市的发展带来的污染及其灾害，它还应是一个人与自然和谐演进的创造过程。在它的最高层次，文明化的生活是一种值得探索的形式，它帮助人重新发现与自然的统一。

他的研究方法与生态平衡的思想密切相关，研究对象和实践范围则包含了土地、空气、水、景观、噪声、运输的通道、有规划的社区、城市化、区域规划和动态保护在内的广泛领域。西蒙兹具有非常宽广的知识面，他的景观设计方法研究远远超出了一般狭义的景观概念，而是广泛涉及生态学、工程学，乃至环境立法管理、质量监督、公众参与等社会科学知识。在区域规划方面，他提出四条标准：计划的用途是否适宜人；能否在不超过土地承受能力的条件下进行建设；是不是一个好的邻居；能否提供适合各种级别的公共服务设施。他结合生态分析，创造性地提出的"绿道"和"蓝道"概念，并成功应用于美国托里多市滨水开放空间规划设计等案例中。今天，中国很多城市的规划和设计都有"绿道"和"蓝道"的专门内容。

新千年以来，全球气候变暖、海平面上升、局地微气候、能源利用、生态平衡等相关的绿色城市设计研究正在向纵深进展。诚如巴奈特所言，就传统而言，城市设计师会在工作中假设自然环境是稳定的，通过工程来理解并控制自然力。而今人们发现城市发展的总趋势是不可持续的，不仅在于加速城市化和非集权化造成的浪费，而且在于气候也变得非常动态。从案例角度分析，德国鲁尔区（Metropolregion Ruhr）1989—1999 年间实施的国际建筑展（IBA），从一开始就设定了地区发展、空间整治、社区重组和生态复育的复合型目标。建筑展的第一个项目和最后一个项目均以绿色环保为主题的建筑和城市设计。建筑展包括多项人们所熟知的城市设计和景观设计，其中拉兹夫妇设计的杜伊斯堡北景观公园、库哈斯负责的埃森北郊的关税联盟 12 号煤矿及炼焦厂地区城市设计具有代表性。

总的来说，涉及自然系统的大尺度城市设计（景观设计）运用自然生态分析方法十分必要。笔者近 20 年来主持开展的多项大尺度城市设计都采用了这一方法。如南京钟山风景区博爱园规划设计就运用地理信息系统 GIS 技术，首先分析复杂场地的地形坡度、地貌特征、林相植被、植物郁闭度、自然汇水等现状情况，然后整合成一张"场地可建性"成果图，最终确定人工干预和建设内容的生态底线（图5-18）。在新近笔者和段进、韩冬青、阳建强等合作完成的雄安新区起步区城市设计国际征集方案和北京城市副中心总体城市设计与重点地区详细城市设计的国际方案征集中，我们均突出了对城市自然过程的分析，强调了"生态优先"的绿色城市设计理念。

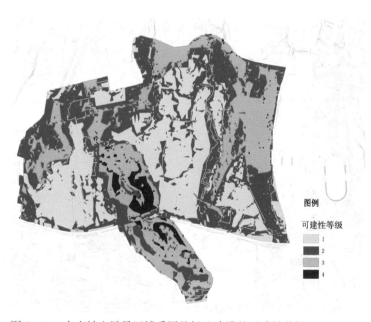

图例

可建性等级

1
2
3
4

图 5-18a　南京钟山风景区博爱园的场地建设的可建性分析

图 5-18b　南京钟山风景区博爱园最终的规划设计

5.4　相关线—域面分析方法

城市是一个典型的复杂系统，具有多元复合的本质特征。城市空间环境是社会、经济、文化、历史等多种因素在物质空间上的"投影"。在这一意义上，城市设计可以被理解为将上述诸多因素和艺术、美学、工程、技术等多方面要求进行整体平衡的过程。因此，对城市空间结构和形态构成中的各种相关空间"线"和空间"域面"进行提取、分析和整合，可以形成一种综合和整体的城市设计分析方法。这就是 1985—1989 年在笔者的博士学位论文研究中，尝试建立的相关线—域面分析方法，这种方法以城市空间结构中的"线"作为基本分析变量，并形成从"线"到"域面"的分析逻辑。

概括起来，城市结构"线"主要有以下几大类。

一类是城市域面上各种实存的、可以清楚辨认的"线"。它通常在物质层面上反映出来，如现状工程线、道路线、建筑线、单元区划线等，我们不妨将其定义为"物质线"。

第二类是人们对城市域面上物质形体的心理体验和感受形成的虚观的"力线"。如景观、高大建筑物的空间影响线，它以人的感知为前提，离开人它就不存在，所以我们称其为"心理线"。

第三类是人的"行为线"。它由人们周期性的节律运动，及其所占据的相对稳定的城市空间所构成。它通常发生在城市道路、广场等开放空间中。

再有一类便是由城市规划设计者和规划建设管理者为有效指导城市建设实践活动而形成的各种控制线。这些控制线有时直接就作为控制性详细规划的主要内容，如南京的"六线"，亦即道路红线、绿化绿线、河道蓝线、文物紫线、轨道橙线、电力黑线等。它具有基于城市公共利益的主观积极意义，是规划设计干预的结果。现代城市设计中也有另外一套分析描述空间结构、形体开发、容积率、高度控制而形成的各种区划辅助线、规划设计红线，以及视廊和空间控制线等，我们将此定义为"人为线"。

在上述诸"线"中，"物质线"和"心理线"包括了"图底分析"、场所结构分析等形体层面的研究成果，"行为线"则明显与"场所—文脉"分析方法有关。

在具体分析过程中，我们可以采取如下的程序：

第一，确立所需分析研究的城市客体域面的范围，进行物质层面诸线的分析，探寻该域面的空间形态特点、结构形式以及问题所在。具体内容包括动静态交通网络、人工物与自然物的结合情况、基础设施分布及其影响范围、街巷网络以及产权地块的区划范围等。进而我们可分析城市空间中的自然山水、空间节点、标志物、历史建筑或高大建筑物在城市开放空间形态中形成的各种影响线，这些是人们经常性地在心理上体验、认知，并以此构成场所感和文化归属意义的重要组成部分。

在物质层面上的分析进行之后，我们还可加上"人"的要素，于是城市物质形体空间、人的行为空间和社会空间便交织在一起，构成名副其实的场所。如果我们将人的行为活动及其某一场合（时刻）在城市物质空间中的分布情况、变化特征和轨迹有意识地记录建档，并将其与"道路线""建筑线"等放在一起平行比较分析，我们便能理解并探寻到研究范围内的物质空间结构与人的行为活动之间的相互关系，并可直接发现空间占有率、空间结构、空间形状及比例尺度是否恰当等问题。在今天，我们还可以运用大数据的方法，如手机信令（Call Detail Record，CDR）、业态分布、网络词频热度、基于谷歌地图 Panoramio 等的城市意象采集[⑤]、街景抓取机器学习等获得与人有关的城市的感知和认识。

综合以上分析结果，城市设计者就可作出设计和建设的对策研究，同时可以加入对若干规划设计辅助线、控制红线等"人为线"的分析探讨（图 5-19 至图 5-22）。

将上述诸"线"叠加，或者类与类之间复合，便形成城市的各种网络，如道路结构网络、开敞空间体系及其分布结构、空间控制分区网络等。对该网络进行综合分析和研究，设计者便可最终理解给定的城市分析域面的种种特质和内涵，并为下一步微观层次的空间分析奠定坚实基础。

例如，针对某一特定城市地段（域面）的设计，我们可先准备一套该地段完整的城市现状底图。作为常见的中小尺度的城市设计，比例最好用 1:1 000—1:2000（如果是大尺度城市设计，比例可能会放大到 1:2000—1:5000，分析的"线"就会更加抽象和概略，这种方法的实际有效性就会有局限性），然后用若干张透明纸在现状图上分别绘制"建筑线"图、"道路线"图、自然用地分布及其与建成区的界线、基础设施和管线图、重要空间节点、标志物、文物古迹的位置及其所产生的空间影响线、不同时间中人流活动轨迹及其分布图、类似生态分析中的千层饼法等。最后综合上述各单项分析结果，以现状图为原型，完成若干设计驾驭的建设红线、体型控制线、高度控制线、视景景观线以及各种设计相关辅助线。此外，还可采用局部拼贴法。

第二，经由这些相关辅助线"由线到面"，我们便可澄清对该域面的一些本质认识，并绘制高度分区图、容积率分区图、机动车系统及容量分区图、步行系统分布图、域面空间

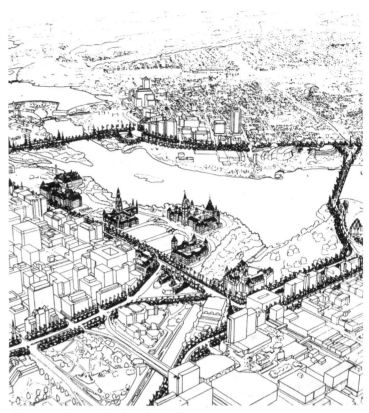

图 5-19a 渥太华议会街区空间结构

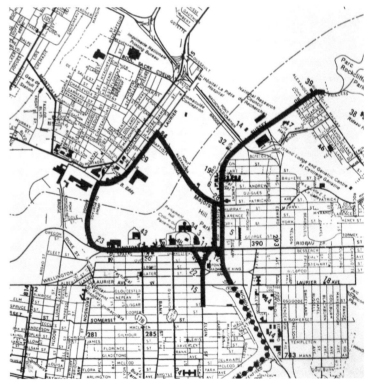

图 5-19b 渥太华议会街区单元区划线

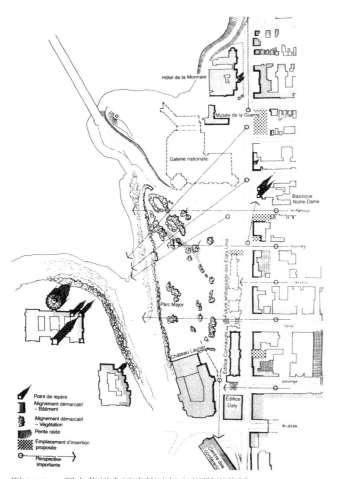

图 5-19c 渥太华议会区建筑地标空间影响分析

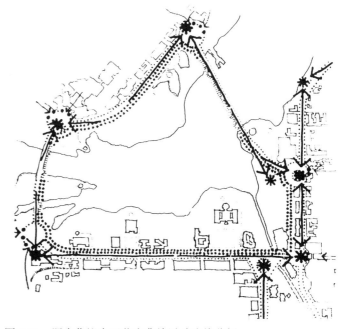

图 5-21 渥太华议会区节庆典礼活动流线分析

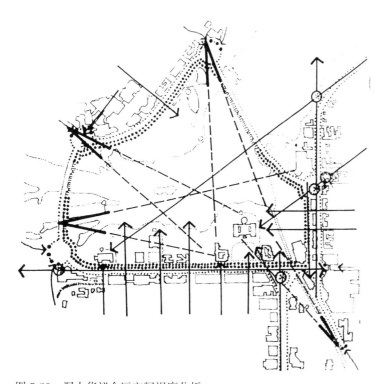

图 5-20 渥太华议会区空间视廊分析

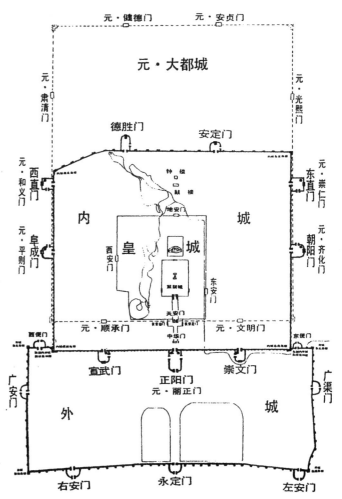

图 5-22a 北京老城历史信息相关线分析

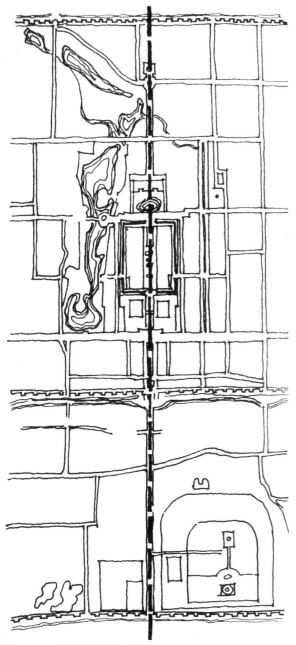

图 5-22b 北京城市轴线分析

5.5 城市空间分析的技艺

城市空间分析方法和理论，虽然可从宏观上把握城市设计，但要解决一个现实具体的城市设计问题，还需要依靠有效的城市空间分析调研技艺来搜集与设计相关的素材才能完成。一个认真负责的城市设计应立足于对环境的全面系统分析和正确的价值评价基础之上。空间分析的技艺构成现代城市设计方法微观层面的内容。设计方案的质量和可靠性，很大程度上还要取决于调查分析工作进行得是否顺利、原始材料是否完备以及综合分析工作进行得是否有效。

5.5.1 基地分析

这里的基地分析是广义的，是对城市设计地段相关外部条件的综合分析。基地分析的内容不仅涉及地形、地貌、景观资源等自然环境要素，以及空间格局、道路网络等建成环境要素，还包括社会、心理等广泛的场所文脉要素，具有景观、经济、生态和文化等多重价值。基地分析是城市设计最基本的方法之一。

基地和用途是一对孪生概念。对于城市设计来说有两重性：一方面，只有当基地所形成的限制条件被认识时，才能考虑其利用可能性；另一方面，只有在用途提出后，基地对于用途和设计意向的匹配度分析才可进行（图 5-23）。

一般由设计委托者提出的基地用途并非完全是合理的和合乎设计要求的。因此，基地用途的提出应尽可能具体，但又不给出确定的具体答案，同时，用途还应是有意义的，能成为设计多方案比较、选择的尺度。随着城市设计的深入，还会对一些冲突性要求作出一些权衡和取舍。

分析历史上的城市基地使用及空间组织方式，对于我们今天有重要启示。古代城市设计对于基地限制条件的理解常常比今天更为敏锐和深刻，对设计与基地的匹配和适合极为重视，因为那时人们很难随心所欲地去改变（造）基地条件，基地条件在设计中常常被理解成神圣而不可违抗的。我们在前述城市设计历史发展中解析过不少早期顺应结合自然的城市选址和设计范例（图 5-24）。

基地分析理论和方法在林奇和海克合作完成的《总体设计》（*Site Planning*）一书中得到系统论述[11]。书中提出的整套方法、技术和分析过程，涉及社会、文化、心理、生态、形体等系统的环境要素，该书一直是城市设计和景观建筑学专业必读的参考书。

在实践中，国内外一些学者和设计机构也提出不少有效

标志及景观影响范围图等，这样就为建设实施提供了切实的帮助。

这一分析途径具有整合和抽象的特点，但因其综合了空间、形体、交通、市政工程、社会、行为和心理等变量，所以比较接近实际情况和需要，也易于为城市设计实践者所接受。就其内在思想和方法论特点而言，比较接近系统方法，基本上是一种同时态的横向分析。

当然，对上述基本变量的概括及其"由线到面"的分析，应注意概括那些相对比较重要的特征，而非面面俱到。

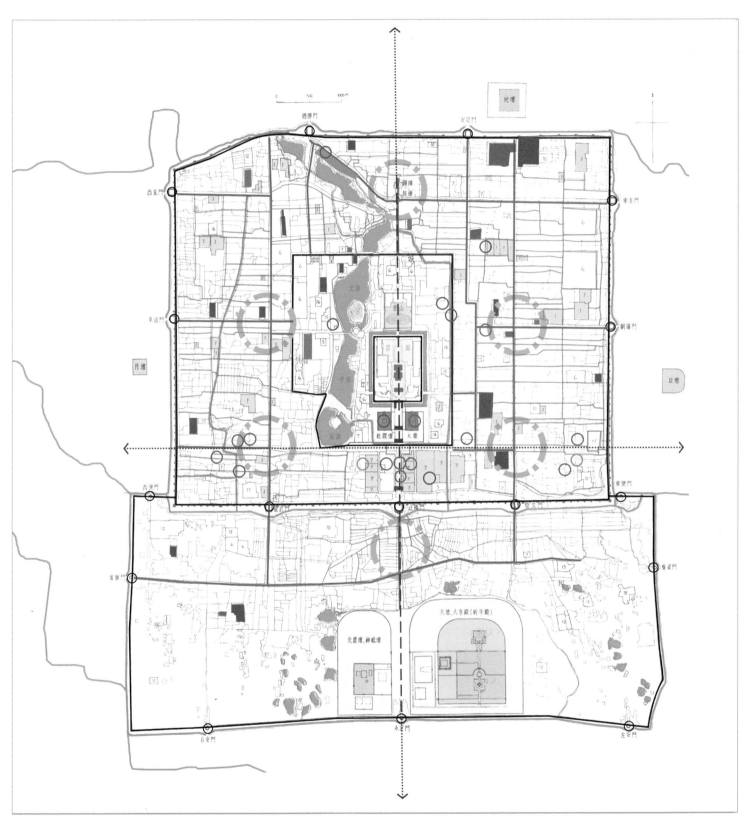

图 5-22c　北京老城历史信息相关线——历史都城域面的综合分析

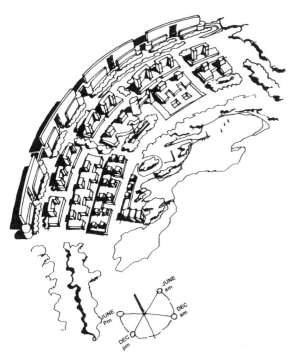

图5-23　基于气候日照、通风和防风考虑的城市建筑布局

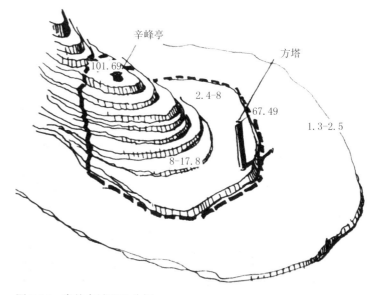

图5-24　常熟古城基地分析

的基地分析途径。

以加拿大首都渥太华议会区（Parliamentary Precinct）更新设计为例，该市的城市设计专家组对所开发基地进行了广泛的调查分析，内容包括：

（1）分析渥太华作为首都所具有的国家乃至国际性的文脉背景，分析首都在全国人民心目中的地位和形象。

（2）分析地区条件，包括政治、经济、文化、交通、气候、景观等各项条件。研究表明，议会区不仅是首都，而且是地区性的焦点。同时，渥太华是一个兼具英、法双重文化和语言的特殊地区，又是区域性跨省的交通枢纽和旅游中心，也是世界上气候条件最为苛刻的首都。

（3）分析作为城市设计合作的各有关部门和职责范围及建筑师应承担的责任。

（4）在前三项分析基础上，综合考虑并决定议会区城市更新设计的各种可行性。

同济大学规划团队早年所做的"苏州平江旧城保护改造"则使用了涉及城市地段范围的基地分析技术，具体做法是：将设计地段及毗邻相关区域一起划为100 m×100 m的方格，然后通过对现状的人口密度、建筑环境质量、设施环境质量等指标进行逐块评分定级，从而得出定量数据，最后用加权分析，确定城市改建需要解决的主要问题和地段。此例比前一例更具体，但范围较小，易于为设计者所驾驭运用。对于

局部的城市更新改造，特别是不太影响城市整体结构的设计，是一种有效的分析途径（图5-25）[12]。

总之，通过基地分析途径，可以深层把握基地使用和空间组织方式与自然环境之间的和谐关系，并从中吸取经验，采取适宜的技术路线，最大限度地表现与优化地方特征和空间结构，探索基于美学、生态、文化价值的城市设计途径。笔者在中国近年主持参与的河北雄安新区起步区城市设计、北京城市副中心总体城市设计竞赛方案中，基地的山川形势、历史沿革、人文地理、地形地貌、河湖水系等自然要素特征都是城市设计首先要认真踏勘、调研和解读的内容，据此才能做出"蓝绿交织、水城交融"、山水林田湖草空间资源协同的设计。笔者在呼伦贝尔总体城市设计中，通过基地的认真调研解读，曾经总结出该市城市风貌应有的三大特色——极寒地域城市、依托海拉尔河支流伊敏河形成的小流域城市和多民族聚居的多元文化城市。这些都与该市的自然资源条件和历史文化积淀有关。

近年，随着数字技术方法的逐步推广，诸如生态影响评价、基础设施容量、建筑产权数据等基地要素的分析日益呈现更加精准化的趋势。不过，在许多情况下，基地有些条件还需经过设计者的直觉感性来认识把握，这是一种非系统性、随机，有时又几乎是下意识地观察分析基地的途径。这一分析过程中，用途常常忽略不计，而主要关注基地的情感特征、

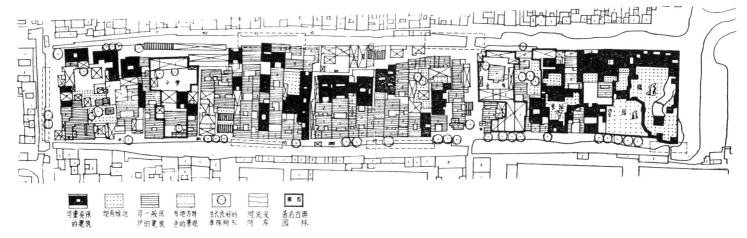

可重点保护的建筑　现有绿地　可一般保护的建筑　有地方特色的景观　生长良好的单株树木　河流及河岸　著名古典园林

图 5-25a　苏州平江旧城保护规划基地分析之一

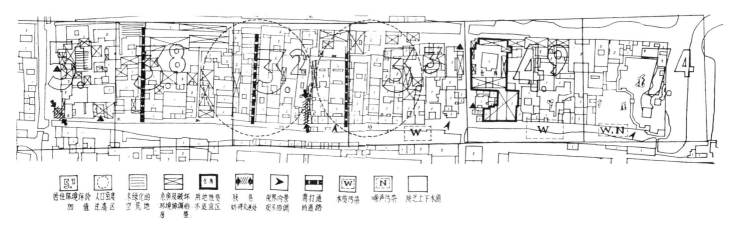

居住环境评价增加值　人口密度过高区　未绿化的空荒地　危房及破坏环境协调的房屋　仓库　噪音妨碍交通处　视界内景观不协调　需打通的道路　水质污染　噪声污染　缺乏上下水道

图 5-25b　苏州平江旧城保护规划基地分析之二

艺术内涵和乡土韵味。对此卡伦和西蒙兹做出了杰出贡献。

5.5.2　心智地图分析

"心智地图"（Mental Map）是一种从认知心理学领域中吸取的图像化表达思维的分析途径，它体现了人们对物质空间环境的联想和认知的整体架构。具体过程则还借鉴了社会学调查方法，是城市景观和场所意象的有效驾驭途径。其具体做法是：通过询问或书面方式对居民的城市心理感受和印象进行调查，由设计者分析，并翻译成图的形式；或者更直接地鼓励他们本人画出有关城市空间结构的草图。这种认知草图就是所谓的"心智地图"：这样的地图可以识别出对于体验者来说是重要的和明显的空间特征和联系，从而为城市设计提供一个有价值的出发点（图 5-26）。

这一空间分析技术有两个基本特征：

第一，它建立在外行和儿童对环境体验的基础上，因而具有相当的"原始性"和"直观性"，是一种真实的感受意象。虽然通过照片或在交通工具中观察分析空间在城市设计深入进行时必不可少，但这是不够的。设计者对空间的体验认知并不等同于上述人员，以往他们常常从自己的认识出发，把自己的偏好取向和空间评价标准单向地传递给居民，这与鼓励发展并吸取居民对城市空间的评价和意见是根本不同的。

第二，该分析技术认为，居民是当地环境体验的专家，他们同样对城市设计和空间环境有着深刻的理解洞悉。"心智地图"是一种根据来自记忆的意象感受而绘制的城市地图，它可以唤起当地居民受试者潜隐在心中的城市空间结构和认知能力。

在我国城市建设中，一些城市常委托外地来的专业人员开展城市设计。这种"心智地图"分析技术的运用，对于设计者迅速理解当地空间结构和环境特色有着非常广泛的应用

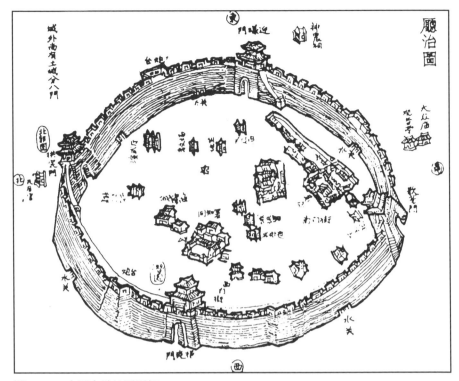

图 5-26a　中国古城地图图解

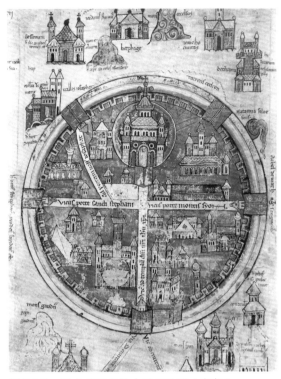

图 5-26b　君士坦丁堡的中世纪地图（意象）

图 5-26c　东京隅田川周边环境心智地图意象

图 5-26d　2010 上海世博会意大利馆展示的大众的心智地图

价值。

从形式上看，"心智地图"可能比较粗糙，逻辑性较弱，但经比较分析，甚至可让受试者们自己讨论，这样总能发现其中不少空间关系受试者们的认识是类似的。

应该指出，"心智地图"是一种根据记忆和意象感受而绘制的城市地图，往往结果表达手段各异，规范性较弱，随意性较大。这就需要调查者尽可能准确、全面地反映相关信息，而访谈方式、调查气氛和被调查者的文化层次、表达能力都会影响最终的分析结果，因此应当根据不同的调查对象采取适宜的调查方式，营造轻松的调查氛围，使调查对象处于松弛状态，最大限度地激发受试者对潜在的城市空间结构意象和认知能力。

这一方法在城市研究中的应用，最早是由林奇教授系统阐述的，成果可见《城市意象》一书。不过，林奇用的调查技术构造比较复杂，其所获的"认知地图"是在专业人员带领下踏勘分析的结果，因而渗入了相当的理性因素。英国城乡规划委员会拟定的"艺术与建设环境研究课题"则将此法推广至城市环境美学教育，从而引起社会各界的广泛兴趣。

"心智地图"主要适用于中微观尺度的城市设计项目，最适宜在前期调查阶段开展。参与主体主要以在地居民为调查对象，设计团队则作为组织者。这一方法组织难度小，参与门槛低，操作简单有趣，信息真实直观。

"心智地图"分析技术不仅在国外，在我国也有一定的应用。这是一种纯"客观的"城市分析调查技术，一般地，可信度（诚实性）和有效度都比较高。当然，由于样本代表性偏差较大，仅凭"心智地图"开展城市设计是不够的。需要指出的是，设计者若能调查到文化水平较高的相关专业的人员，则可使最后的分析综合工作大大简化。若城市规模较大，则可将分析调查范围缩小到地块甚或街区范围。

5.5.3 标志性节点空间影响分析

在"心智地图"分析基础上，我们可进一步调查分析居民对城市某些标志性节点及其空间的主观感受。这一调查途径可视为"心智地图"技术的部分具体化，即由城市整体空间分析转移到局部空间分析（图5-27）。

城市标志性节点不仅包括自然形成的山峰、河湖，也包括塔、教堂、庙宇等历史建筑，以及高层建筑、建筑群、纪念碑、电视塔、跨河大桥等现代建筑和构筑物。这些标志性节点一般在空间中比较突出，具有较强的可识别性，是城市空间的战略性控制要点，同时也具有相当的空间影响范围，在城镇景观、居民生活和交通组织方面具有一定的集聚功能。

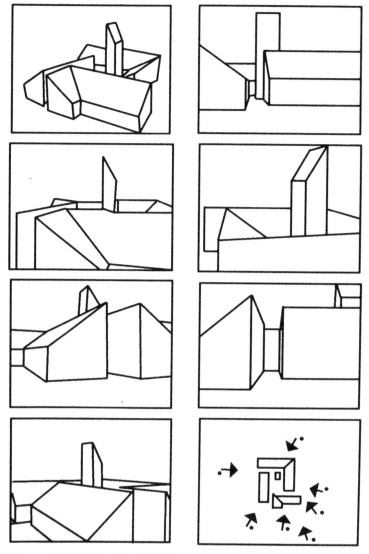

图5-27 标志性节点空间分析图解

比如竖向的标志物由于与周围环境的对比，在各个方向均具有可见性，从而有助于道路的导向性，其高耸的体量和鲜明的造型特点显然具有驾驭城市空间的力量（图5-28、图5-29）。

这一分析技术曾经在考姆伯雷城（Combray）空间调查中得到了运用，其观察焦点是城中央的教堂。调查组织者认为，这一教堂由于其高耸的体量和鲜明的造型特点而具有驾驭城市空间的力量，同时，它叙述着这个城市的历史，调查得到了受试者们的积极合作。其具体过程是：

（1）询问受试者，询问其能发现几处从外围可观察到教堂的空间。

（2）让他们各花五分钟时间对已发现的空间画下意象草图或拍照。同时加上必要的文字，说明它与教堂的空间关系。

图 5-28a　南京鸡鸣寺塔的空间影响之一

图 5-28b　南京鸡鸣寺塔的空间影响之二

图 5-28c　南京鸡鸣寺塔的空间影响之三

图 5-29a　南京紫峰大厦的空间影响之一

图 5-29b　南京紫峰大厦的空间影响之二

图 5-29c　南京紫峰大厦的空间影响之三

（3）让他们挑选出最喜欢的和最讨厌的观察点。

（4）综合分析比较他们的成果，概括共性。

与此同时，设计人员还必须作为一名普通居民自身去体验踏勘同一调查对象，用自己更为精准和概括的专业表达手段来表现，并加以评析，完成后则可将自己的结果与受试者的结果进行比较，从中找出一些对空间的共同感受和评价，剔除一些支离破碎的东西，对于一些差别很大或者彼此评价结果完全相悖的内容，要客观地分析其原因。有时结果并不一定能支持设计者，因为居民的直感体验不受任何专业语言的规定和影响，它常表达出设计者意想不到的体验感觉。经过这样的综合比较，进一步的城市设计就为达到预期的空间感受强度和评价提供了一个尺度，或者说是群众基础。

这一分析途径特别适宜于城市中具有历史和文化整合意义的空间地段，调查分析结果将表明和揭示该地段与周围环境现存的视觉联系及其本身的场所意义，同时也客观反映出该地段在地标表达和空间质量等方面的优缺点，从而为城市更新改造提供了依据。此外，这一调查分析技术对能形成天际轮廓线的高层建筑的空间影响分析亦十分有效。吉伯德在《市镇设计》一书中运用了这一观点，并在意大利比萨广场的空间分析中具体运用了这一分析技术。前苏联学者拉夫洛夫在《大城市改建》一书中也阐述了这一技术，但也需要让居民参与体验分析，否则不够全面。

5.5.4 序列视景分析

序列视景是一种设计者本人进行的空间分析技术。这一分析技术有两个基础：其一是格式塔心理学的"完形"理论，它认为城市空间体验的整体由于运动和速度相联系的多视点景观印象复合而成，但不是简单地叠加，"整体大于局部"。其二是人的视觉生理现象，根据有关研究，视觉是最主要的信息感知渠道，它占人们全部感觉的80%以上。

在实际调研中，这种分析由设计者本人进行，具体步骤如下：

（1）选择适当的运动路线，通常是人群活动相对集中的路线。

（2）结合步行运动的节奏间隔，确定关键性的视点及固定的观察点，通常为空间环境的战略性要点，比如不同空间转换的节点、同一类型空间中的起点或终点、某一具有特殊意义的地点等。

（3）在一张事先准备好的平面图上标上箭头，注明视点位置、方向和视距，并按照行进顺序进行编号、排序。

（4）对空间视觉特点和性质进行观察，通过勾画透视草

图、拍照、摄像等手段记录实况视景。

这一分析技术在许多重要的城市设计理论著作中得到阐述，我国亦早在1960年代就有学者论述，但其中公认影响最大的当属卡伦1961年推出的名著——《简明城镇景观》（The Concise Townscape）[13]（图5-30至图5-32）。

卡伦认为，理解空间不仅仅在看，而且应通过运动穿过它。因此，城镇景观不是一种静态情景（Stable Tableaux），而是一种空间意识的连续系统。我们的感受受到所体验的和希望体验的东西的影响，而序列视景就是揭示这种现象的一条途径[13]（图5-33、图5-34）。卡伦本人则对一些案例用一系列极富阐释力的透视草图验证了这种序列视景分析方法。对于城市设计者来说，绘制草图的过程本身就是加深理解和判断空间视觉质量的过程。继卡伦以后，"序列视景"分析技术得到了广泛的应用。如《城市设计的维度》一书所介绍的博塞尔曼（Bosselmann）的研究，他将序列视景技术用于分析实际的行进距离、感觉上的距离，以及时间与空间视景之间的关系。而以往的研究多针对步行运动方式展开，在速度较快的车行视景分析中，应适当扩大节点之间的间隔。

当然，这一途径也有欠缺，如记录分析的只是专业人员的视觉感受，忽略了社会和人的活动因素，如果让群众参与，则可能结果与前面相悖。因此，开放性便成为这一分析技术的努力方向所在。对此，现代城市设计又有了新的修正和充实，这就是空间注记分析。

5.5.5 空间注记分析

这是城市设计空间分析中最有效的途径，它综合吸取了基地分析、序列视景、心理学、行为建筑学等环境分析技术的优点，适用于设计者加深对设计任务的理解，并有助于改善城市空间关系的观察效果。

所谓注记，乃指在体验城市空间时，把各种感受（包括人的活动、建筑细部等）使用记录的手段诉诸图面、照片和文字的一种关于空间诸特点的系统表达。这一技术在二次大战后许多城镇设计和环境改造实践中得到广泛应用。

城市设计的主要任务之一就是塑造适合于一定用途的空间，这种适合不仅包括数量性要素，如设计导则、规划要求等，还必须包括质量性要素。前述序列视景就是一种关于空间艺术质量要素的分析技术，但由于空间注记法综合运用了空间体验的各种手段，故其视野大大超出了一般分析途径。所有有关人、行为、空间和建筑实体的要素，无论是数量性的，还是质量性的，均是注记分析的客体对象，而且还包括时间变量。概而言之，这是一种全景式的、带有行为主义色

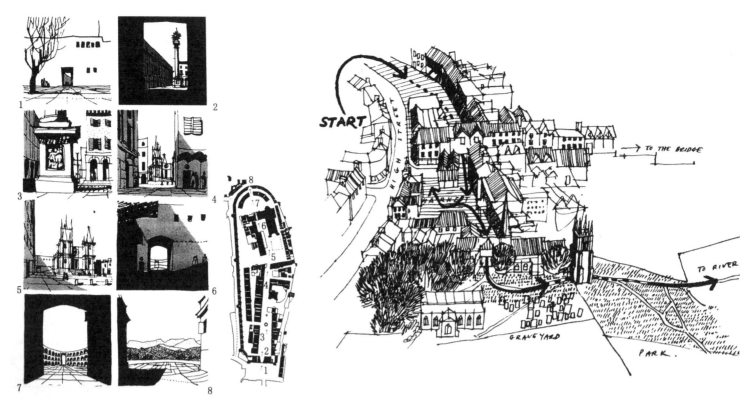

图 5-30 序列视景原理

图 5-31a 序列视景分析之一

图 5-31b 序列视景分析之二

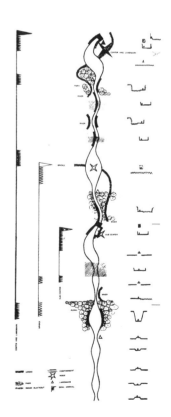

图 5-32 序列视景分析之三

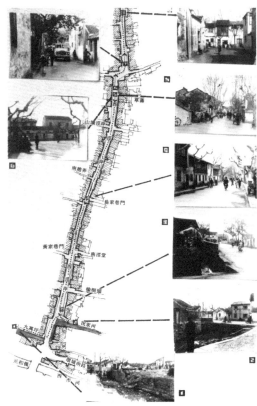

图 5-33 常熟古城序列视景之一——西泾岸沿线

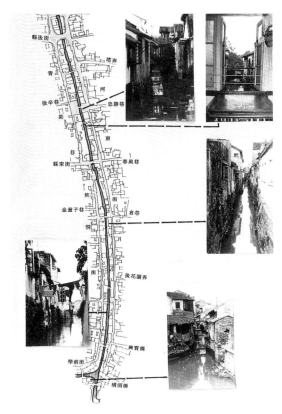

图 5-34 常熟古城序列视景之二——琴川河沿岸地区

彩的空间分析途径（图 5-35 至图 5-37）。

在具体运用中，常见的有三种。

（1）无控制的注记观察。这源自基地分析的非系统性分析技术，观察者可以在一指定的城市设计地段中随意漫步，不预定视点，不预定目标，甚至也不预定参项，一旦发现你认为重要的、有趣味的空间就迅速记录下来，如那些能诱导你、逗留你或阻碍你的空间，有特点的视景、标志和人群等。注记手段和形式亦可任意选择，但有时有许多无用的信息干扰观察者的情绪。

（2）有控制的注记观察。这通常是在给定地点、参项、目标、视点并加入时间维度的条件下进行的。有条件的还应重复若干次，以获得"时间中的空间"和周期使用效果，并增加可信度和有效性。例如，观察建筑物、植物、空间及其使用活动随时间而产生的变化（一天之间和季节之间的变化）。其中空间使用观察最好还需要周期的重复和抽样分析。

（3）介于两者之间的是部分控制的注记观察。如规定参项而不定点、不定时等。

就表达形式而言，常用的有直观分析和语义表达两种：前者包括序列照片记述、图示记述和影片；但一般情况是以前者为基础，加上语义表达作为补充。语义可精确表述空间的质量性要素、数量性要素及比较尺度（如空间的开敞封闭程度、居留性、大小尺度及不同空间的大小比较、质量比较等）。

在实际应用中，由于需表述的信息量太大，用具象的表述就显得比较繁琐，工作量也很大。所以，设计者常常借助或自己创造一套抽象程度和专业水平较高的符号体系来简化分析，形成分析图，这样可使图面重点突出。需要指出，该分析图若与其他人交流讨论，则还要考虑符号使用的通用性和规范性。若仅为深化自己的设计意图，则形式不拘，可以自由发挥。

这一分析途径为许多设计者所喜用，而且经维勒（Williams）和米奇（Mitchell）的努力，今天已经运用到了公众"参与分析"过程和环境艺术教学课程中。维勒设计了一套简化的注记法，使得人们无需预先具备建筑学知识就可运用分析，在教师示范下，他在 13—18 岁年龄组的学生中尝试运用，结果非常满意。米奇则将其应用于建筑学一年级教学，开拓了他们对习以为常的环境的体验敏感性。他们的工作对城市设计公开化具有重要的开拓意义。

在分析城市空间过程中，除了用符号体系简化工作外，还常用打分法（Scoring）和语义辨析法（Semantic Analysis）等分析技术。

江戸時代の大伝馬町　Odenma-cho in the Edo Period.

明治初期，銀座レンガ街完成の頃
Early Meiji Period, around the time of completion of Ginza's "bricktown".

明治後期，銀座6・7丁目付近　Late Meiji Period Ginza area.

昭和初期，銀座6・7丁目付近　Early Showa Ginza area.

图 5-35　突出某一主题的空间注记　　　图 5-36　东京银座地区不同时代的空间注记分析

江戸の芝居町　The theater district in Edo.

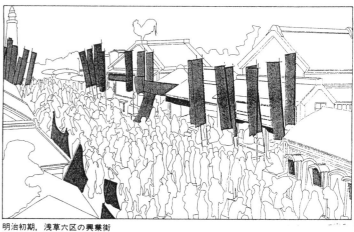

明治初期，浅草六区の興業街
The Asakusa Rokku entertainment district in early Meiji (late 19th century).

明治後期，浅草六区の興業街
The Asakusa Rokku entertainment district in early Meiji (late 19th century).

昭和初期，浅草六区の興業街
The Asakusa Rokku entertainment district in early Showa (late, 20's, early 30's).

图 5-37　日本江户城（东京）浅草地区不同时代中突出招幌标识的空间使用情况

根据哈普林的景观设计思想，对城市环境打分的方法值得倡导。哈普林一向鼓励公众参与规划，他认为，在未经训练的"观察者体验和评价他们日常生活环境期间，应鼓励一套有一定目的的环境探导性"，而这一思想的核心就是"打分"（Score）。这有点像乐谱，它可记录使用者的活动并允许即席（兴）创作，在一个环境打分过程中，操作的主要目标是"停、看和聆听"和"记录我们的感觉"。在许多城市设计案例中均可看到打分方法的应用。

有时，打分法又结合了语义辨析法，使得能够更清晰、更确切地表达出打分者的观点和评价。语义辨析类似语义级差法，这是一种社会学问卷技术，它由美国心理学家奥斯古德首创，其用以测量语义的工具是"双极形容词量表"，即根据所要分析的环境场所，选择若干对极性形容词，平行列在有5到7个量度的表两端，然后依据环境体验在表上选择。这一方法要求受试者根据词义内涵与环境体验的对等情况来做出评价。

语义辨析的不同之处在于描述用语具有不确定性，从而使分析者有更大的选择可能，但都是以打分作为评价的基础。布鲁纳曾指出，孩子们通过能用以记录他体验和结论的语言来看世界，他的语言限制就是他（感知）世界的限制。但在一般运用中，为了使语汇规范化，便于整理分析，往往事先拟出一个有关环境评价的词汇表，供选择参考，不过所列词汇应有相当数量，涵盖品质要多，一般地词汇越多，调查的客观程度就越高。

在了解人们使用和评价城市环境方面，社会和心理分析更有效。环境行为从1950年代起开始受到系统关注，环境心理学通过大量案例实证研究，取得瞩目成就，但城市设计自觉运用这一分析工具则还是在1960年代以后。

这种分析既可在实验室里进行，又能在无法控制的和复杂的现实世界中进行，它可以调查某一空间中的真正使用者或某些代理人，诸如类似年龄和职业的人。为了取得受控变化的效果，分析可以用一种简单的跟踪观察方式；也可借助于电视摄影机进行，美国学者怀特曾用此法研究美国小城市的街道、广场等开放空间获得成功；有时亦可更积极地采用一种实验和介入干预的方式，后者比前者更有效，但技术更复杂，甚至存在道德伦理上的问题，因为这种分析是对别人活动的干预。同时，分析也可以由处于被观察系统之外的观测者进行，如对某空间中的人流量计数，大多数定量研究均属此类。

个别情况下，还可运用人类学方法。观察者暂时成为所研究的对象中的一名参与者，如与某人群共同生活，这一技术手段可以产生极有价值的分析材料，但很困难，需要一定的时间，甚至数年的共同参与，当然这会引起伦理问题。

同时，一个人也可以采用自我研究的方法。空间环境的使用者自觉地研究自己的行动和对它的感受。

社会和心理分析观察的对象有两大类：一类是所谓的地方性行为（Localized Behavior）；另一类叫"特殊行为"（Special Behavior），扬·盖尔在对广场人的行为分析时也有类似的分类。前者是人与环境的一般相互作用，特点是面广量大；后者则关注与环境更直接有关的一些行为，如仅观察记录视觉或物质上的人与环境的联系，这里也包括联系较弱的事实，如人跌跤、踌躇停滞、不知所措、碰撞、走回头路及不满的神情等。

应该指出，若像印度昌迪加尔那样的一次建成，城市设计要应用这一技术就很困难。因为未来居民不可能有对该环境的具体体验，故设计建设完成后，居民们只能被动地去适应它。这时只能使用类比设计手段，但行为的乡土文化性常常估计不足或预测失误。

除此之外，尚有建筑物分析方法CRIG，即文脉（Context）、路线（Route）、内外界面（Interface）和组合（Groupings）分析，以及各种社会学民意测验调查技术，也都是空间分析可能运用的辅助技术。

就表达形式而言，通常有分析图、表格和文字注记等。图和照片是记载信息、解释对城镇景观刺激——反应的有效且便捷的途径。本身也常是有意味的思想表达，用的是一套视觉语言，并可加上书面或词汇的评论辅助，或直接与文字结合以更准确完整地传达意义（图5-38、图5-39）。

城市设计是一个连续决策过程。因此，调查分析中获得种种信息和分析结果都要严格地建档保存，以便日后，甚至数代人以后还可向新的建设者提供当时的实际情况。

5.5.6 城市设计的社会调查方法

社会调查是人们有计划、有目的地运用一定的手段和方法，对有关社会事实进行资料收集整理和分析研究，进而做出描述、解释和提出对策的社会实践活动和认识活动。在城市设计活动中运用社会调查方法，不仅有利于城市设计者获取城市居民对于空间环境的评价、态度和意愿等相关社会信息，而且通过与城市空间分析及调研技艺相结合，可以帮助设计者全面认识和探究城市物质空间环境的本质特征、发展规律及其与人的关系，为城市设计提供必要的依据和保证。

1）社会调查的一般程序

在城市设计中运用社会调查研究一般分为四个阶段，包

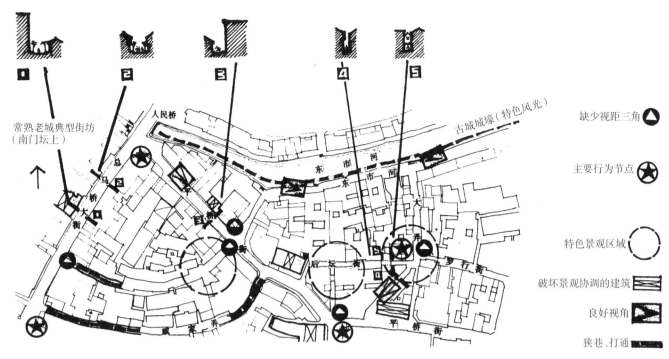

图 5-38　常熟南门外坛上地段的空间注记分析

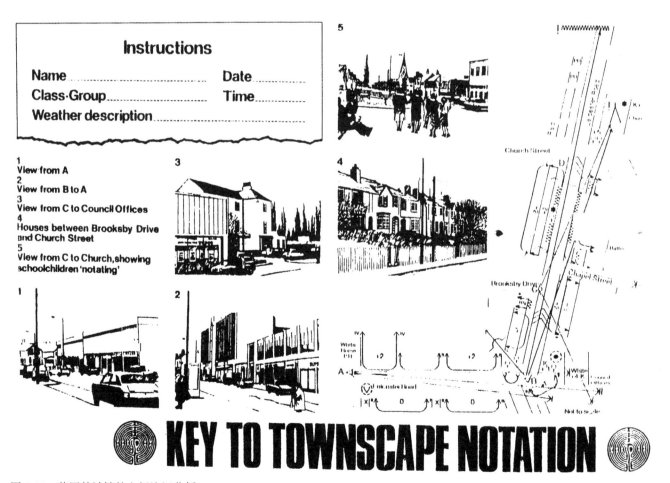

图 5-39　英国某城镇的空间注记分析

括准备阶段、调查阶段、分析研究阶段与总结阶段。在准备阶段，调查者应根据设计的具体任务，从现实可行性和研究目的出发，制定调查研究的总体方案，确定研究的课题、目的、调查对象、调查内容、调查方式和分析方法，并进行分工、分组，以及人、财、物方面的准备工作。而调查阶段是调查研究方案的执行阶段，应贯彻已经确定的调查思路和调查计划，客观、科学、系统地收集相关资料。最后，还必须在分析阶段与总结阶段对调查所得的资料信息进行整理和统计，通过定性和定量分析，发现现象的本质和发展的客观规律。

2）社会调查的基本类型

根据调查目的、时序、范围、性质等要素的不同，社会调查研究可以分为不同的类型。根据目的划分，可分为描述型研究和解释型研究；根据时序划分，可分为横剖研究与纵贯研究；根据调查性质的不同，可分为定性研究和定量研究；而根据调查对象的不同，又可分为普遍调查、个案调查、重点调查、抽样调查等基本类型。在城市设计中，多种类型的社会调查往往共同展开。

3）社会学调查方法

在城市设计的调查研究工作中，经常使用的社会学调查方法有文献调查法、观察法、访谈法和问卷调查法，其中访谈法、观察法属于直接调查方法，而文献法、问卷法则属于间接调查方法。

文献调查法是指根据一定的调查目的，对有关书面或声像资料进行搜集整理和分析研究，从中提炼、获取城市设计相关信息的方法。文献调查法获得的是间接性的二手资料，受时空限制较小，往往利于城市设计相关历史背景资料的获取。而且，文献资料是稳定存在的客观实在，易于避免直接接触研究对象和研究者的主观因素所产生的干扰，具有较强的稳定性。一般情况下也易于获取相关资料，比较方便和高效。但是，文献调查法也具有滞后性和原真性缺失的局限性。城市空间环境和社会环境总是处于持续演变过程之中，文献资料多是对过去曾经发生的情况进行记述，往往滞后于现实情况。而且文献资料有时也会受到一定时期社会环境条件及调查者个人因素的影响，这都需要调查者对资料的可靠性进行判定和全面校核。

城市设计相关文献主要包括原版书刊、地方志书、发展年鉴、相关的上位规划、城市设计及建筑设计成果、政府文件，以及更广泛的社会、经济、历史、文化方面的文字资料和相应的图纸资料。

当今，随着计算机和网络信息技术的迅猛发展，网络信息技术平台及数字化图书馆已经日益成为城市设计人员进行文献资料搜集的重要途径。例如国际互联网搜索平台、基于卫星遥感技术的全球地图信息系统软件（比如 Google Earth）、网络信息文献资源数据库（如 CNKI 期刊数据库和万方数据库）和数字化图书馆（如超星数字化图书馆）。调查可以按照文献题名、分类、著者、主题、序号、关键词等分项查询，并遵循快速浏览、筛选、精读、记录的步骤，从各种文字及声像资料中摘取与调查课题有关的信息，并对文献中的某些特定信息进行分析研究。

在城市设计的调研过程中，文献调研往往是城市设计工作的先导。比如，通过对上位规划、相关设计成果的解读，分析其优点和不足，有助于设计者明确设计的前提和背景，确定设计研究的课题、重点和目标，寻求解决问题的建议和改进策略；通过对相关案例文献资料的整理，可以为设计者提供必要的经验和依据；而对历史文献的阅读有助于梳理和分析城市空间环境发展演变的基本脉络和主导方向。

第 5 章注释

① 参考王建国：《城市设计》（"十二五"高校城乡规划专业指导委员会规划推荐教材），中国建筑工业出版社，2015，第 257 页。
② 参考霍尔：《区域与城市规划》，邹德慈、金经元 译，北京：中国建筑工业出版社，1985，第 70-75 页。
③ 参考芦原义信：《外部空间设计》，尹培桐 译，《建筑师》第 3 期至第 7 期连载。
④ 中文译本参见凯文·林奇：《城市的形象》，项秉仁，《建筑师》第 19 期至第 22 期连载后由华夏出版社重新组织翻译出版，书名改译为《城市意象》。
⑤ Google Earth 是一款 Google 公司开发的虚拟地球仪软件，它不仅集合了卫星图片、航空照相、一般性的地图信息等海量信息，而且通过这个载体，用户可以将信息上传，这些信息被审核、筛选后，最终以图层形式公布在"谷歌地球"里面。其中 Panoramio 就是一个图层。城市居民、游客，也包括城市、建筑专业的个人、机构、政府组织等等。数千万的用户可以将他们在地球上任何一个地方拍的照片上传到 Panoramio，Google 将对这些照片的真实性和清晰度等审核，确认后这些照片将被发布，并且在照片拍摄地作出标记。如果一个地方作出的照片标记越多，也就意味着这个地方的受关注程度越高。

第 5 章参考文献

[1] 西特. 城市建设艺术 [M]. 仲德崑，译. 南京：东南大学出版社，1990：扉页，140.
[2] 罗杰·特兰西克. 找寻失落的空间——都市设计理论 [M]. 谢庆达，译. 台北：创兴出版社，1989：116，118-119.

[3] 芦原义信 . 外部空间设计 [M]. 尹培桐，译 . 南京：江苏凤凰文艺出版社，2017：14，59，144-147.

[4] 诺伯舒兹 . 场所精神——迈向建筑现象学 [M]. 施植明，译 . 台北：田园城市文化事业有限公司，1995：6-8.

[5] 程里尧 . TEAM 10 的城市设计思想 [J]. 世界建筑，1983（3）：78-82.

[6] 简·雅各布斯 . 美国大城市的死与生 [M]. 金衡山，译 . 南京：译林出版社，2005：15-23.

[7] RAPOPORT A. Human aspects of urban form：towards a man-enviroment approach to urban form and design[M]. New York：Pergamon Press，1977：38-40，48-49.

[8] 麦克哈格 . 设计结合自然 [M]. 芮经纬，译 . 北京：中国建筑工业出版社，1992：3，51，254.

[9] HOUGH M. City form and natural process：towards a man-enviroment approach to urban form and design[M]. New York：Van Nostrand Reinhold，1984：5-12.

[10] 西蒙兹 . 大地景观——环境规划指南 [M]. 程里尧，译 . 北京：中国建筑工业出版社，1990.

[11] 凯文·林奇，加里·海克 . 总体设计 [M].3 版 . 黄富厢，朱琪，吴小亚，译 . 南京：江苏凤凰科学技术出版社，2016

[12] 张庭伟 . 苏州平江旧城保护区详细规划介绍 [J]. 建筑师，1983（14）：83-95.

[13] CULLEN G. The concise townscape[M]. New York：Reinhold Publishing Corporation，1961.

第 5 章图片来源

图 5-1 源自：WATSON D，PLATTUS A，SHIBLEY R. Time-Saver standards for urban design[M]. New York：McGraw-Hill Professional，2001：2.1-8.

图 5-2 源自：Process：Architecture（No. 16），1985：36；笔者绘制 .

图 5-3 源自：WATSON D，PLATTUS A，SHIBLEY R. Time-Saver standards for urban design[M]. New York：McGraw-Hill Professional，2001：3.9-9，3.9-8，3.9-7，3.9-3.

图 5-4 源自：MORRIS A E J. History of urban form：before the Industrial Revolutions[M]. Harlow：Longmans，1994：182.

图 5-5 源自：TRANCIK R. 找寻失落的空间——都市设计理论 [M]. 谢庆达，译 . 台北：创兴出版社，1991：23.

图 5-6 源自：张庭伟 . 滨水地区的规划和开发 [J]. 城市规划，1999（2）：55.

图 5-7 源自：王建国工作室成果 / 南京钟山风景名胜区博爱园修建性详细规划 .

图 5-8 源自：BARNETT J. 都市设计概论 [M]. 谢庆达，译 . 台北：创兴出版社，1993.

图 5-9 源自：ROWE C，KOETTER F. Collage city[M]. Cambridge，MA：The MIT Press，1978：75.

图 5-10 源自：笔者根据芦原义信 . 外部空间设计 [M]. 尹培桐，译 . 南京：江苏凤凰文艺出版社，2017：15 改绘 .

图 5-11 源自：LÜCHINGER A. Structuralism in architecture and urban planning[M]. Stuttgart：Karl Krämer Verlag，1981：18.

图 5-12 源自：LÜCHINGER A. Structuralism in architecture and urban planning[M]. Stuttgart：Karl Krämer Verlag，1981；WATSON D，PLATTUS A，SHIBLEY R. Time-Saver standards for urban design[M]. New York：McGraw-Hill Professional，2001：3，4，5.

图 5-13 源自：罗西（Rossi）. 城市建筑 [M]. 施植明，译 . 台北：田园城市文化事业有限公司，2000：封面 .

图 5-14 源自：孔祥恒电脑处理；WATSON D，PLATTUS A，SHIBLEY R. Time-Saver standards for urban design[M]. New York：McGraw-Hill Professional，2001：4.3-2.

图 5-15 源自：WATSON D，PLATTUS A，SHIBLEY R. Time-Saver standards for urban design[M]. New York：McGraw-Hill Professional，2001：4.3-3.

图 5-16、图 5-17 源自：RAPOPORT A. Human aspects of urban form：towards a man-environment approach to urban form and design[M]. New York：Pergamon Press，1977：38，40，49.

图 5-18 源自：王建国工作室成果 / 南京钟山风景名胜区博爱园修建性详细规划 .

图 5-19 至 图 5-21 源自：The City of Ottawa and National Capital Commission. Parliamentary Precinct：Urban Form Option [Z]. Ottawa，1985：18-19，26.

图 5-22 源自：王建国工作室成果 / 北京老城总体城市设计 .

图 5-23 源自：WATSON D，PLATTUS A，SHIBLEY R. Time-Saver standards for urban design[M]. New York：McGraw-Hill Professional，2001：13.

图 5-24 源自：笔者绘制 .

图 5-25 源自：张庭伟 . 苏州平江旧城保护区详细规划介绍 [J]. 建筑师（第 14 期），1983：83，95.

图 5-26 源自：笔者根据有关资料改绘；BLACK J. Metropolis：mapping the city[M]. London：Bloomsbury Publishing Plc，2015；Process：Architecture（No. 72），1991：10；笔者摄 .

图 5-27 源自：笔者根据王建国 . 现代城市设计理论和方法 [M]. 南京：东南大学出版社，2001：116 改绘 .

图 5-28、图 5-29 源自：笔者摄 .

图 5-30 源自：CULLEN G. The Concise Townscape[M]. New York：Van Nostrand Reinhold，1961：17.

图 5-31 源自：WATSON D，PLATTUS A，SHIBLEY R. Time-Saver standards for urban design[M]. New York：McGraw-Hill Professional，2001：3.1-1，3.1-5.

图 5-32 源自：LYNCH K. A theory of good city form[M]. Cambridge，MA：The MIT Press，1981：149.

图 5-33、图 5-34 源自：笔者分析 .

图 5-35 源自：王建国 . 现代城市设计理论和方法 [M]. 南京：东南大学出版社，2001：119.

图 5-36、图 5-37 源自：Process：Architecture（No. 72），1991：86，87.

图 5-38 源自：笔者分析 .

图 5-39 源自：王建国 . 现代城市设计理论和方法 [M]. 南京：东南大学出版社，2001：122.

6 数字化城市设计

近 20 年来，以移动互联网、大数据、机器学习、人工智能为代表的数字技术飞速发展。数字技术正在深刻改变我们城市设计的专业认识、作业程序和实操方法。传统城市设计受认知和技术工具的局限，城市设计主要是定性开展的设计研究、设计实践和设计管理活动。然而，今天数字技术的革命性发展，使得今天的数字化城市设计可以有效地协调"自下而上"的市民诉求与"自上而下"的整体控制[1]。同时，针对不同尺度，数字模型还可以有相应的分辨率和精度变化。城市设计这一全新的发展就是"基于人机互动的数字化城市设计范型"[2]。

2003 年和 2015 年，笔者团队先后两次在城市高层建筑管控方面运用了数字技术开展城市设计研究并形成数据库成果，并获得相关的国家发明专利。巴蒂（Batty）通过对城市数字化模型的建构，将城市形态学相关成果应用到数字化城市设计中[3]。数字技术中对多源信息的整合分析能力，大大增强了专业人员理性判断的能力。算法的不断进步，也使得数字化的方案生成可以逐渐趋近一个高可信度的方案。可视化（Visualization）技术的发展为城市设计成果的表达提供了多样化的可能。

数字化城市设计不仅包含了相对完整系统和可靠的多源相关信息的集取、分析、综合、集成，而且包含了可大幅度提升设计实施和运维管理水平的持续调控路径。数字化城市设计一般由数字信息采集、信息分析、方案优化、成果表达和管理监测五个步骤组成（图 6-1）。

图 6-1 数字化城市设计工作流程

6.1 数字信息采集

数字化采集指通过数字化技术，对建成环境及行为活动数据运用计算机全自动或半自动抓取的方法。基于数字化的城市基础数据采集技术，不仅可以在较短时间内获取城市空间数据和行为数据，还可保证相关数据资料的时效性。与传统数据采集相比，数字化采集具有用时短、精度高、采集面广、即时更新等显著优点，同时很大程度上弥补了传统人工采集导致的数据误差、坐标偏离、更新周期长等问题。数字化城市设计中的信息采集与传统城市设计的调查研究相比主要有三点优势：①数字信息的类型更广泛，更关注大众的"个体"信息；②所采用的数字技术更利于处理多源"大数据"；③可获取的数据源更多来自网络或第三方机构。

6.1.1 数字信息类型

数字化城市设计相较于传统城市设计所处理的信息类型更加多样、信息量更加复杂。大致可以将信息类型分为建成环境数据以及行为活动数据两大类。

1）建成环境数据

建成环境数据包含了城市形体空间方面的形态数据、土地利用及业态方面的功能数据以及物理环境品质方面的性能数据，反映了建成环境的相关属性（图 6-2）。

（1）城市形态数据

通过对城市用地面积、用地性质分布、开发强度分布、道路密度等数据的收集，研究者可以从宏观尺度建构对城市的整体形态认知。对城市局部的城市肌理、建筑高度、建筑密度、地块容积率等数据的获取，可以从中微观尺度对城市形态有进一步精细化的认知。环境水体、地形地貌、植被分布以及绿化景观等生态要素数据的收集，会方便城市设计综合考虑和把握相关自然条件。

（2）土地利用与功能业态

传统城市规划及城市设计中一般涉及用地性质、功能业态、综合地价等信息。数字化城市设计中所研究的土地利用与功能业态分布更加精细化，其中信息点数据 POI（Point of Interest）是当前数字城市设计涉及较多的数据类型。POI 体现了各类商业机构（酒店、餐厅、超市、商业综合体）、公共服务设施（医院、学校、加油站、公共厕所）、旅游景观（公园、绿地）、交通服务设施（停车场、公交车站、地铁站）的分布情况。

（3）性能化指标

城市能耗、热环境、风环境、声环境、光环境、PM2.5 等物理指标数据的获取为城市设计在可持续性和韧性方面提供了更加充分的基础条件，便于设计阶段通过城市形态的优化来提升城市物理环境品质[4]。

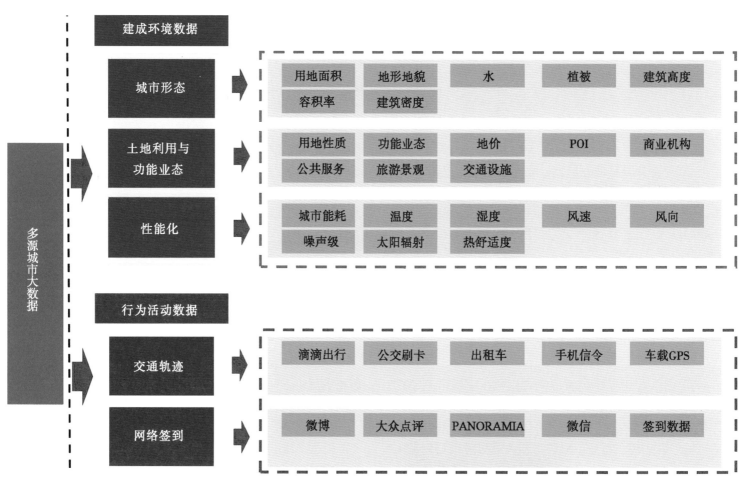

图 6-2　数字化城市设计数据类型

2）行为活动数据

行为活动数据主要指反映人群行为活动规律及特征的数据，包括交通轨迹数据（Trajectory Data）及网络签到数据（Check-in data）等。

（1）交通轨迹

目前，滴滴出行数据、公交刷卡、出租车、手机信令、车载 GPS 等均可以一定程度反映人群活动的规律。其中手机信令数据指手机用户与发射基站之间的通信数据，数据的空间精度约 200 m，时间精度可以到秒。该数据目前可以在城市设计前期，对城市人口的居住、商业、就业、游憩的时空分布展开分析，也可以对"人"与"地"的锚固关系展开分析，此外，手机信令数据也常用于交通出行的 OD 分析 (图 6-3)。

（2）网络签到数据

社交网络（Social Network）的相关数据微博、点评、位置照片、签到数据反映了人群活动的空间分布、类型及强度特征，相关数据可以呈现不同地点受人群欢迎的程度，该数据由于受到用户群体类型的限制，目前主要运用于数字化城市研究性项目中。

图 6-3　手机信令大数据解析南京市人的出行特点和活力区

6.1.2 数字信息收集技术

1）数字化现场调研技术

运用技术仪器进行现场调研是一种经典的有效数字信息采集方法。笔者团队在杭州西湖东岸城市景观提升项目的研究中，运用GPS技术对湖面面状空间进行精确网格定点景观数据采集，为进一步的设计优化提供准确的现场数据信息[5]（图6-4）。此外，无人机的推广便于从鸟瞰视角捕捉城市影像图，提升了城市图像信息获取效率，有利于对城市整体空间形态的认知，结合无人机摄影的三维建模技术也提升了场地分析的效率。

2）网络信息爬取技术

目前主要的网络采集方式有火车采集器及Python爬虫程序。运用火车采集器软件可以根据网址信息对网页中的相关数据进行采集，城市设计调研阶段可通过该软件对房产网站中的住宅信息有更加全面的统计。Python正逐渐成为一款广受欢迎的程序语言，其中已有不少成熟的爬虫包可用于城市数字信息采集。初学者可以从"需求＋路径"（Requests+Xpath）开始，链接网站，解析相关网页，提取相应的数据。此外，通过分布式爬虫技术可以实现大规模并发采集，提升了海量数据采集的效率，可以对百度、豆瓣等相关数据进行大规模的采集，目前在城市设计领域较多用于城市街景照片的获取[6]。

3）GIS数字信息收集技术

地理信息系统简称GIS（Geographic Information System），将地理空间数据处理与计算机技术相结合，对地理空间信息进行集成、存储、检索、操作和分析。GIS自1960年代出现以来发展迅速，目前已广泛应用于城市规划设计领域，为土地利用、资源与环境评价、工程设计及规划管理决策等提供服务。

现代城市设计必须在与城市空间相关的物质构成、功能

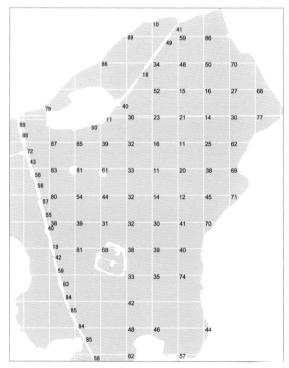

堤岸

堤岸部分选点打分，主要选取沿可供步行的苏堤、白堤以及宝石山沿岸的典型观景点进行拍照和综合打分

将分值录入计算机，从而得出分值散脚等高线。通过等高线生成结果，可以发现，沿堤岸最佳景观点主要集中在宝石山沿岸、孤山西北段、苏堤近阮公墩岸段以及苏堤近雷峰塔段

景观综合得分 >80　景观综合得分 70-80

景观综合得分 60-70　景观综合得分 50-60

景观综合得分 40-50　景观综合得分 30-40

景观综合得分 20-30　景观综合得分 10-20

图6-4　西湖景区基于GPS技术的等视线系统建构

要求、社会经济、行为模式等多种因素的矛盾与协调之中寻求相对最优的解决方案，需要完整的资料储备和系统的综合分析能力。GIS 在城市设计中的引入是实现上述目标的重要技术和手段，具体运用的基本程序和作用主要在于：

第一，GIS 系统通过将数据采集技术和设计调查所获取的信息进行转换和输入，能够全面、详细地存储城市设计所需的空间信息。GIS 应用系统中的数据主要包括空间数据和属性数据。空间数据主要以栅格和矢量两种形式表达，在宏观到微观的各个尺度上提供地形、建筑、道路、开放空间、植物等要素的形状、尺寸、位置、距离，以及几何拓扑关系等建成环境的几何特征。属性数据则涵盖土地利用、交通运动、建筑类型、景观特性、使用活动，以及人口、收入等社会经济方面和气候、水文等生态环境方面的全面信息，并以图像及文字等多种形式进行储存，依托其数字化信息处理方式和巨大的容量建立完备的基础数据库。

第二，应对数据进行编辑和管理，即利用 GIS 的图形整饰、图幅拼接、误差校正等功能对图形进行编辑，并以空间分区和专题分层等方式组织数据，建立空间数据和属性数据之间的结构和连接关系。这就将物质性空间要素与社会、经济、环境属性等非物质性要素的数据关联统一于 GIS 技术平台，使以往调研分析中大量的文字、图纸及照片等资料紧密衔接，形成自身负载复合信息的图形数据。比如以巴蒂为首的研究团队在英国伍尔弗汉普顿市中心城市设计项目中，GIS 系统所表现的空间信息不仅包括区域尺度及微观尺度的地图、景观细部，还包括人口规模普查结果、当地旅行信息、空间环境的静态和动态影像。

第三，在完成上述操作之后，设计者可以分别提取不同空间物体具有的属性特征，还能够根据空间位置检索建筑、绿化等空间物体及其属性，或根据年代、类型及功能等属性特征检索这些空间物体的空间分布情况，对空间信息进行全面查询。

6.1.3 数据来源

1）开源数据平台

开放街道图 OSM（Open Street Map）可以便捷地获取相关城市形态信息，OSM 数据以道路网络信息为主，包含了部分城市 POI 数据及街区建筑相关信息，该平台共享开放数据库，用户可以通过官方网站下载所需的信息，但由于该平台数据一般是由地图用户根据手持设备、航片绘制完成，其精度相对较低。

通过地理云数据可获得大尺度 DEM 高程信息，借由

GIS 平台转换为栅格文件后，即可在 ArcSence 中生成对应的三维地形模型，该类数据对研究复杂地形中的城市设计提供了有效的基础信息。

2）MODIS 和 Landsat 卫星数据

MODIS 是搭载在 Terra 和 Aqua 卫星上的中分辨率成像光谱仪，其数据最大空间分辨率为 250 m，时间分辨率为多天平均数据，通过多波段数据可以提供地表温度、大气温度、植被覆盖等信息。Landsat 8 卫星中 ETM+ 传感器的数据空间精度为 30 m，可提供瞬时的地表温度、地表覆盖信息等数据。

3）第三方购买

通过第三方机构可以购买不同精度的手机信令数据用于分析人群的居住、就业及商业活动的静态分布情况。公交公司、地铁公司可以提供部分公交刷卡数据、地铁刷卡数据用于统计城市公共交通出行的情况，此外部分企业的公开数据可用于人群的商业行为分析。

6.2　数字信息分析

随着计算机技术的发展，GIS、空间句法等分析技术可以对复杂多元的城市数据进行特定处理，形成便于设计人员解读的可视化图表信息，进而促进城市设计的科学性。此外，以 GIS 技术平台为基础通过与其他技术工具结合而衍生出的包络分析（Data Envelopment Analysis）、等线分析、热度分析以及图片识别等已逐渐应用到大尺度城市设计中。

6.2.1　GIS 数字信息处理及分析技术

GIS 具有强大的空间分析功能，主要包括：通过对图形和图像的约减、合并、叠加等处理分析空间形态的几何特征；通过数字地形模型分析、缓冲分析、图像分析、三维模型分析等完成的空间模型分析（比如根据等高线建立原始地形的数字高程模型 DEM 及三维地形），对建设用地的坡度、坡向、高程和填挖、视线等方面展开研究；与数学、统计学运算模型结合而进行建筑密度、容积率、建设选址、社会经济及环境影响等多要素的综合分析[7]。

GIS 对分析过程和成果的表达输出方式具有可视化的特点，可根据需要生成针对不同分析项目的专题图表，甚至实现相关内容的三维表现，成果直观而具体。需要注意的是，空间查询与分析是 GIS 区别于其他信息系统的基本特征，也是它对应城市设计分析的核心作用。空间信息数据库的完备和数据的合理组织管理是 GIS 空间查询和分析功能的基础，

系统而适当的数据关联结构是 GIS 对于城市设计支持功能的决定性因素。

1）场地分析

运用 GIS 数字技术和现场踏勘，如在自然景区的设计场地，可以对地形、汇水、植被分布情况进行精细化分析，地形分析中可对场地内的高程、坡向进行分析，以判断可建设区域的范围。运用 GIS 工具中的水文学（Hydrology）工具包可对场地内的汇水流向和流量进行分析，有利于在城市设计中精确合理地组织场地汇水和水景观设计。结合林斑图及现场调研资料，在 GIS 中可对场地内植被的种类、树龄结构以及植被的郁闭度进行数字分析。南京钟山风景区博爱园规划设计中，通过 GIS 展开场地的植被与地形的综合分析，并结合现状调研形成建设用地适宜性评价图，为在生态敏感区域展开城市设计提供了科学支撑（图 6-5 至图 6-7）。

在重庆大学城总体城市设计概念方案竞赛中，笔者团队则在 GIS 的基地数字三维模型基础上叠加了道路、水系、已建设用地等现状因子，进行三维可视化分析。同时，结合加权因子评价法计算用地适宜性的综合数值，最终得出基于合理选择建设选址、保护生态资源的绿色城市设计提案（图 6-8）。

2）核密度分析（Kernel Density Estimation）

核密度分析可用于研究点数据和线数据的分布密度，如对城市 POI 数据、建筑布局、城市街道的分布情况展开分析。在笔者团队完成的郑州中心城区总体城市设计中，为了研究不同道路可达性叠加后对土地开发强度的影响，将郑州的道路分为城市交通型道路、生活型道路、景观型道路、交通和景观复合型道路，根据不同道路类型设定不同的因子权重，对城市道路展开线性核分布密度分析，获得各地块的交通可达性综合评分值。

3）多因子叠合评价（Multi Criteria Overlay Analysis）

GIS 技术拓展了城市设计对于复杂设计对象所包含的多因子、多系统的综合分析研究能力，在笔者主持的多项设计项目中得到了运用。南京老城高度形态研究采用了以下研究

钟山南部整体地形

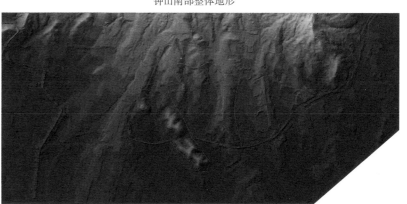

地形高程分析

地形剖面分析

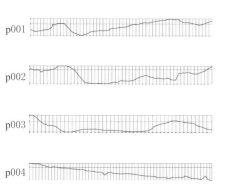
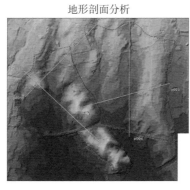

图 6-5 南京钟山风景区博爱园场地 GIS 地形分析

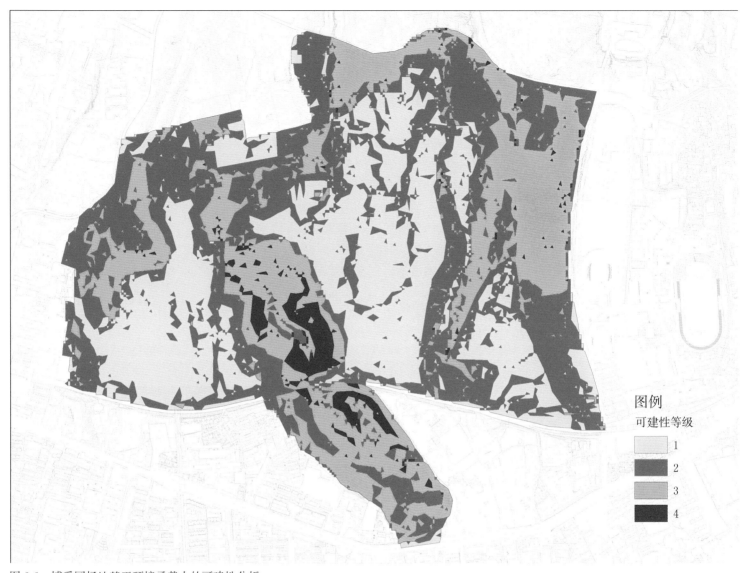

图例

可建性等级

1
2
3
4

图 6-6　博爱园场地基于环境承载力的可建性分析

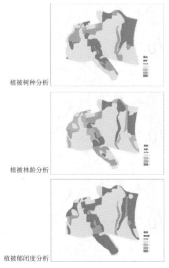

植被树种分析

植被林龄分析

植被郁闭度分析

图 6-7　博爱园场地植被分析

城市设计需考虑的周边环境范围
城市设计总体框架范围
中心区详细城市设计范围

总平面图

图 6-8　基于数字技术场地分析的重庆大学城总体城市设计

技术路线和方法。首先，利用计算机辅助设计 CAD（Computer Aided-Design）技术建立抽象的三维空间模型，并参照行政区划和最小城市道路网的边界将研究范围划分为 759 个地块，并按顺序编号。然后通过实地调研和反复斟酌，结合特尔斐法确定历史文化、景观、交通可达性、建设潜力、地价等评价因子和指标，继而借助 GIS 技术建立各评价因子的原始数据库，通过等级打分得出单项因子对于高层建设可行性的影响程度，再进行多因子综合计算和评价。最后，以多因子综合评价图为基础进行局部调整，形成南京老城空间形态高度管控分区图，明确高层建筑的禁建区、严格控制区、一般控制区、适度发展区及其各自的数字比例，对南京城市建设管理提供了技术支持（图 6-9）[8]。

在总体城市设计中，多因子叠合分析则可用于地块建设容量估算。郑州中心城区总体城市设计中以街区作为研究单元，将交通支撑、服务支撑和资源支撑这三个要素作为影响城市空间容量分区的支撑因子，提取出市级中心、区级中心、水体景观、公园绿化、道路可达性、轨道站点、土地价格 7 项因子，其中市级中心、道路可达、轨道站点、土地价格影响因子的最大权重为 5，水体景观和公园绿化影响因子的最大权重为 3，在 GIS 数据分析平台中进行叠加运算，得到郑州市城市空间强度的等级分区（图 6-10）。

在单因子数据分析研究的基础上，将六个单因子所得到的结果进行叠加，从而得到郑州市空间强度等级的综合评定的初步结果。在此基础上可以通过调整部分因子权重进行多方案比较研究，例如集中式发展强化市级中心、道路可达性两项因子权重对空间发展的促进作用。扩展式发展方案强调市级中心、轨道交通及低地价因子对发展的促进作用（图 6-11）[9]。

该分区结果主要表达了各地块开发强度的相互关系，并不直接对应地块容积率或高度。城市中各类用途的土地经济效益和环境需求存在着差异，各土地开发强度的需求也不同，根据当下城市的土地开发利用现状，对城市建设用地按其社会经济发展的空间需求和可接受的环境标准进行适当的归并和整合。从城市强度控制角度将用地分为居住用地、公共管理与服务用地、商业服务设施用地及其他设施用地 4 个用地簇群，并给予一定的开发强度赋值。

GIS 系统具有强大的空间信息存储、管理及分析能力，并能够与多因子评价等统计学方法及运算模型结合运用，从而将社会—经济现象与物质空间环境、定量化数据模型与定性化研究加以联系，使其成为城市设计综合分析研究的有效工具。近年来，通过空间句法等功能分析方法、虚拟现实

0 200 400 800 1200 1600

■ 0.00-0.20
■ 0.21-0.40
■ 0.41-0.60
□ 0.61-1.00

图 6-9　南京老城高度管控的 GIS 数据库成果

（Virtual Reality，VR）及数字化模拟技术、网络技术与 GIS 系统的整合而逐渐发展的 ArcView GIS、3DGIS、WebGIS 成为城市设计应用 GIS 技术的主要发展方向，同时表明 GIS 是极具潜力和发展前景的基础性数字技术平台。

6.2.2　空间句法

空间句法（Space Syntax）由希列尔（Hillier）和汉森（Hanson）等人提出，其核心在于探究物质性空间与活动、体验等社会性因素之间的联系。基于计算机强大的模拟运算功能，空间句法结合可见性分析和拓扑计算，量化描述、评价空间结构形态的性质及其对于人类活动的潜在作用，以揭示城市形态的生成规律[10]。

空间句法以节点与连线来描述空间结构的关系图解为基础，发展了一组描述空间构形的量度。基本的量度主要包括表示某节点邻接的节点个数和空间渗透性的连接值（Connectivity Value）、表示节点之间相互控制程度的控制值（Control Value）、表示两个节点间最短路程和节点可达性的深度值（Depth Value）、表示节点与系统内所有节点联系紧

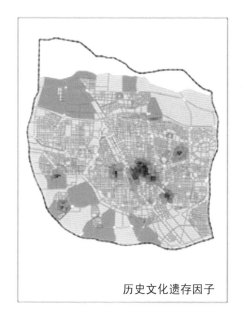

历史文化遗存因子　　　　聚居地距离因子　　　　交通可达性因子

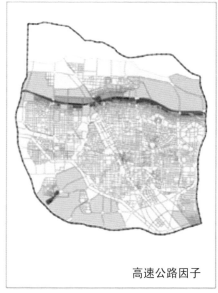

高速公路因子　　　　地质断裂带因子　　　　地铁轻轨因子

图 6-10　郑州中心城区核密度多因子分析

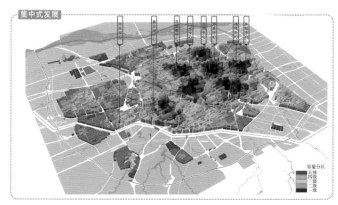
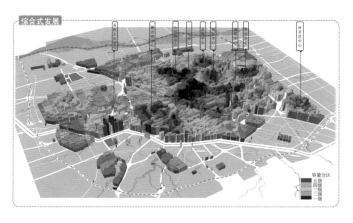

图 6-11a　郑州中心城区集中式发展导向　　　　图 6-11b　郑州中心城区综合式发展导向

密程度的集成度（Integration Value），以及描述局部与整体之间感知等方面的相关度的可理解度（Intelligibility）。

通常，大尺度复杂城市空间的认知主要依赖于个体运动过程中对众多小尺度空间定点感知的集合。在操作层面，如何将空间尺度进行合理分割是空间句法的关键，常用的基本方法有凸状、轴线和视区三种。由于其绘制图形的过程复杂，且相关定义缺乏客观标准而易受主观因素的影响，可靠性难以保证。

1990 年代以来，为了保证空间分割的代表性和唯一性，又逐步形成交叠凸状、所有线和可见图解的穷尽式分割方法，以及表面分割（Surface Partition）、端点分割（Endpoint Partition）等实体的形定义的空间分割方法。这些空间分割方法适用于不同的研究对象和目的。轴线方法多用于城市道路网络布局的研究，凸状方法适合界定明确的空间，可见图解对于自由开放的空间平面更为有效，有时还将各种方法进行组合。

通过上述空间分割方法，可将空间系统转化为节点及其相互连接组成的基本关系图解。然后，借助计算机对连接值、控制值、深度值、集成度、可理解度进行计算，自动完成量化分析和生成相应图示，启发与评价城市设计的构思及成果。

自 1990 年代以来，空间句法咨询公司所参与完成的众多城市设计项目表明该分析技术正在日趋成熟。东伦敦斯特拉特福（Stratford）开发项目设计中运用空间句法建立伦敦轴线模型，分析基地、街道、周边开发地块的可达性及可能的人流强度的强弱，并按照由红到蓝的色彩变化加以表达，进而对原有设计方案进行测试，提出优化对策，强调步行系统优先，创造与伦敦城市空间相融合的由西南到北部的核心轴线，联系设计基地中的商业中心、国际铁路站及斯特拉特福老镇中心的往来人流，以整合公共空间、交通网络、新建综合体和原有的社区设施，增强整体布局的可达性和可理解性。近年来，希列尔教授团队以英国伦敦为对象，运用空间句法从宏观空间策略、城市发展结构、总体规划—地域行动计划（Acting Agenda）、公共空间到建筑物各个层面预测空间的动态演变，进一步拓展空间句法的应用范围和在建成环境多种尺度层次上的分析研究能力（图 6-12）。

在南京市溧水区总体城市设计项目中，笔者团队运用空间句法工具，以可达性和交通性两项指标研究城市的步行和机动车出行的核心区域，得出对城市路网主轴线、城市中人行和慢行活动的核心路网和机动车交通路网结构的理性认识：在人行状况下，老城区是核心区域；在慢行状态下，核心向东南移动，新城有成为新交通核的潜力；同时，根据计

算结果，城市主干路以纵向为主，横向起到联系作用，空间句法对于道路骨架的描画与现状调研结果基本一致。该分析为城市交通结构优化提供了合理的依据（图 6-13）。

总体上，空间句法作为分析空间与社会关系的量化方法，是对城市空间与社会文化互动影响分析揭示的有益探索。中国学者，如段进、邓东、杨滔、盛强、张愚等，对空间句法的研究也取得显著成果，推动了国际空间句法领域的学术进步。

6.2.3 包络分析

包络分析可以分析点数据的空间联系性。例如针对历史资源点，选取国家级、省级、市级文物保护单位分别进行两两连线，形成资源点的联系网络。通过历史资源点连线最终形成的外轮廓划定出历史资源点的重要关联区，包络线的密度显示了区内各部分的关联程度，越密集的区域关联度相对较高，反之关联度越低（图 6-14）。

6.2.4 等线分析

等线分析借鉴地形分析中的等高线法，可用于研究不同坐标点所对应数值的分布趋势，便于判断出研究区域中的数值"高地"和"低谷"。西湖东岸景观提升项目对湖面部分以 250 m 间距的格网在湖面上布点，并沿苏堤、白堤、吴山、宝石山设定陆地测量点。从城市轮廓、建筑形态和视觉感受三个方面选取 9 项指标，对每个观景点进行分项考察，最后形成对此观景点的景观品质的综合评价数值。将不同分值录入计算机，从而得出分值分布等高线。结果表明陆地最佳景观点主要集中在宝石山沿岸、孤山西北段、苏堤近阮公墩岸段以及苏堤近雷峰塔段。湖面中心区域景观品质较低，东侧近岸区域景观品质较高。等视线分析的相关结果可用于调整和优化西湖游览区的观景游线（图 6-15）。

6.2.5 热度分析

热度分析常用于手机信令和社交媒体平台的数据分析，研究不同时间段人群的动态分布规律。广州总体城市设计中，通过社交网络照片共享平台 Flickr 筛选出广州市域照片共 62495 张，对它们在城市空间的分布进行核密度分析，找出拍摄照片较密集的点，从而定位城市空间品质较高的区域，形成城市意象的品质评价地图。同时选取多个时间段对一天24 小时内的人群活动的空间演变情况展开研究，结果显示广州的活力点主要集中在中心城区，活力点呈现向外围新城区扩散的趋势，具有明显的昼夜潮汐波动特征、活力空间整体呈分散式分布。针对城市活力分散的特征，提出借助改善批

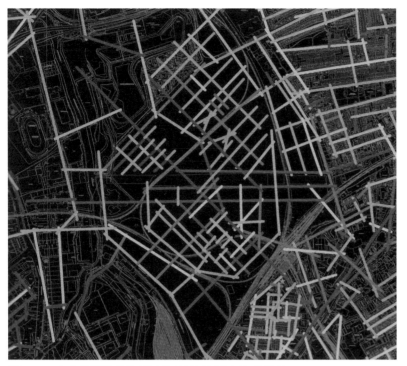

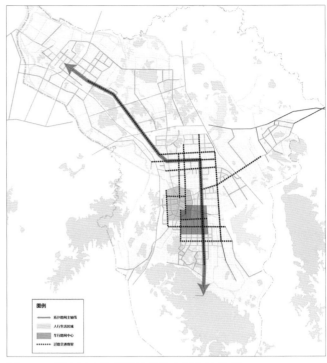

图 6-12 东伦敦斯特拉特福开发项目运用空间句法设计 图 6-13 溧水区交通道路体系的空间句法分析

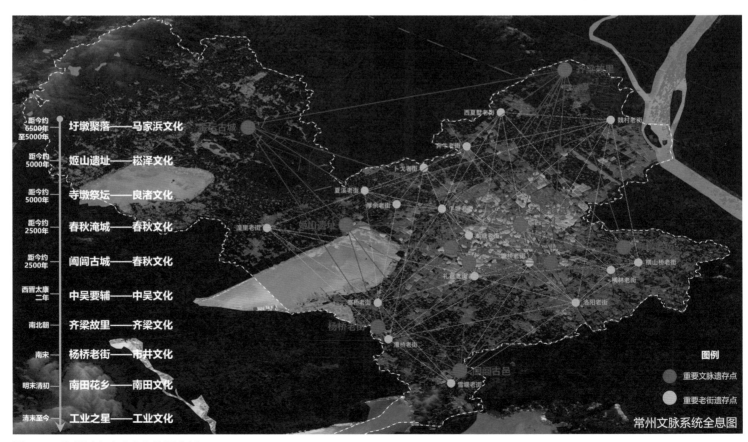

图 6-14 常州历史遗迹点包络图分析

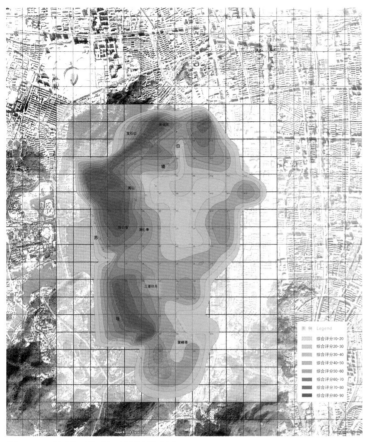

图 6-15　杭州西湖景区等视线研究

发市场等潜在活力区和塑造城市综合体，以点带面，提升城市活力的策略（图 6-16）。

6.2.6　FCN 图片识别

　　FCN（全卷积神经网络，Fully Convolutional Networks）对图像进行像素级的分类，解决了高精度的图像分割问题。与经典的 CNN（卷积神经网络，Convolutional Neural Networks）在卷积层之后使用固定长度的特征向量进行分类不同，FCN 可以接受任意尺寸的输入图像，采用反卷积层对最后一个卷积层的特征映射进行采样，使它恢复到输入图像相同的尺寸，因此可以在处理每个像素信息的同时保留原始输入图像中的空间信息，最后在采样的特征图上进行像素分类。

　　运用 FCN 可对城市街景的植被、步行道、路面、车辆、建筑、行人、天空和广告牌等进行分类识别，进而对街道的绿视率、天空可视域、街道界面、街道车辆占有率进行分析。在常州总体城市设计中，设计团队通过 Pycharm 框架采集了常州市 97 万张有效街景数据，基于 FCN 和城市要素识别数据集，建构城市街巷空间品质要素识别分析分类器，对常州城市街巷实景图片进行分析，获得了全市道路中机动车占道现象、非机动车通行情况、临街界面情况以及道路景观绿化的基本信息。据此，我们就可以方便编制更具针对性和精细

图 6-16a　广州城市手机信令大数据分析

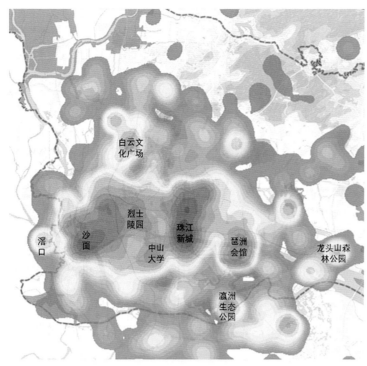

图 6-16b　广州基于 Flickr 信息的城市意象地图

化的街道城市设计导则（图 6-17）。

6.3　数字化方案优化技术

数字技术在城市设计阶段可用于辅助方案生成和优化，目前有参数化设计（Parametric Design）、算法生成、相似性计算、多因子叠合以及性能优化等多个方法。

6.3.1　参数化设计技术

舒马赫（Schumacher）建构的"参数化主义"将社会理解为一种交流系统，而空间形体的设计成为交流系统的设计[11]。Rhino（基于个人电脑开发的专业三维造型软件平台）中的 Grasshopper（基于 Rhino 平台的可视化编程语言）可用于参数化几何建模，根据相应的形式生成逻辑，以道路、地块及建筑为主要控制要素，以街区面积、道路宽度、建筑高度、长度、进深、建筑退线、建筑间距等几何参数为指标，用基本几何模块建构三维模型生成工作流。运用该工作流，设计师仅需要通过调整不同的几何参数即可形成相应的形体方案。

图 6-17　常州街景识别道路拥堵度分布分析图

在 Grasshopper 平台中，可以将空间感知、街区密度肌理、可视性等指标转换为相应的几何算法，编制视觉感知分析工作流，用于城市设计分析。笔者和杨俊宴、吴晨团队在北京老城总体城市设计中通过该方式对老城历史资源点感知的连续性进行分析，认为北京老城区以紫禁城为中心，北至钟鼓楼，南至正阳门，历史建筑节点分布密集且感知度高，正阳门向南呈现逐渐减弱趋势，到达天桥段出现空白段。从由南向北的体验路径来看，呈现出先抑后扬的效果（图 6-18）。

在常规几何模型工作流的基础上增加部分性能计算模块，则可以从不同角度优化城市形态的建构机理。Grasshopper 平台中的 Ladybug 和 Honeybee 插件可展开日照、通风、能耗模拟研究，其中的"日照罩面"(Solar Envelope) 技术能够保证街区内部建筑对周边地块不会产生日照遮挡，在此基础上探索街区内最大的建筑体积范围，适用于城市一般街区。与既有的日照时间规范相比，该技术在满足了城市地块之间日照公平性的同时，亦为地块内部的空间布局和建筑设计留有余地。该程序共分为气象数据载入、太阳运行轨迹分析、街区形态建构、"日照罩面"生成、参数化形态调整以及几何信息量化统计 6 个步骤。

基于"日照罩面"技术，可以通过不同街区模式形成整体有序、内部变化多样、均好性强、空间灵活的城市片区。如在笔者团队参与的华北某新区城市设计中，通过基于"日照罩面"技术的城市设计，城市街区平均容积率理论上可以做到 3.02，建筑最高点控制在 65 m 以下，平均高度 30 m 并满足了日照基本需求，实现了不建高层建筑的同时可以容纳现代城市的基本功能的目标，可望营造出具有中国传统文化特点的"水平城市"，形成更加亲近大地、尺度宜人、灵活利用日照的城市环境（图 6-19）。

6.3.2 相似性计算技术

人们往往通过不断借鉴建设条件相似的先例，并结合自身需要经过部分调整来指导建设，而自身的建设结果也将成为未来其他类似建造

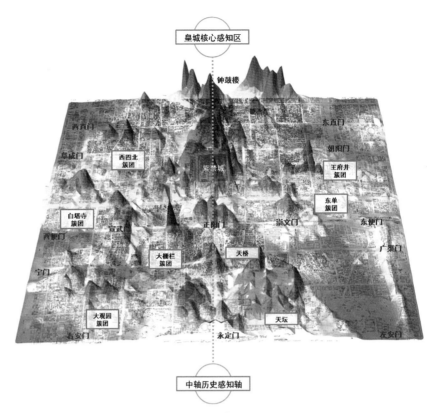

图 6-18 基于 Grasshopper 的北京老城视觉感知分析

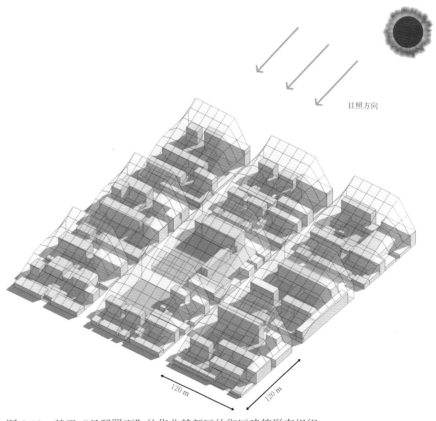

图 6-19 基于"日照罩面"的华北某新区的街区建筑形态组织

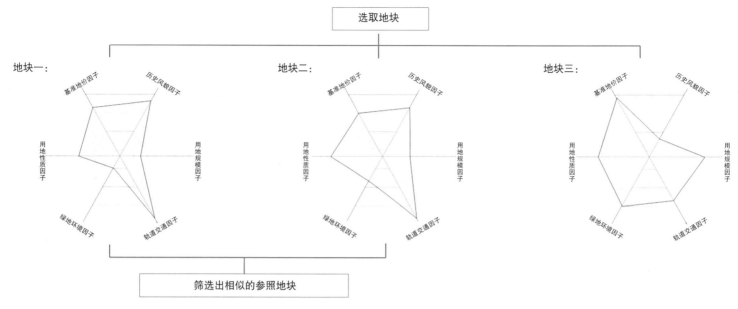

图 6-20 南京老城用地属性因子的雷达图分析

的参照样本。城市物质形态正是在这种循环往复的相互参照和调整中逐步累积和发展的[12]。

基于风貌保护的南京老城城市设计高度研究项目则运用相似性计算研究城市高度问题。研究中各因子评价计算的最小对象与控制性详细规划成果中的权属地块一致。首先，抽象提取出基准地价、历史风貌、轨道交通、绿地环境、用地性质、用地规模这 6 个因子，对各地块与建筑高度相关的用地属性做出较为全面的描述。然后，通过两两比较用地属性间的异同，建立起用地之间基于用地属性相似性的参照关系，建立用地之间的互动参照复杂系统。因子评分不强调与建筑高度之间的正相关性，而是重在描述与建筑高度相关联的用地条件的差别。一般而言，一个地块的控制高度理应参照用地条件接近自身的地块所对应的高度。如图 6-20 所示雷达图的形状可以直观表达一个地块由 6 个因子描述的用地条件。

对于纳入系统计算的 2888 个地块，通过两两比较其 6 个因子的差别，可以得到任意两个地块之间的相似系数。接着，通过设定相似系数阈值，可以在 2888 × 2888/2 =4170272 组关系中，筛选出最为密切的相似关系，用于指导用地之间的相互参照计算。

每个地块的限高都反复参照与其用地属性相似的地块高度，尤其从邻近地块（中心点周边 400 m 范围内）和用地性质相同的地块中找寻相似参照地块。一个地块的高度通过参照相似地块而临时确定后，还要考虑该结果对其他相似地块

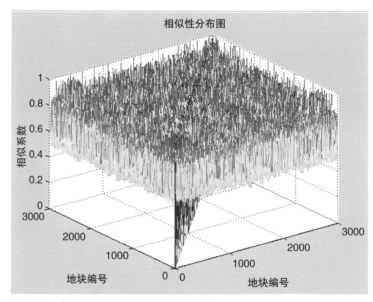

图 6-21 南京老城用地相似性迭代计算

高度的影响，而与这些地块相似的地块又会受到间接影响，经过反复互动的迭代计算调整后，每个地块将趋向于较为稳定的波动状态，当满足预先设定的终止运算条件时，则可以通过部分参数调节和收敛计算后得到每个地块各不相同的合理高度区间（图 6-21）①。

6.3.3 多目标搜索技术

城市设计的最终方案往往是多重目标叠合的结果，这些

目标往往具有随机性、非线性、离散性和不确定性的复杂特征，人们需要在满足多种目标的条件和预定结果中分析和权衡，从而在给定区域内尽可能满足多个目标的需求，即多目标优化问题。这些目标存在一定程度的相互矛盾情况，一个目标往往以牺牲另一个目标为代价，因此多目标优化问题存在多个最优解，统称为"帕累托最优解"（Pareto）[13]。帕累托最优的状态就是不可能再有更多的帕累托改善的状态，即不可能再改善某一个目标的完成度，而不使任何其他目标受损。

目前 Grasshopper 平台中的 Octopus 插件可以进行多目标搜索功能。运行该模块需要对精英解、突变率、交换率、单元规模等指标进行设定。这一数值的设定取决于所需解决问题的复杂程度。

这一技术在部分实验性城市设计研究中已有一定应用。例如，以日照为导向寻找多目标需求下的街区建筑组合模式研究中设定了 5 个不同目标：目标一是要满足一定的日照时间要求；目标二是建筑模式的平均能耗尽可能较少；目标三是建筑空间组合可以获得更好的室外热舒适度；目标四是整体建筑面积尽可能大，以保证地块的经济效益；目标五是建筑高度尽可能低，以保证城市形态的整体性及连续性。通过将目标转换为相应的几何指标导入 Grasshopper 平台工作流中，对多目标的协同运算，从多重日照需求角度综合提升城市环境品质。

6.3.4　性能化评估

绿色城市设计当下已蔚成潮流，相关的数字化生态要素和环境分析方法也应运而生。高密度城市环境中往往存在城市热岛问题加剧、通风不畅及噪声干扰等问题。以往城市设计中对风、热等物理环境的研究主要依赖缩尺实验模拟等手段，随着环境分析模型与计算机技术的融合与成熟，城市设计已能够通过数字化技术模拟光、热、风、声等环境要素的运动和分布，继而分析这些要素与城市建筑环境的关系。城市设计采取模拟与实测相结合的研究方法，运用 Ecotect、Radiance、Stream、Renoise、ENVI-met 等模拟软件对城市设计方案的热环境、太阳辐射、风环境及声环境进行多场景的模拟对比研究，进而针对性地提出物理环境优化策略和空间形态管制措施。

例如，在柏林波茨坦广场改建和旧金山的城市设计中，设计者采用数字化模拟技术分析了新建筑对公共空间小气候的影响，建筑高度序列的确定也参考了日照模拟分析的结果（图 6-22）。

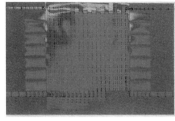

图 6-22　柏林波茨坦广场空气流通的计算机模拟分析

在京杭运河（杭州段）两岸景观提升工程规划中，设计者通过对杭州 50 年历史气象数据收集，结合在运河沿线选点实测的温湿度实时数据，运用 GIS 绘制运河沿线热岛强度分布图。分析结果表明，沿运河存在 6 个主要热岛，其中西湖文化中心、武林广场段热岛强度最高，与外围的温差达到 3.4℃，利用风环境计算流体动力学（CFD）软件模拟技术发现，武林广场段风环境主要受高层建筑的影响较大，形成了多个无风区或静风区。因此，设计结合运河南侧环城北路设置通风廊道，建议调整高层裙房形态以优化局地风环境。其余 5 个热岛集聚区是拱宸桥东侧、新塘路、运河新城、塘栖及西侧工业区，因此，设计针对热岛集聚区，利用大运河主通风廊道设置垂直于河道的次级通风走廊，促进杭州大运河沿线的通风，降减城市高密度开发区局部高温，以提升城市公共空间的物理环境品质（图 6-23）。

在江苏宜兴市城东新区城市设计环境分析研究中，设计者运用 CFD 模型，对局部地域的气温、湿度、通风、日照和噪声条件进行数字化模拟，并根据运行结果对方案进行调整优化。在对城市热环境及室外风环境研究中，不仅综合太阳辐射、风、建筑物结构和类型、下垫面情况、人口密度、外界排热状况等因素，获得用地范围内的温度场分布结果，还以街区、组团和建筑群体布局为重点探讨了相应的设计对策。比如，用地中间临近水面的住宅组团设计通过输入主要信息和模拟实验，得出初步的气流流场图，根据通风不佳地点的分布调整建筑物布局，并反复模拟验证，以确定利于通风、缓解热岛效应的城市设计方案（图 6-24）。

图 6-23　杭州京杭运河地区物理环境分析

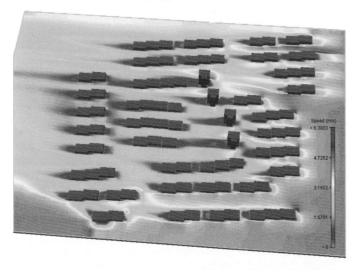

YIXing-03_07_Ambientwind_Summer

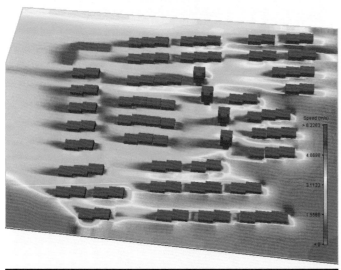

YIXing-03_07_Ambientwind_Sum_CH

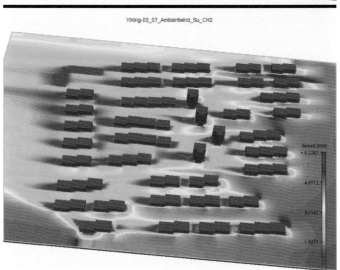

YIXing-03_07_Ambientwind_Su_CH2

图6-24 计算机模拟技术应用于局地风环境的分析

6.3.5 分形理论及元胞自动机分析模型

根据曼德布罗特的定义，分形（Fractal）是局部与整体在某种意义下存在相似性的形状。分形理论的基本原理就是从这种自相似性出发，去认识描述事物。作为描述事物自相似性和反映分形的特征量，分形维数体现分形及分形集合占有空间的大小和复杂程度。而通过对分形维数的测定和计算，可以演绎具有分形属性的系统特征及其生成过程。自阿林豪斯（S. Arlinghaus）于1985年研究发现"中心地理论的几何形态是分形几何中分形曲线的一个适当的子集"以来，分形理论在城市研究领域蓬勃发展。1994年，富兰克豪泽（Frankhauser）的《城市结构的分形性质》、巴蒂和朗利的《分形城市》两部专著出版，对城市研究的分形理论起到了有力的推动作用。自此，该理论逐渐应用于城市边界、城市形态与增长、城镇体系等级规模结构和空间结构、城市化空间过程分析等方面。

目前常见的分形增长模型有好几种，比较而言，元胞自动机（Cellular Automata，CA）模型因能够表达土地使用和交通等内容而得到广泛发展[14]。

CA模型是结合细胞学说和自动机理论建立的网格动力学模型，具有时间、空间、状态均离散，空间上的相互作用及时间上的因果关系等属性特征，其基本构成包括元胞空间（Lattice）、元胞状态（State）、邻近关系（Neighbor）和转换规则（Rule）4个部分。元胞是CA的最小单位，元胞空间即元胞的 n 维空间结构。元胞有限的、离散的状态集合表明其主要属性，每个元胞仅与邻近元胞产生关系和作用，元胞状态的改变主要依据元胞自身及邻近元胞的状态、按照一定的转换规则进行。系统内所有元胞在某一时刻以某种状态分布于元胞空间，从而组合成一定的整体构形。根据这一原理，通过局部的相互作用能够生成复杂的系统结构，并动态表现于整体构形的图示。

城市发展和空间形态的演变过程受到各种相互作用的复杂条件的影响。元胞自动机具有强大的复杂计算和平行计算功能，以及时间和空间属性，从而凭借计算机技术充分模拟具有复杂时空特征的城市空间系统、从局部到整体的空间动态演变过程，进而探究整体构形表现图式的内在规律，分析城市空间及其形态的动力学机制和特征，并预测未来方向和可能性。

目前国内外学界多将CA模型应用于城市形态、城市扩展和土地利用演化方面的研究。恩格伦（Engelen）等多次将CA模型运用于对美国辛辛那提等城市增长过程的模拟，巴蒂通过对美国萨凡纳（Savannah）和阿姆赫斯特（Amherst）城市的研究发现 CA 模型的模拟结果与真实发展形态极为相似，证实了 CA 模型的有效性。由于准确鉴别元胞转换规则及空间演变规则是应用 CA 模型的关键，许多学者在此方面进行了积极的尝试，并取得突破性进展。帕皮尼（Papini）、拉比诺（Rabino）和科洛纳（Colonna）等人结合智能识别系统、遗传算法建立学习型的城市元胞自动机（Urban Cellular Automata），针对罗马大都市地区，利用对不同时期的土地利用总图等经验数据进行对比、分析，从中学习、归纳转换规则，并根据这些规则模拟土地利用形态的演化，使 CA 模型更具实用性。此外，根据 CA 模型建立的交通模型也被用于模拟城市道路用地的演化和交通流的时空变化等研究。

CA 模型也具有转换规则可靠性难以确保，以及对历史事件、个人决策等随机、主观因素缺乏考虑等不足之处。未来 CA 模型与 GIS 的集成会使数据库的完备性和结果的可视化进一步强化，与神经网络、主成分分析、遗传算法等研究方法的结合有利于转换规则的识别和确定，而基于多智能体（Multi-Agent System，MAS）的 CA 模型会使模拟更加趋近真实的城市发展状况，这些都是 CA 模型的主要发展方向。

城市设计关注城市各个尺度层面上功能布局、公共空间、社会活动、环境行为和空间形体艺术之间的关系，而对于城市土地属性的认知又是把握城市空间形态变化特性和规律的基础。从方法论角度，元胞自动机分析模型具有"从局部到整体"和"自下而上"的特点。利用 CA 模型分析城市空间发展及形态演变的规律，可以为城市设计进行空间形态的大尺度、动态化研究提供思路和方法，尤其在基于土地属性的空间形态研究方面具有较强的实用性。城市三维空间形态演化蕴含多维因素的交互作用，把城市三维空间形态的影响因子嵌入该模型，实现 CA 模型对三维空间形态的模拟和分析，将拓展城市设计中 CA 模型的分析功能和适用范围。

6.4 数字化成果表达

数字化成果表达主要包含基于 Arcgis 的数字信息可视化、CAD 和图形图像处理、草图大师 Sketch-Up 的 V-Ray 渲染以及虚拟动画四种主要方法。

6.4.1 Arcgis 数字信息可视化

Arcgis 软件可将点、线、面数据根据对应的坐标系以地图的方式进行可视化。在图层属性中，通过调整 Symbology 窗口中的相关参数，可调整图层的展示内容、色彩组合方式、透明度、分类方式。其中 Quantities 主要处理连续变量数据信息的展示问题，例如，在南京老城中拥有 5569 个地块，各地块面积差异大，为了清晰表达不同地块规模信息在南京老城中的分布情况，需要运用 Quantities 将地块规模面积分为 8 个级别，通过赋予各级别不同的色彩，可以清晰解读出南京老城范围内面积较大片区集中在北京东路南侧及虎踞路两侧，主要用地类型为高校、科研院所及军事用地，平均面积在 20 hm² 左右，10 hm² 左右的地块主要集中在老城西北及东南部分。Arcgis 中的 Arc-Sence 三维可视化工具，可用于建构数字高程模型 DEM，用于表达地形、建筑的三维信息，仅需要各闭合区域的高程数字信息，Arc-Sence 即可便捷地生成三维高度模型。该工具在表达大尺度城市三维信息时具有较强的优势（图 6-25）。

6.4.2 CAD 和图形图像处理技术

计算机辅助设计 CAD 技术以计算机绘制地图、设计方案的二维图示，与传统手工制图相比其空间尺寸数据的精确性、信息储存容量，以及修改复制的效率得到极大提高。而通过依据不同属性对图元分层管理控制，可展开不同空间系统及对象的逐项分析和多要素综合分析。而且，CAD 具有的三维建模功能能够建立准确的空间模型，并在照相机、光线设定等步骤完成之后生成透视图、轴测图等线框图和简单的渲染图，表现三维空间效果。

图形图像处理技术的代表软件中，三维动画软件 3D MAX（3D Studio Max）的建模、渲染及对三维静态效果的表现能力比 CAD 更强，并具有制作动画、展示动态效果的能力。而 Photoshop 主要用于对 CAD 和 3D MAX 生成的图像进行优化和处理，进一步完善其表现力。在城市设计实践中，图形图像处理常常通过从 CAD、3D MAX 到 Photoshop 的流程表达，进而得出三维空间模拟和视觉景观分析评价，如贝聿铭建筑事务所设计的巴黎卢浮宫扩建方案、SOM 设计公司设计的休斯敦协和银行大厦、加拿大渥太华议会区城市设计等（图 6-26）。美国波特兰和克利夫兰规划则用这种方法分析各种新建设对天际线的可能影响。

本质上，CAD 强调自动化绘图、三维建模和初步可视化表现；3D MAX 系列软件的渲染和动画虽然较为逼真，但成果生成的运算时间较长，难以适应快速设计分析和方案比较的要求；Photoshop 则主要用于处理图像。三者对于城市设计研究分析的作用主要在于提供精细、逼真的图示化基础和

0-1
2-7
8-12
13-18
19-24
25-35
36-40
41-50
51-60
61-70
71-80
81-90
91-100
101-381

图 6-25 南京老城用地建筑高度可视化表达

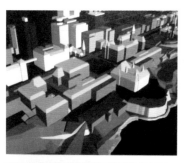

图 6-26　渥太华议会区城市空间形态分析

更为高效的工作方式。

6.4.3　Sketch-Up 建模及草图分析技术

快速模拟三维空间环境、绘制设计构思，并使其可视化，对于城市设计初始阶段的分析研究十分重要。因此，草图大师 Sketch-Up 计算机软件的建模及草图分析技术具有独特优势。

在建模方面，Sketch-Up 模型以多边形、单面模式生成，非常精简，建模速度快，便于编辑和修改，而且文件量较小，有利于建立城市设计所需要的大规模、多个体的三维空间模型。Sketch-Up 的表现主要以模型表面赋予材质和贴图、设定照相机的位置、插入三维配景、进行模拟渲染而实现，重点不在于细部和真实性，而侧重于三维形体的概略表达，利于整体把握城市环境中实体与空间的形态关系。同时，Sketch-Up 还可根据季节和一天内的变化真实表达太阳光线和模拟连续的阴影变化过程，而通过漫游路线的设定则能够自动生成实时动画展示。

Sketch-Up 操作简便、生成速度快，能够即时绘制和表现设计构思草图，有利于不同设计方案的比较和判断，大大提高工作效率，是一种直接面向城市设计方案构思、与创作过程紧密结合、富有实效的表现及分析技术。而且，Sketch-Up 与 CAD、3D MAX 等常用软件相互连接和导出文件十分便利。当然，相比之下，由于其表现图示具有一定的抽象性，Sketch-Up 更适合在专业人员之间交流时运用。Sketch-up 的渲染器 V-Ray 是 ASGVIS 公司为从事可视化工作的专业人员提供的一套可以创造极高艺术效果的解决方案，所具备的材质库及光影处理效果使其能够渲染出具有真实感的图像（图 6-27、图 6-28）。

由 Act-3D 开发的 Lumion 可视化软件可实现实时 3D 可视化，现逐渐应用到城市设计领域。Lumion 将高品质的图像和高效的工作流程相结合，使以往要耗费大量时间和经费才能完成的效果图，通过 Lumion 仅需要几秒钟即可实现。该软件所建构的组件库包含了建筑、交通工具、人、植物、石材、水体等，使得最终的表现图具有更加真实的效果。此外，新版 Lumion 对光线、落叶、水体等细节的进一步优化，使其动画渲染的真实感进一步提升（图 6-29）。

6.4.4　虚拟现实及数字化模拟分析技术

物质空间三维形体及人的空间体验的表现和分析是城市设计的重要内容。传统的城市和建筑设计深入推敲除了通过图纸外，用得较多的是体块工作模型或者更加细致一点的方案展示模型，即以缩小的比例尺来模拟三维空间环境。但是，这种办法只能获得鸟瞰形象，无法看到可以模拟人眼真实视点的真实环境。而以计算机图形学、多媒体、人工智能、多传感器及网络为基础，以创建和体验虚拟世界为目的的"虚拟现实"（Virtual Reality，VR）技术却有可能解决这一问题。

虚拟现实技术的常用软件 Multigen-Vega 主要由强大的三维建模工具 Creator 和虚拟仿真引擎 Vega 组成，还往往结合运用 3D MAX、Photoshop、Lightscape 等辅助性软件。具体应用通常包括资料输入获取、建立模型、贴图及特效处理、漫游设定及场景管理等步骤。多以二维的地形图为基础，根据资料建立地形地貌、建筑、道路、开放空间以及细部的三维空间模型，来建立虚拟城市环境。再利用贴图工具将真实的纹理贴图或照片贴图赋予模型，表现空间要素的材质及色彩。有时还可以进行特效处理，模拟光照、烟雾、雨雪、流水、霓虹灯、视频广告牌等环境效果，提高虚拟三维场景的真实性。继而通过设定视角、视点及漫游路线，将观察者植入虚拟场景，表现城市环境的视觉效果和动态的空间体验。

运用虚拟现实技术建立的模拟系统能够直观地表现三维空间及形体环境，以任意角度、距离观察空间和生成视景图像，模拟步行、驾车和飞行等运动过程及感知尺度下的空间体验，利用音频、视频等多媒体和多传感器技术全面表达视觉、听觉、嗅觉等多种感知方式的综合体验，身临其境地感受设计意图及其与真实场景的关系，从而提高分析过程及结果的准确性和客观性。更为重要的是，虚拟现实系统中可以对建筑、开放空间、绿化植栽等模型对象的尺寸、位置、布局、材质等属性进行编辑和调整，并实时生成修改后的动画

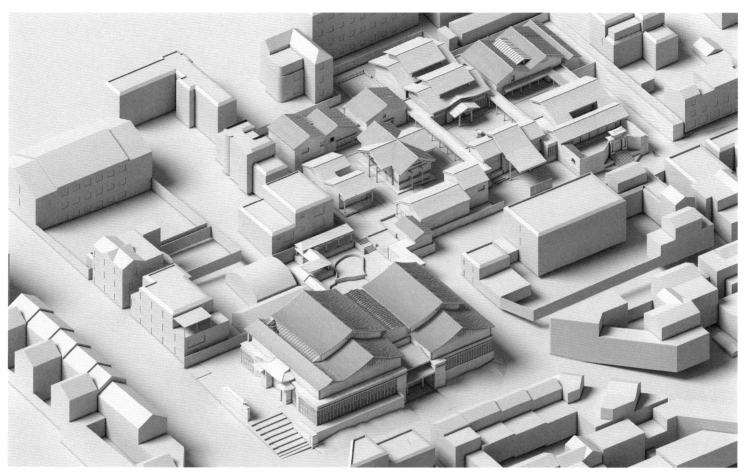

图 6-27　大理书院与城市环境关系的数字化表现（V-Ray）

图 6-28　大理书院建筑沿街景观的数字化表现（V-Ray）

图 6-29　常州文化宫广场景观的数字化表现（Lumion）

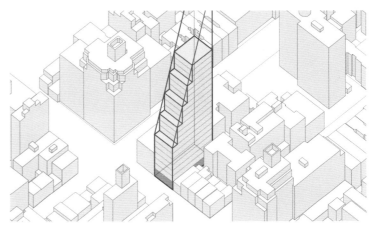

图 6-30　proof-massing 地块罩面控制图

效果，这一实时编辑、表现功能通过编程开发在漫游中也可实现。而在观察和漫游过程中，还可以进行各种不同运动模式、观察视点、漫游路线，以及多种设计方案之间的快速切换和分析比较。

自 1990 年代以来，"城市仿真"、"虚拟城市"等概念的出现和盛行标志着虚拟现实技术与城市设计实践的实质性结合。美国加利福尼亚大学洛杉矶分校（UCLA）1994 年开展了"虚拟洛杉矶"（Virtual Los Angeles）项目，视景涵盖从洛杉矶盆地的全景卫星影像、城市街道景观到建筑物窗口、外墙纹理、植物等各个层次。以虚拟现实为代表的数字化模拟技术不仅仅局限于视觉分析，还突破了时空条件和物质实存的限制，使得对具有悠久发展历史、具有重要影响的历史城市及经典案例的复原、保存及分析研究成为可能，对城市设计中历史保护的相关研究具有重要意义。日本学者通过文献考证与计算机建模相结合的方式，将中国的元大都、柯布西耶的"光辉城市"等历史上一些著名的城市设计和城市规划复原，使人们能够更加直观地加以研究。

6.5　数字化管理与监测

与过往的"一张理想蓝图"式的管控相比，基于数字技术的城市设计数据库成果比较方便和各种专项规划的数字化成果对接合体，大大提升了城市管理工作的效率和实效性。由此形成的数字化城市管理平台更加有利于对城市动态发展进行及时的管理与监测，也有利于对城市设计方案在实施后的评估反馈和持续优化。该方面的研究主要分为三类：相关法规的数字化管控，城市空间形态的数字化管理，市民行为活动的数字监测。

6.5.1　数字城市法规管控模型

1）Envelope City

由 Envelope 公司推动的 Envelope City 是一个开放式商用网站，通过数字技术将纽约区划（Zoning）法规转译为三维图示语言，明确地块的发展可能，该项目可根据相关法规形成地块可建设建筑的最大三维形体轮廓，便于对各地块方案进行管控，避免城市设计结果突破相关法规约束。Envelope City 项目有三个主要特点：①信息收集准确。详细统计了各地块的几何信息、周边城市环境信息及地块开发历史信息。②覆盖能力综合全面。该模型已覆盖纽约 5 个行政区并适用于各类复杂地块。对于地块采用的"罩面"控制方法最早源自纽约，但也适用于其他城市。③可与周边地块进行联动管控，将多个地块之间容积率转移信息直接以图示化方式呈现（图 6-30）。

2）Flux Metro

Flux Metro 由 Google X 项目中分离出的 Flux 团队开发出的一款城市交互软件，可用于数字化城市管控。该软件将各项城市数据，如公开的区划条例、建筑法规、土地证、纳税评估等与三维 GIS 数据相结合。各项规定对城市建设的控制均以可视化的方式在该平台呈现，如某地块位于重要建筑的视廊控制范围内，则该地块部分建设高度将受到一定的控制。此外，选定特定地块后，该数字平台将显示特定地块根据上位规划要求形成的相关重要指标如容积率、建筑退线、建筑法规、允许建设的内容。

从特定的角度看，城市设计的部分工作是对城市形态控制导则的设计，像 Envelope City 以及 Flux Metro 这样的工作正是一种对城市设计控制导则的数字化转译，该类以"底线"

思维模式展开的控制方法，可以一定程度地避免城市形态的管控失序。

6.5.2　数字城市形态管控模型

1）三维城市模型

Google Earth、E 都市及我国部分城市的建设管理部门均已建成不同精度的城市三维模型库，凭借飞机航拍及数字化建模技术，三维城市模型库已经可以清晰地表达城市中建成建筑的层数、开窗、立面材质。三维城市模型的建构，便于管理者从整体到局部系统地评估和判断城市建成环境的质量。例如，在常州数字化信息平台中，可以通过游览路径的设置，配合虚拟现实技术，使用者可以获得"身临其境"的城市认知。通过对三维城市模型的定期数据更新，相关技术人员可以及时地掌握城市的各项更新。

2）SOM 设计公司针对旧金山的数字城市设计实践

SOM 设计公司以旧金山为例在详尽的地理信息系统地图和法规数据基础上建构城市建成形体模型，提供了覆盖全市不同精度的模型信息，该模型可以随着时间的推移，对每栋建筑的细节进行独立地调整。在此基础上就可以从专项研究角度对城市形态进行精细化管控。例如，通过将旧金山自然海岸线及地震危害区的信息与建筑模型进行叠合分析，可以得出位于不同自然灾害危险区的建筑（图 6-31）。通过增加旧金山各公园的日照限制，形成了新的城市建筑的高度分布控制规则，强化了对城市公共空间的日照品质保障。此外，可通过城市景观可欣赏度的分析提出建筑可开窗的建议范围。通过将人均碳消耗量与几何模型叠加得出城市密度与碳消耗的关系（图 6-32）。

图 6-31　城市建筑与灾害叠合分析

图 6-32　SOM 设计公司建构的城市三维碳消耗模型

6.5.3 数字城市活动监测模型

1）实时新加坡

由麻省理工学院可感知城市实验室（Senseable City Lab）开发的实时新加坡（Live Singapore）计划，建构了一个包含移动通信、交通系统、天气信息于一体的数字化城市监测平台。具体做法是，首先对各类信息进行采集、管理和可视化，随后将城市运维数据转译为可视化的图像，以互动的方式呈现在触摸感应控制屏上。例如，通过立方柱的高度和颜色深浅显示新加坡手机网络的使用程度。通过橙色和蓝色色带的宽度表达新加坡（Singapore）的港口、机场与全球各大口岸的联系情况（图6-33上）。

该平台不仅是对城市运维数据的简单记录和展示，还可以通过各指标的关联性研究探索影响城市的深层规律。例如，通过将城市内不同区域的能源消耗与风速数据相结合可以初步预测城市局部地区的气温变化，通过记录出租车的路线和乘客上车地点则可以研究降雨对新加坡交通出行的影响，此外还可以通过对手机数据发送量，来监测研究重大事件对市民的影响（图6-33下）。

这一直观的可视化信息平台，为观察、理解和监测新加坡的城市运行提供了新的视角。交通管理部门、城市设计师、城市管理部门、市民均可通过该平台获得相应的信息。

2）Mapbox主题地图

Mapbox平台是一个免费创建并定制个性化地图的网站。Mapbox平台开发了针对不同信息的主题性地图，如根据图片分享网站Flickr和Picasa搜索应用的API接口所确定的照片地理位置标记绘制用户分布活动地图。根据照片拍摄者在该城市的时间跨度划分为当地居民（超过1个月）、外地游客（不超过1个月）及不确定用户（在各城市均不超1个月）。在该系列主题地图中可以看到不同城市中不同人群活动区域相应的分布特征。在曼哈顿，外地游客主要集中在曼哈顿中城和下城，而本地居民则分布在曼哈顿、布鲁克林、皇后区以及新泽西市。北京的游客则主要集中在故宫、什刹海、前门大街、天坛公园以及颐和园区域。由于北京人较少使用Flickr及Picasa，地图中的本地数据相对较少。此类在Mapbox平台展开的主题性地图，通过对某类数据的转译和解析，从不同视角解析城市中人的行为活动规律，可以反映出特定软件用户群体的时空分布特征，使未来的城市设计方

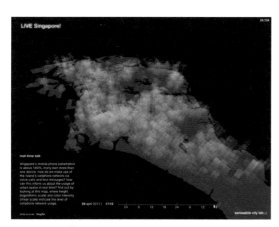

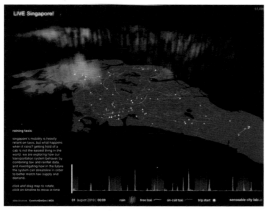

图6-33　实时新加坡

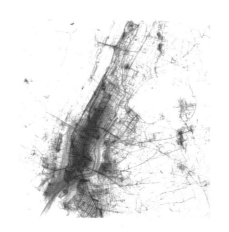

图6-34　游客及居民地图

案对于用户体验更具有针对性（图6-34）。

　　总结来说，数字化城市设计技术方法提高了从宏人尺度到精细尺度的空间层次和包括社会、经济、环境、人类活动等因素在内的空间形态综合研究的能力，拓展了空间研究的深度和广度，呈现出城市设计同样可以量化的科学属性，大大拓展了现代城市设计专业的方法体系、工具手段和作业方式。数字化城市设计从根本上突破了城市设计传统经验决策和技术方法的局限，使建立某种客观的评判标准成为可能，将深刻影响城市设计学科的未来发展。

第6章注释

① 该成果已获得国家发明专利：王建国、张愚、高源：一种基于概率参照的城市用地限高确定方法，ZL 2016 1 0440553.8.

第6章参考文献

[1] BATTY M. Urban modeling[J].International Encyclopedia of Human Geography，2009，37：51-58.

[2] 王建国. 从理性规划的视角看城市设计发展的四代范型 [J]. 城市规划，2018（1）：9-19.

[3] BATTY M. Building a science of cities[J].Cities，2012，29：1-8.

[4] 刘加平，等. 城市物理环境 [M]. 北京：中国建筑工业出版社，2011.

[5] 王建国、杨俊宴、陈宇，等. 西湖城市"景—观"互动的规划理论与技术探索 [J]. 城市规划，2013（10）：14-19.

[6] Ryan Mitchell. Python 网络数据采集 [M]. 陶俊杰、陈小莉，译. 北京：人民邮电出版社，2016.

[7] Kang-tsung Chang. 地理信息系统导论 [M]. 7 版. 陈健飞、连莲，译. 北京：电子工业出版社，2014.

[8] 王建国、高源、胡明星. 基于高层建筑管控的南京老城空间形态优化 [J]. 城市规划，2005(1)：45-53.

[9] 王建国、杨俊宴. 平原型城市总体城市设计的理论与方法研究探索——郑州案例 [J]. 城市规划，2017（5）：9-19.

[10] 比尔·希利尔. 空间是机器——建筑组构理论 [M]. 杨滔、张佶、王晓京，译. 北京：中国建筑工业出版社，2008.

[11] SCHUMACHER P. Parametricism as style — Parameticist Manifesto[R]. Presented and discussed at the Dark Side Club，11th Architectural Biennale，Venice 2008. London：Patrick Schumacher.

[12] 张愚、王建国. 城市高度形态的相似参照逻辑与模拟 [J]. 新建筑，2016（6）：48-52.

[13] ZITZLER E、THIELE L. Multi-Objective evolutionary algorithms：a comparative case study and the strength Pareto approach [Z]. IEEE Trans. on Evolutionary Computation，1999，3(4)：257-271.

[14] 叶俊、陈秉钊. 分形理论在城市研究中的应用 [J]. 城市规划学刊，2001(4)：38-42.

第6章图片来源

图 6-1、图 6-2 源自：笔者绘制.

图 6-3 源自：王建国工作室成果 / 南京总体城市设计.

图 6-4 源自：王建国工作室成果 / 杭州西湖东岸景观规划.

图 6-5 至图 6-7 源自：王建国工作室成果 / 南京钟山风景名胜区博爱园修建性详细规划.

图 6-8 源自：王建国工作室成果 / 重庆大学城总体城市设计.

图 6-9 源自：王建国工作室成果 / 南京老城高度空间形态研究.

图 6-10、图 6-11 源自：王建国工作室成果 / 郑州中心城区总体城市设计.

图 6-12 源自：戴晓玲. 理性的城市设计新策略 [J]. 城市建筑，2005(4)：9.

图 6-13 源自：王建国工作室成果 / 南京溧水区总体城市设计.

图 6-14 源自：王建国工作室成果 / 常州总体城市设计.

图 6-15 源自：王建国工作室成果 / 杭州西湖东岸景观规划.

图 6-16 源自：王建国工作室成果 / 广州总体城市设计.

图 6-17 源自：王建国工作室成果 / 常州总体城市设计.

图 6-18 源自：王建国工作室成果 / 北京老城总体城市设计.

图 6-19 源自：王建国工作室成果 / 华北某新区概念性城市设计.

图 6-20、图 6-21 源自：王建国工作室成果 / 基于风貌保护的南京老城城市设计高度研究.

图 6-22 源自：SOPHIA，BEHLING S. Sol power[M]. Munich and New York：Prestel，1996：229.

图 6-23 源自：王建国工作室成果 / 京杭大运河杭州段两岸城市景观提升工程.

图 6-24 源自：王建国工作室成果 / 宜兴城东新区城市设计.

图 6-25 源自：王建国工作室成果 / 基于风貌保护的南京老城城市设计高度研究.

图 6-26 源自：S. MIYAGIS 的文献 Contemporary landscape in the world. 第 197 页.

图 6-27、图 6-28 源自：王建国工作室成果 / 大理书院设计方案.

图 6-29 源自：王建国工作室成果 / 常州文化宫广场城市设计.

图 6-30 源自：https://envelope.city/.

图 6-31、图 6-32 源自：建筑与都市（a+u 中文版）058[M]// 数据驱动的城市. 武汉：华中科技大学出版社，2015：96，99.

图 6-33 源自：http：//senseable.mit.edu/.

图 6-34 源自：建筑与都市（a+u 中文版）058[M]// 数据驱动的城市. 武汉：华中科技大学出版社，2015：32，33.

7 城市设计的实施操作

7.1 城市设计过程的组织

城市设计发展正呈现出日益科学化、开放化、多元化和综合化的趋势。但是，国内外城市设计研究都有一个共同重要问题尚在探索，这就是城市设计的实施操作过程应该如何组织，这也是现代城市设计中最具方法论意义的内容。

不同的专业经历影响了人们对客观事物的理解。城市建设中不同的角色，如政府官员、专业人员、普通大众和项目业主心目中的城市建设理想不尽相同，但他们都拥有对城市规划设计和建设发出声音的资格和权力，也都可以作出各自不同的贡献。城市建设成功的关键在于，城市设计师要向决策者提供科学合理而富有创意的建议，协调并保证各方共同拥有的广泛知识被尽可能全面地吸纳采用，从而形成综合的城市设计决策，而这些无疑必须通过一个城市设计的整体协作过程来组织。

7.1.1 设计过程的意义

无论是城市设计的目标价值系统，抑或是城市设计的应用方法，对于任何一项具体的城市设计任务而言，都只是子项的内容，还需经过一种恰当合理的选择并相互交织在一个整体过程中，才能使城市设计实践活动受益。

同时，城市设计又是一个连续决策过程。城市环境的广延性，建设决策的分散性和管理决策者的任期制，使得城市设计与实施完成后居民反馈即使有不匹配的地方，也不可能很快得到调整，通过设计过程的组织，就会有助于改善这种状况。

如果将来自宏观外界、社会需要和文脉方面的内容看作城市设计的"外部环境"，那么，从方法上讲，城市设计所关心的就是通过"内部环境"去适应乃至互动"外部环境"，达到设计预期的目标。而对适应和互动方式而言，最重要的就是城市设计过程的组织，可以说这是"方法的方法"，它在知识上是硬性的、分析的、可以学习操作的。

在具体的层次上看，城市设计涉及的客体内容极为复杂。各种分析方法和技艺一般可以一种历时性的组织方式来展开，依循从整体到局部，从大到小的次序；从城市形态和城市结构分析，再到城市空间分析，直到最后城市设计决策的历时性过程本身，具有内在逻辑性（图7-1）。

过程构建的意义在于，现代城市设计一定程度上乃是一种无终极目标的设计，在阶段性目标实现的同时，又激发产生出新的设计目标，所谓的城市规划建设依循终极蓝图来实

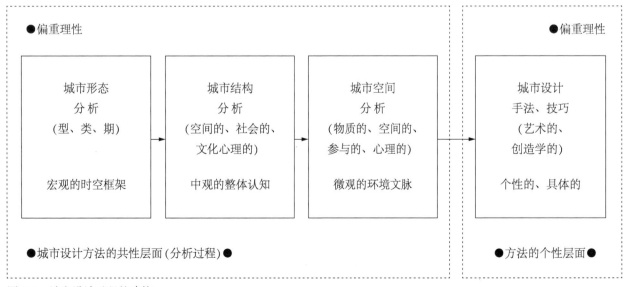

图 7-1　城市设计过程的建构

施通常是相对的。在一个具体的城市发展或建设项目中开展城市设计工作之前，城市政府、项目业主或公共机构通常需要编制一个更加全局和面向长远的上位规划或者战略计划。在探讨并初步明确了上述规划和计划的发展蓝图和负面清单后，政府或者项目业主就会让城市设计相关的专业技术人员开展针对城市空间形态和环境场所营造的具体设计。

设计成果由两种常见的方式进一步落地实施：

第一，与规划管理相关的城市设计编制性的成果。如设计出来的空间形态成果本身、城市设计导则以及直接与数字化规划管理相关的空间形态管控的数据库。

第二，具体的需要建设实施的局部场所营造的城市设计。这类设计成果需要组织工程性的实施，直到最后建成，设计创意在其中可以发挥重要作用。

面对大尺度、价值取向复杂多元，且主要是针对规划管理形态需要的城市设计编制就需要多类专业人员的组织，他们以各自不同的专业特长来处理所面对的问题，最后由设计负责人整合成一个完整系统的成果。在中国常见的大尺度城市设计的编制中，传统城市设计的那种决定论式的终极式目标，就会与我们基于经验的预见或确定未来的有限能力不相一致。如同画一张油画的笔触组织那样，现代城市设计本质上乃是一种长期修补，并在修补过程中不断改进的复杂设计和连续设计。如果在综合研究城市开发建设过程的初期，就组织一个学科齐全、专业互补的工作组来协调工作，就可以

在最终设计成果和实施之前认识并更正可以避免的错误，而其中的关键就是需要有一个带有反馈环节的设计决策过程，以使设计过程中暴露出来的缺陷在下一个深化环节中通过负反馈的信息得到纠正。

过程的意义还在于，过程具有分解、组合和进度可控的构造特点，并且具有反馈机制。因此，一旦设计出现问题，就有可能很快地在次一级的子项上检查分析出症结所在，这样，反馈机制又通过连续反映过程的实际状态与希望状态之间的差异而使过程具有自组织能力。无论内外环境向什么方向变化，反馈调节都能跟踪过程的微小变化，不必每次都从头重复整个设计过程，也就具有了现代城市设计所特有的"开放性"和"科学性"特征（图7-2）。

7.1.2 现代城市设计的方法论特征

传统的城市设计方法是以明确的目标实现为特征的。即它假定事件状态和最终目标状态均为已知，寻找一种逻辑上严格的、能产生满意甚至最佳结果的规则。具体的"任务导向"是这种方法的认识论特征。

在应用中，传统的城市设计方法适用于解决充分限定的问题，对城市建设和建筑设计的影响主要在与经济或美学有关的设计解答上。如在给定单方造价范围和某些有关单元类型最小的情况下，在新区开发中根据投资回报来回答住宅的最佳组合问题，而这在以往是一直靠试错或估测来解决的。

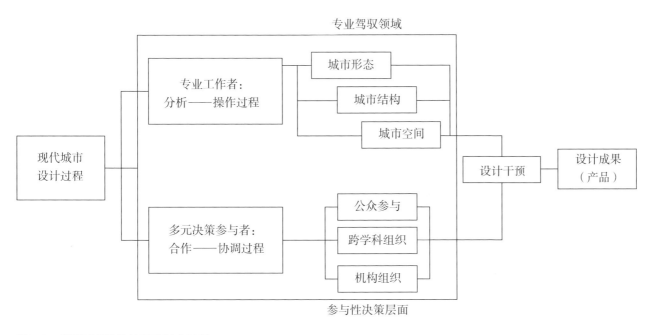

图 7-2 现代城市设计的双重复合过程

不过，这种方法有很大的局限性。如上所述，城市设计目标在现实中常常含混复杂。城市是一个综合复杂的系统，是很多动机不同，甚至相互矛盾的规划设计、建设行为和社会活动交互作用的产物。因此，城市与艺术工作或某些建筑设计工作不同，它不应是某一个设计师依靠直觉的产物。美国著名学者赫伯特·西蒙曾经在《人工科学》一书中指出，城市规划中具体形体的设计与社会系统设计之间并不存在本质的界限，因而，我们必须在一种社会协作条件下的探寻性设计过程中寻找答案。

城市设计者必须平衡协调来自政府各部门对城市公共环境建设的期望，同时还必须吸纳来自不同利益团体和公众的看法，也就是说，这种过程应有利于包容社会和群众的价值取向，城市设计师所要做的就是尽其专业能力驾驭过程，凝聚共识并付诸行动。

城市建设问题并非什么时候都是清楚的。如在我国，城市更新改造的蓝图和任务往往是由领导决策者在政府工作任务中以描述方式确定的，如多年前国内城市常见的"一年初见成效，三年面貌大变"的建设目标等，且提出主要是基于"政绩"考虑，而非经过严格的科学论证。因而，物质系统（建设目标）与行为系统（专家的设计决策）之间的界限并不清晰，规划设计和建设实施之间必然存在诸多不一致之处，这些都需要在设计深化过程中反复协调、研磨才能达成最终的协同。

在具体做法上，整个设计过程不再是"专家"面对"外行"的情形，双方应该自觉放弃驾驭对方的意识，双方都需要在设计过程中学习新的知识。同时，应尽可能地增加过程组织的透明度（图 7-3）。

7.2 城市设计和公众参与

城市设计过程构建具有双重内容。一方面是设计者和专业人员把握的设计过程，着重点是对设计的客体——城市格局、形态结构、特色空间、建筑群和历史人文内涵的分析过程；另一方面则是城市规划设计过程中涉及的人的维度，亦即公众参与的过程。

公众参与的意义在于，它关注的是城市建设发展中最缺乏表达意见机会的普通大众，而不是拥有决策权力的行政官员和部门，以及经常代表决策者意志的专业设计人员。理论上讲，对于一个城市的环境建设和未来发展，任何公民都具有同等的表述自己想法和意图的权力。而且，公众参与并不仅仅是一个形式，而是"人民城市人民建"和今天的"以人

民为中心"的城市发展理念的真正内涵，同时它还有助于改变计划经济体制下单纯"自上而下"决策的做法，事实上，前述章节分析过的雅各布斯、拉波波特、"十次小组"等城市设计前辈的主张都与关注发挥"自下而上"的城市设计动力有关。

7.2.1 参与性主题的缘起

在古代，人为组织的城市设计大都取决于单一"委托人"的需要——封建帝王、僧侣或达官贵人等；工业革命后，设计虽然逐渐有了一定的开放性，但这种"一对一"的关系仍然延续到 20 世纪初。随着工业化发展和公共住宅的出现，一部分委托人逐渐变成用户群体，这时设计者就面临与设计对象的最后用户的分离问题，以及随之而带来的设计伦理和有效性问题。

然而，在 20 世纪很长的一段时间，许多设计者并没有意识到这一问题，而是继续贯彻他们自己建立的价值理想，

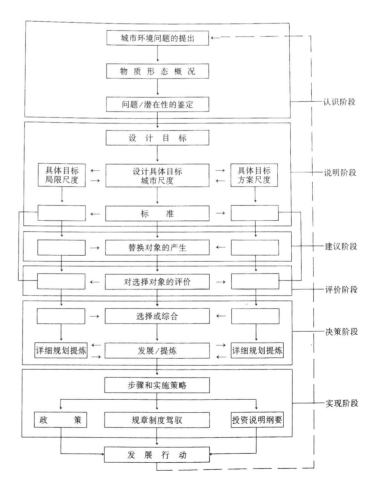

图 7-3 美国城市设计过程组织框图

特别是现代建筑理论。这种脱离实际的思想导致了两个彼此相联系的发展：第一，建筑物乃至一座城市被看作一种抽象的空间艺术形式来处理；第二，恪守所谓的"社会变革设施中心理论"，即认为一旦为居民提供住房、道路、通讯、电力等生活基础设施，便可建设起良好的城市社区。事实证明，这两种发展均不尽如人意。

与此相平行，在古往今来的历史中，全世界许多地区的城镇居民基于自身需要和价值取向建设了各自的城市社区，而这种建设活动并没有专业人员的帮助。拉波波特曾经认为，大多数伟大的城市设计乃是那些"非设计者"(Nondesigner)若干代修补渐进的产物；雅各布斯出版的《美国大城市的死与生》对人们改变城市建设的态度产生了重大影响；其后，鲁道夫斯基(Rudofsky)于1964年出版了《没有建筑师的建筑》(Architecture Without Architects)，该书旨在"通过引介那些人们陌生的所谓非正统谱系的建筑世界，来打破以往狭隘的建筑艺术概念"[1]。在书中，鲁道夫斯基以大量乡土建筑案例的调查研究，论证了居民自助建房行为的社会文化意义，盛赞居民本身创造环境的智慧和设计能力，为人们客观认识那些民间、自为和名不见经传的乡土建筑的内在价值起到了重要作用，也引发了整个西方世界建筑专业人士对自身角色和作用的重新思考。

一些社会学家则倡导城市郊区的生活，他们认为建筑师和规划师必须学会理解他们正在影响的社区的复杂性。岗斯(Gans)1962年出版的《城市乡民》(City Villagers)一书，鼓励设计者把自己与社会结构联系起来。哥德曼(Goodman)在1972年出版著作《规划者之后》(After the Planners)，倡导一种"游击队建筑"——一种直接反对建筑学机构的反专业态度，他劝告建筑师要作为一名普通公民，与人民一起生活和工作，而不要与高人一等的机构联系在一起，该著作发表后产生很大的学术影响。布洛林则认为，现代西方建筑"放之四海而皆准"是一个神话，这种"建筑帝国主义"(Architectural Imperialism)，应该彻底摒弃。今天，像阿尔托、西扎、巴瓦、柯利亚等一些结合地域自然和人文特点的建筑师的作品受到了越来越多的赞许和欢迎。

1965年，荷兰建筑师哈布瑞根(Habraken)提出了大量性住宅建设的"支撑体"系统，亦即将住宅设计和建造分为两部分——支撑体(Support)和可分体(Detachable Unite)的设想。他据此提出了一整套理论和方法，即SAR理论(Stichting Architecten Research)。1973年后又扩展到城市设计。他把城市物质构成更广义地命名为"组织体"(Tissues)，而把广义的基础设施、道路、建筑物承重结构命名为"骨架"(Support)。

组织体决定该地区环境特色和人群组织模式，设计可由居民来共同参与决定。哈布瑞根为设计思想及实践走向社会、走向群众和变革传统的人——委托关系作出了贡献。

美国学者透纳(Turner)的影响也值得一提。透纳运用人类学的研究方法在秘鲁、墨西哥与穷人一起生活了十多年，1963年发表了他撰写的关于违法集居区的报道。他的研究表明，拉丁美洲定居者自治问题与定居运动有关，为人的住宅比看上去好看的住宅重要得多。这些城市定居聚落并非无业人员的营地，而是一种自我选择的、设计安排得很好的社区。巴西、玻利维亚、墨西哥、阿根廷都大量存在这样的聚落，尽管这些住宅由当地的泥土浇捣构筑而成，但人们却喜欢居住在此。透纳认为这"可以与政府的高层住宅相媲美"，此后，他又写了《民建住宅》(Housing by People)和《建造的自由》(Freedom to Build)等一系列重要著作，抨击政府对上述定居点的不公政策。他指出，政府应扶持并提供必要的基础设施，帮助"违法定居者"改造环境，住房应是动词，而不是名词，或者说是"过程"，而不是"成品"。

从1950年代起，经过近20年的探索，设计者终于认识到现代主义那种人性抽象的理论存在很大问题。至此，建筑领域，特别是城市设计和规划领域，凡·艾克、哈布瑞根、透纳等倡导的参与性设计思想最终汇成一股汹涌的时代大潮，席卷冲击着全世界的城市建设活动，并成为现代城市设计过程中一个基本的方法论主题。

7.2.2 公众参与设计

1960年代末兴起的"公众参与"设计，是一种让群众参与决策过程的设计——群众真正成为工程的用户，它强调的是与公众一起设计，而不是为他们设计。

这一设计过程是一个教育过程，不管是对用户、群众，还是对设计者和建设决策者，不存在可替换的真实体验。设计者(规划者)从群众中了解他们的真实诉求、多元价值观和社会文脉，而用户或群众则从设计者和决策者身上了解城市发展和规划建设计划、学习针对社会公平、效率和环境提升的规划和设计技术方案，同时也参与某种程度的决策听证会和管理。设计者可以与用户和群众一起发展方案。

公众参与的倡导者主张，设计者首先应询问人们是如何生活的，了解他们的需求和他们要解决的问题。为此，城市设计者需要吸取并综合运用旁系学科的知识，或者组成由跨专业人员组成的设计小组，这种方式已在许多城市中得到成功的应用。

在实践中，公众参与的倡导者为达到更方便地与最后的用户接触，更喜欢实验操作小规模的项目。设计过程和深入社会的决策也十分重要。在城市设计过程中，公众参与可通过多种形式进行：公众讨论会、市民特别工作组、组织公众到规划地址参观、市民意向调查；利用新闻媒介举行问题辩论会，举办方案公示展览以及关于规划设计的公众论坛等。比如，设计者可以像前述贝克住宅区改造案例那样，在现场建立办公地点，让人们去提问题、交流并及时得到信息。充分公开化的实体模型、绘图表现、数字可视化模型、讨论设计构思的会议也在这一层次上组织。近年，南京市规划局为了打通夫子庙景区和老门东景区，邀请了由东南大学、南京大学和南京工业大学三校学生志愿者及老师，以工作营方式开展了南京老城小西湖片区的城市设计更新改造工作，工作尝试采用了多种公众参与方式，取得了更多的来自"自下而上"的社区和居民的共识，成效显著。

美国是公众参与组织比较普遍的国家之一。从1960年代到1990年代，美国有超过三分之二的城市规划设计，不同程度地组织了公众参与，如加利福尼亚曾组织技术委员会、政府官员和有关职员做了一次旧金山山顶巡视活动，研究市区环境设计方案并以此作为制定城市设计编制的基础。圣地亚哥的做法是做公众意向调查，组织公众评议组进行场地踏勘，并以星期日报纸增刊方式刊登出规划，以填空答案的方式收集公众意见。波士顿则举办了一系列公众论坛会，广泛听取公众对重大规划问题的意见。但美国本国学者认为还不满意，因为有些参与只是经纪人或其他专业人员，或者是市民特别工作组。经费不足固然是公众参与不足的原因之一，但城市建设的经济取向和效率准则则是更主要的原因。

公众参与的组织还直接影响着城市设计的可操作性和实施效果。以日本横滨为例，1980年代的日本进入一个前所未有的城市发展高峰期。横滨像日本其他许多城市一样，这时抓住土地价格急剧上升的契机，实施了不少城市环境的改善工作。起初，工作的焦点主要是城市景观及其美学方面。然而，由于未能充分考虑市民们真正需要解决的基本问题，亦未能听取市民们的反馈意见和评价，所以城市设计并未得到应有的支持和理解。到了1980年代下半期，社会开始关注这一问题，人们这时意识到，城市建设和环境改善需要整体考虑，这两方面有效结合才能吸引各方面投资，尤其是私人投资。同时，政府也开始把城市设计真正看作环境改善的一种手段。大家公认，城市建设既需要决策和实施的连续性，也同样需要有公众的参与和合作。在横滨实施的许多城市环境设计项目中，政府所做的只是委托工作，并没有直接投资。至于具体技术和协调管理，如规划设计、建筑方案、街道小品、公园、

桥梁的审批工作则由专门的城市设计委员会和公共设施委员会负责。

再以东京世田谷区（Setagaya Ku）城市设计与公众参与的结合为例，1980年代起，日本的城市设计已进入向地方普及的时代。1975年新的地方政府确定了"美的城市营造"的建设目标[2]。

世田谷区位于东京都中心"山手中核地域"外缘，距东京都中心23 km，行政区面积为58 km²，人口约77万，地区内拥有丰富的自然生态资源。该地区1979年开始编制总体规划，推动城市设计也已30余年，成为日本小规模城市实施城市设计的典范。

世田谷区政府于1982年，在其城市规划部下设"城市设计室"。世田谷区城市设计实践的主题十分重视人文与社区的参与，其间经历了三个阶段。

第一阶段——社区住民参与推广城市设计(1982—1986年)。世田谷区城市性质为东京的"卧城"，拥有河川、绿野及历史文化资源。因此，世田谷区所推动的城市设计方向把着眼点放到了"住民参与环境设计"的课题上。而其居民参与的推广，首先由区内公共设施空间改善开始，再逐渐推广至包含相邻住宅社区的环境改善工作。这种与居民共同开展设计工作的做法，意义在于唤起当地居民对环境公共事业的关切，同时也使城市设计的共识有了基础。

第二阶段——建立居民对公共环境设施自治管理体制(1987—1990年)。在空间形成过程中，政府愿意听取并融入居民的意见；但是空间一旦形成，是否有一个持续的环境设施品质保证和维护管理，则有赖于居民从设计开始以至使用阶段的完全参与。为达此目标，政府非常注重居民环境设施自治管理体制的建立。因此，城市设计室设想了一套作业流程：使用者意愿调查→规划设计协议（区政府、建筑师、居民共同研究）→共同参与部分施工过程→用后调查评估。其中下列案例运用了这一整体作业流程：（1）世田谷区垃圾焚化厂烟囱色彩设计竞赛活动。1988年3月针对世田谷区美术馆后侧垃圾焚化厂的烟囱，开展了市民色彩竞赛活动。该竞赛参赛设计者中包括了学生、设计师和家庭主妇，最后以评选最优者予以实施。此举对于日本人平常不太注意色彩的情况，产生了应有的环境教育及参与的意义（图7-4）。（2）举行公厕、残疾人使用的电话亭等公共街道设施设计的市民竞赛。（3）"用贺步道"亲水空间及壁面美化规划，经由开放居民设计竞赛，以及参与施工过程中壁面彩绘与铺面制作（图7-5）。

为配合第一、第二阶段的工作，政府还常年举办多种城

市设计讲座和城市设计展示活动。

　　第三阶段——建立社区发展中心规划设计工作站(1991年起)。本阶段的城市设计是基于前两个阶段的经验积累，将 21 世纪的世田谷区列为城市设计工作的主要课题，并建立了"社区发展中心规划设计工作站"。工作站的主要活动在于处理居民提出事项的咨询服务及协调有关该地区公共环境设计、管理事项。这项服务以使用者适当付费为原则，每一工作站由政府委派人员驻站工作，并聘请有关专家作为顾问，这项工作还与大学相关系科合作，吸纳学生自愿者到站临时工作。工作运营的部分费用来自于民间企业的捐赠。世田谷区城市设计公众参与实施体制之经验，确有很大的实践借鉴意义。1992 年 3 月间日本横滨市召开的第一届"城市设计论坛"上，世田谷区区长曾介绍了该地区公众参与城市设

图 7-4a　东京世田谷美术馆与垃圾清扫场的彩绘烟囱

图 7-4b　经过公众参与的东京世田谷垃圾清扫场彩绘烟囱

图 7-4c　标识世田谷美术馆、用贺步道和垃圾清扫场及资源循环中心等的地标指引

图 7-5a　东京世田谷区的用贺步道入口

图 7-5b　东京世田谷区的用贺步道

计的成功经验。

从成果方面看，规划设计本身应具有可读性，易于被大众理解。至少应该有一份供大众看的通俗易懂的说明摘要，例如加拿大温哥华市政府还专门约请了一些艺术家，将城市规划设计的基本原理和环境改善建议用卡通画方式表现出来供广大市民了解，其主要内容包括环境品质、居住生活场所、工作场所、城市交通和货物运输方式四大类。笔者与杨俊宴等合作完成的2018版南京总体城市设计就专门为公众参与设计了针对大众、外宾和儿童三种人群的宣传版本。

7.2.3　我国的公众参与问题

中国城市建设发展已经进入一个公众参与的新阶段，现在城市重要的城市规划和设计项目都需要经过一定时长的公示才能进入政府决策的过程。

中国历史上曾有不少哲人提出过倾听百姓意见的说法。如《荀子》中提到："兼听齐明,则天下归之",《道德经》则说："圣人无常心,以百姓心为心"。

1990年代以前，我国城市规划的制定主要是一种政府管理和调度资源分配的职能，基本上是一个"自上而下"的过程。在此过程中，公众基本上是被排除在外的，他们对于城市规划只有遵守和执行的义务。而今天社会主义市场体制的建立必将伴随一个重要过程，就是规划和设计决策将更多地采用"自下而上"结合"自上而下"的路径。

与美、日和欧洲一些国家相比，我国的公众参与设计工作还有较大的距离。由于根深蒂固的传统观念作用，群众对参与决策的意识比较淡薄。直到今天，居民真正做到畅所欲言地与设计人员和领导对话也不多见。即使设计者本人希望

增加透明度，市民也不一定能主动地配合。因此，我国大多数参与性设计都是在半公开化的过程中进行的。如采用为被调查者保密的个别询问和问卷方法就比较有效，调查结果也比较真实可靠。

随着社会主义市场体制的培育、发展和完善，我国公众思维正在改变，自主意识日益增强，公众亦必将会更多地加入到规划设计过程中来，由此会根本改变我国城市规划设计的思想、理念和具体的内容与方法。2008年实施的《城乡规划法》中明确增加了四条有关公众参与社会监督的条款。

《城乡规划法》的有关条款虽然并非专门针对城市设计领域，但是我国城市规划是法定的上位管理依据，所以，城市设计公众参与要求完全可以参照，亦可直接融入城市规划体系运作。事实上，相比城市规划，非法定、多层次、重美学评判和体验感受的城市设计特点，比法定规划更具备操作的灵活性，也更易于公众理解，贴近生活。有了公众参与，城市设计的可行性和可实施性就会大大加强。

对于不同规模和尺度的城市设计，公众参与可以有不同的途径和方式[1]：

（1）总体城市设计

适宜通过互联网渠道进行前期的公众意愿收集，并结合网络数据挖掘和移动终端追踪等的间接参与方式，获取研究公众行为的依据。

通过会议交流、开放展览等形式对方案深化决策开展公众评估。

有条件的情况下可组织主题活动，借助社交媒体平台和虚拟现实与数字城市技术吸引更为广泛的公众关注。

（2）片区城市设计

可通过面对面方式与参与主体，尤其是在地居民进行深度的沟通交流，获取其真实意愿。

推进方案的过程中，可借助认知地图、愿景卡片或模型布局游戏，鼓励参与主体对具体物质空间进行模拟。同时，阶段性的会议交流也不可少，可组织开放展览、主题活动，结合社交媒体、PPGIS 平台和 VR 技术。

（3）地段城市设计

适宜利用开放展览、会议交流、主题活动、社交媒体搭建多元主体间沟通平台；借助愿景卡片或模型布局游戏，鼓励参与主体对具体的物质空间进行模拟。有条件的情况下可采用虚拟现实技术，真实呈现周边街道和建筑内部漫游行走的感觉。对于具体细节的把控，可以提供样式"菜单"，让用户根据自己的喜好选择。

随着数字技术的发展，近年公众参与方法更加丰富多样并有了很多新的突破性进展，大致可以列表总结为 15 种（图 7-6）①。

7.3 城市设计的机构组织

7.3.1 城市设计的机构组织形式

城市设计广泛涉及政治、经济和法律等社会方面的要素。这些要素虽然都能对城市设计产生影响，但效果未必一定是积极的。在城市赖以存在的社会基础中，城市组织机构之间如果缺乏协调和关联性，各自为政，或者立法体制及建设准则只放到功能和经济理性一边，忽视文化理性和生态理性，就会阻碍城市整体目标的实现和城市设计的发展。因此，综合改革传统垂直式的行政架构，理顺条块之间的关系，建立符合现代城市设计要求的机构组织形式就成为当务之急。城市设计必须寻求一种能统一和均衡这些要素，同时又能包含参与性意见的行政机构组织，或者直接介入决策设计的全过程并和这种机构有机结合。

途径	方法	适用范围 项目尺度			适用范围 设计阶段			参与主体						实施可行性 组织难度		参与门槛		评价 优点		评价 缺点	
		区域-城市级	城市-片区级	地段-地块级	(1)前期调查:实地了解项目概况	(2)中期研究:测试想法探讨选择	(3)后期决策:提出方案达成共识	政府机构	在地居民	设计团队	开发建设	专家顾问	公益组织	材料准备	网络操作	文化程度	网络操作	操作	结果	操作	结果
信息数据采集	问卷调查	★	★	★	√√	—	√	—	○	○	—	—	—	▲	△	▲	—	简便灵活	量化精准	存在问题设计盲区	样本代表性偏差
	访谈问询	☆	★	★★	√√	√	√	○	○	○	○	○	○	△	△	△	—	简便灵活	详实深入	耗费较多时间人力	时空覆盖面小
	参与式观察	☆	★	★★	√√	√	—	—	○	○	—	—	—	△	△	—	—	简便灵活	具体深入	不可避免立场迁移	外来者介入干扰
	网络数据挖掘	★★	★	☆	√√	√	—	—	○	○	—	—	—	▲	▲	—	—	高效即时	客观精准	数据清洗较为繁琐	数据分析主观干扰
	移动终端追踪	★★	★	☆	√√	√	—	—	○	○	—	—	—	▲	▲	▲	—	高效即时	客观精准	数据获取或存障碍	仅时空活动信息
城市环境模拟	认知地图	☆	★	★★	√√	√	—	—	○	○	—	—	—	△		△		简易有趣	真实直观	需参与者深度配合	样本代表性偏差
	愿景卡片	☆	★	★★	√	√√	√	○	○	○	○	○	○	▲	△	▲	—	简易有趣	详实全面	需参与者深度配合	组织者或主观干扰
	模型布局游戏	☆	★	★★	—	√√	√	○	○	○	○	○	○	▲	△	△		简易有趣	具体直观	需参与者深度配合	组织者或主观干扰
	虚拟现实	★	★	★★	—	√	√√	○	○	○	○	○	○	▲	▲	△	▲	灵活有趣	具体深入	前期技术投入较大	参与者人群有限
	数字城市	★★	★	☆	—	√	√√	○	○	○	○	○	○	▲	▲	▲	▲	灵活有趣	具体深入	前期技术投入较大	参与者人群有限
互动交流平台	开放展览	☆	★	★★	—		√√	○	○	○	○	○	○	△	▲	△	—	简便灵活	具体深入	耗费较多时间人力	时空覆盖面小
	会议交流	★	★	★	√	√√		○	○	○	○	○	○	△	▲	△	—	简便灵活	详实深入	耗费较多时间人力	或存在代表性偏差
	主题活动	☆	★★	★	√	√√		○	○	○	○	○	○	▲	▲	▲	—	灵活有趣	真实广泛	需参与者深度配合	耗费较多时间人力
	社交媒体	★★	★	☆	√	√√		○	○	○	○	○	○	▲	▲	▲	▲	高效即时	真实广泛	动态维护投入较大	参与者人群有限
	公众参与地理信息系统	★★	★	☆	√√	√	√	○	○	○	○	○	○	▲	▲	▲	▲	高效即时	信息定位	前期技术投入较大	参与者人群有限

图 7-6　公众参与方式一览表

培根在城市设计与地方政府结合方面取得了杰出成就；巴奈特参与的纽约城市设计的机构组织和合作经验，也是这方面著名的成功案例。在亚洲，日本横滨和新加坡的经验比较瞩目。与政府等部门机构的合作可使城市设计更容易落地实施，这种合作可以推动城市设计的开展，并赢得社会各界对城市设计的普遍关注和好感。城市设计通过为居民提供高品质的城市人居环境，会有利于树立城市的良好形象，增强市民的"家园感"和"荣誉感"，并促进社会各项经济活动的开展。

美国政府从1969年开始支持城市设计，起初把"城市环境设计程序"作为国家环境政策的一部分，后来又通过了1974年的"住房和城市政策条令"。自从城市设计在美国作为公共政策实施以来，至今已有一千多个城市实施了城市设计制度与审查许可制度(图7-7、图7-8)。英国在城市设计与行政机构的协调合作方面，做得很有成效，并集中体现在战后新城的设计建设中。斯堪的那维亚国家和社会主义国家的集权体制，更易将城市设计组织到政府职能机构中去。不过，在不同文化传承特点和社会体制的国家中，城市设计的介入形式是有一定区别的。

城市设计机构如果组织得卓有成效，也会取得自身的进一步发展。如日本横滨在城市设计实施的最初5年，也即是

1970年代上半期，当时横滨城市设计小组的主要任务是，通过一些公共基础设施和公共建筑的建设、步行商业街区和绿化开放空间的复兴，向市民们传播普及城市设计的信息。同时，设想发展出一种能促进各行政机构之间和政府与民间合作的工作体制。该小组除解决建设中的专门问题外，大多数问题都是与市民委员会协商解决的。

随着形势的发展，横滨城市设计小组升格成为城市设计室，作用也有所改变。管理、引导和协调成了工作的重点；与外界其他设计者相互合作逐渐增多，城市设计的实施面也大大加宽，甚至扩展到横滨市郊区。

鉴于城市活动性质和范围的扩大，横滨城市设计室又增加了景观建筑师、市政工程师等新成员，从而保证了这一机构能更有效地工作。同时也与外聘专家，如照明工程师、雕塑家、历史学家、行政官员及城市管理者等建立了良好的合作关系。这在一方面，适应了城市设计活动数量增长的需求，另一方面又促进了城市设计组织和相关体制的改革和完善，工作亦更规范。

到1990年代，全日本的城市设计活动在横滨的带动下，取得显著成绩，社会各界及市民亦对城市设计有了更多的理解和支持。

虽然历史上重要的城市设计都与行政机制有关，但在当

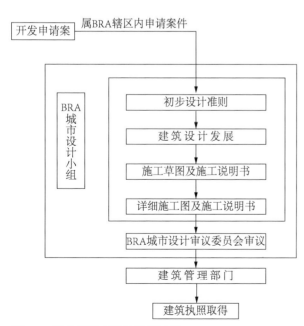

图7-7 波士顿城市设计审议过程

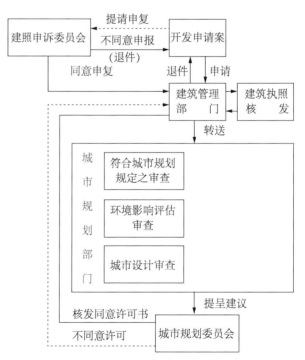

图7-8 旧金山城市设计审议过程

今高度民主、开放的时代中，两者结合的方式和意义又有了新的特点。

一般来说，城市设计与行政机构的结合有三种形式，亦即集中、分散和临时三种形式。

（1）集中式：乃指将城市设计管理职能集中于某个特定的部门统一领导和控制。这一部门常以城市规划设计专家为主（如前苏联以及法国巴黎实行的总建筑师、总规划师制度，中国近年也有成功尝试），并吸收相关领域的专家和城建各部门的代表参加。这一部门直接受市政府领导，经市政府的授权，它具有决策干预权，是城市设计权智结合的最高执行机构。在工作中，应该包括以下工作：

·制定城市设计的宏观策略：就城市级的空间设计和城市景观进行研究，并以研究成果影响次一级的城市设计（片区和地段）乃至重要的建筑设计。

·咨询职能：就城市设计工作的开展提供实施可行性、设计准则等方面的咨询。

·审查职能：对城市设计项目和重要建筑设计方案进行环境综合指标的审查和校核，组织各项公众参与活动。

如我国历史文化名城苏州的城市建设就曾经邀请吴良镛、周干峙、齐康、阮仪三等先生全局把关。新辟的干将路则专门委任齐先生对两侧重要建筑物的设计进行把关。日本则在某些场合实施了总协调建筑师的制度，以保证环境建设的整体性。传统的城市设计方法已难适应当今价值观急剧变化的时代要求，好的规划设计不但要关注目标和理念，而且要在具体空间形态上体现出来，这就需要有与之相应的具体执行者。这就是总协调建筑师的由来。他的具体工作应当在特定的法规制度和总体规划下进行，同时又不受既定法规、规划的束缚，以保持其自主的立场，更好地适应变化，妥善处理应急情况，使规划设计顺利进行。

一般说，总协调建筑师的职责就是针对某一特定规划地区，向设计各单体建筑的责任建筑师阐述该地区应有的环境景观形式、规划设计思想和具体实施原则。有意识地将各单体建筑师的设计构思，引导到城市系统和营造良好的环境景观上来，并向他们提供一些能被居民、政府部门、设计者及建设者所共同认可的设计构想。此外，在具体实施时，还要设置若干设计细则，以此为依据进行设计运作的协调。即在各组团或单体建筑的责任建筑师之间寻求共识，或按照具体的情况，就整体以及各单体衔接部分之间进行调整。10多年前，笔者曾经在常州市常澄路—万福路（今通江南路）城市设计编制后的工程实施中松散地担任过总协调建筑师这个角色，对这条景观大道两侧的重点建筑设计进行了总体把关，

成效显著。广州近年邀请何镜堂先生和孙一民教授等实施了城市重点地区总城市设计师（建筑师）协调负责制，已取得初步成效；深圳湾超级总部基地开发建设邀请孟建民先生担任地区总设计师。海口近期也邀请了何镜堂、崔愷、孟建民及笔者等一批院士和设计大师开始实施城市重点地区总城市设计师协调负责制。

国外的具体案例包括采用总协调建筑师方式的东京多摩新城15住宅区和位于彦根市的滋贺县立大学校区建设。其中后者由内井昭藏主持总体规划，并担任总协调建筑师。建筑则由长谷川逸子、大江匡、坂仓设计事务所、边浦设计事务所等建筑家和事务所负责[②]。

（2）分散式：意指城市设计分别由市政府几个职能机构负责，各机构分别处理各自日常职责范围内的专项设计问题。我国目前大多数城市都是采用的这种方式。这种方式以美国较为典型，美国城市设计实施体制属于"自下而上"的地方自治型。公众高度关心城市环境，积极参与城市设计。城市设计审议委员会及主管官员权利大都来自民间，因此其体制既具弹性又有效力，而且各城市也依据自己情况建立了不同的体制。例如旧金山有"城市设计导则"；波士顿则无"设计导则"，而是通过行政管理部门与民间开发商签订协议推行城市设计。此外，西雅图、波特兰、洛杉矶用的也是这种方法。但这种形式有一些弊端，倘若法规不健全，总的城市设计策略和各机构承诺的义务就会常常混淆，导致城市设计目标的不确定。

（3）组织临时性机构：这往往是针对某一特定城市设计任务而组织一个班子——这可以是一个设计委员会，或其他特聘的组织。它将为城市某一阶段和特定的工程任务服务，一般多用于那些无力常设城市设计机构组织的城市。中国很多城市近年全新组建的规划委员会或者专家咨询委员会，一般会邀请国内外知名专家参与重大城市规划和设计决策，如河北省委省政府聘请的雄安新区规划评议专家组等。临时性机构定位可控、操作简单、适合国情，现已得到广泛应用。

7.3.2 城市设计专家组

不同的城市可以采用不同的组织形式。就我国目前来说，对于那些专业设计力量较强的城市，较理想的应是以集中形式为基础，采取专家组驾驭下的设计竞赛形式，这具有方法论的意义。这里面关键是专家组的组建，一般来说，它应由在城市规划设计领域和其他相关领域具有相当造诣的专家和专家型官员组成，人员应有高度的代表性；每一位专家应有较强的专业素养和业界公认的水平。在具体工作过程中，各

专家可以根据专业有所分工，但必须定期讨论、商量问题和决策项目，这是一种跨学科的集体智慧的集约。专家组直接向规划委员会或者直接的城市决策者负责。我国现行城建体制有严重的交叉重叠，专家的决策咨询和设计者的创造性尚未在体制中给予必要的地位和重视，所以决策水平、效率和准确性都不很理想。

对于我国大多数中小城市，临时性机构的组织形式就很有效和实用。目前，这些城市的规划设计通常由各类规划院和设计院编制，与高校规划设计机构也时有结合。这种形式有两点特别重要：第一，我国中小城市的专业力量一般较为薄弱，因此，咨询专家组或顾问对该市的城市设计的驾驭作用会受到领导的特别重视。有时专家组依托领导的决策还基本排除了当地城管部门的介入，这对设计方案实施的前后一致性和完整性有益。不过，从城市设计的过程性来看，决策虽然可以在一时的政治舞台上做出，但整个实施和管理工作终究还必须有该城市的城建部门的协作和合作。专家工作的临时性质决定了它不可能具体负责整个设计实施过程，所以，咨询专家应注意与这些部门建立良好的互补关系，而不是全部取而代之。第二，专家本身应具有一定的工作方式和合作艺术，恰当使用自己拥有的决策权力。一般来说，专家由于是外来的，所以必须对这个城市及设计项目的文脉背景和现实条件进行踏实的调查研究，同时组织公众参与及与政府、城建部门合作，而后才能提出科学的咨询建议，这同样是城市设计权智结合成功的重要保证；而另一方面，作为城市领导者，也应避免"人一走，茶就凉"的走过场情况。

实际上，专家的工作内涵并非是取代城市建设管理部门的职能，而只是在城市设计过程中，对宏观驾驭城市的风貌特色、景观艺术、空间秩序和环境意象等方面的内容具有决策建议权。在这方面，规划和城建部门应在城市政府统一领导下给予合作，而城市设计的具体规范和实施问题，城建部门就具有一定的控制权。可以说，在现代城市设计过程中，既有技术规范、工程实施等"刚性"内容，又有艺术、社会文化和行为心理等"定性"的内容，两者在改善城市环境的共同前提下既分工，又合作，并融洽地组织进一个整体的城市设计过程，这才是我国现代城市设计机构组织改革的基本方向。

7.3.3 城市设计国际咨询

伴随中国城市化进程的不断加速与城市建设的大量展开，面向国际的城市设计咨询活动方兴未艾——自 2001 年广州珠江口岸线城市设计国际咨询，到 10 年后的杭州锅炉厂和氧气厂地块国际旅游综合体设计竞赛，再到近年的河北雄安新区起步区建设、启动区的城市建设、北京城市副中心建设、海南海口市江东新区启动区等重大建设都采用了高规格的国际城市设计方案征集。目前城市设计咨询活动正呈现出加速发展的趋势。

城市设计国际咨询是应对重大城市建设项目设计组织的国际惯例。近年来我国频繁出现的咨询活动，一方面体现出各级地方政府与开发商对设计方案及城市空间品质的重视；另一方面也是我国城市设计市场开放的积极成果，有效缩短了国内外城市设计在概念、技术和方法上的差距。

在社会与业界普遍迎接并推动这一城市设计组织新尝试的同时，应该对其成功与不足进行分析与思考。毫无疑问，国际咨询的最大优势在于"借脑"，即借助众多尤其是来自境外的先进理念、经验与做法，通过头脑风暴为设计项目建构具有创新性、科学性与前瞻性的概念思路。但境外设计单位由于对中国国情了解有限，方案设计常常停留于简单的概念层面，或疏于论证，难以与地方建设开发的实际情况相吻合。就笔者参与过的多次国际竞赛或作为评审专家的经验看，较多的城市设计方案咨询过多关注宏观的概念口号和效果图表达，有时把几十年前的概念炒作成今天全新的设计概念。国际咨询虽然取得了不少成果，但是也有一些流于形式，大量经费被无端浪费。为此，对我国未来城市设计国际咨询的组织模式提出如下建议：

（1）在项目规模上，国际咨询的范围规模不宜过大。根据国际惯例，一般设计咨询的工作时间至少在 2—3 个月，一般不超过半年。因此，如果项目性质特别复杂、范围特别大，设计单位仅在现状调研和相关规划设计解读环节就要耗费大量的时间，境外单位由于人力成本、社会资源、语言沟通和文化背景等方面的障碍，一般很难在短时间内厘清现状并在此基础上形成优秀的提案。

（2）在单位组织上，提倡国内外设计单位联合，彼此优势互补。境外单位主要适于参加以方案构思为主体的项目前期工作或是概念性咨询阶段，充分利用不同文化背景的思维理念，集思广益，为设计寻找发展思路与多种可能性；境内单位则要充分发挥了解与熟知国情与地方建设发展的优势，将设计理念进一步完善与深化。

（3）在规划协同上，为加强城市设计国际咨询与我国法定规划的衔接，目前的常规做法是在咨询结束后就准备做控制性详细规划的编制，"但是控详编制方在短期内理解和消化咨询成果可能会出现不全和不透的问题；而由委托方提炼出的设计要点，也容易产生片面性"[3]。因此，建议在咨询活动展开的同时选择后续规划编制单位，在条件许可情况下可以让后期设计地段的规划编制人员直接接触和参加咨询活动，领会城市设计意图，确保咨询结果对于实践的指导价值。

7.4 设计成果的表达

今天的大多数城市设计，虽然仍然是以具体项目为主，但通过城市设计运作来实施对城市空间环境的特色和建设质量的管理也是其重要内容，如通过城市设计来制定能在较长一段时间内起作用的政策法令、设计导则以及设计项目评审制度等。当然，以往城市设计所涉及的环境构成，如建筑物、空间、视线、质量、景观、人的活动等因素的研究仍然在成果表达之列。

就城市设计所涉及的项目研究对象而言，目前国内外通常有两种不同的成果取向，一为过程取向或政策取向，二为工程取向。地段级设计基本以工程—产品作为取向，其实施时限较短，在城市内开发建设一个商业街区、城市中心区、历史街区保护和更新，或者整合若干个案的规划设计工作则同时兼有过程—政策取向和工程—产品取向。而城市级设计，如城市或片区的总体城市设计，则基本上以政策取向为主，它注重的是与城市综合性的总体规划的衔接，关注驾驭、管理城市的形体开发方向和技术性政策准则，其成果的落实和对建设发展的影响通常是将其反馈到城市规划实施管理中体现出来，尤其是在今天，必须要努力通过城市设计的数据库成果与城市的规划建设管理数字化平台有效衔接。一般来说，规模越大，涉及因素越多，就越难驾驭，越趋向于过程—政策型设计。反之，则趋向于工程—产品型设计。

根据国内外城市设计实施操作的经验，城市设计成果主要包括政策、设计方案、设计导则、设计数据库等。

7.4.1 城市设计政策

设计政策（Policy）是城市设计的经典成果形式之一。它既包括设计实施、分期建设、维护管理及投资程序中的规章条例，也是为整个设计过程服务的一个行动框架和对社会经济背景的一种响应。同时，它又是保证城市设计从图纸文本转向现实的设计策略，它主要体现在有关城市设计目标、构思、空间结构、原则、条例等内容的总体描述中。

美国学者巴奈特于1974年出版《作为公共政策的城市设计》一书，对城市设计的这一成果的意义、内容及在实际指导城市建设方面的作用进行了系统研究和阐述。应当指出，这样一个行动框架应该是灵活的，以使各种设计得以参照；同时设计者应该有权介入政策的制定过程，若拒设计者于这一过程之外，则会使"政策"缺乏想象力，刻板单调，美国1960年代的城市设计就是如此。

这一行动框架又是现实和可操作的。如加拿大首都渥太华成立了权威性的城市设计决策机构——"国家首都委员会"，对一系列有待建设的设计项目及其可行性制定了一整套设计政策。美国西雅图城市设计研究室则通过广泛的背景研究和分析，把设计政策问题与土地使用、运输、自然环境和基础设施结合起来，以此决定后来的设计建设活动。

城市设计政策和法令成果的另一显著特点是与现行规划法规和运行体制的结合。如在美国，自1960年代为解决大城市中心地区衰退问题而兴起城市设计实践以来，至今已有一千多个城市实施了城市设计制度与审查许可制度。虽然美国并没有专门的城市设计法规，但有关城市设计的政策和法令研究却很普遍，只是其内容一般包括在"土地利用区划管理规则"（Zoning Control）以及"土地细分规则"（Land Subdivision）中，并制定出"全市性城市设计规划"和"全市性的城市设计导则"，或发表类似于"城市设计白皮书"这样的政策。

维护程序（Maintenance Program）也是城市设计政策中特有的成果形式。在为数不少的实例中，起初城市设计搞得较好，但几年使用后，环境就大为逊色，而其根本问题就在于设计政策中缺乏必要的维护和监督管理程序。

维护程序体现了城市设计的动态性、过程性和整体性。在过去，设计一般只关心新的创造，而忽视了为维护和管理而设计，误以为它们会由城市管理机构和使用者负责。事实上，有关管理机构对此并不重视，有时需要用政策条例的方式来维护城市的公共空间品质，并促进社会公众的精诚合作。应该说，不少维护措施本身就是城市设计的基本内容，如在外部空间设计一系列铺地、花坛、凳椅、栏杆等小品，这不仅是空间景观艺术的要求，而且也是维护环境所要求的。总之，维护程序比人们通常理解的要复杂。

同时，城市设计力求通过合作来开发和保证程序的实施，如制订邻里协议。在这方面，日本高山市历史风光带的保护设计取得了成功经验。高山市在城市行政经费缺乏的情况下，依靠行政部门和当地居民的自发合作，决定抽取建筑费用的百分之一作为美化环境之用。于是，该市最富特色的"街角"(Street Corner)的管理维护获得了坚实的群众基础。在法国，早在 1951 年就通过了"公共艺术百分之一原则"，并于 1960 年以法定方式加以实施，亦即以公共事业中工程费用的百分之一作为公共艺术设置使用；另外在法国文化部的公共艺术计划下，仅从 1983—1993 年的 10 年间，就已经在城市环境中设置了 2000 余件的公共艺术品，全面体现了城市建设在环境维护方面的巨大成功。

日本横滨伊势佐木步行街也是一个成功案例。该街道城市设计实施完成后，进一步于 1982 年拟定了该步行区环境维护管理的协定条款。其内容包括：街区内建筑物新建、增建、改建形式的规范和申请程序，广告招牌设置规定、停车空间处理、街区绿化之推动等，并成立了专门的"街区设计委员会"执掌此项工作。凡区内建设行为，均须首先与该委员会协商讨论，取得同意后方可向市政府申请建筑确认[2]。如此，伊势佐木步行街的公共环境品质自然就得到了持续的保障。笔者曾于 1995 年和 1998 年两度前往该步行街参观考察，深感该街道环境维护之细微和用心（图 7-9、图 7-10）。

案例分析：横滨伊势佐木町 1·2 丁目地区步行街建筑协定摘要

（伊势佐木 1·2 丁目地区商店街振兴组合制订，1982 年 4 月）

（1）目的

伊势佐木街是横滨典型的步行商业街，具有重要的历史意义，因为它是日本最早的步行商业街，也是开放运营比较成功的商业街。但是，为使其形态更具魅力，使市民真正享受到伊势佐木街的城市空间发展，需要集结全街区店户的共识和努力，来推动未来的街道建造。此协定作为彼此的协议事项，祈愿此地区有持续不断的发展，创造和谐且有魅力的街道建筑。

（2）适用范围

本协定适用范围是从横滨市中区伊势佐木街 1 丁目 3-1 到长者街 7 丁目路口间，位于 16 号线及福富町东路。

（3）建筑用途

建筑物的新建、增建或改建的形态：

①公共区的创造：建筑物 1 楼部分退缩留设骑楼并设立玻璃框展示，同样骑楼形式应与邻接地建筑相连，形成公共区；留设之骑楼其宽度为 1.5 m，且考虑用地的位置和形状，细则另定。

②通透性墙面设置：建筑物 2 楼部分设置通透性墙面，利用 2 楼可眺望街道情趣，配合雅座、橱窗设计，对于商店街景有益的宜尽量设置。

③天空率的确保：开放式街道的特色在于可见到天空的舒适感，为使此舒适感可永续，其主要条件是宽度的关系，须维持开敞的可见天空率。

④建筑设计：基本上，为街道格式的设计及考虑与营业形态和特色调和，有关大店面之建筑物应尽可能避免单调，实体及墙面的设计上宜采用分段式。

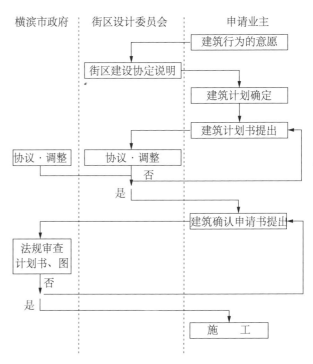

图 7-9　横滨伊势佐木町建设审议、管理程序

图 7-10　横滨伊势佐木步行街

⑤ 建筑物外墙的颜色、材质及制作：细则另订。

⑥ 看板、广告：另订细则管制。

（4）停车场共用化

为有效使用建筑物，且防止地区内的交通混乱，须在适当步行距离的范围内备有进出货设施的共用停车场，以供全体街区内之店户及购物者使用。

① 计划建筑物新建或增建、改建者，于申请建筑许可前，应先与"街区建设委员会"联系，了解有关细则，并依相关细则，准备建筑计划书。

② "街区建设委员会"在接到建筑业主提出计划书时，即应尽快办理设计协议，并协助其与相关政府主管机关协议、协调。

有关建筑申请的确认事项：业主提出项目须经"街区建设委员会"认可后，始可依建筑基准法之规定办理申请建筑确认事项。

7.4.2 城市设计方案

由于这种成果比较直观，所以是通常使用最多的城市设计成果形式。实际上，城市设计方案就是设计政策的三维描述。事实上，任何城市设计的成果表达均致力于用各种可能的表现形式来说明三维的空间形象，如图示性总平面、设计概念、设计意象、形体模型等。在我国当前的实践中，为了与现行的城市规划体制相衔接配套，有些城市设计案例与控制性详细规划进行了有机结合，并增加了定量控制的内容。但作为城市设计，其量的确定仍然是以人为中心，并且是以三维空间结构和城市景观的描述为依据的。当然，不同的国家、不同的文化背景，具体做法会有一些差异。

传统城市设计有两种规划产品，即与形体环境有关的远景总图和能描述一般社区政策的综合性规划。"终端式"总图成果曾经一度非常盛行，1960年代以后逐渐衰微，因为它过于刚性，无法应对本质上是动态演进的城市形态这样一个事实。不过，用城市设计方案形式来表达未来城市空间可能出现的形体还是具有正向现实意义的。日本横滨港湾地区城市设计、美国费城和旧金山城区城市设计、我国雄安新区起步区城市设计、北京城市副中心地区城市设计、深圳市中心区城市设计、上海市中心区城市设计、南京市老城城市设计高度研究、南京城墙沿线地区城市设计等均有三维空间形体的方案性成果和图示表述内容。

一项重点在于形体开发的规划，也将对许多环境需要和限制做出反应。当代的城市设计者日益意识到，规划设计应导向一项现实行动和过程，强调过程和规划的双重性，这样就可能在规划和它的实施之间架设沟通的桥梁。现代城市设计方案是为可能实施的政策的意向来准备的，它包括实施政策的措施手段、目的和可行性研究，如1986年完成的美国丹佛中心区城市设计就附带了一套城市设计行动计划。近年中国很多总体层面的城市设计都包含有成果实施要点和推荐的近期项目建设指南。

7.4.3 城市设计导则

城市设计最基本也最有特色的成果形式是城市设计导则。由于城市设计以公共利益作为设计目标，因此，为了控制不同的机构和民间开发者的城市开发活动，在开发设计的评价和审查时，就必须以遵循城市设计目标（一般也可将此列入城市设计导则中的总则部分）和城市设计导则为标准。通过导则来保证开发实施的环境品质和空间整体性。亦即对城市某特定地段、某特定的设计要素（如建筑、天际线、街道、广场、绿地公园等）甚至全城的城市建设提出基于整体的综合设计要求。因为城市设计政策和方案还不足以驾驭城市空间环境中的特定要素。

1970年，旧金山城市设计在实施中遇到了一些困难。这时人们感到，若不将设计政策和方案翻译成特殊的设计导则，就难以保证城市环境在微观层次上的质量。于是，1982年该市制定了中心区设计导则。它不仅包括形体项目，而且还有一套引申出来的，包括七部分的附录，以及进一步的解释导则。

设计导则同时又可为某特定设计要素，如为某街道空间、建筑物组合、景观等表达多种可供选择的形式，其本质是保证设计质量。如渥太华议会建筑群和市中心区设计就在"国家首都委员会"所规定的政策允许范围内采用了多方案比较，并制定了相应的导则条例（图7-11至图7-13）。

再如，英国现行城市规划体系中也采纳了城市设计导则的概念，其具体内容反映在类似城市设计导则的"环境规划设计导则""景观规划设计导则"中，并将它作为项目审查及社区规划设计的依据。例如其有关建筑形态的设计引导基准就包括了对建筑的形态、规模、体量、特征、高度、日照、采光、材质和细部等内容的审查许可；而有关建筑物与周边环境协调关系的审查项目则包括：屋檐、沿街立面、历史的文脉、街道格局、历史的平面布置格局、城市景观、历史开发过程及统一感、连续性和格调等。

在实施方面，早在1973年，英国即由环境部颁布了"伊赛克斯设计指南"（Essex Design Guide，Essex CC，1973）。它虽然以"住宅社区规划设计导则"为主要内容，但此设计指导是由中央政府通令为地方政府提供执行的有关建筑开发

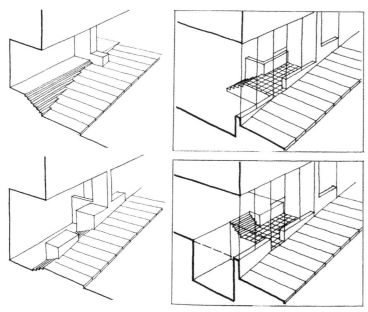

图 7-11 渥太华市中心区沿街坡度的城市设计导则

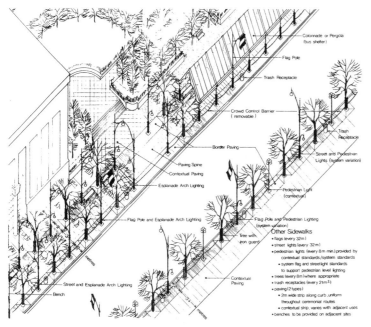

图 7-12 渥太华市中心区街道小品设计导则

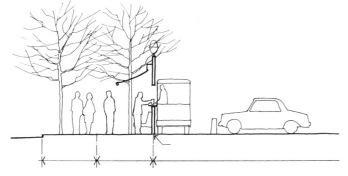

图 7-13 与停车场结合的人行道设计导则

管制规划的审查依据。其中有相当多的内容类似于城市设计导则内容，现略举几点如下：

（1）新住宅社区之交通系统规划，应使车行系统达到便利、安全之目的，并应依下列之规定办理：①通过性干道应与社区之地区性道路分隔并避免穿越。②社区之道路系统应有效预测车流荷载及允许之车行速度，并依此决定道路选线和路幅宽度，并划分道路等级。

（2）新住宅社区之人行系统规划应使社区人行动线达到便利舒适、安全及愉悦之目的，且应按以下规定办理：①社区人行线应妥善规划设计或指定留出主要人行步行街为其主轴。②以此主轴连接至其他次要的人行步道，以构成完整连续的人行空间系统。

"景观规划设计导则"则规定了以下内容：

（1）城市空间形成的规划原则，在于经由建筑物之配置所塑造之公共开放空间，它包含庭园、广场及街道等能构成完整之空间序列，且各开放空间之围合性及高宽比值，均能与行人的视觉尺度得到适当之对应与感知，并与行人动线系统相互连接。

（2）城市公共开放空间围合性的适宜尺度，就街道空间而言，其高宽比值介于 1:1 至 1:1.25；就建筑群所围合的广场而言，其高宽比值应控制在 1:4 以内；这样能为人的视觉景观提供和谐的完整城市空间感。

（3）建筑形式的配置与设计，建议应依下列原则办理：个体建筑应有良好的设计，并成为整体社区环境之一部分，故建筑形体之配置，宜就街区模式及建筑之间的比例关系，进行整体而和谐的组成；建筑的外墙材质、颜色使用，应具有整体性，并应注重视觉上的协调设计处理；建筑物外墙开窗，应就建筑立面造型以及与相邻建筑立面开窗形式的比例关系和开窗位置加以设计；建筑物的细部形式，应在于加强地区所在之环境风貌，予以细部的设计表现。

就大多数城市而言，总是在不同时间里由许多片断组成的。这些片断有着自身独特的形体特点和功能，并在不断演化。规划设计关注的焦点是各片断之间的关系，而导则关注的是需要特殊处理的特定城市地段，并具有阶段性，即一定的有效时限。如 1982 年澳大利亚墨尔本市政府制定的城市开发手册中，就有一套适用于"过渡时期"的并且是针对城市中心区的导则。

近年，中国很多城市均开始重视编制城市设计导则，如最新一版的上海城市总体规划中设有专门的街道设计导则（图 7-14）、北京西城区街道设计导则，蚌埠总体城市设计等项目也均有专门的城市设计导则成果。

导则内容不仅可有地段范围的特定性，而且还可有侧重某要素（如层高、密度、天际线等）的准则。例如，美国"新纽约城的研究报告"就制定了一种能使广场和街景优化的设计导则和强调"步行街体验和街道感受"重要的导则。它用红利补偿方法，鼓励建筑设计留出外部公共空间，具体做法是，每留出 1m² 的外部空间，就允许建筑物在规定区域多建 10m² 的建筑面积。该准则自 1961 年实施，到 1972 年，纽约市已经拥有数量相当可观的"世界上最昂贵的"外部空间（图 7-15、图 7-16）。

丹佛中心区城市设计中则对城市中沿樱树溪滨水开放空间建设制定了这样的导则：

① 美化滨水地区及河岸的城市景观；

② 在河岸节点处规划布置供人们积聚的空间场所；

③ 增加商业区与滨水地区的联系；

④ 强化从城市林荫道到滨水地带的空间视觉走廊和步行通道；

⑤ 在毗邻的商业区内，利用瀑布、水池及沿街道设流水沟渠等方式来实现"水道"的环境意象；

⑥ 改进现有的空间标识系统会有效地提高河岸开放空间的利用。

从导则表达性质上讲，又有两类：一种是规定性的，另一种是实施性的。

规定性的导则是设计者必须遵守的限制框架，如在某地段规定建筑的容积率为 3，则所设计的楼层面积不得超过基地面积的 3 倍。通常，基于规定性导则的设计方案比较容易评价（图 7-17）。实施性导则不同，它为设计者提供的是各种变换措施、标准以及计算方法，所以，它不再说容积率是多少，而是指定这一地段设计中开放空间和环境所需获得的阳光量的要求，以及建筑物和开放空间所需的基础设施容量，至于建筑容量、高度等则不限定。

实施性导则的优点在于，把标准化的量度应用于所有的设计地段，但并不要求对该地段产生标准的三维空间形态，因此，形式是多变的，与规定性导则相比，它更富有对设计创造潜能的鼓励。

在技术上讲，良好完善的城市设计导则应同时包括导则的用途和目标、较小的和次要的问题分类、应用可行性和范例，这四方面不可偏废。作为成功案例，由三菱地所负责的东京丸之内城市设计就制定了完备但与时俱进的导则，成功

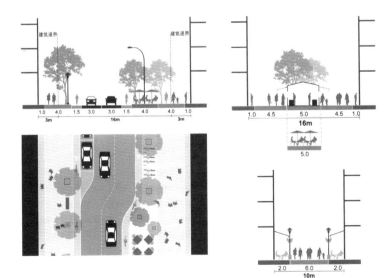

图 7-14　上海街道设计导则图解

图 7-15　纽约时代广场街景

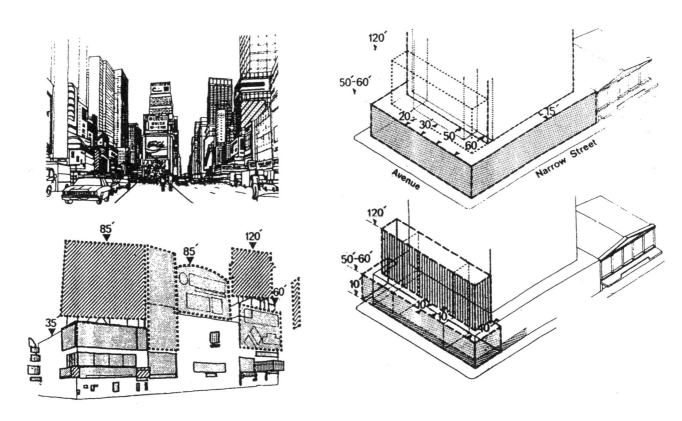

图 7-16 纽约时代广场地段有广告招牌和沿街建筑后退之导则

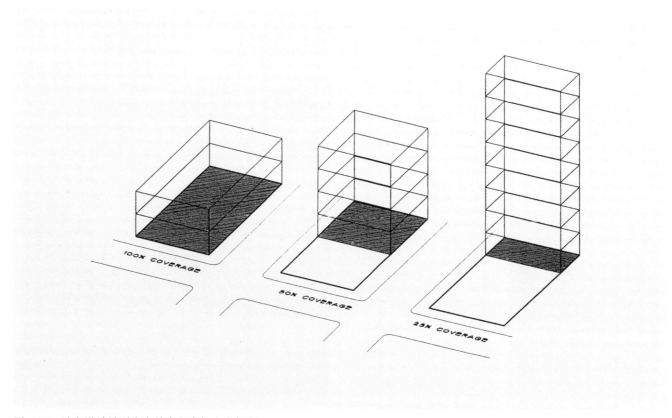

图 7-17 城市设计导则中有关容积率概念之解释

引领了该地区 120 多年的建设发展。同时，导则是跨学科共同研究得出的成果，它具有相当的开放性和覆盖面，否则设计导则就会与传统城市设计那种封闭式规划控制手段如出一辙 (图 7-18 至图 7-22)。

7.4.4 城市设计数据库

城市设计数据库与数字化城市设计相关，是近年才产生的、具有普遍性实用价值的城市设计成果形式，主要应用在大尺度城市空间形态的管理和导控方面。

GIS（地理信息系统）技术可以把地图这种独特的视觉化效果和地理分析功能与一般的数据库操作（例如查询和统计分析等）集成在一起，这也是城市设计较早在大尺度层面运用并获得数据库成果的数字技术。

2003 年，笔者和高源等首次完成了基于 GIS 技术的老城高度管控和引导的城市设计数据库成果，当时限于计算机性能和信息处理能力，只做到 759 个规划地块。2006—2007 年，团队开始对常州城市空间形态进行研究，通过数字技术对常州老城区地块容积率及其管控开展研究尝试，第一次取得了地块容积率合理区间判定的数字化成果。2015 年，笔者团队受邀重新对南京明城墙内（约 40 km²）老城地区

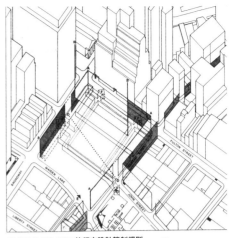

NASSAU-FULTON 的都市设计管制规则
A：基地内的建筑线，容许高度 85 呎。
B：墙面线，与 AT&T 大楼南面平行。
C：沿百老汇大道的转角。
D：约翰街与德街间的穿越动线。
E：到停车场及卸货区的通路。
F：蓟蒲（虚线）原来地下铁出入口位置。

图 7-18　纽约颁布的包含多重要求的综合性城市设计导则

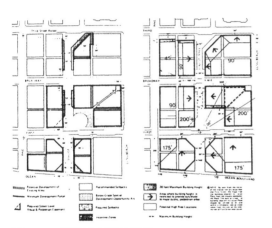

图 7-19　长滩城市设计导则

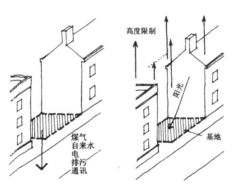

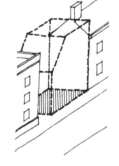

建筑物设计的环境制约条件　　　　建筑物设计的环境文脉模型

图 7-20　城市设计导则驾驭下的建筑物设计

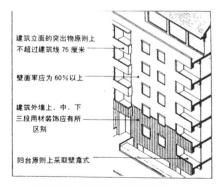

沿街形住宅壁面构成设计准则

图 7-21　东京都幕张副中心"滨城住宅区"设计导则

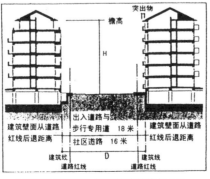

"城市设计准则"规定的建筑线与 D/H

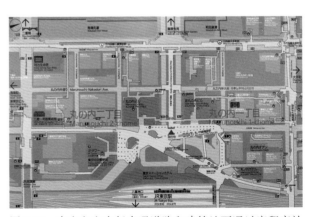

图 7-22　东京丸之内行幸通道路和建筑地下通过容积率补偿开发导则的一体化建设

的建筑高度管控开展研究。受惠于数字技术的不断进步，这一次我们将研究对象进一步细化到老城5569个产权地块，并与控规编制团队合作，形成了更加精准的建筑高度管控数据库成果。这项成果基于特色景观风貌、综合地价、交通可达性、用地相邻性和功能相似性等属性，并通过城市设计的双向校核，保证城市建筑形态因土地属性不同而具有的高低错落，比较精准地模拟了历史城市的优美形态成长的特点。同时，用"1+N"的方式约定了所有产权地块的建筑高度，但不限定地块的容积率，保证了地块开发建设的必要弹性。成果实际使用时，只要查到地块，就获得了该地块基于整个老城形态评价的高度值，实现了大尺度城市形态的整体秩序建构（图7-23）。在面对中国比较普遍的大尺度城市设计场景，这种数据库可以直接植入到当下以信息电子化为特征的规划管理中。数据库成果同时可以通过整体关联联动的方式，进而实现持续完善的动态更新。

近年，数据库成果还反映在城市设计开展不同阶段中，如通过一定时段的每天24小时手机信令数据所获得的城市人群活动特征和移动规律，城市历史地图的数字化的虚拟现实再现、通过机器学习所获得的城市街景大数据等。

POI业态数据获取也是大尺度城市设计经常所需的基础性工作。在南京市溧水区总体城市设计中，设计团队通过业态数据抓取软件及高德地图等获得业态空间点18284个，涵盖了六大类城市职能，覆盖了溧水区所辖全域，成为城市设计开展所需的业态大数据空间特征分析的数据库，并可以作为与周边地区横向对比的基础（图7-24）。

以往城市设计导则成果虽与环境长效管理有关，也取得了较好的结果，但主要是从设计原理的角度针对中小尺度的建筑等环境要素定性提出。根据笔者多年从事城市设计工程实践的经验，城市设计导则因为缺乏与时俱进的修正完善机制，真正融入真实的城市建设长效管理仍有缺陷。城市设计的数据库成果明确了城市形态健康生成和成长的管理把控底限和有限选择，数据库通过设置有一定值域的"容错"可以实现系统的正常运转，是以"万物互联"为特征的新一代城市设计成果更新迭代的全新产物。

图 7-23　GIS 表达的南京老城高度空间形态导控的数据库成果

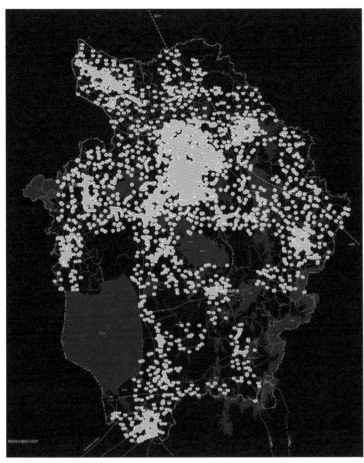

图 7-24 溧水 POI 数据抓取图（根据高德地图和地面校核）

图 7-4、图 7-5 源自：笔者摄.

图 7-6 源自：徐亦然."互联网+"时代背景下参与式城市设计方法的传承与拓展 [D]. [硕士学位论文]. 南京：东南大学，2017.

图 7-7 至图 7-9 源自：林钦荣. 都市设计在台湾 [M]. 台北：创兴出版社，1995：166，180.

图 7-10 源自：笔者摄.

图 7-11 至图 7-13 源自：The City of Ottawa and the National Capital Commission. Pedestrians Downtown[Z]. Ottawa，1985：61-63，81，111.

图 7-14 源自：上海市规划和国土资源管理局，上海市交通委员会，上海市城市规划设计研究院. 上海市街道设计导则 [M]. 上海：同济大学出版社，2016.

图 7-15 源自：林钦荣. 都市设计在台湾 [M]. 台北：创兴出版社，1995：153.

图 7-16 源自：笔者摄.

图 7-17 源自：GARVIN A. The American city：what works, what doesn't [M]. New York：McGraw-Hill，1996：438.

图 7-18 源自：巴奈特. 都市设计概论 [M]. 谢庆达，庄建德，译. 台北：创兴出版社，2001：63.

图 7-19 源自：Design Guidelines for Downtown Long Beach[Z]. Long Beach：Arroyo Group Long Beach Redevelopment Agency，1980：37-38.

图 7-20 源自：布罗德彭特. 建筑与人文科学 [M]. 张韦，译. 北京：中国建筑工业出版社，1990：409.

图 7-21 源自：吕斌. 日本幕张新都心"滨城住宅区"城市设计的实践 [J]. 国外城市规划，1998(4)：29.

图 7-22 源自：笔者摄.

图 7-23 源自：王建国工作室成果 / 基于风貌保护的南京老城城市设计高度研究（2015 年）.

图 7-24 源自：王建国工作室成果 / 南京市溧水区总体城市设计（2018 年）.

第 7 章注释

① 参阅徐亦然：《"互联网+"时代背景下参与式城市设计方法的传承与拓展》，硕士学位论文，东南大学建筑学院，2017。

② 参阅《新建筑》（日本）1996 年第 9 期，第 117 页至 151 页。

第 7 章参考文献

[1] RUDOFSKY B. Architecture without architects[M]. Albuquerque：University of New Mexico Press，1987：2.

[2] 林钦荣. 都市设计在台湾 [M]. 台北：创兴出版社，1995：176-183.

[3] 王潇，李宽. 关于提升国际城市规划方案征集有效性的探讨——以上海市徐汇区近两年国际方案征集实践为例 [J]. 城市规划，2007(1)：74-77.

第 7 章图片来源

图 7-1、图 7-2 源自：笔者绘制.

图 7-3 源自：WARD S A. Urban planning and design criteria[M]. 2nd ed. New York：Van Nos-trand Reinhold，1975.

第 4 版结语

千百年来，城市设计关注的空间形态建构机理和场所营造概念并没有发生根本改变。但是，城市设计依托的理论和技术方法却一直与时俱进。现代城市设计，如果将 1956 年哈佛大学城市设计会议作为一个新起点，至今虽然走过了 60 多个年头，但在这期间，城市设计内在的思想目标、方法手段、价值准则、研究对象和实践基础等随着时代进步，已经发生了很大的变化。依笔者的观点，新千年之前的城市设计发展大致可分为以下三个历史时段。

第一代城市设计。从两河文明苏美尔最早的城市诞生开始，直到 19 世纪末，城市设计经历了一个漫长的知识内核相对稳定、知识边界渐进开拓的发展历程。这段历程中的城市设计主要特征是：总体遵循政治、经济、宗教、地理、军事、交通及实用性等原则，一方面通过来自"自下而上"的经验积累和试错优化建造城镇，另一方面则表现为人为驾驭层面上，以文艺复兴以来日渐成熟的建筑学视觉秩序原理，对较大版图范围内的城市和建筑进行空间形体统一协调性的设计控制。

第二代城市设计。工业革命以后，欧美等发达地区的城市急速发展，全新的城市功能、社会结构、空间组织和交通方式等都发生前所未有的变化，城市设计依循的原理随之也逐渐发生变化。但总体而言，城市设计还是较多采用建筑师和精英的视角看待城市问题（包括社会和经济问题），他们把城市看作一架巨大的、高速运转的机器，注重功能和效率，希望大刀阔斧地改造历史城市，注重在建设中体现最新科学和技术成果，而景仰工业化和现代化的技术美学观念和价值系统也由此产生。1950 年代后期开始，随着战后大量性的城市更新和工业化住房建设对历史场所、地域文化和社区生活产生日益增多的负面影响，众多学者又提出应把城市设计对象重点回归到包括人和社会关系在内的城市空间环境上，用综合性的城市环境来满足人的宜居要求，并且考虑城市的历史文脉和场所类型，同时，旁系学科如心理学、行为科学、系统论等亦渗透到城市设计学科发展中。

第三代城市设计。1960 年开始，全球性的生态环境保护运动开始影响到城市设计的价值理念和实施目标，这就是笔者所称之为的"绿色城市设计"。它通过把握和运用以往城市建设所忽视的自然生态的特点和规律，贯彻整体优先和生态优先准则，力图创造一个人工环境与自然环境和谐共存、具有可持续性的城镇建筑环境。由于价值观念的深刻改变，所以第三代绿色城市设计除运用先前一系列行之有效的方法技术外，还优先充分运用各种节能减排和环境友好的设计方法和技术。同时，更加注重城市建设内在的质量，追求的是一种与可持续发展时代主流相一致的适度、温和而平衡的绿色城市。

回溯历史，工业革命前数千年的城市化进程非常缓慢。直到 20 世纪初，全世界城市化率也还不到 20%，而今天全球城市化率早已超过 50%，已经进入一个名副其实的"城市世纪"。中国也在 2011 年城市人口首次超过了农村人口，2019 年城市化率已经超过 60%，改变了几千年以来"以农立国"的基本格局。

进入 21 世纪，特别是近十年来，以移动互联网、大数据、人工智能、物联网和云计算等为代表的数字技术发展风起云涌，深刻改变了人们的城市、景观到建筑全链设计的专业认识、作业程序和实操方法。于是，笔者所构想并定义的第四代数字化城市设计便应运而生[1]。

数字化城市设计最重要的特征是面对类似于"黑箱"的城市复杂巨系统，通过信息系统和控制论的原理，辨识超出人们有限感知或理性推演的系统要素和关系的海量信息，进而建立一个人机互动的、有助于逐渐消除不确定性的全新的设计方法和过程架构。从此，城市设计和城市规划由于信息和系统侧重处理方面的差异更加清晰地被揭示出来。城市规划涉及广泛的资源、土地、人口、环境、地理空间和规划管理等不同的平行维度和系统间的关联和规划整合（如总体规划），强调的"系统最优"或者"整体最优"。但是，再向包含文化和艺术审美特点的三维空间形态进行纵向整合，由于专业背景的原因，必然捉襟见肘。而城市设计所需涉及的主要是纵向维度信息和系统建构，是基于空间形态的建构和场所营造的有限目标及其整合处理，设计也有明确的形态塑造的创意要求，可以在一定的条件内追求"局部最优"。这就与城市规划"三分规划，七分管理"在原理和方法上区别开来。

数字化城市设计能够部分兼容前三代城市设计的内容，它深刻改变、甚至部分颠覆了我们以往对城市空间形态的认知和识别方式。数字化城市设计基于多源数据的采集、分析、整合，并通过与设计创意的双向互动和整合，已经可以产生具有大概率可靠性的数据层成果，该数据层成果是唯一能够在自上而下的空间规划发展安排及宏阔叙事愿景与自下而上、基于个体使用和审美体验所带来的相对碎片化的场景之间建构的互联互通桥梁。它构成了一种全新的，从数字认知、数字思维、数字设计到数字成果的数字化城市设计范型，重新迸发出城市设计真理的理性光辉，同时又与日益深层次改变社会组织方式和城市运行机制的万物互联联系在一起。数字化城市设计让我们进一步夯实了理性规划落地实施的基础，弥补了原先规划管理引导对于社会生活、场所内涵和集体记忆方面的粗放单一和居高临下的缺憾。

事实上，用数字化（数理）方式整体性认知城市并开展设计研究，从 1960 年代便开始了。英国剑桥大学城市形态研究中心、美国加利福尼亚大学伯克利分校、英国伦敦大学学院等在新理论、新工具、新方法方面都有很好的学术探索，但限于信息处理能力的技术瓶颈，只是在数字地球和 3G 互联网智能手机普及以后，数字化城市设计才真正有了突破性的发展。笔者团队所开展的与数字化城市设计相关的研究最早开始于 1991 年。工作大致分为三个阶段：第一段是依托国家自然科学基金对城市形态历史演变航空遥感（RS）多时相 (1991—1993 年) 的研究。2003 年，第一次用地理信息系统（GIS）做了基于地块属性差异的南京老城高度分区研究，研究触及了以往规划管理中"无差别化管理"的深层问题，第一次实现了多维度的高度形态整体建构，初步破解了城市立体空间的优化管控难题。第二段是 2006—2007 年，在杭州西湖东岸景观提升规划的国际竞赛中，团队首次运用全球定位系统（GPS）技术及等视线和空气能见度等分析方法，初步揭示了动态随机视点的观景规律。第三段是 2009 年以来运用多源大数据、机器学习等各类数字技术在大尺度城市设计中的应用。2015 年前后，借助于数字技术的快速发展和性能提升，笔者团队再次开展对广州总体城市设计、郑州市中心城区总体城市设计、南京总体城市设计及南京老城城市设计高度等项目的研究，其中在南京老城项目中团队运用 GIS、相似性原理、迭代计算将地块建筑高度阈值做到了最关键的产权地块精度，同时又将初步的数字化成果与基于"山水城林"特色的城市设计创意和美学感受结合，基本实现了具有普适性和实用精度的形态高度管控引导。成果先后获得 5 项国家发明专利。笔者团队所开展的数字化城市设计工作一部分属于理性思考基础上的认知观念更新和方法开拓，属于知识发展和工具层面。也有部分是方法论层面的原创研究，由此我们部分还原了城市设计的科学属性及其复杂性、丰富性和多元性，又引发出新的城市设计方法探索，并获得了具有一般性意义的学科迭代发展成果。

很多学者认为，"城市是生成的，不是造成的"。这一观点实际上是在强调城市人工建设干预应该建立在对城市土地利用属性与空间形态变化的互动和机理把握的基础上。只有我们对城市空间形态构成、演进规律具有客观而科学描述的可能、建立起分析城市形态影响要素的一般模型，并据此讨论与形态密切相关的城市用地属性及保护、调整和开发潜力，结合技术管理平台的建设，才有可能克服粗放型的城市发展模式并应对超出人们日常感知和认知的城市形态健康演化的需求，在可持续发展的框架内保护好地域的自然和文化特色。而这些都可以通过数字化城市设计来处理并将空间形态研究成果信息纳入现有的规划管理平台和体系。

当然，即使是在今天，城市设计的创意和定性判断仍然是非常重要的。城市人居环境品质优劣毕竟是要靠人的体验、使用和评价的，所谓"场所精神"和"社区性"也是与文化内涵和人们的社会活动及生活场景联系在一起的，而这种环境品质和内涵的感知和认识一定是比较主观而因人而异的。无论是在历史上还是在当代，城市设计组织实施很多情况下还是定性思维主导决策的，但我们对于城市这样的复杂巨系统，如果在一个较先前更高阶的、复杂系统信息处理的更加准确有效的量化基础上，再做城市设计在社会、人文和创意方面的专业工作，就会更加接近真实的城市问题的解决，借助于有效的人机互动，城市设计距离对真理内核的认知就会越来越近。

当然，前述不同城市设计范型之间并非完全不可通约，而是互有交集，互相映照，互相校核。不同城市设计范型的迭代和叠合可能是常态，最终形成具有整合意义的城市设计范型"合体"。越来越多的例证说明，城市设计是城乡规划空间布局和形体安排的基本保障和具体化，是形成基于产权地块的场所感知丰厚度、空间利用和社区活动的多样性、保障建筑设计价值体现的主要手段和技术支撑。通过城市设计，我们希望能够获得兼具"温度"（参与、活力、社区、共享）、"厚度"（文化、历史、地域）、"精度"（形态、尺度、工程）和"深度"（认知、体验、感受）的城市空间形态和场所环境，满足广大人民群众对新时代"美好生活"的期待和要求。

在实施操作层面上，笔者认为在中国特定的城市建设制度环境下，总体和片区规模的城市设计一般需要与相应层级的法定规划同步实施，二者结合或者互为条件（如按照城市设计要求提出城市用地招拍挂的规划要点）。这部分城市设计很大程度上是为城市建设提供形态和风貌管理的技术支撑，需要符合上位或相应层次的法定规划表述要求。而在一些地段层级的城市设计或建筑群尺度的设计中，更需要突出的是"设计"内涵，追求全球化城市竞争环境中通过"设计"来获得"单品微量"的品质和创意特色，这部分应该鼓励设计者在一定的规划底线内各显神通，不需通过"法定化"来固化凝冻。

　　总的来说，在可持续发展、全球经济一体化、虚拟时空发展、"万物皆数"的信息社会到来的时代背景下，许多局部地域的城市发展正趋向于主动去适应这种经济和社会的变化。然而，城市设计作为一种相对自为的学科专业，保持其特有的坚持地域场所性和文化多元的立场以及在城市环境改善和塑造方面的创新属性，为维系世界今天城市环境的特色起到了不可替代的重要作用。不仅如此，在过去的 20 多年中，城市设计在振兴地区经济方面也做出了重要的贡献。很多案例证明，经由城市设计而产生的优秀空间场所不仅具有传承地域文化、组织市民生活和承载集体记忆的作用，同样也具有经济价值，有助于城市和地区的市场振兴和社会活力提升。同时，基于可持续发展人类共识的绿色城市设计也充实了"韧性城市"的内涵，有效地促进了城市的健康持续发展。我们有理由预期，城市设计学科已经在，并且还将继续在 21 世纪的城市建设和发展中，为世界克服"特色危机"，发展多元、多样、多姿和高品质的城市人居环境方面发挥关键性的作用。

参考文献

[1] 王建国 . 从理性规划的视角看城市设计发展的四代范型 [J]. 城市规划，2018(1)：9-19.

主要参考文献

[1] 吴良镛. 中国人居史 [M]. 北京：中国建筑工业出版社，2014.

[2] 吴良镛. 人居环境科学导论 [M]. 北京：中国建筑工业出版社，2001.

[3] 吴良镛. 广义建筑学 [M]. 北京：清华大学出版社，1991.

[4] 齐康. 城市环境规划设计与方法 [M]. 北京：中国建筑工业出版社，1997.

[5] 齐康. 城市建筑 [M]. 南京：东南大学出版社，2001.

[6] 王建国. 现代城市设计理论和方法 [M]. 南京：东南大学出版社，1991.

[7] 王建国. 传承与探新 [M]. 南京：东南大学出版社，2014.

[8] 王建国. 城市设计 [M]. 北京：中国建筑工业出版社，2015.

[9] 王瑞珠. 国外历史环境的保护和规划 [M]. 台北：台湾淑馨出版社，1993.

[10] 王瑞珠. 世界建筑史：古罗马卷 [M]. 北京：中国建筑工业出版社，2004.

[11] 王瑞珠. 世界建筑史：伊斯兰卷 [M]. 北京：中国建筑工业出版社，2014.

[12] 王鲁民. 营国——东汉以前华夏聚落景观规制与秩序 [M]. 上海：同济大学出版社，2017.

[13] 沈玉麟. 外国城市建设史 [M]. 北京：中国建筑工业出版社，1989.

[14] 何兴华. 城市规划中的实证科学的困境及其解困之道 [M]. 北京：中国建筑工业出版社，2007.

[15] 张庭伟. 中美城市建设和规划比较研究 [M]. 北京：中国建筑工业出版社，2007.

[16] 童明. 当代中国城市设计读本 [M]. 北京：中国建筑工业出版社，2016.

[17] 林钦荣. 都市设计在台湾 [M]. 台北：创兴出版社，1995.

[18] 夏祖华，黄伟康. 城市空间设计 [M]. 南京：东南大学出版社，1992.

[19] 西特. 城市建设艺术 [M]. 仲德崑，译. 南京：东南大学出版社，1990.

[20] 培根. 城市设计 [M]. 黄富厢，朱琪，译. 北京：中国建筑工业出版社，2003.

[21] 吉伯德. 市镇设计 [M]. 程里尧，译. 北京：中国建筑工业出版社，1983.

[22] 霍尔. 城市和区域规划 [M]. 邹德慈，金经元，译. 北京：中国建筑工业出版社，1985.

[23] 沙里宁. 城市——它的发展、衰败与未来 [M]. 顾启源，译. 北京：中国建筑工业出版社，1986.

[24] A. E. J. 莫里斯. 城市形态史——工业革命以前 [M]. 成一农，王雪梅，王耀，等译. 北京：商务印书馆，2011.

[25] 罗杰·特兰西克. 找寻失落的空间 [M]. 谢庆达，译. 台北：台湾创兴出版社，1989.

[26] 麦克哈格. 设计结合自然 [M]. 芮经纬，译. 北京：中国建筑工业出版社，1992.

[27] 芦原义信. 外部空间设计 [M]. 尹培桐，译. 北京：中国建筑工业出版社，1988.

[28] 巴内特. 城市设计：现代主义、传统、绿色和系统的观点 [M]. 刘晨，黄彩萍，译. 北京：电子工业出版社，2014.

[29] 里克沃特. 城之理念——有关罗马、意大利及古代世界的城市形态人类学 [M]. 刘东洋，译. 北京：中国建筑工业出版社，2007.

[30] 里克沃特. 场所的诱惑——城市的历史与未来 [M]. 叶齐茂，倪晓辉，译. 中国建筑工业出版社，2018.

[31] 贝纳沃罗. 世界城市史 [M]. 薛钟灵，等译. 北京：科学出版社，2000.

[32] 霍华德. 明日的田园城市 [M]. 金经元，译. 北京：商务印书馆，2000.

[33] 戴维·戈林斯，玛丽亚·戈林斯. 美国城市设计 [M]. 陈雪明，译. 北京：中国林业大学出版社，2005.

[34] 乔恩·朗. 城市设计：美国的经验 [M]. 王翠萍，胡立军，译. 北京：中国建筑工业出版社，2006.

[35] 乔恩·朗. 城市设计——过程和产品的分类体系 [M]. 黄阿宁，译. 沈阳：辽宁科学技术出版社，2008.

[36] 申茨. 幻方——中国古代的城市 [M]. 梅青，译. 北京：中国建筑工业出版社，2009.

[37] 詹姆斯·E. 万斯. 延伸的城市——西方文明中的城市形态学 [M]. 凌霓，潘荣，译. 北京：中国建筑工业出版社，2007.

[38] 福里克. 城市设计理论——城市的建筑空间组织 [M]. 易鑫，译. 北京：中国建筑工业出版社，2015.

[39] 希若·波米耶，等. 成功的市中心设计 [M]. 马铨，译. 台北：创兴出版社，1995.

[40] 普林兹. 城市景观设计方法 [M]. 李维荣，译. 天津：天津大学出版社，1992.

[41] 沃尔夫冈·桑尼. 百年城市规划史 [M]. 付云武，译. 南宁：广西师范大学出版社，2018.

[42] 科斯托夫. 城市的形成——历史进程中的城市模式和城市意义 [M]. 单皓，译. 北京：中国建筑工业出版社，2005.

[43] 科斯托夫. 城市的组合——历史进程中的城市形态的元素 [M]. 邓东，译. 北京：中国建筑工业出版社，2008.

[44] 乔尔·科特金. 全球城市史 [M]. 王旭，等译. 北京：社会科学出版社，2006.

[45] 乔治·威尔斯，卡尔顿·海斯. 全球通史——从史前文明到现代世界 [M]. 李云泽，编译. 北京：中国友谊出版公司，2017.

[46] 约翰·里德. 城市 [M]. 郝笑丛，译. 北京：清华大学出版社，2010.

［47］约翰·D.霍格.伊斯兰建筑 [M].杨昌鸣，等译.北京：中国建筑工业出版社，1999.

［48］唐纳德·沃特森，艾伦·布拉斯特，罗伯特·谢卜利.城市设计手册 [M].刘海龙，郭凌云，俞孔坚，等译.北京：中国建筑工业出版社，2006.

［49］MORRIS A E J.History of urban form：before the Industrial Revolutions[M].Harlow：Longman，1994.

［50］HEGEMANN W，PEETS E.The American Vitruvius：an architect's handbook for civic arts[M].New York：The Architectural Book Publishing Co.，2008.

［51］SHIRVANI H.The urban design process[M].New York：Van Nostrand Reinhold Company，1981.

［52］LYNCH K.The image of the city[M].Cambridge，MA：The MIT Press，1960.

［53］LYNCH K.A theory of good city form[M].Cambridge，MA：The MIT Press，1981.

［54］RAPOPORT A.Human aspects of urban form：towards a man-environment approach to urban form and design[M].Oxford：Pergamon Press，1977.

［55］ROWE C，KOETTER F.Collage city[M].Cambridge，MA：The MIT Press，1978.

［56］ALEXANDER C.A pattern language[M].Oxford：Oxford University Press，1977.

［57］BARNETT J.Urban design as public policy[M].New York：Architectural Record Books，1974.

［58］HALPRIN L.Cities[M].Cambridge，MA：The MIT Press，1980.

［59］CULLEN G.The concise townscape[M].New York：Van Nostrand Reinhold，1961.

［60］HALPERN K.Downtown USA：urban design in nine American cities[M].London：The Architectural Press Ltd.，1978.

［61］GARVIN A.The American city：what works, what doesn't[M].New York：McGraw-Hill Co.，1996.

［62］DIXON M.Urban space[M].N.Y.：Visual New York：Reference Publications.Inc.，1999.

［63］LÜCHINGER A.Structuralism in architecture and urban planning[M].Stuttgart：Karl Krämer Verlag，1981.

［64］HOUGH M.City form and natural process[M].New York：Van Nostrand Reinhold，1984.

［65］KOSTOF S.A history of architecture[M].Oxford：Oxford University Press，1985.

［66］SOPHIA，BEHLING S.Sol power[M].Munich and New York：Prestel，1996.

［67］The City of Ottawa and the National Capital Commission.Pedestrians Downtown[Z].Ottawa，1985.

［68］BLACK J.Metropolis：mapping the city[M].London：Bloomsbury Publishing Plc，2015.

［69］黑川纪章.都市デザンの思想と手法 [M].东京：彰国社，1996.

主要术语索引

主要人名索引（外国）

主要机构索引（外国）

主要地名索引（外国）

后记

1999 年初版到 2020 年完成第 4 版，大约 20 年。

首先真诚感谢广大读者长期以来对《城市设计》这本书内容的高度认可并持续提出宝贵意见，在前 3 版的重印过程中，笔者也根据读者意见做过多次局部校勘和修改。

这本书能顺利完成，必须感谢许多人的帮助和支持。他们分别是笔者的师长、同事、国内外的同行、学生和家人。有些人笔者很熟悉，而更多的人则无缘结识，笔者对他们一直心怀感激。

自 2011 年第 3 版《城市设计》出版以来，国外城市设计的热潮已经有所减退，但国内城市设计却在一个全新的城市转型发展和美好生活品质的需求下成为一门名副其实的"显学"。特别是 2013 年中央城镇工作会议和 2015 年中央城市工作会议以来，中国城市设计领域的发展可以说是一路高歌猛进，方兴未艾。主要反映在：国外城市设计论著的翻译引进和国内大规模的城市设计实践的社会需求、中国城市设计实践引发国际顶尖设计师团队的广泛关注和参与、住房和城乡建设部全面开展城市设计的制度建设和实践试点、国家一系列重大城市规划建设与城市设计的高度相关等。本书在第 3 版基础上，重点反映了笔者近年研究城市设计的最新认识和成果，同时也充分吸取参考了国内外同行在这一领域取得的最新成果，以及在其他相关领域给予笔者的思想和方法论启迪。在为本书做出建设性贡献的人当中，有些必须特别提出感谢：感谢笔者的导师齐康院士，他把笔者领进了城市设计研究的大门；感谢曾经在美国指导笔者开展城市设计合作研究的科罗拉多大学丹佛分校建筑城规学院前院长雪瓦尼（Shirvani）教授和近年广泛交流合作的宾夕法尼亚大学的巴奈特（Barnett）教授，他们在城市设计方法论、城市设计总体评析和城市设计发展方向等方面，给予笔者很多建设性的帮助和启迪。同时，感谢众多参考文献的作者，他们在城市设计领域研究的成果，打开了笔者的专业视野，他们的观点、

思想和实践以及所提供的信息丰富了本书的内容，恕笔者不能一一列举他们的名字。

本书中的所有插图，除注明了来源出处的图片和照片外，均为笔者本人收集、绘制和拍摄。第 4 版修改吸纳了团队开展的多项城市设计工程实践的合作成果，与杨俊宴、高源、徐小东、吴晓、陈宇、蔡凯臻、朱渊、张愚等老师日常性的工作讨论丰富了笔者的认识和见解；李京津博士帮助笔者修订完成了本书新增的城市设计数字技术方法部分的内容初稿；杨柳博士帮助整理了中外文索引；陈薇、姚昕悦、许昊浩、王湘君、王幼芬、路宏伟、卢青华、孙海霆、顾雨拯、徐亦然等为本书提供了部分案例的实景照片，在此一并致谢。

感谢中国工程院及土木、水利与建筑工程学部、东南大学和北京未来城市设计高精尖创新中心。笔者有幸和崔愷院士共同牵头组织并主持了"国际工程科技发展战略高端论坛：城市设计发展前沿"，使得中外城市设计学者的研究成果得以在国际舞台上充分交流和展示，论坛成果为本书修订提供了重要启发。感谢吴良镛院士和中国大百科全书出版社给了笔者负责城市设计分支词条编写的宝贵机会、感谢中国建筑工业出版社给了笔者主编《建筑设计资料集》（第三版）第 8 分册及城市设计专题的机会；感谢中国城市规划学会及城市设计学术委员会，笔者多年来一直参与相关的年会，交流和分享了国内同道的探索成果，受益匪浅。感谢中国建筑学会及城市设计分会，建筑师群体近年来深度参与城市设计工作，必将对中国未来城市人居环境的品质提升发挥重要作用。

必须感谢东南大学出版社徐步政荣誉编审多年来对笔者研究工作的持续关注和写作督促。感谢孙惠玉副编审认真、踏实而敬业的编辑工作。最后，特别感谢家人的支持和鼓励，没有他们，本书按期完成和出版是不可能的。

城市设计是当今国内外城市规划建设中广泛关注的热点问题之一，也是一个正在发展完善、逐渐成熟的学科领域。本书虽然力图站在该学科发展前沿，为读者提供较为全面、系统和综合的城市设计知识，并尽可能反映近年该领域的最新研究和实践成果，但因笔者水平所限，不当之处仍在所难免，恳请广大读者批评指正。

王建国
于 2020 年